高等职业教育药学类与食品药品类专业第四轮教材

化学基础与分析技术 第2版

（供食品品类、药学类、药品与医疗器械类专业用）

主　编　李　森　袁志江

副主编　钱惠菊　张稳稳　董会钰

编　者　（以姓氏笔画为序）

牛　颖（大庆医学高等专科学校）

刘晓金（山东医学高等专科学校）

张稳稳（重庆医药高等专科学校）

周　津（福建生物工程职业技术学院）

袁志江（山西药科职业学院）

董会钰（山东药品食品职业学院）

吕保樱（广西科技大学）

李　森（哈尔滨医科大学大庆校区）

林　珊（哈尔滨医科大学大庆校区）

郝晶晶（山西药科职业学院）

钱惠菊（江苏省常州技师学院）

蒋燕舒（四川省食品检验研究院）

中国健康传媒集团
中国医药科技出版社

内容提要

本教材是“高等职业教育药学类与食品药品类专业第四轮教材”之一，根据本课程教学大纲的基本要求和课程特点编写而成。全书以分析技术为中心、化学基础理论服务于实训技能为原则编排了教学内容。内容涵盖了分散系、化学反应速率与化学平衡、物质结构、定量分析基础、四大平衡原理及四大滴定分析、常用分析仪器、化学分析方法的技能训练等内容。本教材为书网融合教材，即纸质教材有机融合电子教材、教学配套资源（PPT、微课、视频等）、题库、数字化教学服务。

本教材主要供全国高等职业院校食品类、药学类、药品与医疗器械类相关专业教学使用，也可作为相关专业的培训和自学用书。

图书在版编目（CIP）数据

化学基础与分析技术/李森，袁志江主编．—2版．—北京：中国医药科技出版社，2021.7

高等职业教育药学类与食品药品类专业第四轮教材

ISBN 978-7-5214-2563-5

Ⅰ.①化…　Ⅱ.①李…②袁…　Ⅲ.①化学分析-高等职业教育-教材　Ⅳ.①O65

中国版本图书馆CIP数据核字（2021）第145229号

美术编辑　陈君杞

版式设计　友全图文

出版　**中国健康传媒集团** | 中国医药科技出版社

地址　北京市海淀区文慧园北路甲22号

邮编　100082

电话　发行：010-62227427　邮购：010-62236938

网址　www.cmstp.com

规格　889×1194mm $^{1}/_{16}$

印张　16 $^{3}/_{4}$

字数　463千字

初版　2017年1月第1版

版次　2021年7月第2版

印次　2023年8月第2次印刷

印刷　三河市万龙印装有限公司

经销　全国各地新华书店

书号　ISBN 978-7-5214-2563-5

定价　48.00元

获取新书信息、投稿、为图书纠错，请扫码联系我们。

出版说明

“全国高职高专院校药学类与食品药品类专业‘十三五’规划教材”于2017年初由中国医药科技出版社出版，是针对全国高等职业教育药学类、食品药品类专业教学需求和人才培养目标要求而编写的第三轮教材，自出版以来得到了广大教师和学生的好评。为了贯彻党的十九大精神，落实国务院《国家职业教育改革实施方案》，将“落实立德树人根本任务，发展素质教育”的战略部署要求贯穿教材编写全过程，中国医药科技出版社在院校调研的基础上，广泛征求各有关院校及专家的意见，于2020年9月正式启动第四轮教材的修订编写工作。

党的二十大报告指出，要办好人民满意的教育，全面贯彻党的教育方针，落实立德树人根本任务，培养德智体美劳全面发展的社会主义建设者和接班人。教材是教学的载体，高质量教材在传播知识和技能的同时，对于践行社会主义核心价值观，深化爱国主义、集体主义、社会主义教育，着力培养担当民族复兴大任的时代新人发挥巨大作用。在教育部、国家药品监督管理局的领导和指导下，在本套教材建设指导委员会专家的指导和顶层设计下，依据教育部《职业教育专业目录（2021年）》要求，中国医药科技出版社组织全国高职高专院校及相关单位和企业具有丰富教学与实践经验的专家、教师进行了精心编撰。

本套教材共计66种，全部配套“医药大学堂”在线学习平台，主要供高职高专院校药学类、药品与医疗器械类、食品类及相关专业（即药学、中药学、中药制药、中药材生产与加工、制药设备应用技术、药品生产技术、化学制药、药品质量与安全、药品经营与管理、生物制药专业等）师生教学使用，也可供医药卫生行业从业人员继续教育和培训使用。

本套教材定位清晰，特点鲜明，主要体现在如下几个方面。

1. 落实立德树人，体现课程思政

教材内容将价值塑造、知识传授和能力培养三者融为一体，在教材专业内容中渗透我国药学事业人才必备的职业素养要求，潜移默化，让学生能够在学习知识同时养成优秀的职业素养。进一步优化“实例分析/岗位情景模拟”内容，同时保持“学习引导”“知识链接”“目标检测”或“思考题”模块的先进性，体现课程思政。

2. 坚持职教精神，明确教材定位

坚持现代职教改革方向，体现高职教育特点，根据《高等职业学校专业教学标准》要求，以岗位需求为目标，以就业为导向，以能力培养为核心，培养满足岗位需求、教学需求和社会需求的高素质技能型人才，做到科学规划、有序衔接、准确定位。

3. 体现行业发展，更新教材内容

紧密结合《中国药典》（2020年版）和我国《药品管理法》（2019年修订）、《疫苗管理法》（2019

年）、《药品生产监督管理办法》（2020年版）、《药品注册管理办法》（2020年版）以及现行相关法规与标准，根据行业发展要求调整结构、更新内容。构建教材内容紧密结合当前国家药品监督管理法规、标准要求，体现全国卫生类（药学）专业技术资格考试、国家执业药师职业资格考试的有关新精神、新动向和新要求，保证教育教学适应医药卫生事业发展要求。

4. 体现工学结合，强化技能培养

专业核心课程吸纳具有丰富经验的医疗机构、药品监管部门、药品生产企业、经营企业人员参与编写，保证教材内容能体现行业的新技术、新方法，体现岗位用人的素质要求，与岗位紧密衔接。

5. 建设立体教材，丰富教学资源

搭建与教材配套的“医药大学堂”（包括数字教材、教学课件、图片、视频、动画及习题库等），丰富多样化、立体化教学资源，并提升教学手段，促进师生互动，满足教学管理需要，为提高教育教学水平和质量提供支撑。

6. 体现教材创新，鼓励活页教材

新型活页式、工作手册式教材全流程体现产教融合、校企合作，实现理论知识与企业岗位标准、技能要求的高度融合，为培养技术技能型人才提供支撑。本套教材部分建设为活页式、工作手册式教材。

编写出版本套高质量教材，得到了全国药品职业教育教学指导委员会和全国卫生职业教育教学指导委员会有关专家以及全国各相关院校领导与编者的大力支持，在此一并表示衷心感谢。出版发行本套教材，希望得到广大师生的欢迎，对促进我国高等职业教育药学类与食品药品类相关专业教学改革和人才培养作出积极贡献。希望广大师生在教学中积极使用本套教材并提出宝贵意见，以便修订完善，共同打造精品教材。

数字化教材编委会

主　编　李　森　袁志江

副主编　钱惠菊　张稳稳　董会钰

编　者　（以姓氏笔画为序）

牛　颖（大庆医学高等专科学校）

吕保樱（广西科技大学）

刘晓金（山东医学高等专科学校）

李　森（哈尔滨医科大学大庆校区）

张稳稳（重庆医药高等专科学校）

林　珊（哈尔滨医科大学大庆校区）

周　津（福建生物工程职业技术学院）

郝晶晶（山西药科职业学院）

袁志江（山西药科职业学院）

钱惠菊（江苏省常州技师学院）

董会钰（山东药品食品职业学院）

蒋燕舒（四川省食品检验研究院）

前言

本教材为“高等职业教育药学类与食品药品类专业第四轮教材”之一，按照全套教材编写的总体原则和要求，以人才需求和岗位特点设置教学内容，以学生特点和课程结构设计课程体系。本教材主要有以下特点。

1. 内容编排循序渐进 针对学生的基础以“由浅入深、过渡自然、由易到难”的思路编排教学内容，前后章节顺序安排符合教学规律，体现循序渐进的原则，以满足学生专业知识和技能训练的需要。本教材以分散系、化学平衡及物质结构为基础，进入核心内容酸碱平衡、沉淀平衡、配位平衡、氧化还原平衡及四大平衡对应的滴定分析方法的学习。通过电化学分析法、光谱法及色谱法的学习使学生了解食品药品的现代分析技术。

2. 遵循学生认知规律 “学习引导”“学习目标”模块编写起到引言作用，引导学生带着知识点和问题去听课，让学生认识到“要学什么、为什么学”；“知识回顾”“即学即练”模块，通过知识构架和即时练习，引导学生“怎么学、怎么用”。编写过程中充分考虑学生的认知规律，从引导学生学习兴趣出发，激发学习目标，培养学习热情。

3. 强化实践技能训练 理实一体化突显职业性，理论知识适度，把握化学学科理论的深度与广度，充分体现化学基础知识为分析技术做铺垫。注重实践技能训练，将实训内容与理论知识贯穿一起，体现理实一体化。项目训练以就业为导向，注重基本操作、基本技能与后续课程、工作岗位及职业资格证书考核相衔接。

4. 强化知识应用性 各章节内容的表述，力求达到通俗易懂，联系实际，尽量贴近生活、接近职业。教材中设计了“实例分析”“知识拓展”栏目，增强知识与应用的联系，满足教学互动需求，增加信息量，让学生了解相关理论和技术发展前沿，为学生后续学习和发展打下良好的基础。

本教材由李森、袁志江担任主编，具体编写分工如下：李森、蒋燕舒编写第一章；刘晓金编写第二章；林珊编写第三章；钱惠菊编写第四章；董会钰编写第五章；吕保樱编写第六章；牛颖编写第七章；张稳稳编写第八章；袁志江编写第九章；郝晶晶编写第十章；周津编写第十一章。每位编者完成本章实训内容的编写。

本书在编写过程中参考、借鉴了部分著作、教材及相关资料，在此向有关作者和出版社表示感谢。同时，在编写过程中得到了各位编者所在单位的大力支持与帮助，在此谨向他们致以诚挚的敬意。

由于编者水平和经验所限，难免存在疏漏与不足之处，诚恳希望读者批评指正，以便再版时修订改正。

编　者

2021 年 5 月

目录
CONTENTS

第一章 分散系

学习引导

学习新知识的过程中，建议学生们向自己提出四个问题，即“为什么学？学什么？怎么学？怎么用?”。本章将引导大家学会回答这四个问题，并养成良好的学习方法。

为什么要学习分散系？自然界中存在各种各样的分散系，如溶液、胶体、乳状液等在我们生活和生命中发挥重要的作用。结合分散系的实例应用，理解和学习分散系的相关知识，能帮助我们理解和解决生活常见现象和专业相关问题。“学什么?”每一章的知识都是一个体系，本章在分散系分类的框架下，分别阐述溶液、溶胶、高分子溶液和乳液的相关知识。“怎么学?”，在框架下建立思维导图，将所学知识串联起来。“怎么用?”要根据实例分析、例题和实训的内容，强化理论知识的理解，理论联系实际，做到学有所用。

学习目标

1. **掌握** 分散体系的分类及特点；溶液浓度的表示方法；稀溶液的依数性；胶体的性质、稳定的因素及聚沉方法；常用玻璃仪器的操作技能及配制溶液的方法。

2. **熟悉** 溶液浓度的换算及渗透压的计算；不同电解质对胶体的聚沉能力；乳状液的类型、乳化剂的作用；实验室基本要求。

3. **了解** 渗透压在医学上的应用；胶体、乳状液及表面活性剂在食品和药品中的应用；高分子溶液、凝胶、表面活性剂的特点及应用。

一种或几种物质分散在另一种物质中所形成的体系，称为分散系。很多人们熟悉的体系，如生理氯化钠溶液、鱼肝油乳、碘酒、合金等都是分散系。被分散的物质称为分散相（或分散质），容纳分散相的物质称为分散剂或分散介质。如生理氯化钠溶液中，氯化钠为分散相，水为分散剂；碘酒中，碘单质为分散相，乙醇为分散剂等。分散系的相关知识涉及人类生产、生活的各个方面。人体内有很多物质以分散系的形式存在，如血液、唾液、组织液等；在药物制剂中，将主药成分分散到各种辅料中形成各类分散系，以利于药物贮存或吸收等。

分散系按分散相粒径大小不同可分为三大类：分散相粒径小于1nm的分散系为分子或离子分散系；分散相粒径在1~100nm的分散系为胶体分散系；分散相粒径大于100nm的分散系为粗分散系。各类分散系具有不同的特征，表1-1列出了分散系的分类及特征。

表1-1　分散系的分类及特征

分散系及实例		分散相	粒子直径	主要特征
分子分散系	真溶液（生理氯化钠溶液）	分子或离子	<1nm	透明、均匀，稳定，扩散快，粒子能透过滤纸和半透膜
胶体分散系	溶胶[$Fe(OH)_3$溶胶]	胶粒	1～100nm	透明、不均匀，相对稳定，扩散慢，粒子能透过滤纸，不能透过半透膜
	大分子溶液（蛋白质溶液）	单个高分子		透明、均匀，稳定，扩散慢，粒子能透过滤纸，不能透过半透膜
	缔合胶体（十二烷基硫酸钠胶束）	表面活性剂的胶束		均相，透明、均匀，稳定，扩散慢，能透过滤纸，不能透过半透膜
粗分散系	悬浊液（泥浆水）	固体颗粒	>100nm	不透明、不均匀，不稳定，扩散慢，粒子不能透过滤纸和半透膜
	乳状液（油水，乳胶）	小液滴		

PPT

第一节　溶　液

溶液，又称真溶液，属于分子或离子分散系，分散相微粒的直径小于1nm，具有均一、稳定、透明等性质。人类的生产、生活甚至生存都与溶液密切相关，如江、河、湖、海都是由水溶液组成；许多化学反应需要在溶液中进行；人体内的血液、细胞液、淋巴液以及各种腺体的分泌液等都是溶液，人体的新陈代谢均须在溶液中进行；在临床上，给病人补液时要特别注意溶液的浓度，如果补液的浓度过高或过低，都将产生不良后果，甚至造成生命危险。本节主要介绍溶液浓度的表示方法和溶液的配制。

一、溶液的组成及表示方法

溶液由溶质与溶剂两部分组成。溶液的浓度是指一定量的溶剂或溶液中所含溶质的量。溶液浓度有多种表示方法，本节介绍常用的几种表示方法及相关计算。

（一）物质的量浓度

即单位体积溶液中所含溶质的物质的量，用c_B表示。

$$c_B = \frac{n_B}{V} \tag{1-1}$$

SI单位是mol/m^3。常用单位还有mol/L和mmol/L等。式中，n_B为溶质B的物质的量，$n_B = \frac{m_B}{M_B}$（m_B、M_B分别为溶质的质量及摩尔质量），V为溶液的体积。在使用物质的量浓度时，必须注明物质的基本单元，如$c(NaCl)=2mol/L$，$c(1/2NaCl)=2mol/L$等。

【例1-1】临床上，1L生理氯化钠溶液中含9.0g NaCl，计算此生理氯化钠溶液的物质的量浓度。

解：溶质NaCl的物质的量：$n_B = \frac{m_B}{M_B} = \frac{9.0}{58.5} = 0.154mol$

生理氯化钠溶液的物质的量浓度：$c_B = \frac{n_B}{V} = \frac{0.154}{1} = 0.154mol/L$

即该生理氯化钠溶液的物质的量浓度为0.154mol/L。

即学即练 1-1

在正常人的血浆中，每 100ml 含 Ca^{2+} 10mg，计算正常人血浆中 Ca^{2+} 的物质的量浓度（单位为 mmol/L）。

答案解析

（二）质量浓度

即溶质 B 的质量（m_B）与溶液的体积（V）之比，用 ρ_B 表示。

$$\rho_B = \frac{m_B}{V} \tag{1-2}$$

质量浓度的 SI 单位是 kg/m^3，常用单位还有 g/L、mg/L 和 μg/L。

【例 1-2】临床上，0.9% 的氯化钠注射液和 5% 的葡萄糖注射液为常用注射液，求两种溶液的质量浓度。

解：0.9% 的氯化钠注射液为 100ml（0.1L）溶液中含有 0.9g 氯化钠；5% 的葡萄糖注射液为 100ml（0.1L）溶液中含有 5g 葡萄糖。

氯化钠注射液的质量浓度：$\rho_B = \frac{m_B}{V} = \frac{0.9}{0.1} = 9g/L$

葡萄糖注射液的质量浓度：$\rho_B = \frac{m_B}{V} = \frac{5}{0.1} = 50g/L$

即 0.9% 的氯化钠注射液和 5% 的葡萄糖注射液的质量浓度分别是 9g/L 和 50g/L。

即学即练 1-2

矿泉水中 Ca^{2+} 的浓度为 25.8mg/L，计算 1000ml 矿泉水中 Ca^{2+} 的质量。

答案解析

根据世界卫生组织的建议，在临床上表示物质的浓度时，对于相对分子质量已知的物质，用其物质的量浓度表示；对于相对分子质量未知的物质，则用其质量浓度表示。在注射液的标签上，应同时标明物质的量浓度和质量浓度。例如，静脉注射用的氯化钠溶液，应同时注明 $\rho_{NaCl} = 9g/L$，$c_{NaCl} = 0.15mol/L$。

质量浓度 ρ_B 与物质的量浓度 c_B 之间的关系为：

$$c_B = \frac{n_B}{V} = \frac{m_B}{M_B \times V} = \frac{\rho_B}{M_B} \tag{1-3}$$

（三）质量分数

即溶质 B 的质量（m_B）与溶液质量（m）之比，用 ω_B 表示。

$$\omega_B = \frac{m_B}{m} \tag{1-4}$$

m_B 和 m 的单位必须相同，质量分数没有单位，其值用小数或百分数表示。例如，市售浓硫酸质量分数为 0.98 或 98%，表示 100g 硫酸溶液中含 98g 的 H_2SO_4。

【例 1-3】将 20g 氯化钠溶于 80g 水中，配制成氯化钠溶液，计算该溶液中氯化钠的质量分数。

解：溶质的质量 $m_{NaCl} = 20g$，溶液的质量 $m = 20 + 80 = 100g$

$$\omega_{NaCl} = \frac{m_{NaCl}}{m} = \frac{20g}{100g} = 0.2$$

即溶液中氯化钠的质量分数为0.2或20%。

质量分数ω_B与物质的量浓度c_B之间的关系为：

$$c_B=\frac{n_B}{V}=\frac{\dfrac{m_B}{M_B}}{\dfrac{m_{总}}{\rho}}\times 1000=\frac{\omega_B\times\rho}{M_B}\times 1000 \tag{1-5}$$

ρ为密度，单位为g/ml；乘以1000是因为物质的量浓度单位为mol/L。

（四）体积分数

即在相同温度和压力下，溶质B的体积（V_B）与溶液体积（V）之比，用φ_B表示。

$$\varphi_B=\frac{V_B}{V} \tag{1-6}$$

V_B和V的单位务必相同，体积分数没有单位，可用小数或百分数来表示。例如，医学上消毒用乙醇溶液的体积分数为0.75或75%，表示100ml乙醇溶液中含乙醇75ml。

【例1-4】取375ml无水乙醇加水配制成500ml医用消毒乙醇，求该乙醇溶液中乙醇的体积分数。

解：乙醇的体积分数为：$\varphi_B=\frac{V_B}{V}=\frac{375\text{ml}}{500\text{ml}}=0.75$

即该乙醇溶液中乙醇体积分数为0.75或75%。

（五）比例浓度

溶液浓度要求不太准确时，一般用比例浓度表示。常用的比例浓度有溶质与溶剂之比和溶质与溶液之比两种。

1. 溶质与溶剂之比 特定溶液V_1与纯水V_2混合或两种溶液分别以V_1、V_2混合，习惯用体积比例浓度（V_1+V_2）表示，它是无量纲的量。例如，用原子吸收分光光度法测定食品中钙的含量，所用混合酸试剂“硝酸+高氯酸=4+1”，表示4体积的硝酸和1体积的高氯酸混合；盐酸溶液（1+2），表示1体积盐酸（密度1.19g/L）与2体积水混合。实际应用中，不需注明水溶剂。

2. 药典中常用的比例浓度 在溶液后标示“1→x”等符号，表示固体溶质1.0g或液体溶质1.0ml，加溶剂配制成$x$ml的溶液，称为溶质与溶液之比。如（1→10）是指将1.0g固体溶质或1.0ml液体溶质加水配制成10ml的溶液。没有特别说明，均指水溶液。例如，药用碳酸钙含量测定时，加酒石酸溶液（1→5）2ml表示将1.0g酒石酸固体加水配制成5ml的溶液，取其中2ml。这种方法简单明了，易于配制。

二、溶液的配制

食品、药品及化学实验等方面经常需要配制一定浓度的溶液。溶液配制主要有三种方法。

（一）由固体试剂配制溶液

现以配制1000ml、0.1mol/L NaOH溶液为例，说明溶液配制的步骤。

1. 根据配制溶液的浓度、体积，计算所需NaOH的质量。

$$m=c_{NaOH}V_{NaOH}M_{NaOH}=0.1\text{mol/L}\times 1\text{L}\times 40\text{g/mol}=4\text{g}$$

2. 用洁净干燥的表面皿或称量纸，在托盘天平上称取4g NaOH。
3. 将称好的NaOH置于100ml烧杯中，加适量的水溶解。
4. 溶解的NaOH溶液转入1000ml量筒中，用少量的水冲洗烧杯2～3次，洗液一并倒入量筒，加水至量筒刻度线附近，改用胶头滴管滴加至刻度线，搅拌均匀即可。

5. 将配制好的 0.1mol/L NaOH 溶液转入试剂瓶，贴好标签，备用。

若配制浓度十分精确的溶液时，要用分析天平称量、用容量瓶进行定容配制。

（二）溶液的稀释

浓溶液中加入一定量的溶剂，配制成所需浓度稀溶液的操作过程称为溶液的稀释。如市售的浓硫酸、浓盐酸等在使用时加入一定量的水稀释成所需浓度。

稀释过程是将溶剂加入定量的溶液中，因此稀释前后溶质的质量（或物质的量）不变。若浓溶液的浓度和体积为 c_1、V_1，稀释后溶液的浓度和体积为 c_2、V_2，则

$$c_1 \times V_1 = c_2 \times V_2 \qquad (1-7)$$

式（1－7）称为稀释定律。应用公式时，必须注意等号两边的单位保持一致。

【例 1－5】如何用 1mol/L 的 HCl 溶液配制 0.05mol/L 的盐酸溶液 500ml？

解：根据稀释定律 $c_1 \times V_1 = c_2 \times V_2$，得：$V_1 = \frac{c_2V_2}{c_1} = \frac{0.05\text{mol/L} \times 500\text{ml}}{1\text{mol/L}} = 25\text{ml}$

即配制 0.05mol/L 的盐酸溶液 500ml，需要 1mol/L 的 HCl 溶液体积为 25ml。

用量筒量取 1mol/L 的 HCl 溶液 25ml，加水稀释到 500ml，搅拌均匀，转入试剂瓶，贴好标签即可。

应特别注意的是，用浓硫酸溶液配制稀硫酸溶液时，需要缓慢地将浓硫酸加入烧杯内的水中，并且要边加边搅拌，绝对不能把水倒入浓硫酸中。待溶液冷却后，将其全部转移至量筒内，再加蒸馏水稀释至所需体积。这是因为浓硫酸密度（1.84g/ml）大，遇水放出大量的热。

（三）溶液的混合

将溶质相同、浓度不同的两种溶液按一定比例混合，得到所需浓度溶液的操作过程称为溶液的混合。混合前后溶质的总量不变。

设同一溶质、不同浓度的两种溶液的浓度分别为 c_1、c_2，体积分别为 V_1、V_2，混合后溶液的浓度及体积分别为 c、V，混合后溶液的总体积为 $V = V_1 + V_1$，则：

$$c_1V_1 + c_2V_2 = cV \qquad (1-8)$$

【例 1－6】用浓度 2.8mol/L 与 0.28mol/L 的 HCl 溶液，配制成 0.56mol/L HCl 溶液 500ml，所需 2.8mol/L 与 0.28mol/L 的 HCl 溶液各多少毫升？

解：设需 2.8mol/L 与 0.28mol/L 的 HCl 溶液的体积分别为 V_1、V_2，则有 $V_1 + V_2 = V$。

根据公式（1－6）

$$2.8V_1 + 0.28V_2 = 0.56 \times 500$$

上式与 $V_1 + V_2 = 500$ 联立，解得：$V_1 = 55.6\text{ml}$，$V_2 = 444.4\text{ml}$

配制时，量取 2.8mol/L HCl 溶液 55.6ml、0.28mol/L HCl 溶液 444.4ml，混合并搅拌均匀，即得所需浓度的溶液。

答案解析

即学即练 1－3

若配制体积分数为 75% 的医用乙醇消毒溶液 95ml，需用体积分数为 95% 的乙醇溶液多少毫升？

PPT

第二节　稀溶液的依数性

溶液的形成是一个物理化学过程，此过程中通常有两类性质会发生变化。一类性质变化取决于溶质的本性，如溶液的颜色、密度、酸碱性和导电性等；另一类性质变化只与溶质的微粒数有关，如溶液的蒸气压下降、沸点升高、凝固点降低及溶液的渗透压等。这类只与溶质微粒数有关而与溶质的本性无关的性质称为依数性。难挥发非电解质稀溶液（≤0.2mol/kg）的依数性有明显的规律性。其中，渗透压与医药学的关系最为密切。

一、溶液蒸气压的下降

（一）蒸气压

一定温度下，将纯溶剂置于密闭的容器中，由于分子的热运动，一部分能量较高的分子克服了其他分子的束缚力逸出液面，扩散到液面上方形成气态分子，这一过程称为蒸发。同时，液面上方的蒸气分子受到液面分子吸引或外界压力的作用重新回到液体中，这一过程称为凝聚。开始时蒸发速度较快，随着蒸气分子数的增多，凝聚速度不断加快，当蒸发与凝聚速度相等时，气－液两相达到平衡状态，此时液面上蒸气的压力称为溶剂在此温度下的饱和蒸气压，简称蒸气压，用符号 p^* 表示，SI 单位为 Pa 或 kPa。

蒸气压的大小与物质的本性和温度有关。固体的蒸气压比较小，如 273K 时，冰的蒸气压只有 0.61kPa。一般温度越高，蒸气压越大。本节只考虑纯溶剂的蒸气压，忽略难挥发溶质的蒸气压。

（二）溶液的蒸气压下降

纯溶剂中加入少量难挥发的非电解质形成稀溶液（如纯水中加入少量蔗糖形成蔗糖溶液），则在同一温度下，稀溶液（蔗糖溶液）的蒸气压总是低于纯溶剂（水）的蒸气压，这种现象称为溶液的蒸气压下降。稀溶液的蒸气压（实际上是指溶液中溶剂的蒸气压，因溶质难挥发，其蒸气压忽略不计）之所以低于纯溶剂的蒸气压，一方面是由于溶质分子与溶剂分子结合成溶剂化分子，束缚了一部分溶剂分子的运动；另一方面溶质分子占据了溶液的部分液面，单位液面上溶剂分子数减小，逸出液面的溶剂分子数也会减小。如图 1－1 所示，曲线 AB 为纯溶剂的蒸气压曲线、A′B′是溶液的蒸气压曲线，可以看到，A′B′在 AB 的下方，显示溶液的蒸气压低于纯溶剂的蒸气压。

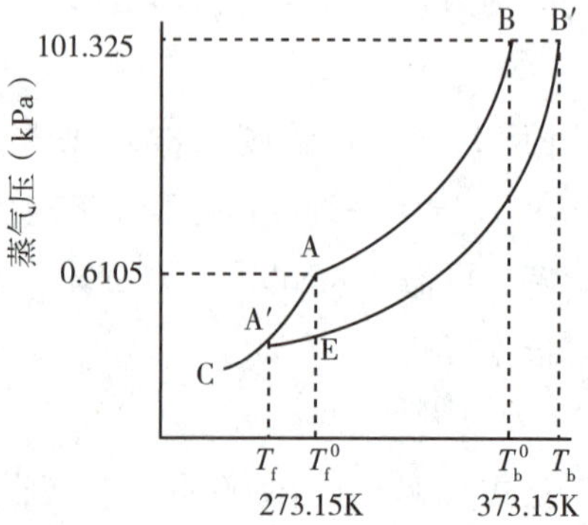

图 1－1　纯溶剂、稀溶液的蒸气压－温度曲线

二、溶液沸点的升高

（一）溶剂的沸点

液体的蒸气压与温度有关，温度越高，蒸气压越大。当加热液体时，随着温度的增高，液体中的微小气泡里面的气体蒸气压不断增大，气泡因浮力增大不断上升，当升高到一定温度时，气泡上升至液面

且气泡中的气体蒸气压等于外界压强时，气泡炸裂，产生的现象称为沸腾现象，此时的温度称为液体的沸点。

沸点主要与外界压强有关，外压越大，沸点越高。标准大气压（100kPa）下，液体的沸点称为正常沸点，如纯水的沸点为373.15K、乙醇的沸点为351.2K。一定大气压下，纯溶剂的沸点为一常数。

（二）溶液沸点的升高

水中加入难挥发的非电解质形成溶液，溶液的蒸气压下降。因此，在标准大气压时，水溶液加热至373.15K时，溶液的蒸气压低于纯水在此温度下对应的蒸气压，即低于外界标准大气压，因此不能沸腾。继续加热至某一更高温度，使水溶液的蒸气压与外界大气压相等时，才能沸腾。因此，溶液的沸点高于纯溶剂的沸点。如图1-1所示，溶液蒸气压曲线（A′B′）上的B′点的温度高于纯溶剂蒸气压曲线（AB）上B点的温度。

三、溶液凝固点的降低

（一）溶剂的凝固点

液态溶剂的凝固点是纯溶剂的液相与其固相蒸气压相等时，固-液两相平衡共存的温度。如图1-1中纯溶剂的蒸气压曲线AB与冰的蒸气压曲线CA分别相交于A点，在A点水与冰平衡共存且具有相同蒸气压（0.6105kPa），该点对应的温度（273.15K）即为纯水的凝固点。若固-液两相蒸气压不相同，则蒸气压大的一相将向蒸气压小的一相转化。例如，当体系温度低于273K时，冰的蒸气压小于0.61kPa，水将结成冰；反之，冰的蒸气压大于0.61kPa时，冰则融化为水。

（二）溶液的凝固点降低

溶液的凝固点是溶液与其固相纯溶剂的蒸气压相等时，固-液平衡共存时的温度。如图1-1所示，溶液的蒸气压曲线A′B′与冰的蒸气压曲线CA分别相交于A′点，即为溶液的凝固点。273.15K时，对于溶液来说，其蒸气压对应E点，没有达到其与固相纯溶剂相同的蒸气压点A′点，因而不能凝固，只有继续降低温度，到达A′点才能凝固。A′点温度低于A点温度，即溶液的凝固点低于纯溶剂的凝固点。

四、溶液的渗透压

（一）渗透压

1. 扩散　盛有水的烧杯中滴入1滴蓝墨水，水慢慢变成均匀的蓝色；蔗糖溶液上层小心地加入清水，一段时间后成为浓度均匀的蔗糖水溶液。这种物质由高浓度向低浓度区域定向迁移的过程称为扩散。任何纯溶剂与溶液之间或两种不同浓度的溶液之间都存在着扩散现象。

2. 渗透现象　半透膜是一种只允许较小的溶剂（如水）分子通过，溶质（如蔗糖）分子不能通过的薄膜。如细胞膜、毛细血管壁、动物肠衣、人工制造的羊皮纸等均属于半透膜。

用半透膜将纯溶剂与蔗糖溶液隔开，并使膜两侧液面相平，图1-2（a）所示。水分子可以向两个方向通过半透膜，同体积的纯水中水分子数目比蔗糖溶液中水分子数目多，在单位时间内，水分子由纯水向蔗糖溶液扩散的速度大于水分子由蔗糖溶液向纯水扩散的速度。因此，蔗糖溶液的液面逐渐上升，而纯水的液面缓慢下降。同样，在半透膜两侧放入浓度不同的溶液，一段时间后，浓溶液的液面升高，稀溶液的液面降低，图 1－2（b）所示。这种溶剂分子通过半透膜由纯溶剂进入溶液（或由稀溶液进入浓溶液）的过程称为渗透现象，简称渗透。

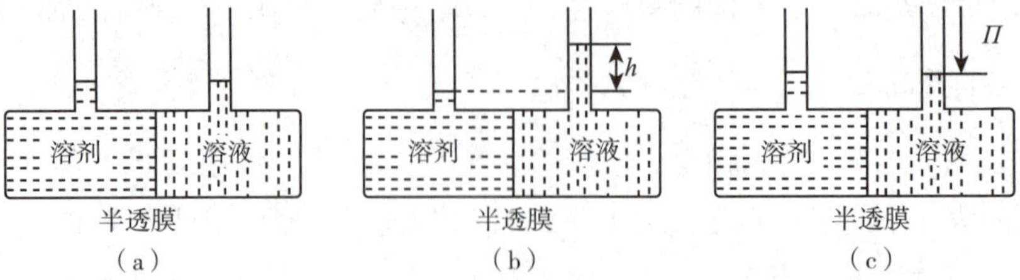

图 1－2　稀溶液的渗透压

渗透现象的产生必须具备两个条件：①有半透膜存在；②半透膜两侧溶液有浓度差。渗透方向是溶剂分子由纯溶剂向溶液或由稀溶液向浓溶液的方向进行。

3. 渗透压　渗透达到平衡后，半透膜两侧液面出现高度差，如图 1－2（b）所示，此时膜两侧液体产生的压力称为渗透压。或者说，为了阻止溶剂水分子透过半透膜进入溶液，使渗透现象不发生，需要在溶液液面上施加的压力，即渗透压［图 1－2（c）］。渗透压用符号 Π 表示，单位为 Pa 或 kPa。

4. 渗透压的计算　1886 年，荷兰化学家范特荷夫（van't Hoff）根据试验结果，提出了难挥发性非电解质稀溶液的渗透压与溶液物质量浓度 c、绝对温度 T 的关系：

$$\Pi = cRT \tag{1-9}$$

式中，R 为摩尔气体常数，值为 8.314kPa · L/（mol · K）；T 值为 273 + t（t 为摄氏温度），单位为 K。

式（1－9）表明，一定温度下，难挥发性非电解质稀溶液的渗透压只与溶液的物质的量浓度有关，而与溶质的本性无关。如 310K 时，0.30mol/L 蔗糖溶液与 0.30mol/L 葡萄糖溶液的渗透压均为 772.8kPa。

强电解质在溶液中全部电离，单位体积内溶质的微粒数多于同浓度的非电解质，因此，在计算电解质溶液的渗透压时，需引进一个校正因子 i，即

$$\Pi = icRT \tag{1-10}$$

其中，i 是溶质的一个“分子”在溶液中能产生的颗粒数，与电解质的类型有关，强电解质 AB 型，$i = 2$；A_2B 或 AB_2 型，$i = 3$；AB_3 或 A_3B 型，$i = 4$。例如 NaCl 的 $i = 2$，$MgCl_2$ 的 $i = 3$。

【例 1－7】计算 310K 时，9g/L 的 NaCl 溶液和 50g/L 的葡萄糖溶液的渗透压。

解：NaCl 摩尔质量 $M_{NaCl} = 58.5g/mol$，葡萄糖的摩尔质量 $M_{C_6H_{12}O_6} = 180g/mol$，

9g/L 的 NaCl 溶液的物质的量浓度

$$c = \frac{\rho}{M} = \frac{9g/L}{58.5g/mol} = 0.154mol/L$$

对于 NaCl 溶液

$$\Pi_{NaCl} = icRT = 2 \times 0.154mol/L \times 8.314kPa \cdot L/(mol \cdot K) \times 310K = 793.82kPa$$

50g/L 的葡萄糖溶液的物质的量浓度为

$$c = \frac{\rho}{M} = \frac{50g/L}{180g/mol} = 0.278mol/L$$

葡萄糖溶液的渗透压

$$\Pi = cRT = 0.278mol/L \times 8.314kPa \cdot L/(mol \cdot K) \times 310K = 716.50kPa$$

即学即练 1－4

答案解析

下列现象均与渗透压有关，你认为对吗？

（1）淡水鱼和海水鱼不能互换生活环境。

（2）人运动后出汗过多会感到口渴。

（3）淡水中游泳时间过长会感到眼球发胀有疼痛感。

（二）渗透压在食品医药行业的应用

1. 渗透压在食品加工中的应用　在不影响食品质量的前提下，提高食品的渗透压，可抑制微生物生长，增加食品的安全贮运时间。经过干制、干燥、盐腌等方法处理的食品，细胞内的盐分浓度增加或蛋白质变性，不利于微生物生长繁殖，因而便于贮存和运输。食盐和蔗糖是形成不同渗透压的主要物质，其浓度越大，渗透压越高。因此，食品加工中以干制、盐腌、糖渍等为主，既可以满足大众口感，又能达到贮运的目的。

2. 渗透压在医学上的应用

（1）渗透浓度　人的体液中含有多种电解质与非电解质，这些物质在体液中都能产生渗透效应。体液中产生渗透效应的各种粒子的总浓度称为渗透浓度，用符号 c_{os} 表示，其常用单位为 mmol/L。在医学上，常用渗透浓度间接表示体液的渗透压的大小。如 9g/L 的生理氯化钠溶液的渗透浓度为 308mmol/L，50g/L 的葡萄糖溶液的渗透浓度为 278mmol/L。

（2）低渗、高渗、等渗　在相同的温度下，渗透压相等的溶液互为等渗溶液。渗透压不相等的两种溶液，渗透压较高的溶液称为高渗溶液，反之为低渗溶液。

正常人血浆的渗透浓度平均值为 303.7mmol/L。临床上规定，渗透浓度在 280～320mmol/L 的溶液称为等渗溶液；渗透浓度低于 280mmol/L 的溶液称为低渗溶液；渗透浓度高于 320mmol/L 的溶液称为高渗溶液。

等渗溶液在医学上具有重要的意义。给患者处置伤口时，要采用生理氯化钠溶液冲洗伤口，这是因为生理氯化钠溶液与组织细胞液等渗；配制的眼药水必须与眼黏膜细胞的渗透压力相同，否则眼睛会发胀、疼痛。临床上常用的 9.0g/L NaCl、12.5g/L $NaHCO_3$、50.0g/L 葡萄糖、19.0g/L 乳酸钠溶液等都是等渗溶液，为患者输液必须使用等渗溶液，以维持正常的血浆渗透压，使红细胞保持正常的形态，否则会引起红细胞变形甚至破裂。需要注意的是，针对治疗的需要，输入少量高渗溶液也是允许的，如低血糖病人输入少量的 500g/L 的葡萄糖溶液，使用时要严格控制用量，注射速率也要小，避免导致栓塞等不良后果。

实例分析

实例　图 1－3 为红细胞在三种不同渗透浓度的 NaCl 溶液中的形态。红细胞在 9.0g/L 的 NaCl 溶液（A）中能保持正常形态；在 3.0g/L 的 NaCl 溶液（B）中出现溶血现象；在 15.0g/L 的 NaCl 溶液（C）中出现胞质分离现象。

（A）等渗溶液　　（B）低渗溶液　　（C）高渗溶液

图1-3　红细胞在不同渗透浓度溶液中的形态

问题　请用低渗、高渗、等渗原理，解释上述现象。

答案解析

（3）晶体渗透压与胶体渗透压　人体血浆中既有大量的无机盐也有各种大分子物质，血浆总的渗透压是由两类物质共同产生的，由无机盐离子产生的渗透压称为晶体渗透压，约为729.5kPa；各种大分子蛋白产生的渗透压称为胶体渗透压，约为40.5kPa。由于血浆中的无机盐离子数比大分子蛋白的数量多，因而晶体渗透压大于胶体渗透压。

生物半透膜（如细胞膜）控制不同的物质进出细胞，导致晶体渗透压与胶体渗透压具有不同的生理功能。晶体渗透压对维持细胞内、外水盐平衡起主要作用。如果人体由于某种原因失水，细胞外液的无机盐浓度相对升高，晶体渗透压增大，细胞内液中的水分子向外渗透造成细胞萎缩；反之，如果大量饮水，造成细胞外液的无机盐浓度相对低于细胞内液，水分子则从细胞外通过细胞膜向细胞内渗透，从而造成细胞膨胀。胶体渗透压虽小，但在维持毛细血管内、外水盐的平衡中起着重要作用，如果血液中蛋白质含量降低，胶体渗透压较低，则水分子以及小离子将会透过毛细血管壁向组织液中渗透，严重时会造成水肿。临床治疗中，因失血造成血浆渗透压降低的患者，不仅需要补充盐水，还应输入血浆或右旋糖酐等代血浆，恢复胶体渗透压的同时增加血容量。

第三节　胶　体

微课

PPT

分散相粒子的直径在1～100nm的分散系称为胶体。胶体分为溶胶、高分子溶液和缔合胶体。胶体与人类的生活密切相关，如蛋白质、淋巴液、血液、病毒等物质在人体中均以胶体的形式存在；不溶于水的药物制成胶体能被人体吸收；一些生物试剂、染料的使用和保管均与胶体有关。

一、溶胶

难溶性固体分散在介质中所形成的胶体分散系，称为憎液胶体，简称溶胶。按分散介质存在状态不同，可分为液溶胶、气溶胶和固溶胶，如氢氧化铁溶胶是氢氧化铁固体分散于液体得到的液溶胶；烟、尘是固体颗粒分散于气体介质中得到的气溶胶；有色玻璃是有色金属分散于二氧化硅固体形成的固溶胶等。

（一）溶胶的性质

溶胶分散相粒子是由许多小分子、原子或离子构成的聚集体，分散相与分散介质之间有明显的界面，是热力学不稳定体系。溶胶具有多相、高分散和聚集不稳定性的特征，因此在光学、动力学和电学等方面表现出一些特殊性质。

1. 溶胶的光学性质

（1）丁达尔现象　如果用一束强光照射胶体溶液，在光束垂直的方向上可以看到一条光柱，这种现象称为丁达尔现象。夜晚远处灯塔发出的光束、透过树叶间的缝隙射入密林的阳光光束，都是丁达尔现象。

（2）丁达尔现象产生的原因　分散系中分散质微粒大小不同，用可见光照射时，可以观察到不同的现象。粗分散系粒子直径大于可见光的波长，光线在粒子表面主要发生反射现象而出现浑浊；分子或离子分散系微粒较小，可见光能够透过，观察到透明稳定的真溶液；胶体分散系微粒略小于入射光波长，每个粒子吸收入射光后，本身就像一个微小的光源，向不同方向发出乳光，即发生散射现象，丁达尔现象就是胶体粒子散射现象的结果。

2. 溶胶的动力学性质

（1）布朗运动　1827 年，植物学家布朗用显微镜观察到悬浮在水中的花粉微粒进行着无规则的运动，称为布朗运动。胶体微粒在分散介质中，同样进行着这种无规则的运动，如图 1－4 所示。布朗运动的产生是微粒与介质分子之间连续相互碰撞的结果。

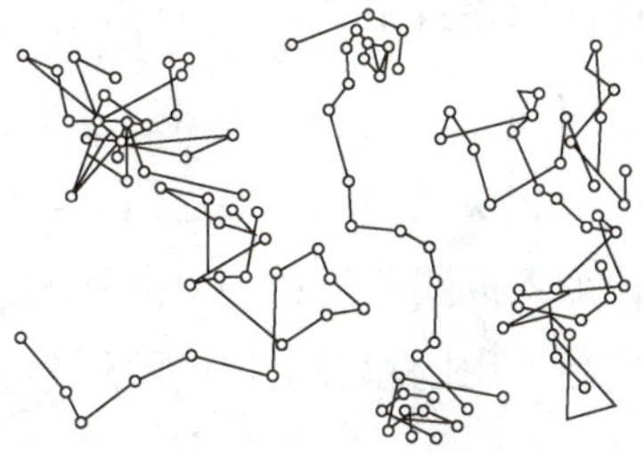
图 1－4　布朗运动示意图

（2）扩散和沉降平衡　布朗运动的结果使溶胶中存在浓度差，胶体粒子从高浓度向低浓度区域作定向迁移，这种现象称为扩散。温度越高，溶胶的黏度越小，粒子越容易扩散。

分散系中，分散相粒子因重力作用下沉的现象称为沉降。胶体分散系中，胶粒的半径较小，扩散和沉降同时存在。当扩散与沉降速度相等时，体系处于平衡状态，胶粒的浓度自上而下逐渐增大，形成稳定的浓度梯度，称为沉降平衡。沉降平衡是胶体长期稳定存在的重要因素。

3. 溶胶的电学性质

（1）溶胶的电泳　如图 1－5 所示，将红棕色的 $Fe(OH)_3$ 溶胶置于 U 型管内，管口插入电极，接通电流，观察到负极一端红棕色界面上升，正级一端的界面下降，表明 $Fe(OH)_3$ 溶胶粒子带正电向负极移动。在外电场的作用下，溶胶粒子在分散介质中做定向移动的现象称为电泳现象。电泳现象证明了胶体粒子是带电的，通过电泳方向可以判断胶粒的电性。电泳技术在氨基酸、多肽、蛋白质及核酸等物质的分离和鉴定方面有广泛的应用。

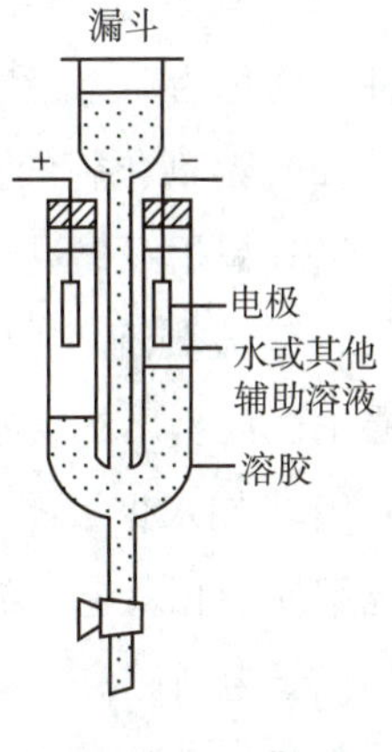

图 1－5　电泳装置

（2）溶胶电泳的原因　图 1－6 为 AgI 溶胶的胶团结构示意图，胶核为 AgI 的聚集体，胶核粒径小于 100nm，具有很强的吸附能力，吸附 n 个 I^- 离子（溶胶形成中，胶核优先吸附与自身组成相同的粒子，若 I^- 过量，胶核优先吸附游离的 I^-，若 Ag^+ 过量，则优先吸附 Ag^+。本示意图中假设 I^- 过量）。nI^- 离子周围吸附 $n-x$ 个 K^+，组成吸附层，胶核和吸附层组成胶粒，因此胶粒带负电；另外有 x 个 K^+ 由于热运动跑到离胶核较远的区域，为扩散层。胶粒与扩散层组成胶团，胶团是电中性的。在不通电的情况下，胶体以胶团结构存在，不带电；通电时，胶粒与扩散层分离，分别向相反方向移动，胶粒呈现电性，产生电泳现象，带负电的 AgI 胶粒，向正极移动。

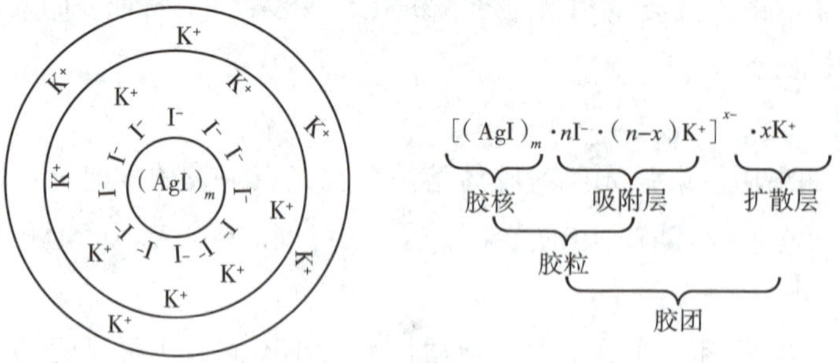

图 1-6 AgI 胶团结构示意图

（二）溶胶的净化

新制得的溶胶，如果含有过多的电解质会破坏溶胶的稳定性，因此要将溶胶净化，除去过量的电解质。通常采用的方法是透析，又称渗析，是利用膜对溶质的选择透过性，以浓度差为推动力，实现不同溶质的分离过程。把欲净化的胶体溶液放入半透膜袋，浸入盛有蒸馏水的容器中，胶粒不能透过半透膜，而小分子、离子可以透过半透膜扩散到蒸馏水中，达到了净化的目的。电渗析是在电场作用下，利用离子交换膜的选择透过性，产生阴、阳离子的定向迁移，达到溶液分离、提纯和浓缩的目的。如牛奶脱盐加工成婴儿奶粉、分离乳酸或柠檬酸等都是胶体渗析法；“人工肾”是急性肾功能不全病人的临时替代品，用以除去机体内的代谢废物，是渗析技术在临床上的应用。

（三）溶胶的稳定性与聚沉

1. 溶胶稳定的原因 溶胶是高度分散、多相的、热力学不稳定体系。但实际上，很多溶胶能长时间稳定存在，溶胶稳定存在的主要因素有以下几方面。

（1）胶粒带电性 溶胶粒子表面都带有电性。同一溶胶，电性相同的胶粒靠近时，由于静电斥力作用而相互排斥，阻止胶粒间的接近，使溶胶保持稳定。一般来说，静电斥力越大，胶粒的稳定性越大。胶粒带电是溶胶稳定存在的主要原因。

（2）动力稳定性 溶胶粒子的布朗运动，可以克服重力作用不发生沉降，使胶粒保持均匀分散，这种作用称为动力稳定性。布朗运动越剧烈，动力稳定性越大，胶粒越不容易聚沉。

（3）溶剂化膜的作用 胶粒表面上的离子，能将溶剂分子吸附到表面形成一层溶剂化膜，如水化膜。当胶粒相互靠近时，水化膜隔离了胶粒的结合，阻止了溶胶的聚沉。

2. 溶胶聚沉 溶胶在理化因素的作用下，分散相粒子相互聚集，颗粒变大，分散度降低，从分散介质中沉淀析出的现象称为聚沉。聚沉的方法主要有以下几种。

（1）加入少量的电解质 溶胶对电解质十分敏感，少量的电解质就能使溶胶聚沉。由于胶粒电荷与电解质中相反电性的离子互结合，发生电中和，溶剂化膜变薄而产生了聚沉。电解质中与胶粒电性相反的离子电荷越高，聚沉能力越强。

例如，三种不同电解质 NaCl、$CaCl_2$、$AlCl_3$，对 AgI 负溶胶起聚沉作用的是阳离子 Na^+、Ca^{2+}、Al^{3+}，因此，聚沉能力的大小顺序是 $AlCl_3 > CaCl_2 > NaCl$。

（2）溶胶的相互聚沉 两种带相反电荷的溶胶混合，胶粒电荷彼此中和而发生相互聚沉，溶胶的总电荷量越接近，聚沉效果越好。当它们的总电量相等时，溶胶粒子所带电荷全部中和，聚沉达到最大化。将明矾加入水中能起到净化作用，就是利用了胶体相互聚沉的性质。

(3) 高分子化合物的敏化作用　溶胶中加入少量的高分子化合物。溶胶的稳定性降低，甚至发生聚沉，这种现象称为敏化作用。少量的高分子化合物，不能将胶粒表面完全覆盖，胶粒附着在高分子链上，使溶胶质量增大，促使溶胶聚沉。

(4) 加热　温度升高，胶粒运动速率加快，碰撞机会增多，同时，胶核吸附离子的能力降低，水化程度降低，从而导致溶胶发生聚沉。如蛋白质溶液加热时，溶解度降低而发生沉淀现象，变性而凝固。

二、高分子溶液

高分子化合物的相对分子质量很大，通常为 $10^4 \sim 10^6$。高分子化合物包括天然和人工合成两种。如血浆代用液、疫苗等是人工合成的高分子化合物；淀粉、蛋白质、核酸、纤维等属于天然高分子化合物。许多高分子化合物能溶解于适当的溶剂中形成高分子溶液。

（一）高分子溶液的特点

高分子溶液的溶质分子大小在 1 ~ 100nm，属于胶体分散系，因此表现出一些与溶胶相似的性质。但是在溶液中，高分子化合物以单个分子存在，其结构与溶胶颗粒不同，所以它的性质又与溶胶有不同之处，高分子溶液是真溶液，是热力学稳定系统。高分子化合物摩尔质量相对较大，高分子溶液又具有一些特殊性质。

1. 黏度大　高分子化合物的结构复杂，链状分子彼此靠近相互结合，高度的溶剂化作用束缚了溶液的流动性。因此，高分子溶液黏度较大，如蛋白质溶液、天然橡胶等。

2. 稳定性大　高分子化合物分子中有许多亲水性基团，与水分子有较强的亲和力，表面分子与水分子可以形成较厚的水化膜，这是高分子化合物稳定的主要原因。

3. 溶解的可逆性　高分子化合物能自动溶解在溶剂中形成真溶液。用烘干或蒸发的方法可以将高分子化合物从溶液中分离出来，若再加溶剂，又能自动溶解得到原溶液。但胶体聚沉后再加溶剂不能复原。

4. 盐析　高分子溶液不带电，表面水化膜较厚，加入少量电解质很难发生聚沉。高分子溶液中加入足够的电解质，溶解度降低，形成沉淀从溶液中析出的过程称为盐析。如蛋白质加入高浓度的无机盐（如硫酸铵）而析出，析出的蛋白质可溶解在水中，不影响其性质。因此，盐析是一个可逆的过程，采用多次盐析的方法，可以分离、提纯蛋白质。

知识链接

蛋白质的盐析

蛋白质是高分子化合物，其水溶液很稳定。水化膜和蛋白质离子相互排斥是其水溶液稳定的主要因素。

向蛋白质溶液中加入电解质 [如 NaCl、$(NH_4)_2SO_4$ 等无机盐] 到一定程度，蛋白质便沉淀析出，这种作用叫盐析。盐析的原理是由于盐的离子结合水的能力大于蛋白质，因而破坏了蛋白质的水化膜，同时带相反电荷的盐离子又能中和蛋白质所带的电荷，使蛋白质分子失去稳定因素而发生沉淀。

盐析所需盐的最小浓度叫盐析浓度。同种盐对不同蛋白质盐析的浓度不同。例如，球蛋白在半饱和的硫酸铵溶液中即可析出，而白蛋白要在饱和的硫酸铵溶液中才能析出。因此，可用逐渐加大盐浓度的方法，使不同的蛋白质分段析出从而得以分离，这种操作称为分段盐析。在临床检验上，利用分段盐析可以测定人血白蛋白和球蛋白的含量，借以帮助诊断某种疾病。

（二）高分子化合物对胶体的保护作用

高分子化合物对溶胶具有双重性作用，既有敏化作用也有保护作用。溶胶中加入足量的高分子化合物，胶粒表面吸附高分子化合物并包住胶粒，阻止了胶粒的聚集，增强了稳定性，这种现象称为高分子化合物对溶胶的保护作用。例如，含明胶的 $AgNO_3$ 溶液中加入 NaCl 生成 AgCl 溶胶，不容易形成沉淀；血液中难溶盐如碳酸钙、磷酸钙等以溶胶的形式存在，蛋白质对它们起到了保护作用，如果血液中的蛋白质含量减少，这些盐类将发生聚沉，沉积在肝、肾等器官将形成“结石”。

三、凝胶

凝胶是胶体存在的一种特殊形式。温度降低或浓度增大时，高分子溶质或溶胶相互联结形成网状结构，失去流动性成为弹性半固体状的物质称为凝胶或冻胶，这一过程称为胶凝。如豆浆是流体，加入电解质后变成豆腐，豆腐即为凝胶；动物胶、明胶以及淀粉制成的浆糊等也是凝胶；生物体内的肌肉、脑髓、软骨、指甲、毛发细胞膜等都是凝胶；很多生理过程，如人体的衰老、血液的凝结等都与凝胶的性质有关；近年来迅速发展的凝胶电泳和凝胶色谱法都利用了凝胶的性质。

（一）凝胶的分类

凝胶可根据来源、形态、溶剂的类型及交联方式进行分类。

1. 来源 分为天然凝胶和合成凝胶。动物的肌肉、脏器、毛发、指甲等都是天然凝胶；隐形眼镜、高吸水树脂等是人工合成凝胶。人造皮肤、人造角膜等医用材料是将生物凝胶与合成凝胶混合使用，提高合成凝胶的生物适应性，具有特殊的生物功能。

2. 形态 分为弹性凝胶和非弹性凝胶。适当的条件下，弹性凝胶与高分子溶液之间可以相互逆转，也称为可逆凝胶，如皮肤、凝固的血液、肉冻等均为弹性凝胶；非弹性凝胶失水后成为干凝胶，干凝胶不能重新吸收水分成为凝胶，故又称为不可逆凝胶，如硅胶、氢氧化铝干凝胶。

3. 溶剂类型 根据溶剂所处的状态分为液凝胶和干凝胶。水凝胶、有机凝胶为液凝胶；冻豆腐、硅胶等属于干凝胶。

4. 交联方式 分为物理凝胶和化学凝胶。以分子间作用力、氢键、静电引力等方式结合形成的凝胶称为物理凝胶；通过化学桥联方式形成网状结构的凝胶称为化学凝胶。大多数的天然凝胶属于化学凝胶，此类凝胶比较牢固稳定。

（二）凝胶的性质

凝胶的性质主要有溶胀、触变和离浆作用。

1. 溶胀作用 是弹性凝胶特有的性质。干的弹性凝胶吸收液体或蒸气，自身体积增大、质量增加的作用称为溶胀作用，分为有限溶胀和无限溶胀。蛋白在水中可以无限溶胀最终成为高分子溶液；纤维在水中是有限溶胀，不能形成溶液。溶胀随物理条件变化而不同，如明胶在冷水中为有限溶胀，升高温度则为无限溶胀，最终成为明胶溶液。

2. 触变作用 凝胶受外力作用使网状结构拆散而变成溶胶，外力解除静置后又恢复凝胶状态，这种凝胶与溶胶相互转化的现象称为触变。触变作用的特点是凝胶结构的拆散与恢复是可逆的，如浓

$Fe(OH)_3$溶胶中加入少量电解质，黏度增加并转变为凝胶，将此凝胶稍加振动，变成溶胶，静置后又成为凝胶。药膏以及抗生素油剂都要求有一定的触变性能；建筑涂料有触变型的乳胶漆。

3. 离浆作用　液体自动而缓慢地从凝胶中分离出来的同时，凝胶体积逐渐缩小的现象称为离浆（或脱液收缩），也称为“脱水收缩”或“出汗”。离浆与物质的失水干燥不同，离浆失去的是稀溶胶或高分子稀溶液，并且在低温潮湿的环境中进行。离浆现象十分普遍，如细胞老化失水导致皮肤变皱、浆糊脱水收缩等均与离浆现象有关。

第四节　表面活性剂和乳状液

PPT

一、表面活性剂

（一）表面张力

凡是非匀相的系统，如粗分散系、溶胶，在体系中都存在界面。界面是相与相之间的接触面，是两相之间的过渡层，根据形成界面的物质的聚集态可分为气-液、气-固、液-液等界面。习惯上将其中一相为气相的界面称为表面。相界面上发生的所有物理和化学现象均称为界面现象或表面现象。表面现象在自然界中普遍存在，如水在毛细管中会自动上升，油滴在水面上自动呈薄膜状等。胶体的吸附性、带电性、不稳定性等都与表面现象有关。表面现象对催化剂的制备、药物的制备和使用、食品添加剂的合成等都具有指导意义。

表面分子具有某些特殊性质，主要与表面分子与液相内部分子受力不均匀有关。如图1-7所示，对于液体内部的分子A，邻近分子对它作用力相等，相互抵消；而表面分子B，上方气相分子稀疏对其吸引力小，液相分子密集对B的作用力相对较大，因此，表面分子受力不均匀，受到液体内分子的拉力，这种拉力作用的结果使液体表面积有收缩为最小的趋势。这种存在于液体表面使液面收缩的力，称为表面张力，用符号σ（N/m）表示。液膜自动收缩、液滴自动缩成球形以及毛细现象等均与表面张力有关。表面张力的大小与物质的本性、共存的另一相的性质以及温度、压力等有关。体系组成一定的情况下，影响表面张力的因素主要是温度，温度越高，表面张力越小。将液体内部的分子移到表面，需要克服表面张力做功。因此，表面分子比液体内分子具有较高的能量。一般来讲，表面张力越大，增加表面积消耗的能量越多，表面能越高；体系的分散度越高，表面积越大，体系表面能越高。

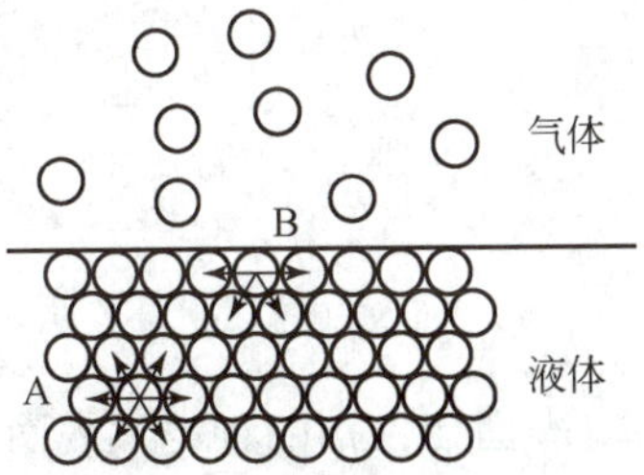

图1-7　液体表面分子受力示意图

（二）表面活性剂

加入少量即能显著降低液体表面张力产生正吸附的一类物质称为表面活性剂。

1. 表面活性剂的特征

（1）双亲结构　表面活性剂的分子具有“双亲结构”，即由极性的亲水性基团和非极性亲油基团组成，如图1-8所示。

（2）表面吸附　表面活性剂的两亲性结构使其倾向于大部分集中在溶液表面或互不相溶的液体界面，这种现象称为“表面正吸附”。

(3) 胶束和临界胶束浓度　当达到一定浓度时，表面吸附达到饱和，表面层的表面活性剂成为密集的单分子膜，继续增加表面活性剂的浓度将不再引起表面张力的继续降低。此时，多余的分子只能进入溶液中，为了减少亲油基团与水的接触面积，亲油基团相互靠拢形成聚集体，称为胶束，图1-9所示。形成胶束所需表面活性剂的最低浓度称为临界胶束浓度（简写为CMC）。在CMC附近，表面活剂溶液的理化性质如渗透压、蒸气压、光学性质、溶解度、去污能力等都有明显的变化。胶束的形状有球状、棒状、层状等，图1-10所示，排列紧密的层状胶束有液晶的性质，液晶既具有液体的流动性，又具有各向异性，生物体内的某些器官、皮肤、肌肉等都具有液晶态的有序结构。

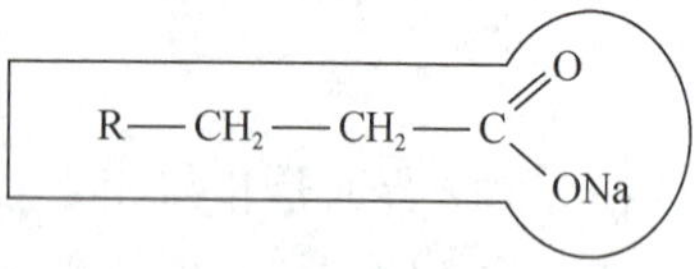

图1-8　表面活性剂的两亲结构图

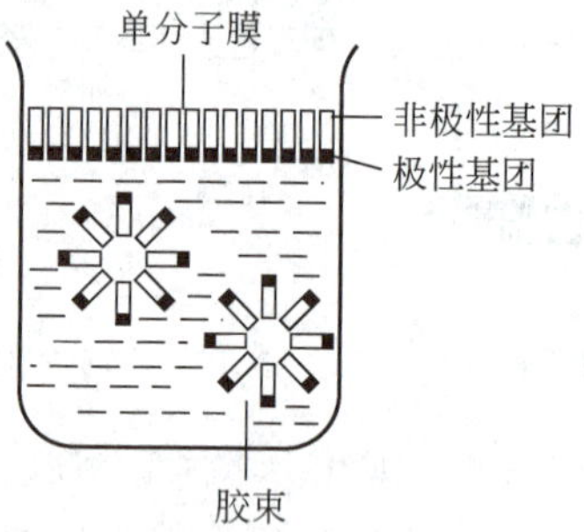

图1-9　表面活性剂在溶液中的分布

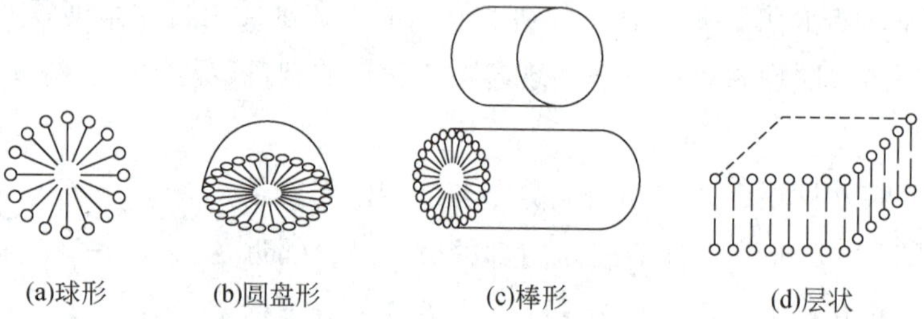

图1-10　胶束的形状

2. 表面活性剂的种类　表面活性剂有多种分类方法，常用的一种是按分子结构进行分类。根据表面活性剂分子溶于水后是否电离，将其分为离子型和非离子型。

(1) 离子型表面活性剂　又分为阴离子型、阳离子型和两性型。阴离子型的活性基团为阴离子，如肥皂（$C_{15}H_{31}COO^- - Na^+$），这类表面活性剂水溶性好，降低表面张力能力强，多用作洗涤剂、乳化剂、润湿剂等；阳离子型的活性基团是阳离子，如最常用的季铵盐类（苯扎溴铵），这类表面活性剂易吸附于固体表面，且多有毒性，常用于矿物浮选剂、抗静电剂、杀虫剂等；两性型的活性基团由电性相反的基团构成，如氨基酸型，这类表面活性剂的性质随pH的变化而改变，作用比较柔和。

(2) 非离子型表面活性剂　亲水基部分是由一定数量的含氧基团组成，一般为聚氧乙烯基或多元醇基，前者水溶性较好，后者大多不溶于水。含氧基团的非离子型表面活性剂对温度极为敏感，随温度升高会出现浑浊或沉淀，这种现象称为“起昙现象”，呈现浑浊时的温度称为浊点或昙点，这种现象一般是可逆的，温度降低后，仍可恢复澄清。非离子在溶液中不呈离子状态，故稳定性高，不怕硬水，也不受pH、电解质的影响，可与离子型表面活性剂混合使用，毒性较小，在食品和医药中应用广泛。如吐温类和司盘类就常用于药物制剂中；单硬脂酸甘油酯（简称单甘酯）是常用的食品乳化剂。

3. 亲水亲油平衡值　表面活性剂分子中亲水和亲油基团对油或水的综合亲和力称为亲水亲油平衡值，简称HLB值。HLB值一般为0~40，非离子型表面活性剂的HLB值为0~20。表面活性剂的HLB

值越大，亲水性越强；HLB 值越小，亲油性越强。完全疏水的石蜡的 HLB = 0、完全亲水的聚乙二醇的 HLB = 20、离子型表面活性剂十二烷基硫酸钠 HLB = 40，其他表面活性剂的 HLB 值以上述三种物质为标准按亲水性强弱去确定。HLB 值在 8 ~ 16 的表面活性剂通常形成 O/W 型乳状液；在 3 ~ 8 形成 W/O 型乳状液。HLB 值可以采用算式计算得出，但必须经试验测定加以验证，测定 HLB 值的方法很多，如表面张力法、乳化法、铺展系数法、气相色谱法、核磁共振法等。

4. 表面活性剂的作用 表面活性剂独特的结构特点，成为食品、药品加工行业中极为重要的一类添加剂。

（1）乳化作用 具有乳化作用的一类表面活性剂称为乳化剂。加入乳化剂可使两种互不相溶或部分互溶的液体中的其中一种以细小的液滴的形式分散在另一种液体中，称为乳化作用。如人造奶油、巧克力、面包中加入大豆卵磷脂，可以起到乳化、润湿、起酥的作用。

（2）增溶作用 增加物质溶解度的表面活性剂称为增溶剂。甲酚在水中的溶解度仅为 2%，在肥皂溶液中溶解度增加至 50% 左右，肥皂中的硬脂酸钠是甲酚的增溶剂。

（3）去垢作用 除去污垢的一类表面活性剂称为去垢剂或洗涤剂。去垢过程较为复杂，包括润湿、渗透、分散、乳化、增溶等。钾皂、钠皂、十二烷基磺酸钠等是常用的去垢剂。

（4）起泡和消泡作用 泡沫是气体分散在液体中形成的一层极薄的液膜包裹着气体的分散体系。增加泡沫稳定性的表面活性剂称为起泡剂或泡沫稳定剂。具有较强吸水性和较大 HLB 值的表面活性剂通常为起泡剂。中草药含有天然两亲性成分（如蛋白质、树胶、皂苷等），在提取浓缩或剧烈搅拌时易产生稳定的泡沫，给制剂工作带来不便。破坏泡沫的表面活性剂称为消泡剂。消泡剂的 HLB 值一般在 1 ~ 3。

（5）杀菌和消毒作用 多数两性离子或阳离子型表面活性剂用作杀菌和消毒剂，少数阴离子型表面活性剂也有类似的作用，它们在水中溶解度较大。医院常用的消毒液苯扎溴铵（即新洁尔灭），因浓度不同，用途各异，0.1% 浓度常用于器械的消毒，0.05% 浓度用于手术前的皮肤消毒，0.01% 苯扎溴铵用于伤口消毒。

二、乳状液

一种或几种液体分散在另一种与之不相溶的液体中形成的分散系称为乳状液，其中被分散成液滴的相称为内相，连续的液态分散介质称为外相。乳状液分散粒子直径大于 100nm，具有较大的界面，有乳化剂（自然形成或人工加入）时才能稳定存在，属于不稳定的粗分散系。

乳状液在食品、药品中存在和应用广泛。无论是药物还是食物制成一定形式的乳状液后能起到促进人体吸收、提高生物利用度的效果，有的还能改善气味和口感。

（一）乳状液的类型

乳状液由油和水两相组成，主要有两种类型：极性小的油（有机液体）分散到极性大的水中形成的分散系称为水包油型乳状液，用 O/W 型表示，如图 1－11（a）所示，如牛奶、雪花膏等。极性大的水分散到极性小或非极性的油中形成的分散系为油包水型乳状液，用 W/O 型表示，如图 1－11（b）所示，如原油、香脂等。此外，O/W 型或 W/O 型乳状液再分散到油或水中，形成复合型（或多重乳状液），用 O/W/O 型或 W/O/W

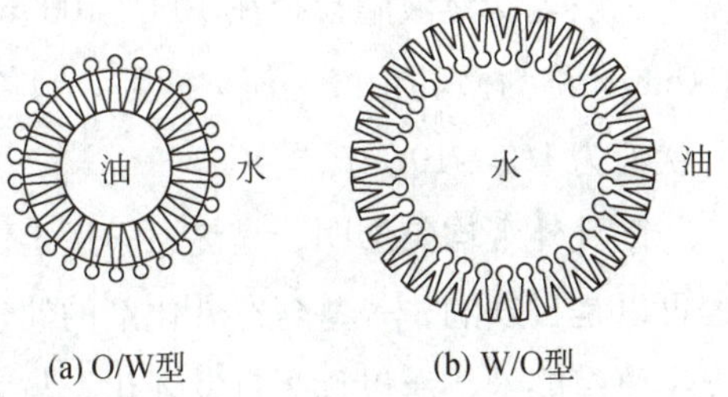

图 1－11 两种不同类型的乳状液

型表示。

（二）鉴别乳状液类型的方法

O/W 和 W/O 型乳状液在外观上并无明显区别，通常可采用下列简单方法鉴别乳状液的类型。

1. 稀释法 乳状液能被外相所稀释。因此，若能被水相稀释，即为 O/W 型；若能被油相稀释，即为 W/O 型。

2. 染色法 用微量油溶性染料（如苏丹红）加到乳状液中，若整个乳状液显色，说明外相为油相，即为 W/O 型，若只有小液珠染色，乳状液呈斑点显色，即为 O/W 型。用水溶性染料（如亚甲蓝）加到乳状液中，情况恰好相反。

3. 测定导电性能 O/W 型的乳状液因水为外相，具有较好的导电性能，而 W/O 型乳状液的导电性能则很差。

（三）乳化剂对乳状液的稳定作用

乳状液的油－水界面较大，属于热力学的不稳定体系。放置过程中，稳定性受自身性质和外界条件的影响，易出现分层、絮凝、转型、合并、破裂或酸败等现象。

1. 乳化剂 要制备稳定的乳状液，必须加入乳化剂。乳化剂一般分为天然乳化剂和人工合成乳化剂两类。天然乳化剂如阿拉伯胶、磷脂、卵黄、果胶等可用于制备 O/W 型乳状液；胆固醇常用来制备 W/O 型乳状液。人工合成的乳化剂有非离子型乳化剂（如吐温、司盘、脂肪酸甘油酯等）、阴离子型乳化剂（如肥皂类、硫酸化物等）、纤维素衍生物类乳化剂（如甲基纤维素、羧甲基纤维素钠、羟丙基纤维素等）。

2. 乳化剂对乳状液的稳定作用 表现在降低表面张力、形成界面膜和双电层等。乳状液有较高的界面能量，乳化剂被牢牢吸附在界面上，降低了油、水间的界面张力，形成稳定性高、强度好的界面膜。界面膜包裹着小液滴，阻止其合并变大，使乳状液保持稳定。乳状液通常具有双电层结构，当分散相液滴相互靠近时，双电层产生排斥作用，增加了液滴间凝聚的阻力，使乳状液稳定存在。

（四）乳状液的破坏

有时人们希望破坏乳状液，以达到油水两相分离的目的，这就是破乳。如药品生产中形成的不必要的乳状液需要破除、牛奶中提炼奶油等都需破乳过程。乳状液的破坏一般需要经过分层、转相和破乳等不同阶段。破坏乳状液稳定性的试剂称为破乳剂。破乳方法可分为物理机械法（如加湿、加压、离心等）和物理化学法（如加入相反作用的乳化剂等）。有时人们不希望破乳，如化妆品、食品添加剂等如发生破乳会失去使用性能，并可能产生副作用。

（五）微乳状液

一般乳状液液滴粒径在 100～1000nm，属于粗分散系统，是热力学不稳定体系。若液滴粒径小于 100nm，称为微乳状液，简称微乳。制备微乳时，乳化剂的用量特别大，占总体积的 20%～30%（通常乳状液为 1%～10%）。

微乳外观均匀透明，是热力学稳定体系，稳定的微乳液即使通过离心也不能使之分层。微乳形成过程可以是自发的，一些含有乳化剂的油水体系经过轻微的搅拌就能形成微乳，这一过程几乎不需要外界提供更多能量，所以称为自发乳化；与之相反，有的系统的乳化过程要用高速剪切搅拌、高压匀质机匀浆或超声等机械办法才能实现，需要外界提供大量能量。微乳有增溶、促进吸收、提高生物利用度等作用，是目前新型递药系统研究的热点。

（六）乳状液的应用

食品的消化和加工与乳状液具有十分重要的联系。如食物中的脂类被胆汁酸乳化成直径 3 ~ 10μm 的混合微团，增大了消化酶与脂质的接触面积，有利于脂类的消化、吸收。食品乳状液的不稳定性是加工中经常遇到的问题，失稳现象严重影响食品的外观和质量。例如，牛奶是奶油与水的乳化体系，奶油以细微的小滴分散于水中，长期静置后，由于界面张力的作用，长大凝聚成团，浮于水面。若加入乳化剂如单脂肪酸甘油酯（简称单甘酯），亲油基与奶油结合，奶油微滴表面形成一层保护膜，可以阻止油滴相互聚集。

医药行业常将药物制成乳状液以利于其吸收、提高药效。如临床上使用的青霉素注射液有油剂和水剂两种乳液。水剂易被人体吸收，也容易排泄；油剂在加大用药剂量时，乳状液缓慢降解有利于药物缓慢地被机体吸收。一些不溶于水的油性药物，常需制成乳状液，如市售乳白鱼肝油常制成水包油型乳剂，以掩盖鱼肝油的气味，减少扰乱胃肠功能，使其易于吸收。此外，消毒和杀菌用的药剂也常制成乳状液，如煤酚皂溶液，以增加药物与细菌的接触面，大大提高药效。

实践实训

实训一　化学实验基础知识

【实训目的】

1. 掌握化学试剂与实验用水的分类及实验基本操作。
2. 熟悉实验室规则及安全注意事项。
3. 了解实验报告的书写形式。

【实训原理】

（一）化学实验室规则

1. 实验室须知

（1）实验前认真预习相关实验内容，明确实验目的、基本原理、实验内容和有关基本操作，并简要写出预习报告。

（2）实验室内，不准大声喧哗，禁止吃食品，听从教师指导，保持安静。

（3）实验时做到操作规范，认真观察，如实做好实验记录。

（4）按量取用试剂，节约用水、用电。

（5）污物、废液集中处理，不能倒入水槽中，保持实验室清洁。

（6）实验完毕，整理仪器和药品，保持实验室卫生，检查水、电、气和门窗。

2. 实验室安全事项

（1）实验室内严禁吸烟、打闹。

（2）不能用湿手接触电源，水、电、气使用完毕立即关闭。

（3）洗液、浓酸、浓碱具有强腐蚀性，应避免溅落在皮肤、衣物上，防止溅入眼睛里。

（4）试管加热时，管口不能对人操作；不能俯视正在加热的液体，以免液体溅出烧伤。

（5）浓硫酸稀释时，将浓硫酸缓缓注入水中，并不断搅拌。切勿将水倒入浓硫酸中，以免溅出，造成灼伤。

（6）禁止使用不知成分的试剂，禁止任意混合各种试剂药品，以免发生意外事故。

3. 意外事故的处理

（1）割伤　一般轻伤应及时挤出污血，并用消毒的镊子取出伤口内的异物，洗净伤口，涂上碘酒，再用创可贴或绷带包扎；大伤口应立即用绷带扎紧伤口上部，使伤口停止流血，送医院就诊。

（2）烫伤　立即用大量水冲洗或浸泡伤口，迅速降温避免温度烧伤。对轻微烫伤，可在伤处涂鱼肝油药膏或烫伤油膏后包扎。若皮肤起泡，则不宜挑破，防止感染，用纱布包扎后送医院治疗；若伤处皮肤呈棕色或黑色，先用干燥无菌的消毒纱布轻轻包扎，送医院治疗。

（3）酸灼伤　立即用大量清水冲洗，然后用2% ~5%的碳酸氢钠溶液或稀氨水清洗，最后涂上氧化锌软膏。若皮肤被浓硫酸灼伤，先用干抹布吸去浓硫酸，然后再用清水冲洗后处理。

（4）碱液灼伤　立即用大量清水冲洗，再用2%醋酸或3%硼酸溶液进一步冲洗，最后用水冲洗，再涂上硼酸软膏。

（5）触电　立即关闭电源，用干燥的木棍使伤者与电器导线分开。施救者必须做好防止触电的安全准备，手或脚必须绝缘。对伤者进行人工呼吸并送医院救治。

（6）试剂溅入眼中　立即用大量水冲洗，送医院进行处理。

（二）实验报告的书写

1. 实验记录　是科学实验工作的原始资料，应直接记录在本上，严禁用零散纸片记录。记录应做到条理分明、文字简练、字迹清楚，养成认真记录的良好习惯。

（1）记录的原始性　实验记录不能涂改或增减数据。需要改动时，必须做好标记。

（2）记录的及时性　实验过程中，实验现象及数据应及时记录。

（3）记录的完整性　实验记录的内容应包括实验条件（温度、湿度等）、实验试剂（试剂名称、规格等）、实验仪器（型号、厂家、精密度）、实验过程（操作顺序、观察到的现象、测量到的数据、各种可能存在的干扰等）。

（4）记录的客观性　如实记录实验现象及结论，不能随意编造结果。

2. 实验报告　实验结束后，根据实验结果和记录，及时整理总结，写出实验报告。一份合格的实验报告，通常有下列几项内容。

（1）实验名称　通常以实验题目的形式出现。

（2）实验目的　简述该实验应达到的目的要求。

（3）实验原理　简单介绍实验的基本原理和主要化学方程式。

（4）实验用品　写明仪器的型号、数量、规格，药品的名称、规格，画出实验装置图。

（5）实验内容与步骤　简明扼要描述实验过程，可用表格、框图、符号表示。

（6）实验结果　仔细观察，如实记录，依据实验仪器的精密度，数据处理要有依据，计算结果要正确。

（7）存在问题与结果分析　分析误差产生的原因，对实验中遇到的问题提出自己的见解或解决问题的方法。

（三）化学实验基础知识

1. 化学试剂的分类　化学试剂的种类繁多，目前国际尚无统一的分类方法。标准不同，分类也不同。

（1）按试剂纯度分类　分为优级纯、分析纯、化学纯、实验试剂四类，这是我国目前常用的分类方法。按试剂纯度分类见表1－2。

表1－2　按试剂纯度分类

等级	中文名称	符号	标签颜色	主要用途
一级	优级纯	G. R	绿色	纯度达99.8%，用于精密分析与科学实验
二级	分析纯	A. R	红色	纯度达99.7%，用于重要分析及一般研究工作
三级	化学纯	C. R	蓝色	纯度达99.5%，用于工矿、学校一般分析工作
四级	实验试剂	L. R	棕色	纯度较低，用于实验辅助试剂

（2）按用途和学科分类　1981年，中国化学试剂学会提议按试剂用途和学科分类，将化学试剂分为8大类，若干亚类。即通用试剂、高纯试剂、分析试剂、有机合成研究用试剂、仪器分析专用试剂、生化试剂、新型基础材料和精细化学品。

2. 化学试剂的选用　一般根据分析任务、分析方法和分析结果准确性的要求，合理选用不同级别的试剂。基本原则是：定性实验，选择化学纯或实验试剂；定量实验，选择优级纯或分析纯试剂。痕量分析选用高纯或优级纯试剂，以降低空白值和避免杂质干扰；某些制备实验、冷却浴或加热的药品，可选用实验试剂或工业品试剂；一般车间控制，宜选用分析纯、化学纯试剂；作仲裁分析常选用优级纯、分析纯试剂。

（四）实验室用水

1. 实验室用水的种类

（1）蒸馏水　将自来水通过蒸馏的方法制得的实验室常用水。蒸馏水去除自来水中大部分的污染物，但易溶于水的气体如二氧化碳难以去除。一次蒸馏制得的水含有微量杂质，只能用于一般化学实验。对洁净度要求高的实验用水，采用多次蒸馏方法制取高纯度的蒸馏水。新制的蒸馏水无菌，储存后易繁殖细菌。

（2）去离子水　利用离子交换树脂去除水中的阴、阳离子而制得。纯度高，适合各种实验室使用。但水中仍有微量可溶性的有机物。去离子水存放后也容易引起细菌的繁殖。

（3）反渗水　通过膜分离技术制备的纯水。将水中的杂质通过反渗透膜截留排出，有效地去除了水中的可溶性盐、胶体、细菌、病毒、细菌内毒素和大部分有机物等杂质。

（4）超纯水　通过预处理、反渗透技术、超纯化处理得到的纯水。水中导电介质几乎完全除去，难解离的胶体物质、气体及有机物含量很低。超纯水中只有水分子及其解离出的离子，缺乏人体需要的微量元素，因此，不可直接饮用。

2. 实验室用水的级别

（1）一级水　用二级水经过石英设备蒸馏或交换混合床处理后，再经0.2mm微孔滤膜过滤来制取。一级水用于有严格要求的分析实验，包括对颗粒有要求的实验，如高效液相色谱分析用水。

（2）二级水　多次蒸馏或离子交换等方法制取。二级水用于无机痕量分析等试验，如原子吸收光谱、电化学分析实验用水。

（3）三级水　用蒸馏或离子交换等方法制取，是实验室普遍使用的纯水。可用于一般的化学分析试验，也可用来制备二级水。

3. 制剂用水

（1）饮用水　天然水经过净化处理得到，其质量必须符合现行中华人民共和国国家标准《生活饮用水卫生标准》（GB 5749—2006）。用于粗洗制药用具、漂洗净制药材，也可用于饮片的提取溶剂。

（2）纯化水　饮用水经蒸馏法、离子交换法、反渗透法或其他适宜的方法制备的制药用水。用于配制普通药物制剂的溶剂或试验用水；口服、制剂配制用溶剂或稀释剂；也用于中药注射剂、滴眼剂灭菌制剂所用饮片的提取溶剂等。但不能用于注射剂的配制与稀释。

（3）注射用水　纯化水经蒸馏得到，应符合细菌内毒素试验要求。用于注射剂、滴眼剂等的溶剂、稀释剂及容器的清洗。

（4）灭菌注射用水　注射用水按照注射剂生产工艺制备。主要用于注射用灭菌粉末的溶剂或注射剂的稀释剂。

（五）仪器的洗涤和干燥

实验必须使用清洁的玻璃仪器，否则影响实验结果的准确性。玻璃仪器的洗涤，根据实验要求、污物性质、污染程度，选择合适的洗涤方法。

1. 仪器的洗涤　一般先用水冲洗再用毛刷刷洗，若有油污和有机物质，依次用去污粉或洗涤剂清洗。难洗的污渍用洗液清洗，再用自来水、纯化水淋洗 2～3 次即可。洗液由浓硫酸和饱和重铬酸钾溶液组成，有很强的氧化性、酸性和去污能力。洗液可以重复使用，使用后应小心倒入原瓶中。洗净的玻璃仪器内壁均匀润湿无水条纹，且不挂水珠。

2. 仪器的干燥　仪器洗净后倒挂在干净的柜内或仪器架上，也可用电吹风吹干。现用干燥的仪器，将玻璃仪器内的水尽量倒出，然后用烘箱烘干；一些常用的烧杯、蒸发皿等可先擦干外面的水珠，放在石棉网上，用小火烤干。带有刻度的仪器如量筒、移液管、容量瓶等，不能用加热的方法进行干燥。漏斗和集气瓶等厚壁仪器，不可加热干燥，以防炸裂。

（六）试剂的取用

1. 固体试剂的取用　粉状试剂取用时将其倒在折成槽形的纸条上，将试管平置，纸槽沿试管壁伸入底部、竖起试管并轻抖纸槽，试剂便落入试管底部。块状固体用镊子夹取，先将试管倾斜，试剂沿器壁慢慢滑入器底，如图 1－12 所示。多余的试剂不能放回原瓶，也不能丢弃，应放在指定容器。取用试剂的药匙或镊子必须擦拭干净，不能一匙多用。用后应擦拭干净，不留残物。

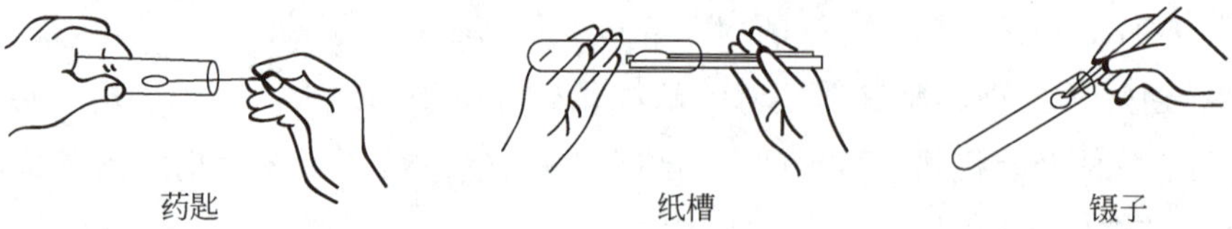

图 1－12　固体药品的取用

2. 液体试剂的取用

（1）少量液体试剂的取用　滴瓶中取少量试剂时，滴管在接液容器的正上方，保持垂直，不能倾斜、倒立或横置，以免试剂流入胶头。滴管不能伸入接液容器或触及容器内壁。使用后的滴管放回原瓶中。

（2）大量液体试剂的取用　从细口瓶将液体倾入容器时，取下瓶盖，倒放在实验台上，左手拿接液容器，右手拿试剂瓶，标签对着手心，使瓶口与容器口相接触，逐渐倾斜试剂瓶，倒出试剂。如

图1－13所示。

量筒用来粗略量取一定体积的液体。倾倒液体近于刻度时，用滴管滴加液体至刻度线。读取液体体积时，量筒（或量杯）应放平（与水平面垂直），视线要与液体的凹液面最低处呈水平，俯视或仰视都会造成一定的误差。移液管是用于准确移取一定体积液体的量器（见实训五）。

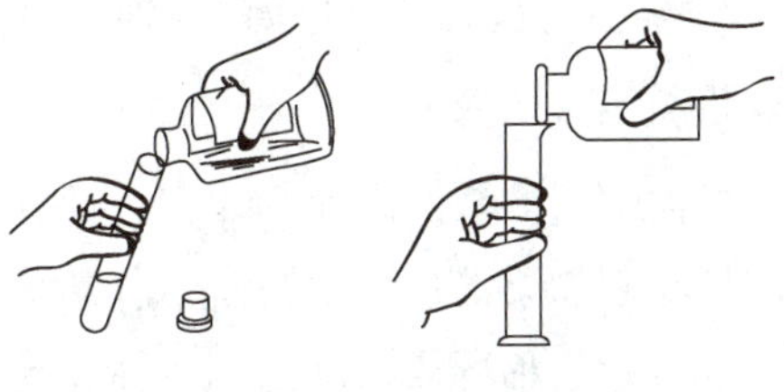

图1－13　液体药品的取用

【实训用品】

1. 仪器　托盘天平、量筒、容量瓶、药匙。

2. 试剂　食盐、氢氧化钠（固体）、0.1mol/L HCl溶液。

3. 其他　称量纸。

【实训步骤】

1. 食盐放入试管中。

（1）准备一支洁净干燥的试管和一把干净的药匙。

（2）用药匙取适量的食盐。

（3）左手拿试管，将管口微微倾斜，右手将药匙小心送入试管底部。

（4）取出药匙，将试管直立，放入试管架中。

2. 从小滴瓶中取大约2ml 0.1mol/L HCl（20滴大约1ml）。

（1）准备一支试管。

（2）从试剂架上取下装有0.1mol/L HCl溶液的小滴瓶放在实验台上。

（3）左手拿试管使管口向上，右手拇指和食指轻压滴管上端的胶帽，放松手指，提起滴管，将滴管管尖置于试管口上方，垂直悬空，将0.1mol/L HCl滴入试管中。

（4）取用完毕，将滴瓶放入试剂架上。

3. 用量筒量取10ml的H_2O。

（1）准备一支10ml的量筒。

（2）量筒中加水至刻度线附近，改用洗瓶或胶头滴管滴加水。

（3）用手拿起量筒，使视线与刻度线相平，仔细观察，使弯曲液面的最低点与刻度线相平即可。

【实训提示】

1. 将固体药品送入试管底部时，粉末状药品，宜选用药匙或纸槽。

2. 胶头滴管吸取少量液体药品时，不可将滴管倒置，避免液体进入胶帽。

【实训思考】

1. 饮用纯度较高的水有利于健康吗？

2. 称取、准确称取、量取、吸取，这些操作有何区别？

实训二　溶液的配制

【实训目的】

1. 掌握溶液的配制方法。

2. 学会托盘天平、量筒、容量瓶的操作。

【实训原理】

根据配制溶液的浓度和体积，计算所需试剂的量，与适量的溶剂混合，配成所需溶液的浓度。由固体试剂配制物质的量浓度为 c_B、体积为 V 的溶液，所需溶质的质量：$m_B = c_B V M_B$。

浓溶液 c_1 稀释成浓度为 c_2、体积为 V_2 的稀溶液，遵守稀释定律：$c_1V_1 = c_2V_2$。

所需浓溶液的体积：$V_1 = c_2V_2/c_1$。

【实训用品】

1. 仪器 托盘天平、容量瓶、量筒、烧杯、胶头滴管。

2. 试剂 NaCl（固）、NaOH（固）、浓 HCl（质量分数 37%，密度 1.19g/ml）、95% 乙醇。

3. 其他 玻璃棒、药匙。

【实训步骤】

1. 用 95% 的乙醇配制 75% 乙醇 500ml。

（1）计算所需 95% 乙醇的体积（ml）。

（2）用量筒量取所需 95% 乙醇的量，倒入 500ml 的量筒中，少量水冲洗量筒 2～3 次，洗液倒入 500ml 的量筒中，加水至 500ml 即可。

（3）转入试剂瓶中，贴标签备用。

2. 配制 9g/L 的生理氯化钠溶液 1000ml。

（1）计算所需 NaCl 的质量（g）。

（2）称量所需 NaCl 的质量，在小烧杯中加适量的水溶解。

（3）将溶解的 NaCl 溶液倒入 1000ml 的量筒中，少量水冲洗小烧杯 2～3 次，洗液倒入 1000ml 的量筒中，加水至 1000ml 即可。

（4）转入试剂瓶中，贴标签备用。

3. 配制 0.1mol/L 盐酸溶液 500ml。

（1）根据稀释定律，计算所需浓盐酸的体积（ml）。

（2）量取所需浓盐酸的量，倒入 500ml 的容量瓶中。用少量水冲洗量筒 2～3 次，洗液倒入 500ml 的容量瓶中。加水至环形标线附近，用胶头滴管定容，即可。

（3）转入试剂瓶中，贴标签，待标定。

【实训提示】

1. 药品不能直接放在托盘上，根据物质特点选择合适的器皿盛放称量。

2. 量筒量取液体，读取体积时，视线与凹液面相平。

【实训思考】

1. 粗略配制一定浓度的溶液时，需要使用容量瓶吗？

2. 量筒为什么不能量取热的溶液或作为反应容器？

附：仪器的使用

（一）托盘天平的使用

托盘天平也称台秤，用于粗略的称量，一般准确称量至 0.1g。图 1－14 为托盘天平示意图。

称量前先调零，即游码移至0刻度线，并调节平衡螺母，使天平平衡。称量时，左盘放置被称量物品，右盘放砝码。添加砝码时，先加质量较大的砝码，再加质量小的砝码，5g以下的质量可以通过移动游标尺的游码来计量。

使用托盘天平应该注意以下几点。

1. 托盘天平不能称热的物体。

2. 被称物品不能直接放在托盘上。易潮解或有腐蚀性的药品，必须放在玻璃容器中。

3. 砝码要用镊子夹取，不可用手拿取。天平的游码需要借助镊子来移动。

4. 称量完毕，砝码放回盒中，天平调回零点。

5. 保持托盘天平的整洁，托盘上有药品时要立即擦干净。

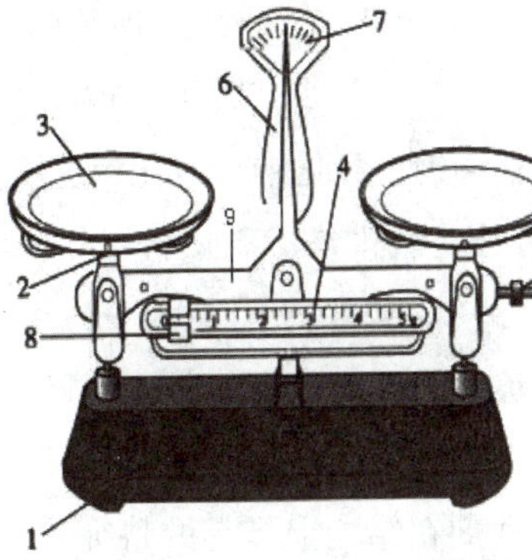

图1-14　托盘天平

1. 底座；2. 托盘架；3. 托盘；4. 标尺；5. 平衡螺母；6. 指针；7. 刻度盘；8. 游码；9. 横梁

（二）容量瓶的使用

容量瓶主要用来精确配制或稀释一定体积的溶液。常用的容量瓶有50ml、100ml、125ml、250ml等不同规格。

容量瓶用前先进行检漏。检查的方法是：加自来水至标线附近，盖好瓶塞，瓶外水珠擦拭干净，一手用食指按住瓶塞，其余手指拿住瓶颈标线以上部分，另一只手握住瓶底边缘，倒立1~2分钟，如图1-15（a）所示，如不漏水，将瓶塞旋转180°后再倒立1~2分钟试验一次，若不漏水，洗净后即可使用。

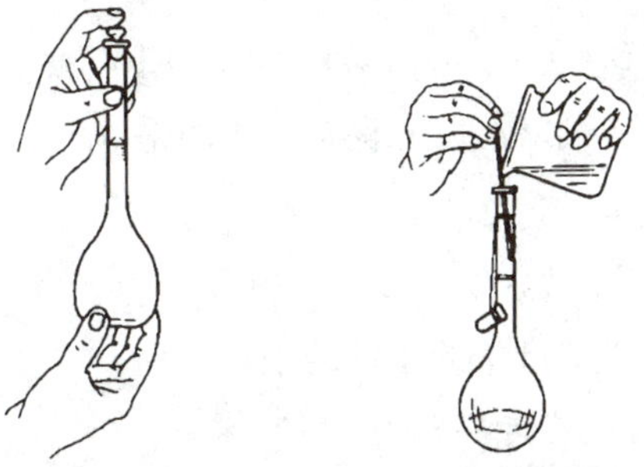
(a)量瓶检漏　　(b)容量瓶的检漏

图1-15　容量瓶操作图

准确称取的固体试剂在小烧杯中溶解后，将溶液转入容量瓶中，如图1-15（b）所示。转移时，玻璃棒的下端靠紧瓶内壁，溶液沿玻璃棒、瓶颈内壁流下。溶液全部流完后，将烧杯沿玻璃棒往上提升直立，使附着在玻璃棒和烧杯嘴之间的溶液流回烧杯中。冲洗烧杯2~3次，洗涤液转入容量瓶中，加入水至刻度线附近时，改用洗瓶或胶头滴管，加入水至刻度线（小心操作，勿过标线）。盖上瓶塞，用左手食指压紧，右手托住瓶底，倒立容量瓶，边倒边转边摇，反复多次，使瓶内溶液充分混匀，即得一定体积和一定浓度的溶液。

稀释溶液时，用移液管准确吸取一定体积的浓溶液移入量瓶中，按上述方法稀释至标线，摇匀。

目标检测

答案解析

一、选择题

（一）单选题

1. 1500ml的生理氯化钠溶液中含Na^+（　　）。

A. 5.31g　　B. 13.5g　　C. 0.59g　　D. 9g

2. 3g食盐完全溶于47g水中，所得溶液的溶质质量分数为（　　）。

A. 6%　　B. 6.26%　　C. 94%　　D. 93.74%

3. 室温下葡萄糖、氯化钠、氯化钙这三种溶液的浓度均为0.1mol/L，渗透压按由低到高顺序是（　　）。

A. 葡萄糖、氯化钙、氯化钠　　B. 葡萄糖、氯化钠、氯化钙

C. 氯化钠、氯化钙、葡萄糖　　D. 氯化钙、氯化钠、葡萄糖

4. 使AgI负溶胶产生聚沉，下列电解质聚沉能力最强的是（　　）。

A. $MgCl_2$　　B. $AlCl_3$　　C. NaCl　　D. Na_2SO_4

5. 表面活性剂在结构上具有的特征是（　　）。

A. 只有亲水性基团　　B. 既有亲水性基团，又有亲油性基团

C. 只有亲油性基团　　D. 一定有亲水性基团，但不一定有亲油性基团

（二）多选题

1. 下列属于粗分散体系的是（　　）。

A. 海水　　B. 牛乳　　C. 炉甘石洗剂　　D. 豆浆

2. 下列事实与胶体性质有关的是（　　）。

A. 用明矾净化处理水

B. 用一束可见光照射胶体溶液时，从与光线垂直的方向可观察到光路

C. 河流的入海口处常有大量泥沙沉积

D. 在$AgNO_3$溶液中加入KI有黄色沉淀产生

3. 下列对溶胶有保护作用的是（　　）。

A. Na_3PO_4　　B. 明胶

C. 动物胶　　D. 足够量的高分子溶液

4. 渗透产生的条件的是（　　）。

A. 温度一定　　B. 膜的两侧存在浓度差

C. 光照　　D. 半透膜

5. 表面活性剂加入水中（　　）。

A. 能降低水的表面张力　　B. 能升高水的表面张力

C. 一定能使水出现浑浊　　D. 浓度高时，能形成胶束

二、简答题

1. 把红细胞置于3g/L与15g/L的氯化钠溶液中，会发生什么现象？为什么？

2. 将新鲜的大蒜放在由蔗糖和食醋配制而成的糖醋汁中，开始时蒜瓣出现萎缩，糖醋汁液面上升。两天后，糖醋汁液面下降，蒜瓣出现膨胀。品尝蒜瓣有酸甜的味道，说明糖醋腌制的大蒜细胞内既有蔗糖分子又有醋酸分子。请用所学知识来分析产生这一现象的原因。

3. 对患急性肠炎造成严重脱水的病人，必须输入9g/L的生理氯化钠溶液来维持细胞水分代谢的平衡，你能分析其中的原理吗？如果给病人输入50g/L葡萄糖溶液，又是什么原理？

4. 豆浆中加入石膏（$CaSO_4 \cdot H_2O$）溶液，能制成豆腐。豆浆是哪种分散系？豆腐是哪种胶体？豆浆制成豆腐的原理是什么？

三、综合应用题

1. 如何用95%乙醇配制400ml 70%乙醇？

2. 市售浓硫酸为98%、密度1.84g/ml，浓硫酸物质的量浓度是多少？
3. 实验室现有葡萄糖、蔗糖、氯化钠三种溶液，它们的浓度均为10g/L，分别计算三种溶液的渗透浓度。并写出三种溶液在37℃时渗透压由大到小顺序。如果把红细胞分别置于上述三种溶液中，会发生什么现象？

书网融合……

知识回顾　　微课　　习题

（李　森　蒋燕舒）

第二章 化学反应速率与化学平衡

学习引导

自然界是无限发展的物质世界，许多现象的发生都与化学反应有关。有些化学反应可以在瞬间完成，如炸药的爆炸和酸碱中和反应等；有些化学反应需要经过很长时间才能观察到变化，如生活中金属的腐蚀和塑料、橡胶的老化等。那么，如何描述化学反应进行的快慢？影响化学反应快慢的因素有哪些？化学反应能够进行到什么程度？影响化学反应程度的因素有哪些？

本章通过学习化学反应速率与化学平衡，帮助同学们理解化学反应进行的快慢以及化学反应的方向和程度相关问题，启发同学们在以后的工作中能够利用相关知识调控化学反应的速率和程度。

学习目标

1. **掌握** 化学反应速率及其影响因素；化学平衡、化学平衡常数及其影响因素；化学平衡状态的判定方法。
2. **熟悉** 化学平衡的相关计算；多重平衡；勒夏特列原理。
3. **了解** 碰撞理论、过渡状态理论。

化学反应的研究主要包括两个方面，一方面是化学反应进行的快慢，即化学反应速率；另一方面是化学反应进行的方向和程度，即化学平衡。在生产和生活中人们希望化学反应可控、按理想状态进行，如患者希望药物的作用立竿见影，食品生产厂家希望食品的有效期能延长，这些都属于化学反应速率的问题；药物合成、食品生产中希望原料或中间体最大限度地转化为产品，这些涉及了化学平衡及转化率的相关知识。可见，化学反应的速率和平衡问题对人类的生产和生活具有重要的意义。

第一节 化学反应速率

PPT

一、化学反应速率的表示方法

（一）平均速率

在一定条件下，通常用单位时间内反应物浓度的减少或生成物浓度的增加来表示化学反应速率。某一段时间内化学反应的平均速率表示为

$$\bar{v}=\left|\frac{\Delta c}{\Delta t}\right| \qquad (2-1)$$

式中，$\bar{v}$ 为平均反应速率，mol/(L·s) 或 mol/(L·min)；Δc 为反应物或生成物浓度的变化值，mol/L；Δt 为反应时间，s（秒）、min（分钟）、h（小时）。

【例 2-1】一定温度下，合成氨的反应 $N_2(g)+3H_2(g) \rightleftharpoons 2NH_3(g)$，起始时 $N_2(g)$ 的浓度为 1.0mol/L、$H_2(g)$ 的浓度为 3.0mol/L，2 秒后测得 $N_2(g)$ 的浓度为 0.8mol/L、$H_2(g)$ 的浓度为 2.4mol/L，计算以各种物质表示的反应速率。

解：各物质的浓度变化如下

	$N_2(g)$	$+3H_2(g)$	$\rightleftharpoons 2NH_3(g)$
起始浓度（mol/L）	1.0	3.0	0
2 秒后浓度（mol/L）	0.8	2.4	0.4

各物质表示的反应速率为

$$\bar{v}(N_2)=\left|\frac{\Delta c(N_2)}{\Delta t}\right|=\left|\frac{0.8-1.0}{2}\right|=0.1\text{mol/(L·s)}$$

$$\bar{v}(H_2)=\left|\frac{\Delta c(H_2)}{\Delta t}\right|=\left|\frac{2.4-3.0}{2}\right|=0.3\text{mol/(L·s)}$$

$$\bar{v}(NH_3)=\left|\frac{\Delta c(NH_3)}{\Delta t}\right|=\left|\frac{0.4-0}{2}\right|=0.2\text{mol/(L·s)}$$

由结果可知　　$\bar{v}(N_2):\bar{v}(H_2):\bar{v}(NH_3)=1:3:2$

将上述关系推广到任一化学反应

$$aA+bB \rightleftharpoons gG+hH$$

各物质的化学反应速率之间的关系为

$$\bar{v}(A):\bar{v}(B):\bar{v}(G):\bar{v}(H)=a:b:g:h$$

上述关系表明：在同一化学反应中用不同的物质表示化学反应速率，其数值不同，反应速率之比等于化学反应方程式中各物质的化学计量系数（a，b，g，h）之比。

（二）瞬时速率

化学反应过程中，大部分反应并不是匀速进行的。因此，化学反应的平均速率不能真实的表明化学反应进行的实际情况。为了准确描述某一时刻的化学反应速率，反应时间（Δt）应足够的小，此时平均速率就接近真实的化学反应速率，即化学反应在某一时刻的瞬时速率，用 v 表示。

$$v=\lim_{\Delta t\to 0}\left|\frac{\Delta c}{\Delta t}\right|=\left|\frac{dc}{dt}\right| \qquad (2-2)$$

一般没有特别说明的情况下，化学反应速率是指单位时间内化学反应的平均速率。

即学即练 2-1

一定温度下，可逆反应 $4NH_3(g)+5O_2(g) \rightleftharpoons 4NO(g)+6H_2O(g)$，在 1L 的密闭容器中进行反应，30 秒后 NO 的物质的量增加了 0.3mol，则此反应分别用 $NH_3(g)$ 和 $O_2(g)$ 表示的平均速率各为多少？

答案解析

二、化学反应速率理论

为什么化学反应会呈现不同的反应速率？为了解释化学反应速率的内在规律，科学家们提出了许多不同的学说，其中碰撞理论和过渡状态理论为两种主要的化学反应速率理论。

（一）碰撞理论

20 世纪初，英国科学家路易斯（Lewis）在气体分子运动论的基础上，提出了化学反应速率的碰撞理论。该理论主要观点如下。

1. 化学反应必须通过反应物分子间的相互碰撞才能产生。碰撞频率越高，化学反应速率越快。

2. 能够发生化学反应的碰撞称为有效碰撞，能够发生有效碰撞的分子称为活化分子。活化分子必须具有足够的能量，才能够克服分子间的排斥作用使分子中的原子重组，从而发生化学反应。

活化分子所具有的最低能量（E^*）与反应物分子的平均能量（$\overline{E}$）之差，称为活化能（E_a），单位为 kJ/mol。即：

$$E_a = E^* - \overline{E} \qquad (2-3)$$

一定温度下，化学反应的活化能越大，活化分子百分数越小，化学反应速率越慢；反之，化学反应的活化能越小，活化分子百分数越大，化学反应速率越快。

3. 活化分子间必须具有适当的碰撞取向才能发生化学反应。例如 CO 与 NO_2的反应：

$$CO(g) + NO_2(g) \rightleftharpoons CO_2(g) + NO(g)$$

CO 与 NO_2的反应中，若沿着 C 与 O 的迎头方向碰撞才可能发生化学反应，为有效碰撞方向，如图 2－1（a）所示；若沿着 C 与 N 的方向碰撞则不发生化学反应，为无效碰撞方向，如图 2－1（b）所示。

碰撞理论将分子看作简单的刚性球，直观形象地从分子角度解释一些简单双原子气体的化学反应速率与活化能的关系，但是忽视了分子的内部结构和运动规律。因此，对于分子结构较为复杂的反应，存在一定的局限性，无法做出合理的解释。

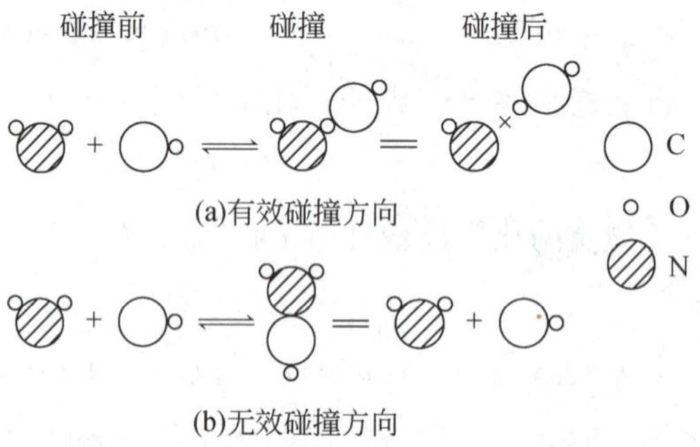

图 2－1　CO 与 NO_2碰撞的不同取向

（二）过渡状态理论

20 世纪 30 年代，科学家艾林（Eyring）和波兰尼（Polanyi）等人在量子力学和统计力学的基础上提出了过渡状态理论，也称活化配合物理论。该理论认为：化学反应并不是反应物分子间的简单碰撞，反应物分子具有足够的能量相互靠近时，反应物分子间的化学键要重组，能量要重新分配，形成活化配合物（中间过渡状态），然后再转化为产物。例如反应物 A 和 BC 的反应过程表示如下：

$$A + BC \longrightarrow AB + C$$

$$A + BC \rightleftharpoons [A\cdots B\cdots C] \longrightarrow AB + C$$

活化配合物（过渡态）

当反应物 A 和 BC 的分子相互靠近并沿着一定的反应方向碰撞后，A、B 间将处于成键而未成键状态，B、C 间的键将处于断裂而未断裂的状态，形成活化配合物［A…B…C］，此时的状态，称之为中间过渡状态。活化配合物能量高、不稳定、寿命短，一经形成很快分解，既可以分解成为生成物（AB 和

C），也可以分解成为原来的反应物（A 和 BC）。

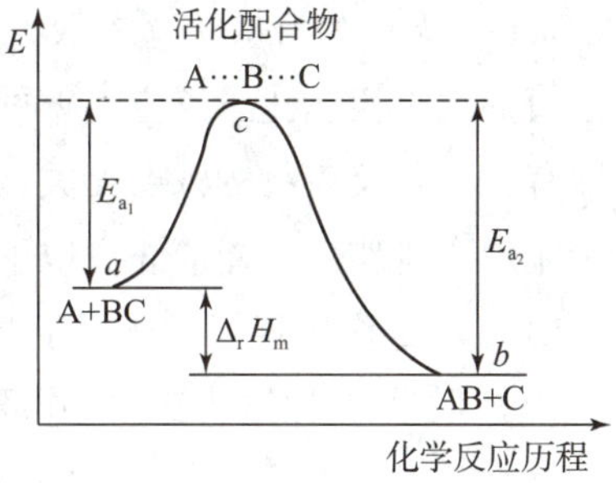

图 2－2　化学反应历程－能量图

图 2－2 表示化学反应历程中能量的变化。无论化学反应正向或逆向进行，都形成过渡态［A···B···C］活化配合物，［A···B···C］的势能高于反应物和产物。［A···B···C］所具有的最低能量与 A + BC 的平均能量之差，为正反应的活化能 E_{a_1}。［A···B···C］所具有的最低能量与 AB + C 的平均能量之差，为逆反应的活化能 E_{a_2}。如果化学反应正向进行，由于产物的平均能量比反应物的平均能量低，即 $E_{a_1} > E_{a_2}$，化学反应是放热反应；如果化学反应逆向进行，由于产物的平均能量比反应物的平均能量高，即 $E_{a_2} > E_{a_1}$，化学反应是吸热反应。因此，吸热反应的活化能总是大于放热反应的活化能。

由过渡态理论可知，反应物分子必须具有足够的能量才能越过［A···B···C］这个过渡态的能峰转变为生成物分子。能峰越高，化学反应的活化能越大，化学反应速率越慢；能峰越低，化学反应的活化能越小，化学反应速率越快。

三、影响化学反应速率的因素

影响化学反应速率的因素有内因和外因两个方面。反应物的本性是决定化学反应速率快慢的内因，也是最主要因素。此外，影响化学反应速率的外界因素主要包括反应物的浓度（压强）、温度、催化剂等。

（一）浓度（压强）对反应速率的影响

1. 基元反应和非基元反应　反应物通过一步反应就可直接转化为生成物的化学反应称为基元反应，又称简单反应。例如

$$2NO_2(g) \rightleftharpoons 2NO(g) + O_2(g)$$

大多数化学反应不是一步完成的，而是由两步或两步以上的化学反应才能转化为生成物。由两步或两步以上的基元反应组成的化学反应称为非基元反应，又称复杂反应。例如

$$H_2(g) + I_2(g) \rightleftharpoons 2HI(g)$$

研究发现，此化学反应实际分两步进行，

第一步　$I_2(g) = 2I\cdot(g)$（快）

第二步　$H_2(g) + 2I\cdot(g) = 2HI(g)$（慢）

复杂化学反应中，每一步化学反应的反应速率不同，总反应速率取决于化学反应过程中最慢一步的化学反应速率。

2. 质量作用定律　十九世纪中期，挪威化学家古德贝格（Guldberg）和瓦格（Waage）在大量试验的基础上，总结出化学反应速率与反应物浓度之间的定量关系：一定温度下，基元反应的反应速率与各反应物浓度幂的乘积成正比，这种定量关系称为质量作用定律。例如

对于任一基元反应

$$aA + bB \longrightarrow gG + hH$$

反应速率表示为

$$v = kc_A^a c_B^b \qquad (2-4)$$

式（2-4）反映了化学反应速率与反应物浓度之间的定量关系，称为化学反应速率方程。

式中，k 称为反应速率常数，是化学反应的特征物理常数。不同的化学反应，反应速率常数不同，其数值的大小表示化学反应速率的快慢。k 值越大，化学反应速率越快。化学反应速率常数与反应物的本性有关，与反应物的浓度无关，受温度、催化剂等因素影响。

应用质量作用定律应注意以下几点。

（1）质量作用定律只适用于基元反应和非基元反应中的每一步基元反应。

（2）质量作用定律表达式中不包含固体或纯液体物质的浓度。例如

$$C(s)+O_2(g)\rightleftharpoons CO_2(g)$$

速率方程式为：$v=kc_{O_2}$。

（3）压强仅影响有气态物质参加的化学反应的反应速率，本质上与浓度对化学反应速率的影响相同。

（二）温度对反应速率的影响

1. 范特荷夫经验规则 1884 年荷兰科学家范特荷夫（van't Hoff）通过大量的试验总结出一条经验规则：在其他条件不变的情况下，温度每升高 10℃，化学反应速率一般增大到原来的 2~4 倍。

2. 阿仑尼乌斯方程 温度升高时，绝大多数化学反应的速率增大。1889 年阿仑尼乌斯（Arrhenius）在归纳和总结了大量的试验结果后，提出反应速率常数（k）与热力学温度（T）之间存在着定量关系，称为阿仑尼乌斯方程。方程表示为：

$$k=Ae^{\frac{-E_a}{RT}} \qquad (2-5)$$

式中，E_a为活化能，J/mol 或 kJ/mol，一般可将它看作与温度无关的常数；A 为常数，通常称为指前因子或碰撞频率因子，其单位与速率常数的单位相同。反应速率常数（k）与热力学温度（T）成指数关系，因此温度的微小变化对化学反应速率的影响极大。

实例分析

实例 药品在生产、运输、贮存、使用等过程中，药品的化学结构受到外界因素的影响会发生变质反应，使药品稳定性下降影响药效，甚至产生有害物质。药品的变质与水解、氧化、聚合等化学反应有关，浓度、温度、催化剂（金属离子等）等是使药品变质的主要因素。因此，不仅要进行药品有效期的预测，还要在有效期内将药品在规定的条件下贮存，以保证临床用药的安全及有效性。例如：未开封的胰岛素冷藏保存，已开封的胰岛素常温保存；盛有注射液的安瓿瓶内充入惰性气体；有些药品需要用棕色瓶贮存或用铝箔纸包装等。为保证药品质量确保患者用药安全，必须合理、正确、严格地进行药品储存。药物贮存应注意：防潮保存、防止风化、防止挥发、避光保存、防止氧化变质、低温保存、内服外用药需分开存放、注意药品有效期等。作为一名药学人员，结合药学专业知识不忘药学初心和使命，始终把人民的生命安全放在第一位，不断增强自己守护生命的责任感和使命感，坚守职业道德底线，为国家药学行业的健康发展做出贡献。

问题 1. 何为药品的有效期？有效期与化学反应速率有关吗？

2. 如何避免药品发生稳定性下降和变质反应现象？

答案解析

（三）催化剂对反应速率的影响

催化剂是一种能够改变化学反应速率，但本身的化学组成、化学性质和质量在化学反应前后基本保

持不变的物质。催化剂能够改变化学反应速率的作用称为催化作用。能够加快化学反应速率的催化剂称为正催化剂，减慢化学反应速率的催化剂称为负催化剂（又称阻化剂）。一般没有特别说明的情况下，催化剂指的是正催化剂。

催化剂参与化学反应的过程，通过改变化学反应的途径，降低化学反应的活化能，使反应活化分子数增加，从而加快化学反应速率。催化剂具有以下特点。

1. 催化剂只改变化学反应的速率，不改变化学反应的方向和限度。

2. 对于可逆反应，催化剂同等程度的加快正、逆反应速率。

3. 催化剂对化学反应具有选择性。在一定条件下，某种催化剂只对某一（或某一类型）化学反应具有催化作用。

催化剂在现代化学工业、社会发展及人体生命活动中具有重要作用。例如：工业上催化氧化法制硝酸，以氨气为原料，铂铑合金网为催化剂，铂铑合金网起到了加快化学反应速率的正催化作用。阻化剂在工业生产中也具有重要应用，如减缓金属腐蚀的缓蚀剂，防止橡胶、塑料老化的防老剂等被广泛应用。酶是一种重要的生物催化剂，参与生物的新陈代谢、营养和能量转换等许多生化催化过程，与生命过程密切相关，生物体内几乎所有的化学反应都是在酶的催化下进行的。酶具有作用条件温和、选择性强、催化效率高等特点，食品加工企业使用果胶酶、纤维素酶等水解果胶和纤维素，提高果汁的出汁率。

知识链接

酶

酶是由生物体产生的、具有特殊催化作用的有机物，大部分为蛋白质，极少部分为RNA。酶可分为溶菌酶、脂肪酶、蛋白酶、淀粉酶和过氧化氢酶等。酶是生物体内一类极为重要的生物催化剂，具有较高的催化效率。对同一反应，酶催化比无机催化剂效率高，反应速率快；一种酶只能催化一种或一类物质的化学反应，具有高度的专一性；酶使生物体内的化学反应能在温和的条件下进行。如食物中的淀粉在正常体温下短时间内经淀粉酶即可水解生成麦芽糖。酶的稳定性是相对的，酶的空间结构易受高温、强酸、强碱、重金属离子等破坏而丧失催化活性。

即学即练 2－2

答案解析

1. 影响化学反应速率的因素有哪些？

2. 化学反应速率常数与哪些因素有关？与哪些因素无关？

第二节　化学平衡

PPT

不同的化学反应完成的程度不同，有的反应进行的比较彻底，但大多数反应只能进行到一定程度。讨论化学反应的最终目的，是希望能让反应按着理想的方向进行。例如药物合成、食品制备等生产实际和科学研究中，希望控制反应条件，使产品收益最大化，这涉及了有关化学反应平衡的知识。化学平衡是重要的化学反应原理之一，在工业生产中应用于提高产品质量、提高原料转化率等，在人类健康生活中也提供重要的指导作用，如牙齿表面一层坚硬的羟基磷灰石 $Ca_5(OH)(PO_4)_3$ 与 Ca^{2+} 存在化学平衡，

酸性的食物使 $Ca_5(OH)(PO_4)_3$溶解为 Ca^{2+}，使牙齿受到腐蚀，含氟牙膏中氟离子与 $Ca_5(OH)(PO_4)_3$能生成更坚硬的氟羟磷灰石，可有效预防龋齿。化学平衡与机体生命活动、人体健康、生产生活、环境保护等多方面密切相关。因此，学习和研究化学平衡具有重要意义。

一、可逆反应和化学平衡

（一）可逆反应

化学反应具有方向性。某些化学反应能够使反应物完全转变为生成物，即反应能进行到底，这种反应称为不可逆反应。但是，绝大部分化学反应不能进行到底，在化学反应过程中，反应物在转变为生成物的同时，生成物也转变为反应物。这种既能向正反应方向进行，同时又能向逆反应方向进行的反应，称为可逆反应。通常用符号“$\rightleftharpoons$”表示。一般情况下，从左向右的化学反应称为正反应，从右向左的化学反应称为逆反应。绝大多数的化学反应具有一定的可逆性。如一定条件下，合成氨的反应：

$$N_2(g)+3H_2(g)\rightleftharpoons 2NH_3(g)$$

（二）化学平衡

对于可逆反应，在一定条件下，化学反应开始时，反应物的浓度大，正反应速率大，逆反应速率几乎为零；随着化学反应的进行，反应物的浓度逐渐减小，正反应速率逐渐减慢，生成物的浓度逐渐增大，逆反应速率逐渐加快；当化学反应进行到一定程度，正反应速率等于逆反应速率时，体系中的反应物和生成物的浓度均不再随时间发生变化，此时反应体系所处的状态称为化学平衡状态，简称化学平衡，如图 2－3 所示。化学平衡具有以下特征。

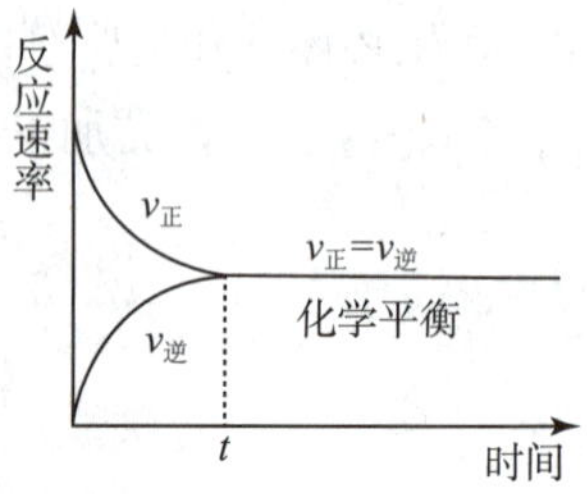

图 2－3　正、逆反应速率随时间变化示意图

1. 可逆反应达到平衡时，正反应速率和逆反应速率相等，即 $v_正=v_逆$，体系中各物质的浓度保持不变。

2. 化学平衡是一种动态平衡，达到平衡后，可逆反应仍在进行并未停止。

3. 化学平衡是可逆反应在该条件下达到的最大程度。

4. 化学平衡是有条件的。当外界条件发生改变时，原有的化学平衡被破坏，正、逆反应速率不再相等，化学反应将继续进行至建立新的化学平衡。

二、化学平衡常数

化学平衡常数是化学平衡进行程度的标志。根据化学平衡常数数值的大小可以判断可逆反应进行的最大程度，预测化学反应进行的可能性，但是不能估计化学反应达到平衡所需要的时间。

（一）经验平衡常数

通过实验测量平衡状态时各组分的浓度或分压而求得的平衡常数称为经验平衡常数，又称实验平衡常数。

对可逆反应

$$aA(g)+bB(g)\rightleftharpoons gG(g)+hH(g)$$

一定温度下，可逆反应达到化学平衡时，可推导出下列定量关系式

$$K_c = \frac{[c_G]^g[c_H]^h}{[c_A]^a[c_B]^b} \text{或} K_p = \frac{[p_G]^g[p_H]^h}{[p_A]^a[p_B]^b} \quad (2-6)$$

式中，K_c为浓度平衡常数，K_p为压力平衡常数，各物质浓度、分压分别用c、p表示，加方括号$[c]$、$[p]$表示平衡时浓度或分压。一定温度下，可逆反应达到平衡时各生成物平衡浓度（或平衡分压）幂指数的乘积与各反应物平衡浓度（或平衡分压）幂指数的乘积之比为常数。K是化学反应的特征常数，受温度影响，与各物质组分的浓度（或分压）无关。K值越大，表示化学反应达到平衡时，生成物浓度（或分压）越大，化学反应进行的越完全。

（二）标准平衡常数

标准平衡常数，用符号$K^{\ominus}$表示。标准平衡常数表达式中，物质的平衡浓度除以标准状态浓度$c^{\ominus}$，所得比值为平衡时的相对浓度。如果是气相反应，则将平衡分压除以标准大气压$p^{\ominus}$，得到相对分压。规定：标准浓度$c^{\ominus}=1\text{mol/L}$，标准大气压$p^{\ominus}=100\text{kPa}$。

对于溶液相可逆反应

$$aA(aq)+bB(aq) \rightleftharpoons gG(aq)+hH(aq)$$

平衡时A、B、G、H的相对浓度分别为$\frac{c_A}{c^{\ominus}}$、$\frac{c_B}{c^{\ominus}}$、$\frac{c_G}{c^{\ominus}}$、$\frac{c_H}{c^{\ominus}}$。

一定温度下，达到化学平衡时，标准平衡常数表达式为

$$K^{\ominus} = \frac{[c_G/c^{\ominus}]^g[c_H/c^{\ominus}]^h}{[c_A/c^{\ominus}]^a[c_B/c^{\ominus}]^b} \quad (2-7)$$

对于气相可逆反应

$$aA(g)+bB(g) \rightleftharpoons gG(g)+hH(g)$$

平衡时A、B、G、H的相对分压分别为$\frac{p_A}{p^{\ominus}}$、$\frac{p_B}{p^{\ominus}}$、$\frac{p_G}{p^{\ominus}}$、$\frac{p_H}{p^{\ominus}}$。

一定温度下，达到化学平衡时，标准平衡常数表达式为

$$K^{\ominus} = \frac{[p_G/p^{\ominus}]^g[p_H/p^{\ominus}]^h}{[p_A/p^{\ominus}]^a[p_B/p^{\ominus}]^b} \quad (2-8)$$

（三）平衡常数的书写规则

1. 平衡常数表达式中，各物质的浓度或分压均为平衡时的浓度或分压，指数是反应方程式中各物质的反应计量系数。

2. 反应体系中若有纯固体或纯液体参加，不写入平衡常数表达式中。如：

$$CaCO_3(s) \rightleftharpoons CaO(s)+CO_2(g)$$

$$K^{\ominus} = \frac{p_{CO_2}}{p^{\ominus}} \text{或} K_p = p_{CO_2}$$

3. 稀溶液中进行的反应，若有水参加，水的浓度不写在平衡常数表达式中。如：

$$KAc(aq)+H_2O(l) \rightleftharpoons KOH(aq)+HAc(aq)$$

$$K^{\ominus} = \frac{[c_{KOH}][c_{HAc}]}{[c_{KAc}]}$$

4. 平衡常数的表达式必须与化学反应方程式保持一致。如：

$$N_2O_4(g) \rightleftharpoons 2NO_2(g), K_1^{\ominus} = \frac{[c_{NO_2}]^2}{[c_{N_2O_4}]}$$

$$\frac{1}{2}N_2O_4(g) \rightleftharpoons NO_2(g),K_2^{\ominus} = \frac{[c_{NO_2}]}{[c_{N_2O_4}]^{\frac{1}{2}}}$$

由此可见，K_1与K_2不相同，$K_1=(K_2)^2$。

三、多重平衡

多重平衡规则：多重平衡体系中，当几个化学反应相加（或相减）得到化学总反应时，则化学总反应的平衡常数等于相加（或相减）化学反应的平衡常数之积（或商）。

例如：

①$2NO(g)+O_2(g) \rightleftharpoons 2NO_2(g),K_{c_1} = \frac{[c_{NO_2}]^2}{[c_{NO}]^2[c_{O_2}]}$

②$2NO_2(g) \rightleftharpoons N_2O_4(g),K_{c_2} = \frac{[c_{N_2O_4}]}{[c_{NO_2}]^2}$

①+②得③：

③$2NO(g)+O_2(g) \rightleftharpoons N_2O_4(g),K_{c_3} = \frac{[c_{N_2O_4}]}{[c_{NO}]^2[c_{O_2}]}$

由上述反应可知：$K_3=K_1K_2$。

四、化学平衡的相关计算

（一）根据平衡浓度，计算平衡常数

【例2-2】一定温度下，可逆反应$2SO_2(g)+O_2(g) \rightleftharpoons 2SO_3(g)$。将0.050mol的$SO_2(g)$和0.030mol的$O_2(g)$注入体积为1.0L的密闭反应器。化学反应达到平衡时，容器中含0.044mol的$SO_3(g)$，求该温度下化学反应的平衡常数。

解：设达到化学平衡时，反应掉的$O_2(g)$浓度为x(mol/L)

	$2SO_2(g)$ +	$O_2(g)$ $\rightleftharpoons$	$2SO_3(g)$
初始浓度（mol/L）	0.050	0.030	0
反应浓度（mol/L）	$2x$	x	$2x$
平衡浓度（mol/L）	$0.050-2x$	$0.030-x$	0.044

平衡时反应$SO_3(g)$为：$2x=0.044$mol/L，$x=0.022$mol/L

达到平衡时：$[c_{SO_2}]=0.050-2x=0.006$mol/L，$[c_{O_2}]=0.030-x=0.008$mol/L

平衡常数为：

$$K_c = \frac{[c_{SO_3}]^2}{[c_{SO_2}]^2[c_{O_2}]} = \frac{0.044^2}{0.006^2 \times 0.008} \approx 6722.2$$

（二）根据平衡常数，计算平衡转化率

平衡转化率是指化学反应达到平衡时，某反应物转化量与该反应物起始量之比。平衡转化率用符号α表示，其表达式为

$$\alpha_{反应物} = \frac{平衡时已转化的反应物浓度}{反应物起始浓度} \times 100\% \qquad (2-9)$$

【例2-3】一定温度下，可逆反应 $CO_2(g)+H_2(g) \rightleftharpoons CO(g)+H_2O(g)$ 的平衡常数为1。$CO_2(g)$ 和 $H_2(g)$ 的初始浓度均为0.0100mol/L时，计算各物质的平衡浓度及 $CO_2(g)$ 和 $H_2(g)$ 的转化率。

解：设 $CO(g)$ 和 $H_2O(g)$ 的平衡浓度为 x(mol/L)。

	$CO_2(g)$	+ $H_2(g)$	$\rightleftharpoons CO(g)$	+ $H_2O(g)$
初始浓度（mol/L）	0.0100	0.0100	0	0
反应浓度（mol/L）	x	x	x	x
平衡浓度（mol/L）	$0.0100-x$	$0.0100-x$	x	x

上述可逆反应的平衡常数表达式为

$$K_c = \frac{[c_{CO}][c_{H_2O}]}{[c_{CO_2}][c_{H_2}]} = \frac{x^2}{(0.0100-x)^2} = 1$$

计算得：$x=0.005$mol/L，则各物质平衡浓度为

$$[c_{CO}]=[c_{H_2O}]=[c_{CO_2}]=[c_{H_2}]=0.0050\text{mol/L}$$

CO_2平衡转化率为　　$\alpha_{CO_2}=\frac{0.0050}{0.0100}\times100\%=50\%$

H_2平衡转化率为　　$\alpha_{H_2}=\frac{0.0050}{0.0100}\times100\%=50\%$

即学即练2-3

答案解析

一定温度下，合成反应 $H_2(g)+I_2(g) \rightleftharpoons 2HI(g)$，$H_2(g)$、$I_2(g)$ 的起始浓度均为2mol/L，达到平衡时，$K_c=4$。求平衡时各物质浓度及 $I_2(g)$ 的转化率。

五、影响化学平衡的因素 微课

化学平衡是有条件的动态平衡，在一定的条件下，化学反应的平衡常数为定值。当外界条件发生改变时，原有的化学平衡状态被破坏，可逆反应将从一种平衡状态转变为另一种平衡状态，这一过程称为化学平衡的移动。影响化学平衡的因素很多，下面主要讨论浓度、压强、温度等对化学平衡的影响。

（一）浓度对化学平衡的影响

对于任一可逆反应

$$aA(aq)+bB(aq) \rightleftharpoons dD(aq)+mM(aq)$$

在某一温度下，将可逆反应任意状态下生成物和反应物的浓度各以其计量系数为指数的幂的乘积之比称为反应浓度商，用 Q_c 表示。

$$Q_c = \frac{c_D^d c_M^m}{c_B^b c_A^a}$$

当化学反应达到平衡时，反应物和生成物的浓度等于平衡时浓度，反应浓度商等于平衡常数，即 $\frac{c_D^d c_M^m}{c_B^b c_A^a} = \frac{[c_D]^d[c_M]^m}{[c_B]^b[c_A]^a}$。因此，在一定温度下，比较反应浓度商与平衡常数的大小可以判断可逆反应的方向。

若 $Q_c=K_c$，可逆反应处于平衡状态。

若 $Q_c>K_c$，可逆反应向逆反应方向进行。

若 $Q_c < K_c$，可逆反应向正反应方向进行。

综上所述，在其他条件不变的情况下，增大反应物的浓度或减小生成物的浓度，化学平衡向正反应方向进行；减小反应物的浓度或增大生成物的浓度，化学平衡向逆反应方向进行。

（二）压强对化学平衡的影响

压强变化对于没有气体参加的化学反应的平衡几乎没有影响，而对于有气体参加的可逆反应，在其他条件不变的情况下，改变体系的压强，会引起化学平衡的移动。例如，在密闭容器中，进行的可逆反应

$$a\mathrm{A(g)} + b\mathrm{B(g)} \rightleftharpoons g\mathrm{G(g)} + h\mathrm{H(g)}$$

一定温度下，生成物和反应物的压力各以其计量系数为指数的幂的乘积之比称为反应压力商，用 Q_p 表示。

在一定温度下达到化学平衡时

$$Q_p = K_p = \frac{[p_\mathrm{G}]^g [p_\mathrm{H}]^h}{[p_\mathrm{A}]^a [p_\mathrm{B}]^b}$$

压强对化学平衡的影响情况如下。

1. 反应前后气体分子计量总数不等，即 $a+b \neq g+h$。增大压强或减小压强都会改变 Q_p 值，导致 $Q_p \neq K_p$，化学平衡移动。当 $(a+b)>(g+h)$ 时，其他条件不变的情况下，增加反应体系的压强，化学平衡向气体分子总数减小的方向移动；减小反应体系的压强，化学平衡向气体分子总数增多的方向移动。当 $(a+b)<(g+h)$ 时，其他条件不变的情况下，增加或减小可逆反应体系的压强，化学平衡移动的方向与 $(a+b)>(g+h)$ 移动的方向相反。

2. 反应前后气体分子计量总数相等，即 $(a+b)=(g+h)$。在其他条件不变情况下，无论可逆反应体系压强增大或减小，反应物和生成物中各组分的分压都同等程度的改变，此时体系压强的变化对化学平衡没有影响。

3. 在恒温、恒容的条件下，不参加化学反应的气体（如惰性气体）的加入，不会引起各组分气体分压的变化，对化学平衡没有影响；在恒温、恒压的条件下，不参加化学反应的气体的加入，使反应体系体积增大，各组分气体的分压减小，化学平衡向气体分子总数增多的方向移动。

综上所述，在其他条件不变的情况下，体系压强的改变只对有气体参加的且反应前后气体分子计量总数不等的化学反应的化学平衡有影响。增大体系压强，化学平衡向气体分子总数减小的方向移动；减小体系压强，化学平衡向气体分子总数增多的方向移动。

（三）温度对化学平衡的影响

浓度和压强对化学平衡的影响是改变化学反应商 Q_c 和 Q_p，使 $Q \neq K$，但不会引起化学平衡常数的改变，温度则是通过改变化学平衡常数，使 $Q \neq K$，导致化学平衡移动。温度对化学平衡的影响与浓度、压强的影响有本质区别。

温度对平衡常数的影响与反应热有关。对于放热反应，K 随着温度的升高而减小；对于吸热反应，K 随着温度的升高而增大。

对于吸热反应，温度 T_1 时达到化学平衡，$K_1 = Q$，当温度由 T_1 升高到 T_2 时，平衡常数由 K_1 增大到 K_2，此时 $K_2 > Q$，平衡向正方向移动（即向吸热反应方向移动）；对于放热反应，当温度由 T_1 升高到 T_2 时，平衡常数由 K_1 减小到 K_2，此时 $K_2 < Q$，平衡向逆方向移动（即向放热反应方向移动）。

综上所述，在其他条件不变的情况下，对于可逆反应，升高温度，化学平衡向吸热反应方向移动；

降低温度，化学平衡向放热反应方向移动。

（四）催化剂不影响化学平衡

催化剂通过改变化学反应中反应活化能和反应途径达到改变化学反应速率的目的。由于催化剂能同等程度的影响正、逆反应速率，因此催化剂只改变化学反应达到平衡状态所需要的时间，而不影响化学平衡移动。

（五）勒夏特列原理

综上所述，浓度、压强、温度是影响化学平衡的重要因素，催化剂不影响化学平衡。法国化学家勒夏特列概括出一条普遍规律：当体系达到平衡时，如果改变平衡系统的任一条件（如浓度、压强、温度等），化学平衡就向着能够减弱这种改变的方向移动，这一规律被称为勒夏特列原理，又称为平衡移动原理，它只适用于已经达到平衡的体系。

即学即练2-4

答案解析

反应 $A(g)+2B(g) \rightleftharpoons D(g)$ 是吸热反应，当反应达到平衡时，如果改变下列反应条件，D 的平衡浓度将如何变化？（1）加入 $B(g)$；（2）增大总压；（3）加入催化剂；（4）移去 $A(g)$；（5）升高温度。

实践实训

实训三 化学反应速率及化学平衡的影响因素

【实训目的】

1. 掌握浓度、温度、催化剂等外界条件对化学反应速率的影响。
2. 巩固影响化学平衡的因素。

【实训原理】

反应物的本性是决定化学反应速率快慢的主要因素，此外还与反应物的浓度（压强）、温度、催化剂等外界条件有关。当外界条件发生改变时，原有的化学平衡状态被破坏，可逆反应将从一种平衡状态转变为另一种平衡状态，这一过程称为化学平衡的移动。浓度、压强、温度是影响化学平衡的主要因素。

【实训用品】

1. 仪器 试管、试管架、胶头滴管、烧瓶等。

2. 试剂 0.01mol/L $KMnO_4$溶液、0.1mol/L 及 0.2mol/L $H_2C_2O_4$溶液、0.1mol/L 及 3mol/L H_2SO_4溶液、0.1mol/L $Na_2S_2O_3$溶液、3% 的 H_2O_2溶液、合成洗涤剂、MnO_2粉末、0.1mol/L $K_2Cr_2O_7$溶液、浓 H_2SO_4 溶液、6mol/L NaOH 溶液、冰水、热水等。

【实训步骤】

（一）影响化学反应速率的因素

1. 浓度对反应速率的影响 取两支试管，分别向试管中加入 1ml 3mol/L H_2SO_4 和 3ml 0.01mol/L

$KMnO_4$溶液。

（1）向一支试管中加入2ml 0.1mol/L $H_2C_2O_4$溶液。

（2）向另一支试管中加入2ml 0.2mol/L $H_2C_2O_4$溶液。

（3）观察并记录两支试管实验现象及褪色时间（长或短）。

2. 温度对反应速率的影响 取两支试管，分别向试管中加入5ml 0.1mol/L $Na_2S_2O_3$溶液；另取两支试管分别向试管中加入5ml 0.1mol/L H_2SO_4溶液；将4支试管分成两组（盛有$Na_2S_2O_3$和H_2SO_4的试管各一支）。

（1）一组放入冷水中一段时间后相互混合。

（2）另一组放入热水中一段时间后相互混合。

（3）观察并记录两组试管出现浑浊的时间。

3. 催化剂对反应速率的影响 取两支试管，分别向两支试管中加入3ml 3%的H_2O_2溶液和合成洗涤剂3～4滴（产生气泡以示有气体生成）；其中一支试管再加入少量MnO_2；观察并记录两支试管实验现象及产生气泡的多少。

（二）化学平衡的移动

1. 浓度对化学平衡的影响 已知在$K_2Cr_2O_7$溶液中存在如下平衡：$Cr_2O_7^{2-}$（橙色）$+H_2O \rightleftharpoons 2CrO_4^{2-}$（黄色）$+2H^+$。取两支试管，分别向试管中加入5ml 0.1mol/L $K_2Cr_2O_7$溶液。

（1）向一支试管中加入3～10滴浓H_2SO_4溶液。

（2）向另一支试管中加入10～20滴6mol/L NaOH溶液。

（3）观察并记录两支试管溶液颜色变化。

2. 温度对化学平衡的影响 取两个烧瓶，在两个烧瓶里装入NO_2和N_2O_4的混合气体，连接两个烧瓶（用导管和胶管连接），然后用夹子夹住橡皮管。

（1）一个烧瓶放进热水里。

（2）另一个烧瓶放入冰水（或冷水）里。

（3）观察并记录两个烧瓶内混合气体的颜色变化，并与常温下盛有相同混合气体的烧瓶进行颜色对比。

【实训提示】

1. 实验中将试管、烧瓶放入冷水或热水的时间大约5分钟。
2. 试管必须清洗干净，以免影响实验结果。

【实训思考】

1. 高锰酸钾与草酸反应，能否选用硝酸代替硫酸调节酸性？说明原因。
2. 写出草酸与硫代硫酸钠反应的化学方程式，并说明浑浊的产物是什么？
3. 根据实验现象，推测NO_2与N_2O_4转化过程中的热效应？

实训四　药用氯化钠的提纯

【实训目的】

1. 掌握药用氯化钠提纯的原理。
2. 巩固溶解、沉淀、蒸发、浓缩、结晶、干燥等基本技能操作。

3. 学会减压过滤法。

【实训原理】

粗食盐中含有不溶性杂质（如泥沙、草木屑等）和可溶性杂质（主要有 Mg^{2+}、Ca^{2+}、Fe^{3+} 和 SO_4^{2-} 等）。不溶性杂质，可用溶解和过滤的方法除去；可溶性杂质，应加入相应的沉淀剂，利用化学反应转化为沉淀再过滤除去。

1. 粗食盐溶液中，加入稍过量的 $BaCl_2$ 溶液，除去 SO_4^{2-}，反应为

$$SO_4^{2-} + Ba^{2+} = BaSO_4 \downarrow$$

2. 过滤溶液，除去 $BaSO_4$ 沉淀，再加入 NaOH 和 Na_2CO_3 溶液，除去 Mg^{2+}、Ca^{2+}、Fe^{3+} 和过量的 Ba^{2+}，反应为

$$2Mg^{2+} + 2OH^- + CO_3^{2-} = Mg_2(OH)_2CO_3 \downarrow$$

$$Ca^{2+} + CO_3^{2-} = CaCO_3 \downarrow$$

$$Fe^{3+} + 3OH^- = Fe(OH)_3 \downarrow$$

$$Ba^{2+} + CO_3^{2-} = BaCO_3 \downarrow$$

3. 加入稀盐酸，除去过量的 OH^- 和 CO_3^{2-}，反应为

$$OH^- + H^+ = H_2O$$

$$CO_3^{2-} + 2H^+ = CO_2 \uparrow + H_2O$$

4. 少量可溶性杂质（如 KCl）含量很少，在蒸发、浓缩和结晶过程中仍保留在溶液中，不会和 NaCl 同时结晶出来。

【实训用品】

1. 仪器　托盘天平、烧杯、玻璃棒、量筒、布氏漏斗、抽滤瓶、循环水式多用真空泵、漏斗、铁架台、石棉网、酒精灯、蒸发皿等。

2. 试剂　饱和 Na_2S 溶液、2mol/L NaOH 溶液、25% $BaCl_2$ 溶液；饱和 Na_2CO_3 溶液；0.1mol/L 及 2mol/L HCl 溶液等。

3. 其他　粗食盐、pH 试纸、滤纸等。

【实训步骤】

1. 称取 30g 研细的粗食盐，放入小烧杯，加入 100ml 蒸馏水，边加热边用玻璃棒搅拌使其溶解。静置，常压过滤除去不溶性杂质。

2. 将过滤溶液加热至沸，边搅拌边逐滴加入 25% $BaCl_2$ 溶液，至过滤溶液沉淀完全（约 3ml）。待沉淀沉降后，取少量上层清液于试管中，滴加 1～2 滴 $BaCl_2$ 溶液，若无浑浊现象，说明 SO_4^{2-} 已沉淀完全，若有浑浊现象，则需继续滴加 $BaCl_2$ 溶液直至上层清液滴加 1 滴 $BaCl_2$ 溶液后，不再产生浑浊现象为止。沉淀完全后，小火继续加热 3 分钟，常压过滤除去沉淀，保留滤液。

3. 在上述滤液中加入 1 滴饱和 Na_2S 溶液，观察是否有沉淀产生。若无沉淀，逐滴加入 2mol/L NaOH 和饱和 Na_2CO_3 所组成的混合溶液（其体积比为 1∶1），加热至沸，至沉淀完全为止，常压过滤除去沉淀，保留滤液。

4. 滤液中逐滴加入 2mol/L HCl 溶液，边加热边用玻璃棒搅拌除去 CO_2，并用玻璃棒蘸取少量滤液在 pH 试纸上试验，直至溶液呈微酸性为止（pH 为 3～4）。

5. 将滤液转移到蒸发皿中，用小火加热并不断搅拌，滤液蒸发浓缩至糊状稠液为止（切不可将滤液蒸干）。

6. 将浓缩液冷却至室温，减压过滤，将晶体转移到预先称量好的蒸发皿中，加热烘干。

7. 冷却后称量，计算产率。

【实训提示】

1. 粗盐溶解后，必须静置充分，缓慢倒入普通过滤器进行过滤。

2. 蒸发浓缩时应边加热边搅拌，防止滤液向外溅出。

【实训思考】

1. 为什么要先加入 $BaCl_2$溶液，然后再加入 NaOH 和 Na_2CO_3溶液？

2. 为什么不能蒸干溶液？

附：普通过滤操作

（一）滤纸的折叠

1. 取一张圆形滤纸对折两次，展开成约 60°圆锥形（一侧三层，另一侧一层），如图 2－4 所示。

图 2－4　滤纸的折叠方法（一）

2. 与第一种方法前两步骤相同，第三步对折的半圆内折成里面对称的锥形，然后两边挤压成锥形，如图 2－5 所示。

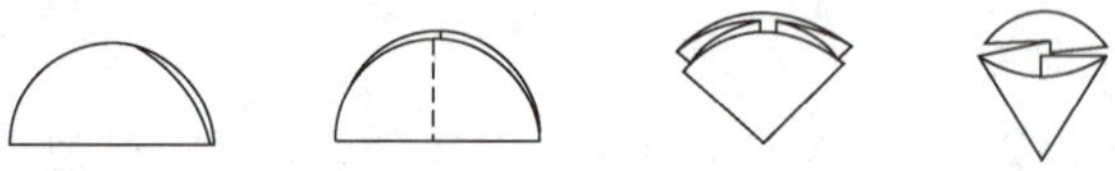

图 2－5　滤纸的折叠方法（二）

（二）常压过滤

1. 过滤器的制作　将折叠好的圆锥形滤纸放入漏斗中，调整滤纸圆锥形角度和漏斗角度完全一致，多余的部分剪去，比漏斗口边缘低 5～10mm。用胶头滴管取少量蒸馏水将滤纸湿润，使滤纸紧贴于漏斗内壁，中间不能有气泡，以免减缓过滤速度。

2. 过滤　将制作好的过滤器放在铁架台的铁圈上，调整高度，漏斗下端的斜出口尖端紧贴烧杯内壁。过滤时，漏斗中倾注液体用玻璃棒引流，使液体沿着玻璃棒缓缓流入过滤器内，玻璃棒的下端轻轻抵住三层滤纸的一侧，注入液体的液面应低于滤纸的边缘约 0.5cm 为宜，以免液体从滤纸与漏斗之间流下，如图 2－6 所示。

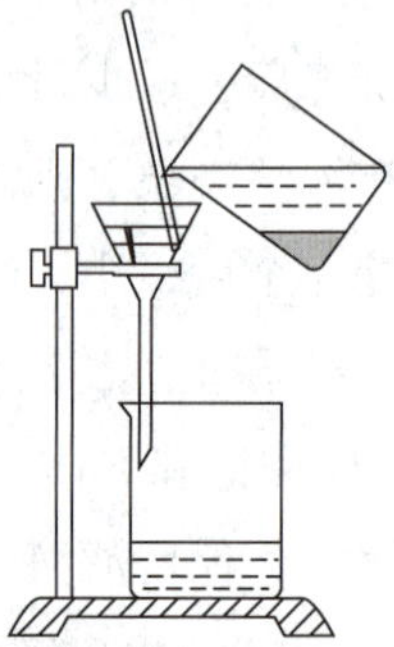

图 2－6　过滤

（三）蒸发

将滤液倒入蒸发皿中，用酒精灯加热，并用玻璃棒不断搅拌溶液，待出现较多固体时停止加热。蒸发时，应该注意以下几点。

1. 蒸发皿中的液体不超过其容积的2/3。
2. 边加热边用玻璃棒搅拌，防止局部温度过高，造成液体飞溅。
3. 当蒸发皿内剩余少量液体时，停止加热，利用余热将液体加热蒸干。
4. 蒸发皿应放在石棉网上冷却至室温。

答案解析

目标检测

一、选择题

（一）单选题

1. 340K 时，将可逆反应 $2SO_2(g) + O_2(g) \rightleftharpoons 2SO_3(g)$ 反应 2 分钟后，则 SO_2 和 O_2 的反应速率比为（　　）。

A. 4：1　　B. 2：1　　C. 3：1　　D. 1：1

2. 以下不属于影响化学平衡移动的因素是（　　）。

A. 浓度　　B. 压力　　C. 温度　　D. 催化剂

3. 绝大多数化学反应的速率常数随温度升高而（　　）。

A. 减小　　B. 增大　　C. 不变　　D. 先增大后减小

4. 关于化学平衡叙述不正确的是（　　）。

A. 任何化学平衡都是在一定条件下的相对的暂时平衡
B. 任何化学平衡都是一种动态平衡
C. 任何化学平衡中各物质的浓度都保持不变
D. 任何化学反应达到平衡状态化学反应就停止了

5. 可逆反应达到化学平衡的条件是（　　）。

A. 反应停止　　B. 正、逆反应速率相等
C. 正、逆反应速率常数相等　　D. 都正确

6. 某可逆反应是吸热反应，下列说法正确的是（　　）。

A. 升高温度，平衡常数值增大　　B. 升高温度，平衡常数值减小
C. 增大压力平衡移动　　D. 减小压力平衡移动

7. 对可逆反应，加入催化剂的目的是（　　）。

A. 提高平衡时产物的浓度　　B. 加快正反应速率而减慢逆反应速率
C. 缩短达到平衡的时间　　D. 使化学平衡向右进行

8. 可逆反应 $CO(g) + H_2O(g) \rightleftharpoons CO_2(g) + H_2(g)$ 于 749K 达平衡时 $K_c = 1$，若 $CO(g)$ 和 $H_2O(g)$ 的起始浓度均为 2.00mol/L，则 CO 的转化率为（　　）。

A. 50%　　B. 35.7%　　C. 32.1%　　D. 15.2%

（二）多选题

1. 影响化学平衡移动的因素是（　　）。

A. 浓度　　B. 压强　　C. 催化剂　　D. 温度

2. 下列关于催化剂的描述正确的是（　　）。

A. 催化剂不与反应物和生成物反应

B. 催化剂在化学反应前后，化学组成、化学性质和质量保持不变

C. 催化剂缩短达到平衡的时间

D. 催化剂能够加快正反应速率，降低逆反应速率

3. 对于反应 $aA(g)+bB(g)\rightleftharpoons gG(g)+hH(g)$ 为吸热反应，已知 $a+b>g+h$，改变下列条件能使反应向正反应方向移动的是（　　）。

A. 增大压力　　B. 升高温度

C. 降低温度　　D. 加入催化剂

4. 对于可逆反应 $M(g)+N(g)\rightleftharpoons 2Q(g)$ 在密闭容器中进行，在一定温度下其标准平衡常数为 $K^{\ominus}$，改变下列条件，能使标准平衡常数发生变化的是（　　）。

A. 升高温度　　B. 增大压力

C. 加入催化剂　　D. 降低温度

5. 对于可逆反应，能加快反应速率的是（　　）。

A. 增大反应物的量　　B. 升高温度

C. 增大压强　　D. 使用催化剂

二、简答题

1. 影响化学反应速率的因素有哪些？

2. 为什么催化剂不会改变化学平衡？

三、综合应用题

1. 合成氨反应：$N_2(g)+3H_2(g)\rightleftharpoons 2NH_3(g)$ 在某温度下达平衡时各物质的浓度分别为：$[c_{N_2}]=3.0mol/L$，$[c_{H_2}]=6.0mol/L$，$[c_{NH_3}]=8.0mol/L$，求该温度下的平衡常数 K_c 和 N_2、H_2 的起始浓度、H_2 的转化率。

2. 在高温条件下，反应 $SO_2(g)+NO_2(g)\rightleftharpoons SO_3(g)+NO(g)$，达到平衡时 $K_c=9.0$，若 SO_2、NO_2 的起始浓度均为 $3.0\times10^{-3}mol/L$，求平衡时各物质的浓度。

书网融合……

知识回顾　　微课　　习题

（刘晓金）

第三章 物质结构

学习引导

自然界由纷繁复杂的各种物质组成，大多数物质是由分子组成，分子是由原子组成，原子由带正电的原子核和带负电的核外电子组成。那么电子在原子核外以怎样的形式存在？原子运动的轨迹可以准确测量吗？应该怎么描述它的运动状态呢？原子是化学反应的最小微粒，原子在组成分子时，原子核和核外电子都发生改变了吗？原子之间又是如何相互联系形成分子的呢？

本章将通过介绍原子结构和分子结构，从微观角度帮助同学们去认识原子核外电子的运动规律及其描述方法。在原子结构理论的基础上，去理解原子间是如何通过化学键相互结合而成为分子的，以及分子间又存在怎样的作用力。

学习目标

1. **掌握** 四个量子数的意义；多电子原子轨道近似能级图；原子核外电子排布的规律；元素周期律；周期表中元素性质的递变规律；共价键的类型及特点。

2. **熟悉** 四个量子数的取值；核外电子排布的表示方式；周期、族、区的特点；分子的极性。

3. **了解** 核外电子运动的特性；现代价键理论；化学键；杂化轨道理论；分子间作用力的类型。

自然界的物质种类繁多，性质千差万别，根本原因是由于物质内部结构不同而引起的。因此，要了解物质的性质及其变化规律就必须了解物质结构。

第一节 原子结构及核外电子运动状态

微课

PPT

原子是物质进行化学变化的基本微粒。原子由原子核和核外电子构成；原子核由质子和中子组成；质子带正电而中子不带电；质子数决定原子核所带的正电荷数，即核电荷数；原子核所带的正电荷数与核外电子所带的负电荷数相等，因此，整个原子呈现电中性。原子的绝大部分质量集中在原子核上，核外电子的质量很小，只有 9.1×10^{-31} kg。

自然界中发生的化学反应，无论是肉眼可观察到的，如酸碱中和、镁条燃烧等，还是肉眼观察不到的，如生物体内每时每刻进行的生化反应（脂类代谢、糖酵解等），其宏观现象都是有新物质生成，微观实质则是原子的数目和种类没有变化，原子核没变，发生变化的只是核外电子。因此，要了解物质性质及变化规律就必须先了解核外电子的运动状态及规律。

一、原子核外电子运动状态

1924 年法国物理学家德・布罗意提出：一般被看成物质粒子的电子，其实也具有波动性的观点，即电子等实物微粒具有波粒二象性。1927 年，德・布罗意的假设分别被戴维逊、革末做的电子束在镍单晶上的反射实验及汤姆逊做的电子衍射实验所证实。

1928 年后，试验进一步证明，原子、质子、中子、α 粒子等一切微观质点都具有波动性。1927 年海森堡提出：具有波动性的粒子，不能同时有精确的坐标和动量，这就是著名的“不确定性原理”。这一原理反映了微观粒子运动的基本规律，为人类打开了一扇认识微观世界的大门。人们对宏观物体运动轨迹的描述，习惯于准确测量其位置和速率。不确定性原理的提出让人们感悟到微观世界不同于宏观物体，任何粒子的“能量”都是不确定的，而是在一个范围内波动。因此，高速运动的电子，没有固定的轨道。

二、原子核外电子运动状态的描述

（一）电子云

电子在原子核外直径约为 10^{-10} m 的空间高速运动，速率接近真空中的光速（即 3×10^8 m/s），其没有固定的轨道，不能同时准确地测定某一瞬间的位置和运动速度。人们用统计的方法描述电子在核外空间某个区域出现机会的多少，即概率。用小黑点的疏密来表示电子在空间各点概率的大小，把这些小黑点称为“电子云”。图 3－1 为氢原子电子云示意图，由图可见，离核越近电子云密度越大，表明电子单位体积空间内出现的概率越大；离核越远电子云密度越小，表明电子单位体积空间内出现的概率越小。描述电子在原子核外空间出现的概率，称为电子云的界面，这个界面所包括的空间范围称为原子轨道。可见，原子轨道与宏观的轨道的含义不同，原子轨道表示的是电子经常出现的区域。

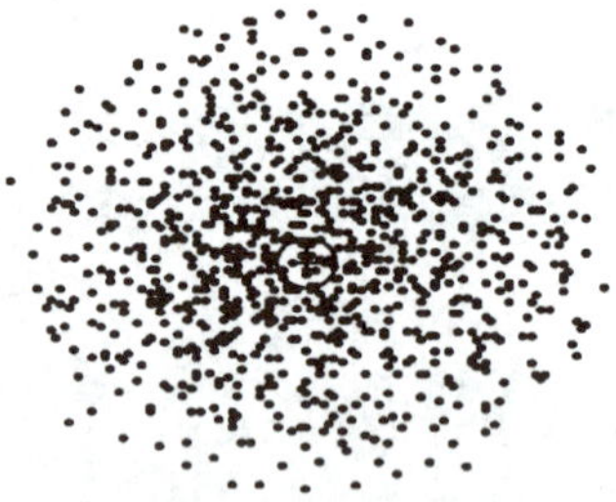

图 3－1　氢原子电子云示意图

（二）四个量子数

电子在原子核外一定的区域内做高速的运动，其运动状态比较复杂，需用四个量子数来描述。

1. 主量子数（*n*）　表示电子运动距离原子核的远近程度，或者说决定原子轨道的大小，因此，n 也称为电子层。n 可以取任意正整数，即 1，2，3，4 等。光谱学上分别对应于 K，L，M，N 等。具有相同主量子数的电子属于同一电子层。主量子数是决定电子能量的主要因素，n 越大，电子层离原子核的距离越远，该电子层上的电子能量越高。对于氢原子核外只有一个电子，其能量由主量子数决定。

2. 角量子数（*l*）　科学研究发现，多电子原子中，同一电子层上电子的能量仍有差别，电子云的形状也不同。因此，同一电子层又分为若干个能量稍有差别的电子亚层，用角量子数 l 表示。l 取值受主量子数 n 的限制，可取 0，1，2，3，…，$(n-1)$，共 n 个正整数值，按光谱学习惯，表示为 s，p，d，f，g 等。l 又称为电子亚层，描述电子云的形状。

光谱试验结果表明，不同亚层的电子云形状不同。s 电子云呈球形对称；p 电子云呈哑铃形；d 电子云呈花瓣形，如图 3－2 所示，f 电子云的形状比较复杂，不作讨论。

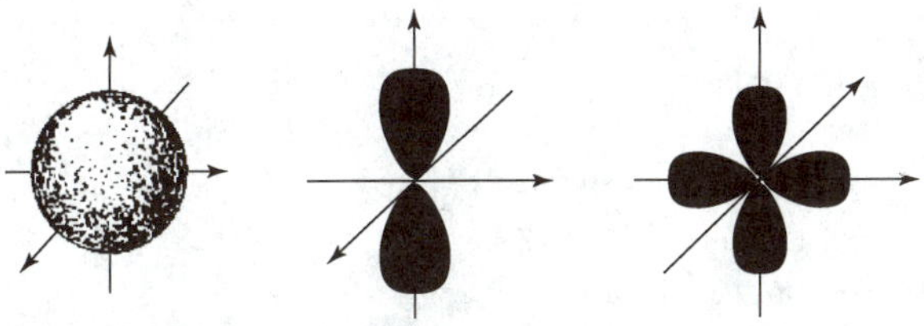

图 3-2　不同亚层电子云形状

多电子原子中，由于电子间存在相互静电排斥，原子轨道的能量由 n、l 共同决定。当 n 确定后，即在同一电子层中，l 越大，轨道能量越高。如 $n=2$，l 取值为 0、1，当 $l=0$，是指 2s 电子亚层或能级，当 $l=1$ 时，是指 2p 电子亚层或能级，则有 $E_{2p}>E_{2s}$。

3. 磁量子数（m）　描述原子轨道在空间的伸展方向，取值受 l 的限制，对于给定的 l，m 可以取 0，±1，±2，…，±l，共 $(2l+1)$ 个值，即 l 电子亚层共有 $(2l+1)$ 个不同空间伸展方向的原子轨道（我们把具有一定形状和伸展方向的电子云所占据的空间称为原子轨道）。例如，$l=1$ 时，m 可取 0，±1，表示 p 轨道（亚层）有三种空间取向，如图 3-3 所示。磁量子数与轨道的能量无关，故这 3 个 p 轨道的能量相等，处在同一能级，称为简并轨道或等价轨道。

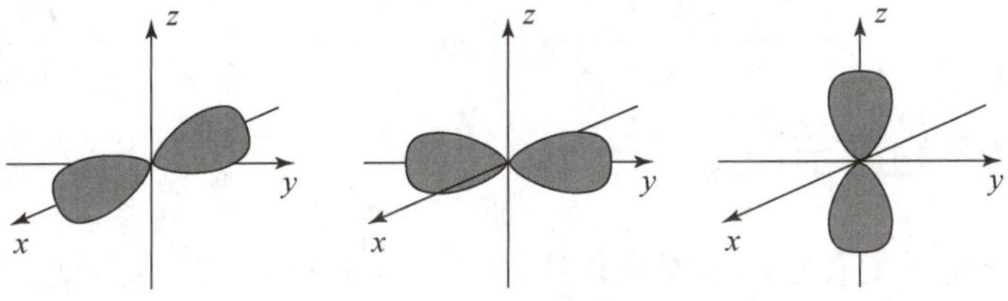

图 3-3　p 电子云的三个伸展方向

s 电子云是球形对称，只有 1 个伸展方向；p 电子云在空间沿 x、y、z 轴三个方向伸展；d 电子云有 5 个伸展方向；f 电子云有 7 个伸展方向。因此，s、p、d、f 四个亚层分别有 1、3、5、7 个原子轨道。

4. 自旋量子数（m_s）　原子中电子绕原子核高速运动的同时，进行着“自旋”运动。自旋有顺时针或逆时针两种方向，用符号“↑”和“↓”表示，只能取 $+\frac{1}{2}$ 和 $-\frac{1}{2}$ 两个值。

引进电子的自旋假设后，核外电子运动可理解为包含电子绕核轨道运动和自旋运动两部分，电子的运动状态则应由 n、l、m、m_s 四个量子数确定。

主量子数 n、角量子数 l，磁量子数 m 的关系及取值范围见表 3-1。

表 3-1　电子层、电子亚层、原子轨道与量子数之间的关系

主量子数 n 电子层	1 K	2 L	3 M	4 N	n
角量子数 l	0	0、1	0、1、2	0、1、2、3	0、1、…（$n-1$）
电子亚层表示	1s	2s 2p	3s 3p 3d	4s 4p 4d 4f	ns np nd…
磁量子数 m	0	0 0、±1	0 0、±1 0、±1、±2	…	…
同一电子层原子轨道数（n^2）	1	4	9	16	n^2

即学即练 3-1

答案解析

下面的各组量子数组合合理吗？请说明。

(1) $n=1 \quad l=0 \quad m=+1 \quad m_s=+\frac{1}{2}$ (2) $n=2 \quad l=2 \quad m=-1 \quad m_s=-\frac{1}{2}$

(3) $n=3 \quad l=4 \quad m=+1 \quad m_s=-\frac{1}{2}$ (4) $n=2 \quad l=0 \quad m=-1 \quad m_s=-2$

实例分析

实例 汽车行驶在公路上，火车在铁轨上奔驰，飞机沿航线飞行，可以用准确的位置和速度描述它们的运动状态，我们说宏观物体在一定的轨道上运动。原子中的电子是微观粒子，它在原子核外一定的空间进行高速运动，电子的运动具有波粒二象性。

问题 1. 核外的电子的运动还可以像宏观物体一样用确定的轨道来描述吗？

2. 可以同时准确测定电子的位置和速率吗？

3. 电子在原子核外的运动状态如何描述？

答案解析

三、原子核外电子的排布规律

多电子原子中，由于电子间存在静电库仑作用，并且电子的位置瞬息万变，给描述多电子运动状态带来困难。为克服这种困难，可以用多电子原子的近似能级来描述其运动状态。

（一）多电子原子的能级

在单电子体系中，原子轨道的能量是由主量子数 n 决定的。在多电子体系中，原子轨道的能量是由 n 和 l 决定的。

1. 屏蔽效应和钻穿效应 在多电子体系中，原子中其他电子对某电子 i 的排斥作用相当于它们屏蔽住了原子核，抵消了部分核电荷对电子 i 的吸引力，这种作用称为对电子 i 的屏蔽效应，用电子的屏蔽常数 σ 表示被抵消的原子核的正电荷。能吸引电子 i 的核电荷是有效核电荷，用 Z^* 表示，$Z^*=Z-\sigma$。外层电子对内层电子的屏蔽作用可以不考虑，屏蔽作用主要来自内层电子。多电子体系中电子的能量与主量子数 n 和有效核电荷 Z^* 有关。由于电子的运动倾向于占有能量较低的区域，外层电子穿过内层电子空间钻入原子核附近，使电子的能量降低的现象称为钻穿效应。如 3d 和 4s 轨道，$E_{4s}<E_{3d}$，其他的 4d 和 5s 轨道等也有类似情况。

2. 原子轨道近似能级图 美国化学家 Pauling L 根据光谱数据给出多电子原子的近似能级图，如图 3-4 所示。能量相近的轨道划分为一个能级组，用虚线框表示，图中按轨道能量的高低分成 7 个能级组。能级图反映了多电子原子轨道能级的高低顺序，同一能级组各亚层能量差异很小，不同能级组之间的能量差别较大。

图 3-4 中下方的轨道能量低，上方的能量高。由下而上得到轨道的近似能级顺序为

$$E_{1s}<E_{2s}<E_{2p}<E_{3s}<E_{3p}<E_{4s}<E_{3d}<E_{4p}<\cdots$$

当 l 相同，n 不同时，n 越大，电子层数越多，轨道能级越高。

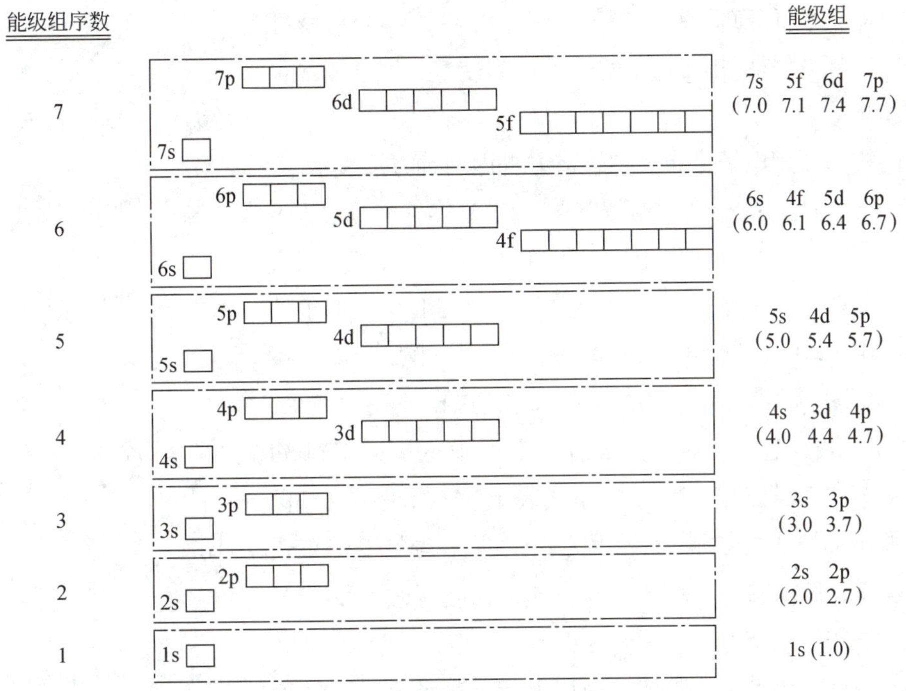

图 3-4 多电子原子的近似能级图

$$E_{1s} < E_{2s} < E_{3s} < \cdots$$

$$E_{2p} < E_{3p} < E_{4p} < \cdots$$

$$\cdots$$

当 n 相同，l 越大，原子轨道能量越高，如能级顺序为 $E_{3s} < E_{3p} < E_{3d}$，类推得：$E_{ns} < E_{np} < E_{nd} < E_{nf} < \cdots$。

当 n、l 都不同时，如 3d 和 4s 轨道，$E_{4s} < E_{3d}$，其他的 4d 和 5s 轨道等也有类似情况，即在这些地方出现了能级交错现象。原子轨道发生能级交错现象是由于屏蔽效应和钻穿效应的双重作用引起的，从第四能级组开始出现能级交错现象。

同时具有 s、p、d、f 轨道的近似能级顺序可归纳为：ns，$(n-2)$f，$(n-1)$d，np。

（二）原子核外电子的排布

电子在轨道中的排布遵循三条规律。

1. 鲍林不相容原理 1925 年奥地利物理学家鲍林（W. pauli）指出，在同一原子中，不可能有运动状态完全相同的 2 个电子同时存在。也就是说，在每一个原子轨道中，最多能容纳 2 个自旋方向相反的电子。故 s 亚层，可以充填 2 个电子，p、d、f 亚层，可分别充填 6、10、14 个电子，这样，每个电子层最多能容纳的电子数为 $2n^2$。

即学即练 3-2

答案解析

主量子数 n 为 3 的电子层可容纳多少个电子？3d 亚层可容纳多少个电子？

A. 18，50　　B. 18，18　　C. 10，18　　D. 18，10

2. 能量最低原理 原子核外电子的排布，在符合鲍林不相容原理的前提下应尽可能使体系的总能量最低，这就是能量最低原理。依据近似能级图（图 3－4）和核外电子填充顺序图（图 3－5）排布电子时，可得到使整个原子能量最低的电子排布状态。

核外电子的排布常用电子排布式和轨道方框图两种方法表示。

（1）电子排布式表示法　分别用数字 1、2、3、4、5、6、7 表示 K、L、M、N、O、P、Q 七个电子层，用符号 s、p、d、f 分别表示各电子亚层，并在这些符号的右上角用数字表示各亚层上电子的数目。如基态的$_{3}$Li 原子，两个电子占满 1s 轨道后，第三个电子填充到 2s 轨道，电子排布式表示为 $1s^22s^1$；基态的$_{19}$K 原子，在 K、L、M 电子层填充了 18 个电子后，其最后一个电子不是填充到 3d 轨道中，而是填充到 4s 轨道，其电子排布式表示为 $1s^22s^22p^63s^23p^64s^1$。基态$_{21}$Sc 原子的电子先填满 4s 再填充 3d，但书写电子排布式时要按电子层顺序，故基态$_{21}$Sc 原子的电子排布式应写成 $1s^22s^22p^63s^23p^63d^14s^2$，而不是 $1s^22s^22p^63s^23p^64s^23d^1$。

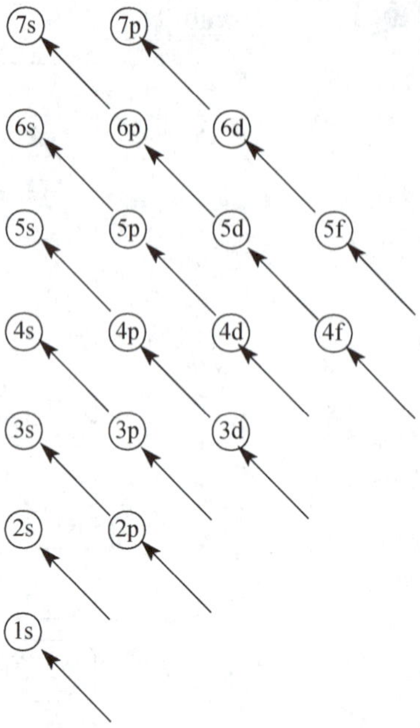

图 3－5　核外电子填充顺序图

为了避免电子排布式太长，习惯把内层电子已达稀有气体结构的部分，表示为稀有气体的元素符号加括号（如$_{10}$[Ne]、$_{18}$[Ar]、$_{36}$[Kr]、$_{54}$[Xe]），称为原子芯。如基态$_{26}$Fe 原子的电子排布式是 $1s^22s^22p^63s^23p^63d^64s^2$，简化为[Ar]$3d^64s^2$。

（2）轨道方框图表示法　用方框和箭头表明核外电子排布的方法。每一方框表示一个轨道，与电子排布式对比，它具有轨道上电子自旋方向和成键时电子变化明晰的特点。书写时先写元素符号，再根据能量最低原理、鲍林不相容原理和洪特规则书写。轨道表示更加直观地反映了电子的排布方式。

例如，5 号元素 B 的轨道表示为

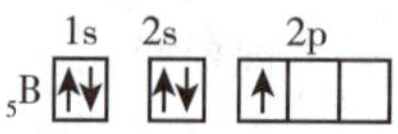

3. 洪特规则　电子在能量相同的轨道上（简并轨道）上排布时，应尽可能分占磁量子数 m 值不同的轨道，且自旋方向相同。这种排布方式使两个电子不必硬挤在同一个轨道上，因而可以减小电子间的相互排斥能，使原子的能量最低。例如：

基态$_{7}$N 原子的电子排布式是 $1s^22s^22p^3$。用原子轨道方框图表示为

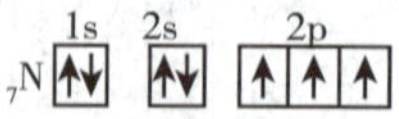

作为洪特规则特例的是：在 l 相同的简并轨道上，电子全充满（如 p^6、d^{10}、f^{14}），半充满（如 p^3、d^5、f^7）或全空（如 p^0、d^0、f^0）时，原子的能量最低、最稳定。由此，基态$_{24}$Cr 原子的电子排布式是[Ar]$3d^54s^1$，而不是 [Ar]$3d^44s^2$；基态$_{29}$Cu 是 [Ar]$3d^{10}4s^1$，而不是 [Ar]$3d^94s^2$。

即学即练 3－3

下面原子的核外电子排布式是否正确？为什么？

$_{20}$Ca：[Ar]3d　　$_{16}$S：[Ar]$3s^23p^5$　　$_{47}$Ag：[Kr]$4d^{10}5s^1$

答案解析

第二节　原子的电子层结构与元素周期律

PPT

元素及其化合物的性质，随着原子序数（核电荷数）的递增而呈现周期性的变化规律称为元素周期律。原子的电子层结构，特别是外层电子的构型决定了元素及其化合物的性质。原子核外电子排布的周期性变化是元素周期律的本质所在。各种元素有规律的变化构成了元素周期表，元素周期表是元素周期律的具体表现形式。

一、原子的核外电子排布与元素周期表

原子的核外电子排布从微观角度揭示了元素周期性变化规律的本质。

（一）能级组和元素周期

我国化学家徐光宪建议把（$n+0.7l$）值的整数部分相同的各能级合为一组，称为能级组，按整数值称为某能级组。每个能级组对应周期表的一个周期（在化学上常指元素周期表中每一横行的一系列元素），共 7 个周期，如表 3－2 所示。由表 3－2 及周期表可知：

周期序数 = 能级组数 = 电子层数 = 主量子数

元素周期表中，每一个能级组的价电子层结构均从 s^1 开始到 s^2p^6 结束，对应的周期（第一周期外）元素从碱金属开始到稀有气体结束。第 6、7 周期镧系和锕系的位置各有 15 种元素，由于他们的结构和性质相似，为了周期表的完整性，把镧系元素和锕系元素列成 2 排，放在主表的下方（见元素周期表）。

表 3－2　能级组与周期序列

能级	$n+0.7l$	周期（能级组）	周期特点	最多容纳电子数/$2n^2$	元素数目
1s	1.0	1	特短周期	2	2
2s、2p	2.0、2.7	2	短周期	8	8
3s、3p	3.0、3.7	3	短周期	8	8
4s、3d、4p	4.0、4.4、4.7	4	长周期	18	18
5s、4d、5p	5.0、5.4、5.7	5	长周期	18	18
6s、4f、5d、6p	6.0、6.1、6.4、6.7	6	特长周期	32	32
7s、5f、6d、7p	7.0、7.1、7.4、7.7	7	未完周期	32	未满

知识链接

徐光宪第一规则

徐光宪教授（1920～2015 年），我国中科院院士、物理化学家、无机化学家、教育家，被誉为“中国稀土之父”。他在量子化学、配位化学、萃取化学、稀土化学、化学键理论和串级萃取理论等领域，取得了显著成就。他的《物质结构》一书在长达 25 年的时间内是该课程在全国唯一的统编教材，被授予国家优秀教材特等奖。他根据大量的光谱试验数据归纳出一条近似规律：多电子原子中，（$n+0.7l$）值越大，能量越高。例如，4s，3d，4p 这三个能级的能量为：4s 的（$n+0.7l$）为 $4+0.7\times0=4.0$；3d 的（$n+0.7l$）为 $3+0.7\times2=4.4$；4p 的（$n+0.7l$）为 $4+0.7\times1=4.7$，所以三者的能量顺序为：$E_{4s}<E_{3d}<E_{4p}$。徐光宪建议：将（$n+0.7l$）值的第一位数字相同的各能级合为一组，称为能级组。每

个能级组对应周期表的一个周期，称为徐光宪第一规则。徐光宪是中国稀土行业的一面精神旗帜，他用一生的研究拼搏告诉我们，在科学的道路上，没有捷径可走，只有脚踏实地，勇于突破，才能掌握中国稀土事业发展的主动权。我们要像徐光宪先生那样，把学习与创造结合起来，把人个发展与国家进步结合起来，为中国的各项发展事业贡献力量。

（二）价层电子排布与族

原子芯以外的电子层结构易变化，从而引起元素化合价的改变。因此，原子芯以外的电子常被称为价电子，价电子所处的电子层称为价电子层或价层。如基态 $_{47}Ag$ 原子，电子排布式为 $[Kr]4d^{10}5s^1$，它的价层电子排布为 $4d^{10}5s^1$。

元素周期表中，总体上将基态原子的价层电子构型相似的元素归为一列，称为族，共 16 族，其中主族、副族各 8 个。

1. 主族 最后一个电子填充在 s、p 轨道的元素属于主族，包括ⅠA 至ⅧA 族，其中ⅧA 族又称 0 族。主族元素的内层轨道全充满，最外层电子构型从 ns^1、ns^2 至 $ns^2np^{1\sim6}$，最外层为价层，价层电子总数等于族序数。

例如，$_{17}Cl$ 电子排布式为：$1s^22s^22p^63s^23p^5$，简写为 $_{10}[Ne]3s^23p^5$，价电子构型为 $3s^23p^5$。最外层有 7 个电子，族序数为ⅦA 族。

H 和 He 比较特殊，只有一个电子层，H 电子排布式为 $1s^1$，属于ⅠA 族，He 电子排布式为 $1s^2$，属于 0 族。

2. 副族 最后一个电子填充在 d、f 轨道的元素属于副族，包括ⅠB 至ⅧB 族。第 1、2、3 周期没有副族元素，第 4、5 周期各有 10 个元素。ⅢB ~ ⅦB 族，$(n-1)d$ 及 ns 轨道上电子数的总和等于族序数；ⅧB 族有三列元素，其 $(n-1)d$ 及 ns 轨道上电子数的总和从 8 ~ 10；排在 B 族最右侧的ⅠB、ⅡB 族中的元素，ns 电子数是 1 和 2，等于族数。第 6、7 周期，ⅢB 族是镧系或锕系元素，它们各有 15 个元素。例如，24 号元素铬（Cr）电子排布式为 $1s^22s^22p^63s^23p^63d^54s^1$，价电子构型为 $3d^54s^1$，价电子数为 6，其族序数为ⅥB 族。

（三）价层电子构型与元素分区

根据价层电子构型的特征，元素周期表中的元素可分为 5 个区，分别是 s 区、p 区、d 区、ds 区和 f 区，如图 3－6 所示。

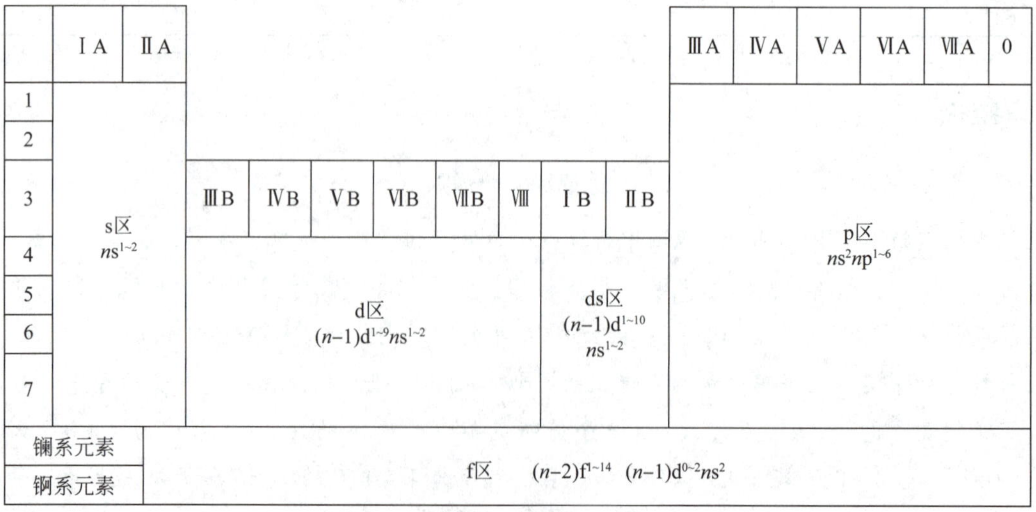

图 3－6 周期表中元素的分区

原子的电子排布与元素在周期表中的位置密切关系。一般可以根据元素的原子序数，写出该原子的电子排布式，推断它在周期表中的位置；或根据元素在周期表中的位置，推得它的原子序数，写出原子的电子排布式，进而预测它的价态和性质。

【例3-1】已知某元素的原子序数为35，试写出该元素基态原子的电子排布式，并指出该元素所属周期、族和区。

解：该元素原子有35个电子，电子排布式为 $1s^22s^22p^63s^23p^63d^{10}4s^24p^5$，或写成 $[Ar]3d^{10}4s^24p^5$。价电子构型为 $4s^24p^5$，属于主族元素，价电子总数是7，属于ⅦA；最外层主量子数 $n=4$，所以该元素在第4周期。最后一个电子填充在4p轨道上，所以它属于p区。

二、元素性质的周期性变化

元素原子的电子层结构的周期性变化，导致元素性质呈现周期性的变化。下面讨论元素的主要性质，如原子半径、元素电离能、电子亲合能和电负性等随原子结构的周期性变化规律。

（一）原子半径

根据测定方法的不同，原子半径常用的有3种，即共价半径、范德华半径和金属半径。范德华半径通常大于其他半径，共价半径通常小于金属半径。比较元素的某些性质时，原子半径应该采用同一套数据。

1. 同一周期　元素的电子层数相同，从左到右，随着原子核电荷数的增大，主族元素原子核对电子的吸引力逐渐增强，原子半径逐渐减小；最后一个稀有气体的原子半径增大，这是由于稀有气体的原子半径采用范德华半径所致。对于副族元素，由于原子核对最外层电子的吸引力增加不大，使得原子半径减小的比较缓慢；但当次外层d轨道全部充满形成18电子构型时，原子半径突然增大，这是由于 $(n-1)$d轨道全充满后，对外层电子屏蔽作用增大，使原子核对最外层电子的吸引力减小而引起的。

2. 同族元素　主族元素的原子半径，从上至下，电子层依次增大，使原子半径增大的作用大于因核电荷数增加而导致的原子核对核外电子的吸引力增大而使原子半径减小的作用，所以原子半径逐渐增大。副族元素中，原子半径增加的规律仅体现在ⅢB和每一副族的前两种元素上；从ⅣB族元素开始，第五到第六周期元素，由于镧系收缩，造成它们的原子半径接近，从而使元素性质极为相似。

（二）元素的电离能、电子亲合能

1. 元素的电离能　元素的气态原子（或离子）失去电子，需要克服原子核的引力而消耗能量，该能量称为元素的电离能，单位kJ/mol。

1mol某元素的基态气态原子，失去最高能级的1mol电子，形成一价的气态阳离子所消耗的能量，称为该元素的第一电离能，用 I_1 表示。如：

$$M(g) \longrightarrow M^+(g) + e$$

1mol一价的气态阳离子继续失去最高能级的1mol电子，形成二价气态阳离子所消耗的能量，称为该元素的第二电离能，用 I_2 表示。如：

$$M^+(g) \longrightarrow M^{2+}(g) + e$$

以此类推，可得到第三电离能 I_3、第四电离能 I_4……试验数据表明，同一元素的各级电离能之间的大小存在如下关系：$I_1 < I_2 < I_3$……

元素的电离能用以衡量元素原子或离子失去电子的难易程度。在比较不同元素失去电子的难易程度时，一般使用元素的第一电离能进行比较。总体上，同一周期元素从左到右，原子半径减小、核电荷数增大，I_1逐渐增加。短周期主族元素I_1从左到右逐渐增加，但也有例外，N的I_1比O的高、Be的I_1比B高。这是由于N最外层2p轨道上三个电子刚好半充满，根据Hund规则，半充满状态稳定。Be的1s轨道全充满，也相对于B稳定。同一主族元素自上而下I_1逐渐减小，这是因为电子层数增加，外层电子离核更远，有效核电荷增加不多，外层电子受核引力减小，使最外层电子电离变得容易。

2. 电子亲合能 气态的基态原子获得一个电子成为负一价气态离子时所放出的能量，称为电子亲合能。它反映元素结合电子的能力，其变化规律：卤族元素的原子结合电子放出能量较多，易与电子结合；金属元素原子结合电子放出能量较少甚至吸收能量，难与电子结合形成负离子。

元素的电离能和电子亲合能反映了原子失电子或得电子能力，可以在一定程度上判断金属性和非金属性。除了稀有气体以外，一般是电离能越小，金属性越强（只比较金属），N的第一电离能大于O的第一电离能（因为2p轨道半充满达到稳定状态），但是不能因此说明N的非金属性比O强，所以电离能不用来比较非金属。一般来说亲合能越小，非金属性越强（只比较非金属），但是亲合能越小非金属性不一定最强，Cl的亲合能是所有元素中最小的（比F还要小），但是明显F的非金属性最强。另外有的原子既难失去又难得到电子，如C、H原子。因此，单独用元素的电离能或电子亲合能反映元素的金属、非金属活泼性有一定的局限性。

（三）元素的电负性

1932年，鲍林（Pauling L）综合考虑元素的电离能和电子亲合能，提出了元素电负性的概念，用符号χ表示。用这个相对的数值量度分子中原子对成键电子吸引能力的相对大小。电负性大者，原子在分子中吸引成键电子的能力强，反之就弱。并确定F的电负性最大（$\chi_F = 3.98$），再依次定出其他元素的电负性值，见表3－3。

表3－3 元素的电负性

H 2.18																	He
Li 0.98	Be 1.57											B 2.04	C 2.55	N 3.04	O 3.44	F 3.98	Ne
Na 0.93	Mg 1.31											Al 1.61	Si 1.90	P 2.19	S 2.58	Cl 3.16	Ar
K 0.82	Ca 1.00	Sc 1.36	Ti 1.54	V 1.63	Cr 1.66	Mn 1.55	Fe 1.80	Co 1.88	Ni 1.91	Cu 1.90	Zn 1.65	Ga 1.81	Ge 2.01	As 2.18	Se 2.55	Br 2.96	Kr
Rb 0.82	Sr 0.95	Y 1.22	Zr 1.33	Nb 1.60	Mo 2.16	Tc 1.90	Ru 2.28	Rh 2.20	Pd 2.20	Ag 1.93	Cd 1.69	In 1.73	Sn 1.96	Sb 2.05	Te 2.10	I 2.66	Xe
Cs 0.79	Ba 0.89	La 1.10	Hf 1.30	Ta 1.50	W 2.36	Re 1.90	Os 2.20	Ir 2.20	Pt 2.28	Au 2.54	Hg 2.00	Tl 2.04	Pb 2.33	Bi 2.02	Po 2.00	At 2.20	

随着原子序数的递增，元素的电负性呈现周期性变化。同一周期，从左到右元素电负性递增；同一主族，自上而下元素电负性递减；副族元素的电负性没有明显的变化规律。电负性大的元素集中在元素周期表的右上角，电负性小的元素集中在左下角。元素电负性能综合地反映出元素的原子得失电子能力的大小，能全面衡量元素的金属性和非金属性的强弱、判断化合物中元素化合价的正负及分子的极性和键型。

第三节　分子结构

PPT

分子是由原子组成的、能稳定存在保持物质基本化学性质的最小微粒，是参与化学反应的基本单元。分子有单原子分子（如稀有气体分子）、双原子分子（如 H_2、CO 等）、多原子分子（如 H_2O、NH_3、CH_4等）、离子型分子（如蒸气中的 LiF、NaCl 等），还有石墨、金刚石、KNO_3晶体这样的巨型“分子”。物质的化学性质主要取决于分子性质，分子的性质是由分子内部结构决定的。

分子结构主要包括两方面问题：一是原子与原子的结合方式，即化学键的类型。二是原子在分子中空间排布方式即分子空间结构。化学键是指在分子中直接相邻的原子间强烈的相互作用力，分为离子键、共价键和金属键。分子之间还存在着分子间作用力和氢键，它们比化学键弱得多，影响物质的物理性质，如熔点、沸点和溶解度等。

一、离子键

（一）离子键的形成

1916 年，德国化学家科塞尔（W. Kossel）首次提出离子键的概念。离子键理论认为，原子间相互化合时，易失电子的金属原子，将电子传给易得电子的非金属原子，形成具有八电子结构的正离子和负离子，两者通过静电引力结合成离子型分子。原子得失电子形成阴、阳离子，由阴、阳离子之间通过静电作用形成的化学键称为离子键。一般而言，成键原子电负性差值在 1.7 以上，形成的是离子键。以金属钠和氯气反应生成 NaCl 为例，离子键的形成可以简单表示为

$$\mathrm{Na}\times + \cdot\ddot{\underset{\cdot\cdot}{\mathrm{Cl}}}: \longrightarrow \mathrm{Na}^{+}[\times\ddot{\underset{\cdot\cdot}{\mathrm{Cl}}}:]^{-}$$

由离子键结合而成的化合物称为离子化合物，绝大部分的盐类、碱类和部分金属氧化物等都是离子化合物。

（二）离子键的特点

离子键没有方向性。离子的电荷分布可近似认为呈球形对称，因此在空间各个方向每个离子与相反电荷离子的静电作用都相同，所以，离子键没有方向性。

离子键没有饱和性。离子晶体中，离子不受自身电荷数的限制，尽可能多地吸引带相反电荷的离子，因此，离子键没有饱和性。例如，如图 3-7 所示氯化钠晶体中，1 个 Na^+周围吸引着 6 个 Cl^-，而 1 个 Cl^-周围吸引着 6 个 Na^+，Na^+和 Cl^-有规律的排列形成了氯化钠晶体。NaCl 化学式仅表示氯化钠晶体中这两种元素原子之间的比例为 1∶1。因此，在离子晶体中，不存在单个分子，阴、阳离子周围排列的带相反电荷离子的数目是一定的，离子化合物的化学式仅表示阴、阳离子的数目之比。

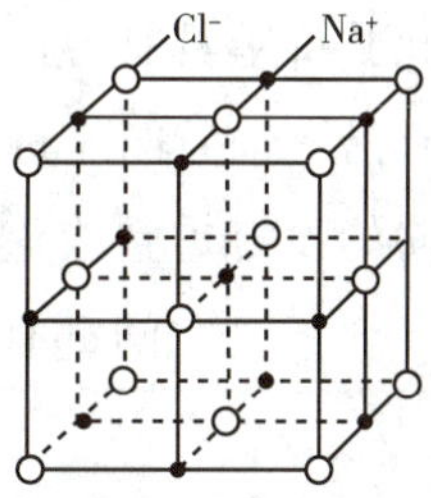

图 3-7　NaCl 晶体结构示意图

二、共价键

1916 年美国化学家路易斯（Lewis）提出共价键的概念，建立了经典的共价键理论。他认为 N_2、O_2、H_2、HCl 等分子中，两个原子之间是通过共用电子对吸引原子核，使两个原子结合在一起构成了分

子，这种通过共用电子对（电子云重叠）产生的原子间的强烈相互作用力称为共价键。电负性相差不大的元素的原子间通常形成共价键。

（一）共价键的形成

以氯化氢（HCl）为例，分析共价键的形成。

H 的价电子构型是 $1s^1$，Cl 的价电子构型是 $3s^23p^5$，2 个原子都容易得到 1 个电子形成稀有气体稳定的电子层结构。当 H、Cl 两原子靠近成键时，各自提供外层的 1 个电子，形成共用电子对。HCl 形成的电子式表示如下

$$H\times + \cdot\ddot{\underset{..}{Cl}}: \longrightarrow H\overset{\cdot}{\times}Cl$$

共用电子对共同围绕两个成键原子核运动，为两个成键原子所共有。共用电子对偏向电负性较大的 Cl 原子。这样 H 原子与 Cl 原子间通过共用电子对产生了共价键，形成了 HCl 分子。

（二）现代价键理论

现代价键理论的基本要点如下。

1. 两个原子接近时，只有自旋方向相反的单电子可以相互配对（原子轨道有效重叠），核间电子云密度增大，系统能量降低，形成稳定的共价键。每个原子所能形成共价键的数目取决于该原子中的单电子的数目。

2. 形成共价键的原子轨道重叠越多，核间电子云的密度越大，形成的共价键越牢固，称为原子轨道最大重叠原理。因此，在共价键形成时，原子轨道选择一定的方向，尽可能达到最大程度的重叠。

（三）共价键的特点

1. 共价键的饱和性 1 个电子与另 1 个电子配对后，则不能与其他原子的电子配对。因此，原子形成共价键的数目受原子中未成对电子数的限制，决定了共价键具有饱和性。例如，氢原子有 1 个未成对电子，只能与另 1 个氢原子形成 1 个共价键，故 H_3 不存在。稀有气体原子没有未成对电子，原子间不能成键，常以单原子的形式存在。两原子共用一对电子是单键，共用两对、三对电子分别是双键和叁键，分别用“—”、“═”和“≡”表示。

2. 共价键的方向性 在共价键形成时，原子轨道选择一定的方向，尽可能达到最大程度的重叠，因此共价键具有方向性。如图 3-8 所示，在 HCl 分子形成时，H 原子的 1s 轨道与 Cl 原子的 $3p_x$ 轨道只有沿 x 轴方向靠近时，如图 3-8（a）所示，才能实现最大程度的重叠，形成稳定的共价键；其他方向的没有重叠或重叠很少，如图 3-8（b）和（c）所示，故不能成键。除 s 轨道球形对称外，p、d、f 轨道在空间都有一定的伸展方向。所以，原子轨道的伸展方向和最大重叠原理决定了共价键的方向。

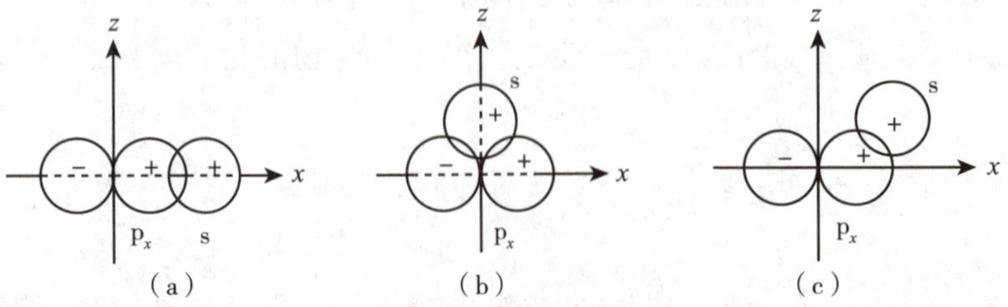

图 3-8　氯化氢分子的成键示意图

（四）共价键的类型

按原子轨道重叠方式的不同，共价键分为 σ 键和 π 键。

1. σ 键　2 个原子的原子轨道沿键轴（两原子核间连线）方向以同号“头碰头”方式进行重叠，形成的共价键称为 σ 键，如图 3 -9（a）所示。

σ 键的特点是重叠部分集中于两原子核之间，并沿着对称轴分布，可以任意旋转。σ 键重叠程度大，较稳定，不易断裂，化学活性小，可以独立存在于两原子之间。例如，H_2分子中的 H—H 键、Cl_2分子中 Cl—Cl 键、HCl 分子中的 H—Cl 键都是 σ 键。

2. π 键　2 个原子的原子轨道以“肩并肩”的方式发生侧面重叠，形成的共价键称为 π 键，如图 3 -9（b）所示。

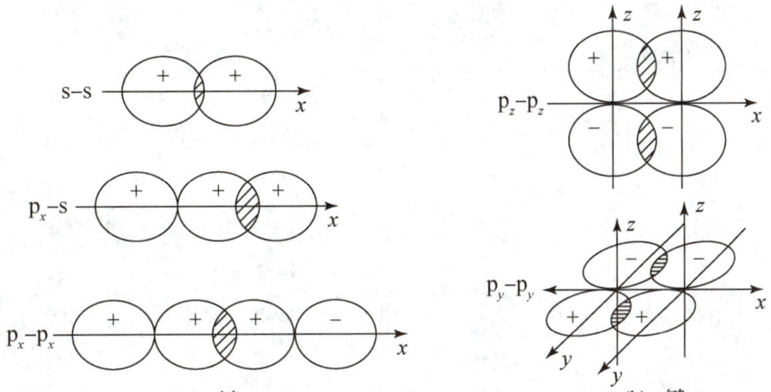

(a) σ键　　(b) π键

图 3 -9　σ 键和 π 键示意图

π 键不能绕着键轴任意旋转，键的重叠程度较小，不稳定，化学反应中易断裂。例如，N_2分子中 N 原子间形成的是共价叁键，N 原子间首先形成一个 σ 键，然后形成二个 π 键，结构表示为 N≡N。

原子轨道形成共价键时，首先选择“头碰头”的方式最大程度重叠产生 σ 键，其次才进行“肩并肩”侧面重叠形成 π 键。σ 键可以单独存在，π 键只能与 σ 键共存于双键或叁键中。

（五）配位键

如果共价键的共用电子对由一个原子单独提供，另一原子提供空轨道，这样形成的共价键称为配位共价键，简称配位键。配位键用“→”表示，箭头指向电子对的接受体。例如，NH_4^+ 有 4 个共价键，其中一个是配位键。NH_4^+ 的形成如下：

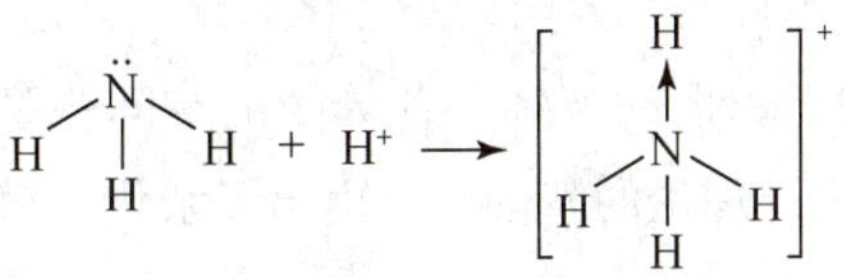

配位键的形成必须满足两个条件：①电子对给予体必须具有孤对电子；②电子对接受体必须具有空轨道。

（六）共价键的键参数

能够表征共价键性质的物理量称为共价键的键参数。共价键的参数主要有键能、键长、键角等。它们可以定量地描述共价键的性质，判断共价分子的热稳定性和分子的空间构型。

1. 键能　衡量化学键强弱的物理量。键的解离能（D）是指 298.15K、100kPa 下，1mol 理想气态分子 AB 解离为理想气态的 A、B 原子所需要的能量，单位为 kJ/mol。双原子分子键能（E）数值上等于键的解离能；多原子分子，键能则等于多个键解离能的平均值。一般来讲，键能越大，化学键越牢固，含有该键的分子越稳定。

2. 键角 多原子分子中，共价键之间的夹角称为键角，是反映分子几何构型的重要参数。双原子分子的形状总是直线型；对于多原子分子，原子在空间的排列不同，分子具有不同的几何构型。例如，H_2O 分子中，2 个 O—H 键之间的夹角是 104°45′，H_2O 分子呈 V 形结构。

3. 键长 分子中两原子核间的平衡距离称为键长，单位常用 pm（皮米）。成键原子半径越小，成键电子对越多，则键长越短，键能越大，共价键越牢固。一些共价键的键能、键长见表 3－4。

表 3－4 一些共价键的键长和键能

共价键	键长（pm）	键能（kJ/mol）	共价键	键长（pm）	键能（kJ/mol）
H—H	74	436	C—C	154	356
C—H	109	416	C=C	134	598
N—H	101	391	C≡C	120	813
P—H	143	322	N—N	146	160
O—H	96	467	N=N	125	418
S—H	136	347	N≡N	110	946
F—H	92	566	O—O	148	146
Cl—H	127	431	F—F	128	158
Br—H	141	366	Cl—Cl	199	242
I—H	161	299	Br—Br	228	193

答案解析

即学即练 3－4

根据共价键的键能和键长数据，比较下列共价键的稳定性。

O—H、N—H、F—F、I—I、Br—Br、C—C、 C≡C

三、杂化轨道理论

前面我们提到了分子结构通常包括两个方面，一是化学键，二是分子的空间构型。价键理论描述了共价键的本质并解释了共价键的特点，但在解释一些分子的空间构型方面却遇到了困难。1931 年鲍林（W. pauli）和斯莱脱（Slater）在价键理论的基础上，提出了杂化轨道理论。

（一）杂化轨道的形成

杂化轨道理论认为：原子在形成分子时，为了加强成键能力使分子稳定性增加，趋向于将不同类型的原子轨道重新组合成能量、形状和方向与原来不同的新的原子轨道。这种原子轨道重新组合的过程称为杂化，杂化后的原子轨道称为杂化轨道。

（二）杂化轨道理论的基本要点

1. 形成分子时，只有能量相近的原子轨道才能相互杂化。

2. 杂化轨道的数目与组成杂化轨道的各原子轨道的数目相同。

3. 杂化后的轨道成键能力大于未杂化的轨道。轨道杂化后形状改变，一端突出肥大，有利于原子轨道的最大重叠，形成的共价键更牢固，分子更稳定。

4. 不同类型的轨道杂化，杂化轨道的空间取向不同。

（三）杂化轨道的类型

参加杂化的原子轨道的种类和数目不同，可以组成不同类型的杂化轨道。杂化轨道可以分为等性杂化和不等性杂化。杂化后所形成的几个杂化轨道含有的原轨道成分的比例、电子填充的数目、轨道能量完全相等的杂化，称为“等性杂化”，如 sp 杂化、sp^2 杂化、sp^3 杂化。杂化后所形成的几个杂化轨道含有的原轨道成分的比例、电子填充的数目、轨道能量不完全相等的杂化，称为“不等性杂化”，如 sp^3 不等性杂化。

1. 等性杂化　sp 杂化原子的 1 个 ns 轨道和 1 个 np 轨道进行杂化的过程为 sp 杂化，形成 2 个等同的 sp 杂化轨道，各含有$\frac{1}{2}$s 和$\frac{1}{2}$p 的成分。2 个杂化轨道的对称轴在一条直线上，夹角为 180°，形成的分子构型呈直线形。

以 $BeCl_2$ 分子的形成为例。Be 原子的电子层结构为 $1s^22s^22p^0$，与 Cl 原子成键时，价电子层 2s 轨道中的 1 个电子跃迁到 2p 轨道上，Be 原子处于激发态 $1s^2$、$2s^1$、$2p_x^1$。Be 原子的 2s 轨道与 1 个 2p 轨道发生杂化，形成 2 个等同的 sp 杂化轨道，杂化轨道一头大、一头小。杂化过程如图 3－10 所示。成键时，杂化轨道大头与 Cl 原子的单电子 3p 原子轨道以“头碰头”的方式发生重叠，形成 2 个 sp－p 的 σ 键。杂化轨道间的夹角是 180°，$BeCl_2$ 分子的空间构型是直线形。$BeCl_2$ 分子的形成过程如图 3－11 所示。

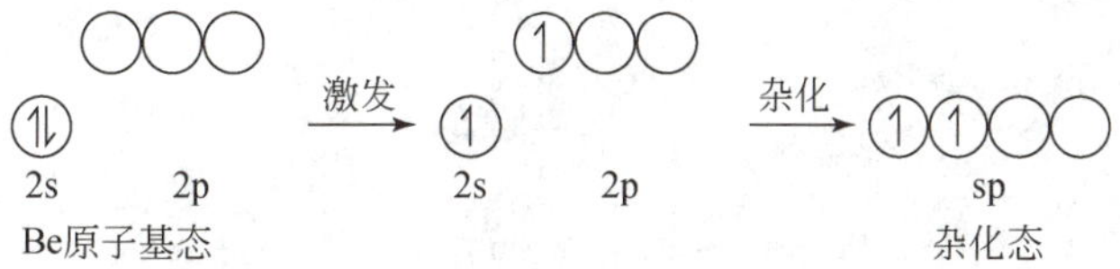

图 3－10　Be 原子的杂化过程

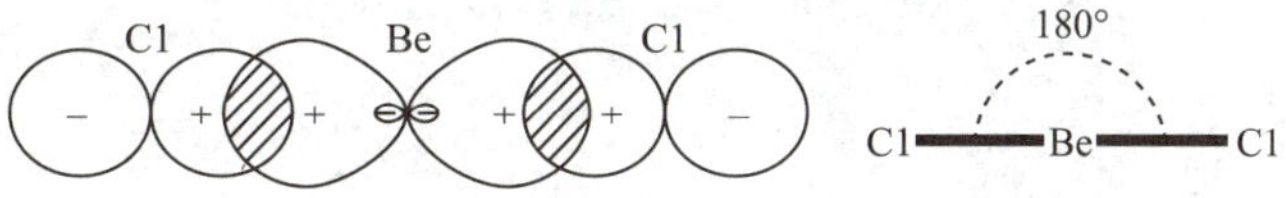

图 3－11　sp 杂化轨道及 $BeCl_2$ 分子的空间构型

sp^2 杂化原子的 1 个 ns 轨道和 2 个 np 轨道进行杂化的过程为 sp^2 杂化，杂化后，形成 3 个等价的 sp^2 杂化轨道，各含有$\frac{1}{3}$s 和$\frac{2}{3}$p 成份。杂化轨道间的夹角为 120°，呈平面三角形。

以 BF_3 分子的形成为例。B 原子的电子层结构为 $1s^22s^22p^1$。成键时，2s 轨道中的 1 个电子跃迁到 2p 轨道上，B 原子处于激发态 $1s^2$、$2s^1$、$2p_x^12p_y^1$。杂化过程如图 3－12 所示。B 原子的 2s 轨道与 2 个 2p 轨

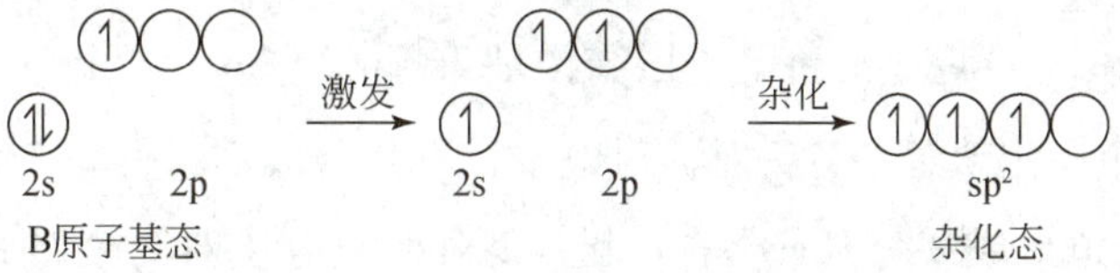

图 3－12　B 原子的杂化过程

道发生杂化，形成3个等同的sp^2杂化轨道，F原子的单电子2p原子轨道以“头碰头”的方式与杂化轨道发生重叠，形成3个sp^2-p的σ键。杂化轨道间的夹角是120°，BF_3分子是平面三角形。BF_3分子的空间构型如图3－13所示。

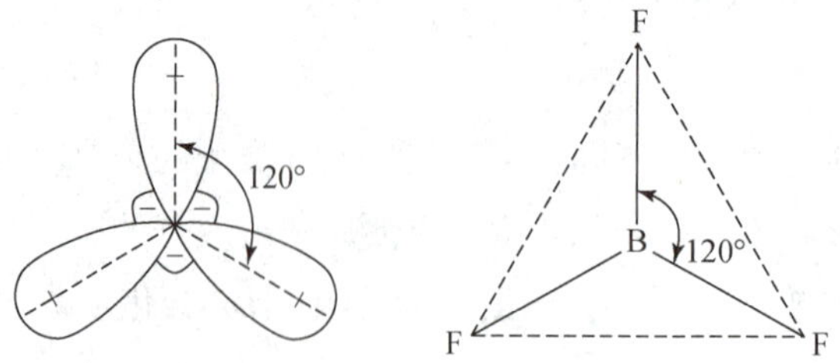

图3－13　sp^2杂化轨道及BF_3分子的空间构型

sp^3杂化原子的1个ns轨道和3个np轨道进行杂化的过程为sp^3杂化，形成4个等同的sp^3杂化轨道，各含有$\frac{1}{4}$ s和$\frac{3}{4}$ p成份。杂化轨道中的成分和能量完全相同的称为等性杂化；杂化轨道中若含有不参加成键的孤对电子，则杂化轨道的成分和能量不完全相同称为不等性杂化。

如CH_4分子中，C原子属于sp^3等性杂化。C原子的价电子层结构是$2s^22p^2$。成键时，1个2s电子被激发进入2p的空轨道，C原子处于激发态$1s^2$、$2s^1$、$2p_x^12p_y^12p_z^1$，2s轨道与3个2p轨道发生杂化，形成4个等同的sp^3杂化轨道，如图3－14所示。4个sp^3杂化轨道分别与4个H原子的1s轨道重叠形成4个sp^3-s的σ键，杂化轨道间的夹角是109°28′，CH_4分子的空间构型为正四面体型。如图3－15所示。

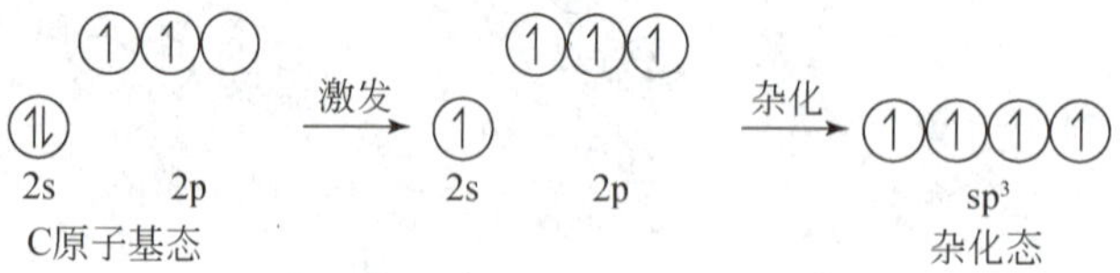

图3－14　C原子的杂化过程

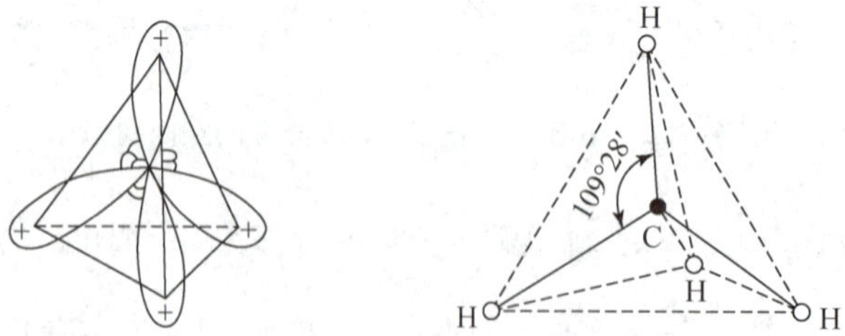

图3－15　sp^3等性杂化轨道及CH_4分子的空间构型

2. sp^3不等性杂化　H_2O和NH_3分子中的O原子、N原子都属于sp^3不等性杂化。

以H_2O分子的形成为例。O原子的价电子层结构是$2s^22p_x^22p_y^12p_z^1$。1个2s轨道和3个2p轨道形成4个sp^3杂化轨道，其中2个杂化轨道各有一对孤对电子，不参与成键，另外2个杂化轨道各有1个电子，分别与2个氢原子的1s轨道形成2个O—H的σ键。2对孤对电子对2个O—H键有较大的排斥作用，使O—H键的夹角变为104°45′，水分子的空间构型是V型，如图3－16所示。

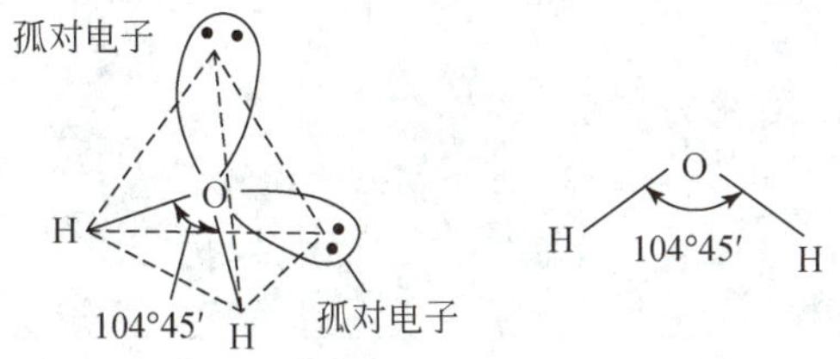

图 3－16　sp^3 不等性杂化及 H_2O 分子的空间构型

四、分子间作用力

（一）分子的极性

在任何分子中都有带正电荷的原子核和带负电荷的电子，由于正、负电荷数量相等，整个分子是电中性的。但在不同的分子中，正、负电荷的分布会有所不同。设想分子中的每一种电荷集中于某点上，称为“正电荷重心”和“负电荷重心”。如果分子中正、负电荷重心重合，形成的是非极性分子；如果分子中正、负电荷重心不重合，形成的是极性分子。

双原子分子的极性与键的极性相一致。即由非极性共价键构成的一定是非极性分子，如 H_2、Cl_2、N_2 等；由极性共价键构成的分子一定是极性分子，如 HCl、HF。

多原子分子的极性不仅取决于键的极性，还与分子的空间构型有关。例如 CO_2 分子，C—O 键是极性键，CO_2 分子空间构型为直线形，两个 C—O 键的极性抵消，分子的正、负电荷中心重合，所以 CO_2 分子是非极性分子。同样，$BeCl_2$、CH_4 等分子也是非极性分子。对于 H_2O、H_2S、NH_3 等分子，键的极性不能抵消，分子中正、负电荷中心不重合，所以是极性分子。

分子极性的大小可以用偶极矩 μ 来衡量。偶极矩 μ 等于极性分子中心电荷的电量 q 与正、负电荷中心距离 d（偶极长度）的乘积。偶极矩是一个矢量，方向从正极到负极，SI 单位是 C · m（库仑 · 米），称为“德拜”，一般用 D 表示。

$$\mu = q \cdot d \qquad (3-1)$$

利用偶极矩可以判断分子的极性。偶极矩越大，分子的极性越强，偶极矩等于零，是非极性分子。一些物质的偶极矩列于表 3－5。

表 3－5　一些物质分子的偶极矩　（单位：10^{-30} C · m）

分子式	偶极矩	分子式	偶极矩
H_2	0	CO	0.37
O_2	0	HF	6.09
$BeCl_2$	0	HCl	3.70
CO_2	0	HBr	2.76
BCl_3	0	HI	1.49
CS_2	0	H_2O	6.19
CH_4	0	H_2S	3.67
CCl_4	0	SO_2	5.33
$CHCl_3$	3.50	NH_3	4.91

答案解析

即学即练 3-5

根据杂化轨道的空间构型，判断下列分子的极性。

CH_4（正四面体） NH_3（三角锥） CO_2（直线型） H_2S（V 型）

（二）分子间作用力

1873 年荷兰物理学家范德华（van der Waals）首先提出了分子间作用力，因此，分子间的作用力也称为范德华力。分子间作用力弱于化学键（键能为 100～800kJ/mol），根据其产生的原因和特点，可以分为取向力、诱导力和色散力。

1. 取向力 极性分子具有永久偶极，当极性分子互相靠近时，分子的固有偶极发生同极排斥、异极相吸的作用，使分子发生相对转动，在空间取向处于异极相邻并产生静电作用，如图 3-17（a）所示。这种由于极性分子固有偶极产生的静电作用力称为取向力。取向后的偶极分子有按一定方向排列的趋势。取向力的大小与分子的偶极距有关，分子的偶极距越大，其取向力越大。

2. 诱导力 极性分子与非极性分子之间，极性分子偶极产生电场的作用，使非极性分子的正、负电荷中心不重合，产生诱导偶极。诱导偶极与极性分子的固有偶极间的作用力称为诱导力，如图 3-17（b）所示。诱导偶极反过来作用于极性分子，可以增加极性分子的偶极，增强分子间的作用力。因此，极性分子之间也存在着诱导力。

诱导力的大小与分子的极性有关，也与非极性分子的可极化性有关。分子的极性越大，非极性分子的可极化性越强，则诱导力越大。诱导力存在于极性分子与非极性分子、极性分子与极性分子之间。

3. 色散力 非极性分子之间，正、负电荷中心在某一瞬间发生相对位移，出现瞬间偶极，由于瞬间偶极而产生的分子之间的作用力称为色散力，如图 3-17（c）所示。

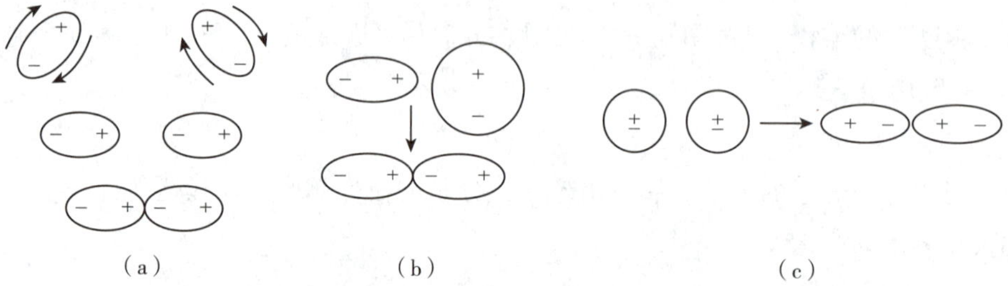

图 3-17 取向力、诱导力、色散力

色散力存在于所有分子之间，并且是一种最主要的力。分子的极性越大、可极化性越强，分子量越大，分子间的色散力越大。

综上所述，非极性分子之间，只有色散力；极性分子与非极性分子之间，既有诱导力也有色散力；极性分子之间，取向力、诱导力和色散力三种力都存在。分子间的作用力本质上都是静电引力，这种力是短程的，作用范围很小，为 300～500pm。结构相似的同系列物质，相对分子质量越大，分子间作用力越强，物质的熔点、沸点越高，颜色加深。因为分子量越大，分子体积越大，分子的瞬间变形程度越大，瞬时偶极越大，色散力越大。例如，卤族元素单质，常温下氟、氯是气体，溴是液体而碘是固体，说明了分子间的作用力随相对分子质量增加而增大。

（三）氢键

一般来讲，结构相似的同系列物质，其熔点、沸点随相对分子质量增加而升高。实验测定，HF、

NH_3、H_2O 沸点在同族氢化物中最高，出现了“反常”现象，这是因为分子间存在一种更强的氢键作用力。

以 HF 为例。氢原子核外只有一个电子，与电负性很大、半径较小的 F 原子形成极性共价键，共用电子对强烈地偏向 F 原子一方，H 原子几乎成为“裸露”的质子。含有孤对电子、带有部分负电荷的 F 原子靠近 H 原子而产生吸引作用，这种静电吸引作用称为氢键。如图 3 - 18 中的虚线所示。

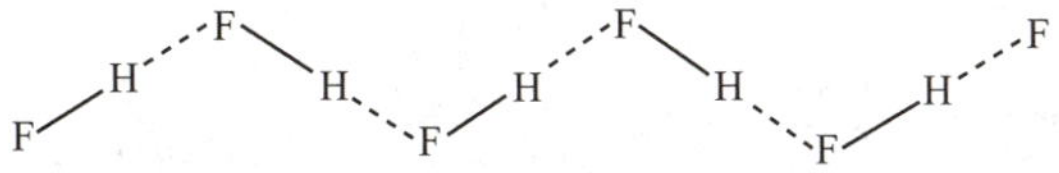

图 3 - 18　HF 分子中氢键的形成

形成氢键应具备两个条件：①分子中有一个电负性大、半径小的原子 X（F、O、N 等）与 H 形成共价键；②另一分子（或同一分子）中，有一个电负性大、半径小且有孤对电子的原子 Y（F、O、N 等）。

氢键的强弱与 X 和 Y 的电负性及 Y 原子半径有关，X 和 Y 的电负性越大、半径越小，形成的氢键越强。氢键的强弱顺序如下：

$$F—H\cdots F > O—H\cdots O > O—H\cdots N > N—H\cdots N$$

氢键键能一般小于 40kJ/mol，弱于化学键键能，是一种较强的分子间作用力。氢键具有饱和性和方向性，形成氢键的三个原子 X—H···Y 在一条直线上，以保持 X、Y 的最大分离，排斥力达到最小；每一个 X—H 中的 H 只能与一个 Y 原子形成氢键，否则因为排斥力太大而不稳定。

氢键广泛存在于无机含氧酸及有机羧酸等物质中。分子间氢键的存在，使物质在固体熔化、液体气化时，需要消耗更多的能量，导致熔点、沸点的升高。当溶质与溶剂分子之间存在氢键时，溶质分子与溶剂分子间作用力增强，溶质在溶剂中的溶解度将增大，所以氨极易溶解在水中，乙醇、甘油等可以与水混溶。通过氢键，简单分子可以缔合成复杂分子。分子内氢键使物质的熔点、沸点反而降低。因此，氢键在物质结构中具有非常重要的意义。

知识链接

分子极性的应用

相似相溶原理是指“分子极性相似彼此可以互溶”。溶剂提取法是这一原理在中草药有效成分提取中的应用。根据中草药各种成分的溶解性，选择适宜的溶剂，将有效成分从药材组织中尽可能溶解出来。影响提取效率的因素很多，但分子极性是选择溶剂的最重要条件。例如，水提取液中加入有机溶剂，会减小溶剂的极性，使水提取液中水溶性成分（淀粉、树胶、黏液质、蛋白质）从溶剂中析出。大家熟知的衣物上油漆用汽油清洗、洗洁精清洗餐具去油污等，都是“相似相溶原理”的具体应用。

答案解析

目标检测

一、选择题

（一）单选题

1. 下列各组量子数中，合理的是（　　）。

A. $n=1$，$l=0$，$m=-1$　　B. $n=2$，$l=3$，$m=1$

C. $n=3$，$l=2$，$m=0$　　D. $n=4$，$l=4$，$m=0$

2. 电子排布式$1s^22s^22p^63s^23p^63d^2$违背了（　　）。

A. 能量最低原理　　B. 泡利不相容原理

C. 洪特规则　　D. 稳定规律

3. 元素的性质随着原子序数的递增呈周期性变化的主要原因是（　　）。

A. 元素的原子半径呈周期性变化

B. 元素的化合价呈周期性变化

C. 元素原子的核外电子排布呈周期性变化

D. 元素的相对原子质量呈周期性变化

4. 下列物质中，属于离子化合物的是（　　）。

A. H_2O　　B. NH_3　　C. HI　　D. CaO

5. BF_3分子中，B以sp^2杂化轨道成键，该分子的空间构型是（　　）。

A. 三角锥形　　B. 平面正三角形

C. 直线型　　D. 四面体

（二）多选题

1. 多电子原子中，决定电子能量的量子数是（　　）。

A. n　　B. l　　C. m　　D. m_s

2. 多电子原子能级交错的原因有（　　）。

A. 屏蔽效应　　B. 泡利不相容原理

C. 钻穿效应　　D. 洪特规则

3. 多电子原子核外电子排布的原理有（　　）。

A. 泡利不相容原理　　B. 能量守恒原理

C. 能量最低原理　　D. 洪特规则

4. 共价键的主要参数是（　　）。

A. 键能　　B. 键角

C. 偶极矩　　D. 键长

5. 下列分子中，属于极性分子的有（　　）。

A. BF_3　　B. H_2O　　C. HBr　　D. CH_4

二、综合应用题

1. 下列叙述是否正确？如不正确请改正。

（1）主量子数$n=1$，有自旋相反的2个原子轨道。

（2）主量子数$n=3$，有3s、3p、3d三条原子轨道。

（3）磁量子数$m=0$，对应的是s原子轨道。

2. 下列原子的电子排布式违背了哪条原理？请写出正确的电子排布式。

（1）$_{20}Ca$：$1s^22s^22p^63s^23p^63d^2$

（2）$_{24}Cr$：$1s^22s^22p^63s^23p^63d^44s^2$

（3）$_{7}N$：$1s^22s^22p_x^{\ 2}$

3. 完成下表。

原子序数	核外电子排布式	价电子构型	元素所在周期	元素所在族	元素所在区
	$1s^22s^22p^63s^23p^5$				
		$4s^1$	4		
			4	ⅤB	
29					

书网融合……

知识回顾　　微课　　习题

（林　珊）

第四章 定量分析基础

学习引导

分析化学吸取当代最新的科学技术成就（包括化学、物理、数学、电子学、生物学等），利用物质的性质，研究新的检测原理，开发新的仪器设备，获取物质的结构和质量信息。分析化学如何获取物质的质量信息，方法有哪些？在检测分析过程中，如何记录数据？后期的数据如何修约和计算？

本章通过对定量分析方法的介绍，帮助同学们了解定量分析进行的程序；明确误差客观存在的前提下，如何提高分析结果的准确度；掌握滴定分析法的基本理论知识和操作技能，为后续章节的学习打下牢固的学习基础。

学习目标

1. **掌握** 定量分析中数据记录与处理方法；滴定分析法基本概念；滴定分析技术；电子天平使用方法；标准溶液配制方法。
2. **熟悉** 定量分析中系统误差与偶然误差、准确度与精密度的关系。
3. **了解** 定量分析的方法分类、程序及可疑值的取舍；相关与回归分析。

分析化学是研究物质化学组成的分析方法及有关理论的一门学科，是化学学科的一个重要分支。它的任务主要有三方面：鉴定物质的化学组分（或成分）、测定组分的含量及确定物质的化学结构，它们分别属于定性分析、定量分析及结构分析的研究内容。本章将介绍定量分析相关内容。

PPT

第一节 概　述

定量分析的任务是测定物质中有关组分的含量。定量分析方法分类依据不同，分类方法也不同。常见的有滴定分析、光谱分析、电化学分析、色谱分析等。本节主要介绍以分析方法的原理、取样量及试样含量不同为依据的分类方法，以及定量分析工作的流程。

一、定量分析方法分类

定量分析方法按分析方法的原理不同，可分为化学分析与仪器分析；按试样取用量的不同，可分为常量分析、半微量分析、微量分析和超微量分析；按照试样中待测组分含量不同，可分为常量组分分析、微量组分分析和痕量组分分析。

（一）化学分析和仪器分析

1. 化学分析 以物质的化学反应为基础进行的分析方法，它是分析化学的基础，又称为经典分析法。其中，被分析的物质称为试样（样品、供试品），与试样起反应的物质称为试剂。

假设在化学分析中的某定量化学反应为

$$mC + nR = C_mR_n$$
$$a \quad b \quad d$$

C 为被测组分，R 为试剂。如果借助称量方法得到生成物 C_mR_n 的量为 d，根据方程式中的计量关系求得被测组分 C 的量，这种方法称为重量分析法；如果是将已知准确浓度的试剂溶液 R（滴定液，也称标准溶液）滴加到待测物质 C 溶液中，根据滴定液 R 的量 b 求得被测组分 C 的量，这种方法称为滴定分析法或容量分析法。

化学分析的应用范围广泛，所用仪器简单，结果准确，但灵敏度较低。

2. 仪器分析 以物质的物理或物理化学性质为基础进行的分析方法。需要使用特殊仪器测定物质的物理或物理化学性质，故称为仪器分析法。

仪器分析主要包括以下方法。

（1）电化学分析 根据物质电化学原理对物质进行分析的方法。按电化学分析法原理的不同又分为电导分析法、电位分析法、电解分析法及库仑分析法等。

（2）光学分析 利用物质的光学性质进行的分析方法，以光谱法为主。光谱法是基于电磁辐射与物质相互作用时，物质内部发生能级跃迁，通过测量辐射强度和波长而建立的分析方法。包括紫外 - 可见分光光度法、红外分光光度法、原子吸收分光光度法等。

（3）色谱分析 利用物质某些性质的差异，将混合物中各个组分分离，然后逐个分析的方法。主要有高效液相色谱法、气相色谱法、薄层色谱法、纸色谱法、经典柱色谱法等。

此外热分析法（如热重分析法、差热分析法等）和毛细管电泳法使得仪器分析手段更为强大。

仪器分析是一种快速、灵敏、准确、所需试样量少，且易于实现自动化、高速化分析的方法。它是现代分析化学的发展方向，但化学分析法始终是整个分析化学的基础。因此，化学分析法和仪器分析法互为补充、相辅相成，在实际工作中，应根据具体情况加以选择。

（二）常量分析、半微量分析、微量分析和超微量分析

根据试样的用量和操作规模的不同，定量分析方法可分为常量、半微量、微量和超微量分析。各种方法的所需试剂用量如表 4 - 1 所示。通常情况下，化学分析的试样用量为常量分析，仪器分析的试样用量为微量分析和超微量分析。

表 4 - 1 各种分析方法的试样用量

方法	试样质量	试液体积
常量分析	>0.1g	>10ml
半微量分析	0.01 ~ 0.1g	1 ~ 10ml
微量分析	0.1 ~ 10mg	0.01 ~ 1ml
超微量分析	<0.1mg	<0.01ml

（三）常量组分分析、微量组分分析和痕量组分分析

根据试样中待测组分含量高低不同，可分为常量组分分析（组分含量 >1%）、微量组分分析（组

分含量为0.01%～1%）和痕量组分分析（组分含量<0.01%）。

二、定量分析的程序

首先根据分析任务要求、被测组分和共存组分的性质及含量，选择合适的分析方法、制定分析计划、设计分析方案、准备所需的仪器设备及试样。然后实施以下步骤。

1. 采样 按一定的规则，从待分析对象中抽取一定数量的样品，供分析检验使用。样品采集应遵循科学性、真实性和代表性的原则，确保抽取的样品在理化性质、组成和含量等各方面都能够代表被分析对象整体。

根据分析检验的目的、样品的来源等，采样方法可分为随机采样、周期采样、选择性采样。采样时要做好相关的采样记录，并在采样容器和包装上贴好相应的标签。样品采集的设备和容器要按规定进行清洁，避免样品污染。

2. 试样的预处理 采集的试样常常不能直接测定，需要按一定的方法制备成供分析测定的状态，这个过程称为试样的预处理。试样预处理时应遵循两大原则：一是防止待测组分损失和避免引入干扰；二是方法要尽量简便、易操作、经济、迅速、安全。

试样预处理的方法有以下几种。

（1）试样的分解 采用的方法有溶解（水溶、酸溶、碱溶、有机溶剂溶解）、熔融（酸熔、碱熔）、消解（湿法消化、干式灰化）等。

（2）干扰消除 采取的方法有掩蔽（通过改变干扰物质的反应活性来消除干扰，包括氧化还原掩蔽、配位掩蔽、沉淀掩蔽、酸碱掩蔽）、分离（将干扰物质与被测组分分离，包括沉淀分离、萃取分离、色谱分离等）、富集（通过提高被测组分的浓度消除干扰，包括萃取、吸附、共沉淀等）。

以上传统的预处理方法处理时间长、消耗试剂量大。随着微波辅助萃取、超临界流体萃取、加速溶剂萃取、固相萃取、膜萃取等新技术的发展，高效、快速和自动化的预处理技术在药物分析的研究领域得到了广泛应用。

3. 试样的测定及分析 定量分析结果是由“实验测定”得到的，为获得准确的测定结果，必须经过反复试验，选择最佳测量条件。测量前对仪器进行校正，保证分析结果的准确度和精密度。

4. 分析结果的表示 定量分析结果包括测量结果的平均值、测量次数、测量结果的准确度和精密度。根据理论、原理和实验操作过程，计算分析结果并正确表达结果，对结果做出科学合理的判断，形成结论明确的书面报告。

知识链接

药检依据和流程

《中华人民共和国药品管理法》第三十二条规定：药品必须符合国家药品标准。

国家药品监督管理部门和国家卫生健康部门颁布的《中华人民共和国药典》为国家药品标准。

国务院药品监督管理部门组织药典委员会，负责国家药品标准的制定和修订。国务院药品监督管理部门的药品检验机构负责标定国家药品标准品、对照品。

药品检验的基本程序包括取样、检验、记录与计算、出具检验报告书等环节。在检验环节，检验的项目包括性状（物理常数）、鉴别、检查、含量或效价测定。

第二节　误　差 微课

PPT

定量分析的任务是准确测定试样中组分的含量，分析结果的准确度是基本要求。在实际分析中，由于受分析方法、测量仪器、所用试剂和工作者等多方面因素的影响，使得测量结果不可能与真实值（简称真值）完全一致。即使是技术很熟练的分析者，借助精密的仪器，使用同种方法对同一样品进行多次分析，也不能得到绝对准确的分析结果，表明误差是客观存在的。因此，在定量分析时，必须明确误差产生的原因，并采取措施尽量减少误差，从而提高分析结果的准确度。

一、误差产生的原因及分类

分析测定中产生误差的原因很多，按照其来源和性质不同，分为系统误差和偶然误差。

（一）系统误差

系统误差是某种确定原因造成的误差。根据产生的原因，分为方法误差、仪器误差、试剂误差和操作误差。

1. 方法误差　实验设计不当或所选择的分析方法不当引起的误差，通常对测定结果影响较大。例如，重量分析中，沉淀溶解度较大或有共沉淀现象；滴定分析法中滴定终点和化学计量点不一致；色谱分析中，待测组分的色谱峰与相邻峰未达到良好分离等，都会造成测定结果偏高或偏低，但误差的方向固定。

2. 仪器误差　仪器不够精准或未经校正所引起的误差。例如，天平两臂不等长、砝码长期使用后质量不准、未经校准的容量仪器体积不准确、仪器检测信号漂移等都能引起此类误差。

3. 试剂误差　试剂不纯引起的误差。例如，试剂或溶剂纯度较低、变质等，均能产生这种误差。

4. 操作误差　分析工作者由于操作不熟练、不规范或主观判断失误引起的误差。如颜色变化敏感性差，导致滴定终点提前或滞后；读取仪器测量值时视线偏高或偏低等造成的误差。

系统误差一般正负固定、大小可测，同一条件下测定可重复出现，对分析结果的影响是确定的，且利用适当的方法可以测定。因此，采取适当的方法可以消除系统误差。

（二）偶然误差

偶然误差是由偶然、不确定的因素（实验室温度、湿度、电压、仪器性能等的偶然变化以及操作条件的微小差异）引起的误差，又称随机误差、不可定误差。偶然误差的大小、正负不固定，看似无规律。但人们经过大量实践发现，偶然误差符合正态分布的统计规律：大误差出现的概率小，小误差出现的概率大，绝对值相同的正、负误差出现的概率近似相等，如图4－1所示。

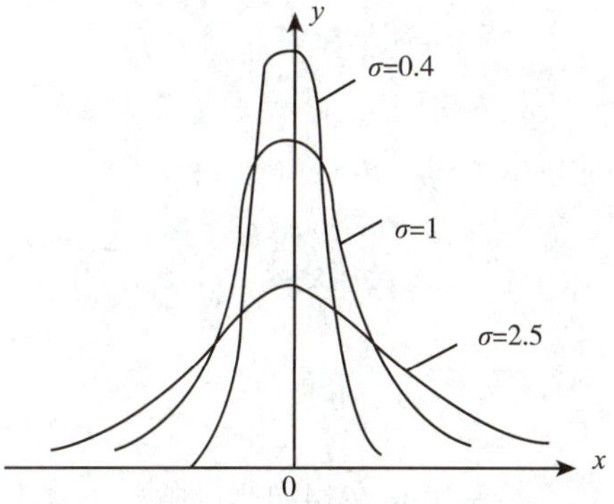

图4－1　偶然误差的正态分布曲线

图中，x为单次测量的误差；y为误差出现的概率；σ为标准偏差，它表明样本值的离散特性。由图可知，无限多个随机误差的代数和为零，因此，常采取增加平行测定的次数，然后取平均值的方法减免偶然误差。

二、准确度

准确度是指测量值与真值接近的程度。测量值越接近真值，准确度越高；反之准确度越低。准确度的高低用误差来衡量，有两种表示方法。

1. 绝对误差 测量值与真值之差称为绝对误差。若以 x 表示测量值，μ 代表真值，则绝对误差 δ 为

$$\delta = x - \mu \tag{4-1}$$

测量值大于真值时的绝对误差为正误差；测量值小于真值时，则为负误差。绝对误差 δ 值越小，说明测量值越接近真值，测量的准确度越高。

实例分析 4－1

实例 用电子天平称得一物体的质量是 2.5380g，而真实质量是 2.5381g；称得另一物体的质量为 0.2537g，其真实质量是 0.2538g。

问题 1. 两次称量的绝对误差分别是多少？

2. 两次称量的准确度一样吗？

答案解析

由实例分析可知，虽然测量的绝对误差相同，但误差的大小在测量结果中所占的比例难以准确反映出来，故测量结果的准确度常用相对误差的大小来表示。

2. 相对误差 绝对误差 δ 与真实值 μ 的比值。

$$R\delta = \frac{\delta}{\mu} \times 100\% = \frac{x-\mu}{\mu} \times 100\% \tag{4-2}$$

相对误差是比值，没有单位，体现了绝对误差在真实值中所占的比例。

绝对误差与相对误差有正负之分，正值说明测量值大于真值，负值说明测量值小于真值。实际工作中常用绝对误差表示分析仪器的精度，相对误差表示分析结果准确度的高低。化学分析法通常要求 $R\delta < 0.1\%$。

知识链接

真值和标准值

实际分析工作中常用约定真值或标准值代替真实值。

1. 约定真值 是一个接近真值的值，它与真值之差可忽略不计。由国际计量大会定义的单位以及我国法定计量单位获得约定真值。

2. 标准值 由相关部门认可的实验室，采用可靠的分析方法，高精密度测量而获得的更加接近真值的值称为标准值（或相对真值），求得标准值的试样称为标准试样或标准参考物质，标准试样及其标准值需经权威机构认定并提供。分析工作中常以标准值代替真值来衡量测量结果的准确度。

三、精密度

精密度是在相同测定条件下，多次平行测量值之间互相接近的程度，即测量值与平均值接近的程度。各测量值间越接近，精密度就越高。精密度反映了测定结果的波动性、分散性、重复性。精密度的

高低用偏差来衡量，偏差越小，测量数据越集中，精密度越高；反之，偏差越大，测量数据越分散，精密度越低。偏差有以下五种表示方法。

1. 绝对偏差　测量值与测量平均值的差值。绝对偏差反映了某一个测定值偏离平均值的绝对程度，用 d_i 表示，若用 x_i 表示测量值，$\bar{x}$ 表示测量的平均值，则

$$d_i = x_i - \bar{x} \tag{4-3}$$

2. 平均偏差　绝对偏差的算术平均值，用 $\bar{d}$ 表示。它反映了某一组测得值偏离平均值的绝对程度。其表达式为

$$\bar{d} = \frac{\sum_{i=1}^{n} |x_i - \bar{x}|}{n} \tag{4-4}$$

式中，n 表示测量次数。

3. 相对平均偏差　平均偏差 $\bar{d}$ 与测量平均值 $\bar{x}$ 的比值，用 $R\bar{d}$ 表示。它反映了某一组测定值偏离平均值的相对程度。

$$R\bar{d} = \frac{\bar{d}}{\bar{x}} \times 100\% = \frac{\sum_{i=1}^{n} |x_i - \bar{x}|/n}{\bar{x}} \times 100\% \tag{4-5}$$

4. 标准偏差　定量分析有限次（$n \leq 20$）测量时，其标准偏差 S 的表达式为

$$S = \sqrt{\frac{\sum_{i=1}^{n} (x_i - \bar{x})^2}{n-1}} = \sqrt{\frac{d_1^2 + d_2^2 + d_3^2 + \cdots + d_n^2}{n-1}} \tag{4-6}$$

式中，$n-1$ 为自由度。标准偏差精确反映了某一组测定值分散程度。

5. 相对标准偏差　标准偏差 S 与测量平均值 $\bar{x}$ 的比值，也称为变异系数。它精确反映某一组测定值相对分散程度的参数。用 RSD 表示：

$$\mathrm{RSD} = \frac{S}{\bar{x}} \times 100\% \tag{4-7}$$

对于一组平行测量值，平均偏差和相对平均偏差忽略了个别较大偏差对测定结果重复性的影响，而标准偏差能反映较大偏差的影响。相对平均偏差或相对标准偏差体现偏差在测量平均值中所占比例。实际工作中，常用 RSD 表示分析结果的精密度。

【例 4－1】标定某溶液的浓度，平行测量值分别为：0.2041mol/L、0.2049mol/L、0.2039mol/L、0.2043mol/L，试计算标定结果的平均值、平均偏差、相对平均偏差、标准偏差和相对标准偏差。

解：平均值

$$\bar{x} = \frac{0.2041 + 0.2049 + 0.2039 + 0.2043}{4} = 0.2043(\mathrm{mol/L})$$

平均偏差

$$\bar{d} = \frac{|0.2041 - 0.2043| + |0.2049 - 0.2043| + |0.2039 - 0.2043| + |0.2043 - 0.2043|}{4}$$

$$= 0.0003(\mathrm{mol/L})$$

相对平均偏差　$R\bar{d} = \frac{\bar{d}}{\bar{x}} \times 100\% = \frac{0.0003}{0.2043} \times 100\% = 0.15\%$

标准偏差 $S=\sqrt{\dfrac{0.0002^2+0.0006^2+0.0004^2+0.0000^2}{4-1}}=0.0004(\text{mol/L})$

相对标准偏差 $\text{RSD}=\dfrac{0.0004}{0.2043}\times100\%=0.2\%$

四、准确度和精密度的关系

准确度表示测量结果的正确性，精密度表示测量数据的重复性或重现性。测定结果的好坏应从准确度和精密度两个方面进行衡量。现举例说明定量分析中准确度和精密度的关系。图 4－2 表示甲、乙、丙、丁四人测定同一试样中某组分含量时所得的结果，每人测定 4 次。试样中待测组分真实值为 37.40。由图可知：甲的结果精密度和准确度均较好；乙所得结果精密度虽高，但是准确度较低；丙所得结果的精密度和准确度都不好；丁的平均值接近真值，但精密度差，数据离散，实验次数的变化会使平均值随之变化很大，因此其结果虽接近真值但是不可靠。

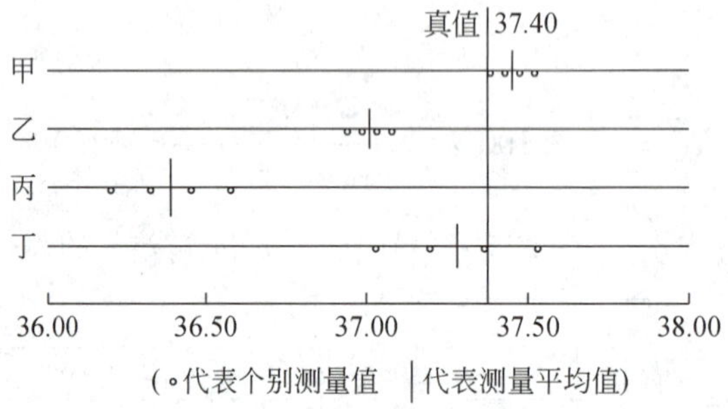

图 4－2　准确度与精密度的关系示意图

以上实例分析，可以得出以下结论。

1. 精密度是保证准确度的先决条件。精密度差，所测结果不可靠，失去了衡量准确度的前提。
2. 精密度好，准确度不一定高。在消除了系统误差的前提下，精密度好，准确度才高。

五、提高分析结果准确度的方法

要想得到准确的分析结果，就必须设法减少各种误差。下面介绍几种减少误差的方法。

（一）选择合适的分析方法

不同的分析方法灵敏度和准确度不同。要根据被测组分的含量不同、共存组分的干扰以及分析结果的要求，选择恰当的分析方法。重量分析法和滴定分析法的灵敏度不高，不能直接测定微量或痕量组分，但对高含量组分的测定，能获得较为准确的结果，相对误差一般是千分之几；仪器分析法灵敏度较高，适宜微量或痕量组分的测定，相对误差 $<5\%$。

（二）减小测量误差

为了保证分析结果的准确度，应尽量减小测量步骤的误差。例如，万分之一天平每次称量的误差为 $\pm0.0001\text{g}$，减量法称量 2 次可能的最大误差是 $\pm0.0002\text{g}$。为了使称量的相对误差 $\leqslant0.1\%$，称样量就必须 $\geqslant0.2\text{g}(0.0001\times2\div0.1\%)$。

实例分析 4－2

实例　实验室配制一定浓度的 NaOH 溶液，拟用滴定分析法标定其浓度。滴定管每次读数的误差为 ±0.01ml，一次滴定数据读取 2 次。

问题　1. 选择滴定分析法是否合适？

2. 为使滴定的相对误差≤0.1%，每次滴定消耗的体积至少是多少毫升？

答案解析

（三）减小偶然误差

根据偶然误差的分布规律，在消除系统误差的前提下，平行测定次数越多，平均值越接近真实值。因此，增加平行测定次数（3～4 次），可减小偶然误差。

（四）消除系统误差

根据系统误差的来源，可采用不同方法消除系统误差或对测定结果进行校正。

1. 对照试验　被测试样与标准试样对照，即用纯净物质或已知含量的标准试样作为样品，被测试样与标准试样采用相同的方法进行对照试验；方法对照，即用法定的可靠分析方法与选定方法对同一试样进行对照试验；也可由不同人员、不同单位对同一试样进行对照试验。通过对照试验可以检验有无系统误差以及系统误差的来源，评价实验方法的准确性，或直接对实验中引入的系统误差进行校正。

2. 校准仪器　对砝码、移液管、滴定管等测量仪器进行校准，可降低仪器误差。由于测量仪器的状态可能随时间、环境条件等发生变化，因此需定期进行校准。

3. 回收试验　在没有标准对照品或试样组分不清楚时，可以向试样中加入一定量的被测组分的纯物质，以同一方法测定，并由测量的增加值与实际加入量的比值计算回收率。

$$\text{回收率}=\frac{\text{加入纯品后的测定量}-\text{加入纯品前的测定量}}{\text{纯品加入量}}\times 100\% \qquad (4-8)$$

一般回收率越接近 100%，表明分析方法的系统误差越小，准确度越高。

4. 空白试验　在不加试样的情况下，按照待测试样相同的条件和步骤进行测定，所得结果称为空白值。从样品的分析结果中扣除空白值，即可消除由试剂和实验器皿等引起的误差。空白值不宜很大，否则应通过改善试剂和器皿等途径减小空白值。

第三节　分析数据记录与处理

PPT

样品检测及其结果必须有完整的原始记录。原始记录是检测过程中所得的实验数据、实验现象及运算过程等的原始资料，其必须具有真实性、完整性、可靠性及原始性，能有效地追溯测试样品的质量状况及检测情况。因此，规范完整地填写原始检测记录，是实验者必备的技能。

一、原始数据的记录

（一）原始数据记录要求

1. 应尊重实验事实，及时在规定的实验记录本上做好完整而确切的原始记录，绝不能事先记录、事后补记或转抄。

2. 原始记录必须用蓝黑墨水或碳素笔书写，显微绘图可用铅笔，不能使用红色笔书写。

3. 原始记录字迹要工整、清晰、完整，原始数据必须真实、准确，应当保持清洁，不得撕页、任意涂改、贴盖。

4. 原始记录书写时应使用正规语，不得使用俗语和规定外的英文缩写。所采用的计量单位，符号和计算公式必须符合有关规定、规范。

5. 一旦出现误记，可采用“杠改法”，可用单划线或双划线划去，但是要保证原来的字迹可辨，并在其上方写上正确的内容并签名，不得直接抹掉或涂改。

6. 原始记录上不得留有空项，无内容可填时应划上“/”。

（二）原始数据记录内容

原始数据记录要真实、完整、简明、具体，记录内容通常如下。

1. 供试品情况 记录名称、批号、规格、数量、包装、来源、取样日期等。

2. 分析检测情况 记录检测依据、日期、被检内容、操作步骤、实验现象、测定数据、计算公式、测定结果、检测结论等。

3. 签名盖章 原始记录（检测人、复核人）；检测报告（检测人、复核人、负责人、单位公章）。

知识链接

某药厂的成品检验报告书

药品名	平消片	批号	100102
规格	0.23g×80片×10小瓶×10中盒	物料编号	C－046
批量	110件9瓶	来源	制剂车间
取样数量	9瓶	取样日期	2020年1月27日
检验依据	《局颁标准》中国药方剂制剂第二十册	报告日期	2020年1月29日
检验项目	标准规定		检验结果
性状	本品应为糖衣片或薄膜衣片，除去包衣后显深灰色或黑灰色，气味香、味苦涩		本品应为糖衣片或显深灰色，气味香、味苦涩
鉴别	应具平消片的显微特征 应呈正反应		具平消片的显微特征 呈正反应
检查			
崩解时限	应在1小时内		31分钟
重量差异	应符合规定		符合规定
微生物限度	应符合规定		符合规定
含量测定	每片含马钱子以士的宁计为0.25～0.35mg		0.28毫克/片
结论：本品按《局颁标准》中药方剂制剂第二十册检验，结果符合规定。			
质量部长：李强　QC主任：王刚	复核员：张明	检验员：赵倩	

二、数据分析和结果表达

要得到准确的分析结果，不仅要测量准确，而且要正确地记录与计算。

（一）有效数字及其运算规则

有效数字是指分析工作中实际能测量到的并且有意义的数字。它包括所有准确数字和最后一位欠准

（可疑）数字（其误差是末位数的 ±1 个单位）两部分组成。例如：滴定管读数为 24.42ml，这一数值中，24.4 是准确的，最后一位“2”是可疑数字，该溶液的实际体积应为（24.42 ±0.01）ml。有效数字既能表示数值的大小，又能反映测量的精度。

1. 有效数字位数确定

（1）数字 0 “0”有双重意义，在第一个数字（1 ~9）前面的“0”用于定位，不是有效数字，而在数字中间或末尾的“0”是有效数字。例如：0.0052g 是两位有效数字，0.5004g 是四位有效数字。

（2）首位数字是 8 或 9 当第一个数字是 8 或 9 时，其有效数字的位数应多算一位。例如 9.48 虽然只有三个数字，但其首位是“9”，故可认为它是四位有效数字。

（3）pH 及 pKa 等对数值 对数有效数字位数取决于小数部分数字的位数，而其整数部分的数字只代表底数的幂次。例如，pH = 11.02，是两位有效数字，则氢离子浓度也应该保留两位有效数字：$[H^+] = 9.6 \times 10^{-12}$ mol/L。

（4）单位变换 有效数字的位数不变。如，24.50ml = 0.02450L，2.0kg = 2.0×10^3 g。

实例分析 4 -3

实例 用万分之一天平称量物体，显示 0.5180g，某同学记录为 0.518g。

问题 1. 这位同学记录正确吗？

2. 这种记录方式会产生什么影响？

答案解析

2. 有效数字的修约 有效数字计算时，按照一定的规则舍去多余的尾数，即为有效数字的修约。有效数字修约的基本规则如下。

（1）四舍六入五成双 修约数字 <5 时舍弃，修约数字 >5 时进位。修约数字等于 5 时，若 5 后面有非零数字进位；若 5 后无数字或零，5 前为偶数则舍去，为奇数则进位。

答案解析

即学即练 4 -1

将下列数字修约为两位有效数字。

0.42499、0.42501、0.42500、0.41500

（2）禁止分次修约 测量值一次修约到所需的位数，不能多次修约。例如：4.1349 修约成三位有效数字，只能是 4.13；若分次修约则为 4.1349→4.135→4.14，为不正确修约。

3. 有效数字运算 有效数字在运算前，首先按照规则确定有效数字的位数，然后将参与运算的有效数字修约，修约时比规定的有效数字位数多保留一位，再进行运算，最后结果保留规定的有效数位。

（1）加减法运算 有效数字进行加减运算时，应以小数点后位数最少的数字为准，根据修约规则将所有数据保留相同的小数位，修约时多保留一位，结果保留规定的小数位。例如：50.1 + 1.450 + 0.5812 = 50.1 + 1.45 + 0.58 = 52.1。

（2）乘除法运算 有效数字进行乘除运算时，应以有效数字位数最少的数字为准，根据修约规则将所有数据保留相同的有效数字位数，修约时多保留一位，结果保留规定的有效数字位数。例如：$0.0121 \times 25.641 \times 1.0578 = 0.0121 \times 25.642 \times 1.058 = 0.328$。

即学即练 4－2

答案解析

按有效数字的修约规则进行下列运算。

12.43 + 132.814 − 5.7656 =

2.5461 × 2.12501 ÷ 1.52 =

（二）分析数据的取舍

在多次重复性测量中，有时会出现明显偏离同一样本其余分析结果的数值，这个数据叫离群值（可疑值）。可疑值可能是总体的随机误差的极端表现，也可能是分析者的过失表现。若由过失引起的，应舍弃；若未发现确定原因，要用统计学的方法判断取舍。常用的统计学方法有 Q 检验法和 G（Grubbs）检验法。

1. Q 检验法　当测量次数 $n=3\sim10$ 时，统计学中常用 Q 检验法判断可疑值产生的原因并决定其取舍。舍弃商用 $Q_{计算}$ 表示：

$$Q_{计算}=\frac{|x_{可疑}-x_{邻近}|}{x_{max}-x_{min}} \tag{4-9}$$

具体步骤为：将数据按照从小到大的顺序排列：x_1，x_2，x_3，$\cdots x_n$；计算最大值与最小值之差、可疑值与相邻值之差，从而得到 $Q_{计算}$；根据测定次数和所要求的置信度查表得到 Q 值。若 $Q_{计算}>Q$，则该可疑值应予以舍弃，否则应保留。不同置信度下 Q 值见表 4－2。

表 4－2　不同置信度下 Q 值表

测定次数 n	3	4	5	6	7	8	9	10
$Q(0.90)$	0.94	0.76	0.64	0.56	0.51	0.47	0.44	0.41
$Q(0.95)$	0.97	0.84	0.73	0.64	0.59	0.54	0.51	0.49
$Q(0.99)$	0.99	0.93	0.82	0.74	0.68	0.63	0.60	0.57

【例 4－2】测量药物中铁的百分含量，平行测量 6 次，结果如下：7.33%、7.47%、7.53%、7.46%、7.46%、7.52%，请在 Q 置信度为 0.95 时，判断可疑值 7.33% 是否要保留？

解：（1）按照大小排序：7.33%，7.46%，7.46%，7.47%，7.52%，7.53%。

（2）计算：$Q_{计算}=\frac{|x_{可疑}-x_{邻近}|}{x_{max}-x_{min}}=\frac{|7.33\%-7.46\%|}{7.53\%-7.33\%}=0.65$

（3）查表 4－2，$Q_{(6,0.95)}=0.64$，则 $Q_{计算}>Q$。

因此，可疑值 7.33% 应该舍弃。

2. G 检验法　检验步骤如下：先将数据按照从小到大的顺序排列：x_1，x_2，x_3，$\cdots x_n$（数据两端的 x_1 或 x_n 为可疑值），计算包括可疑值在内的平均值 $\bar{x}$、标准偏差 S；后计算 G 值，计算公式如 4－10 所示；根据确定的置信水平和测量值的个数，查 G 检验临界值表。若 $G_{计算}>G$，可疑值应舍弃，否则应保留。

$$G_{计算}=\frac{|x_{可疑}-\bar{x}|}{S} \tag{4-10}$$

表 4－3　G 检验临界值

测定次数 n	3	4	5	6	7	8	9	10	11	12	13
G（0.95）	1.15	1.48	1.71	1.89	2.02	2.13	2.21	2.29	2.36	2.41	2.45
G（0.99）	1.15	1.50	1.76	1.97	2.14	2.27	2.39	2.48	2.56	2.64	2.70

【例4-3】测定某药物中钴的含量（mg/g）结果如下：1.27，1.25，1.40，1.31，试问1.40是否应保留？

解：(1) 按照由小到大排列：1.25，1.27，1.31，1.40。

(2) 计算：$\bar{x}=1.31$，$S=0.066$，$G_{计算}=1.36$。

(3) 查表4-3得，$G_{(4,095)}=1.48$。

因为 $G_{计算}<G_{0.95}$，故1.40应保留。

三、显著性检验

在定量分析中常发现如下两种情况：样品测定的平均值 $\bar{x}$ 与样品的真值 μ 不一致；两组数据的平均值 $\bar{x}_1$ 和 $\bar{x}_2$ 不一致。这种不一致是随机误差引起的，还是系统误差造成的，需要做出是否存在显著性差别的判断。显著性差别的检验方法有好几种，在定量分析中最常用的是 F 检验法和 t 检验法，分别用于检验两个分析结果是否存在显著的系统误差与偶然误差。

1. F 检验法　又称精密度显著性检验，是由英国统计学家 R. A. Fishier 提出的。该法是通过比较两种分析方法所得结果的方差，来确定是否存在显著的偶然误差，即两组数据间的精密度是否有显著性差异。

F 检验法的步骤是：首先计算两组数据的方差 S_1^2 和 S_2^2，然后按下式计算

$$F=\frac{S_1^2}{S_2^2}(S_1>S_2) \tag{4-11}$$

再由95%置信度时的 F 分布值表查出 $F_{表}$（见附录11），若 $F<F_{表}$，则表明两组数据间的精密度无显著性差异；反之，则差异显著。

2. t 检验法　主要用于判断两组有限测量数据的样本均值间是否存在显著性差异。在分析工作中，为了检查某一分析方法或操作过程是否存在较大的系统误差，可用标准试样作 n 次测定，然后利用 t 检验法检验测定结果的平均值 $\bar{x}$ 与标准试样的真值 μ 之间是否存在显著性差异。按下式进行计算

$$t_{计算}=\frac{|\bar{x}-\mu|}{S}\cdot\sqrt{n} \tag{4-12}$$

然后根据置信度（95%）和自由度 f（测量次数 $n-1$）查出 $t_{表}$ 值（见附录10）。

若 $t_{计算}\geqslant t_{表}$，则 $\bar{x}$ 与 μ 之间存在显著性差异，表示该方法有系统误差。

若 $t_{计算}<t_{表}$，则 $\bar{x}$ 与 μ 之间无显著性差异，表示该方法没有系统误差。

【例4-4】用一种新方法测定标准试样中的Fe含量（%），得到以下8个数据（%）：34.30，34.33，34.26，34.38，34.29，34.23，34.23，34.38。已知Fe含量标准值为34.33%。问该方法有无偏倚？

解：$\bar{x}=34.30$，$S=0.06$，$n=8$

$$t=\frac{|\bar{x}-\mu|}{S}\sqrt{n}=\frac{|34.30-34.33|}{0.06}\sqrt{8}=1.41$$

查表：$t_{表}=2.306$

因为 $t_{计算}<t_{表}$，所以此方法不存在显著性差异。

须注意，显著性检验的顺序是：先进行 F 检验，确认两组数据的精密度（或偶然误差）无显著性差别后，才能进行 t 检验，否则会得出错误的判断。

四、相关与回归

在分析化学中（特别是仪器分析），常常需要绘制工作曲线（标准曲线）。例如紫外-可见分光光度法和原子吸收法中吸光度（A）和浓度（c）的工作曲线。分析化学上常用回归分析来讨论各个变量间的关系；用相关系数衡量两个变量间是否存在线性关系（相关性）。

1. 相关分析 工作曲线上各个点的排布接近一条直线，表明两个变量的线性关系较好；如果各点排布杂乱无章，表明相关性极差。这种变量之间相互影响，但又有某种不确定性的关系，在统计学上称为相关关系。研究变量之间是否存在一定的相关关系，称为相关分析，其目的是求出相关系数。

设两个变量 x 和 y 的 n 次测量值为（x_1，y_1），（x_2，y_2），（x_3，y_3），…，（x_n，y_n），可按下式计算相关系数 r 值：

$$r=\frac{\sum_{i=1}^{n}(x_i-\bar{x})(y_i-\bar{y})}{\sqrt{\sum_{i=1}^{n}(x_i-\bar{x})^2}\cdot\sqrt{\sum_{i=1}^{n}(y_i-\bar{y})^2}} \qquad (4-13)$$

相关系数 r 是一个介于 0 和 ±1 之间的数值，即 $0\leqslant|r|\leqslant1$。当 $r=\pm1$ 时，表示所有数据点都落在一条直线上；当 $r=0$ 时，表示实验点分布是不规则的，而两变量之间不存在任何关系；当 $0<|r|<1$ 时，这是绝大多数情况，表明 x 与 y 之间存在一定的线性相关关系。一般，$0.90<r<0.95$，表示两个变量之间存在一条平滑的直线；$0.95<r<0.99$，表示两个变量之间存在一条良好的直线；当 $r>0.99$，表示线性关系很好。在实际分析测定中一般要求 $r>0.999$。相关系数的大小反映 x 与 y 两个变量间相关的密切程度。

2. 回归分析 由于存在不可避免的偶然误差，在绘制工作曲线时，实验点不可能全部落在一条直线上。这时仅凭做图很难得到准确的结果。因此较好的方法就是：对数据进行回归分析，求出回归方程，从而得到对各数据误差最小的一条线性直线，即回归线。

回归分析是研究随机现象中变量之间关系的一种数理统计方法。这里着重讨论自变量只有一个的一元线性回归。

设 x 为自变量，y 为应变量。对于某一 x 值，y 的多次测量值可能有波动，但服从一定的分布规律。通过相关系数计算，y 与 x 是线性函数关系，即可描述为 $\bar{y}=a+bx$（$\bar{y}$ 是 y 的平均值）。线性回归的任务就是求出 a、b 值。用最小二乘法解出回归系数 a（截距）与 b（斜率），如下式所示：

$$a=\frac{\sum_{i=1}^{n}y_i-b\sum_{i=1}^{n}x_i}{n} \qquad (4-14)$$

$$b=\frac{n\sum_{i=1}^{n}x_iy_i-\frac{1}{n}\sum_{i=1}^{n}x_i\cdot\sum_{i=1}^{n}y_i}{n\sum_{i=1}^{n}x_i^{\ 2}-\frac{1}{n}\left(\sum_{i=1}^{n}x_i\right)^2} \qquad (4-15)$$

将实验测定数据分别代上式，求出回归系数 a 与 b，即可得出回归方程式：$\bar{y}=a+bx$。

第四节　滴定分析法概述

PPT

滴定分析法是化学定量分析法中重要的分析方法之一。滴定分析法所用的设备简单、操作简便、测定快速、准确度较高，一般情况下，相对误差为0.1%～0.2%。通常用于常量组分分析的测定，有时也可用于微量组分的测定。

一、基本术语

1. 滴定液（标准溶液）　与被测组分发生化学反应，且已知准确浓度的溶液。

2. 滴定　将滴定液从滴定管逐渐滴加至被测物质溶液中的过程。

3. 化学计量点　当加入的滴定液与被测物质恰好完全反应，即两者的物质的量正好符合反应的化学计量关系时，即为滴定的化学计量点。

4. 指示剂　滴定分析中通过颜色转变指示计量点的试剂称为指示剂。

5. 滴定终点　实际操作时，借助于指示剂颜色变化或其他方法确定到达计量点时，停止滴定，称为到达了滴定终点。

6. 滴定误差　滴定终点与化学计量点不完全吻合，由此造成的误差为滴定误差或终点误差。

7. 滴定反应　滴定液与被测组分发生的化学反应。

综上所述，滴定分析法是将一种已知准确浓度的滴定液（标准溶液）通过滴定管滴加到被测物质的溶液中至滴定终点，然后根据滴定液的浓度和消耗的体积来计算被测物质组分含量的一种方法，故也被称为容量分析法。

不是所有的反应都能用于滴定分析，用于滴定分析的化学反应必须具备以下三个条件。

（1）反应有确定的化学计量关系，并要定量进行。反应的定量完成度要达到99.9%以上，这是定量计算的基础。

（2）反应必须迅速完成，如果反应进行缓慢，将无法确定滴定终点。通常可以通过加热或加入催化剂等方法提高反应速度。

（3）必须有合适的确定滴定终点的方法。

二、滴定分析法的分类

根据化学反应类型的不同，通常分为酸碱滴定法、沉淀滴定法、配位滴定法、氧化还原滴定法四类，后面章节将逐一介绍这四种类型的滴定方法；根据使用溶剂不同分为水溶液滴定法和非水滴定法两类，分别包含上述四种方法。各滴定分析法的方法概念和适用对象等如表4－4所示。

表4－4　滴定分析法分类

方法名称	方法概念	适用对象	药检实例
酸碱滴定法	以水溶液中酸碱反应为基础的一种滴定分析法	用于测定能与酸、碱直接或间接反应的物质的含量	水杨酸的含量测定；酸值、碱值测定；酸度、碱度检查
沉淀滴定法	以水溶液中沉淀反应为基础的一种滴定分析法	用于测定无机、有机卤化物，硫氰酸盐，可溶性银盐等物质的含量	氯化钠注射液含量测定

续表

方法名称	方法概念	适用对象	药检实例
配位滴定法	以水溶液中配位反应为基础的一种滴定分析法	用于测定金属盐、配位剂的含量	枸橼酸锌、氢氧化铝含量测定
氧化还原滴定法	以水溶液中氧化还原反应为基础的一种滴定分析法，有碘量法、高锰酸钾法、亚硝酸钠法	用于测定具有一定氧化、还原性物质的含量	碘、维生素 C 的含量测定
非水滴定法	在非水溶液中进行的滴定分析法，包括非水酸碱滴定法、非水沉淀滴定法、非水配位滴定法、非水氧化还原滴定法	用于测定水溶液中不能进行滴定分析的组分的含量测定	卡莫氟、氢溴酸山莨菪碱、阿司匹林含量测定

三、滴定方式

根据滴定方式的不同，主要有直接滴定法、间接滴定法、置换滴定法和返滴定法。

（一）直接滴定法

滴定剂和被测物质的反应若能满足滴定分析对化学反应的三个要求时，可以用标准溶液直接滴定被测物质，这类滴定方式称为直接滴定法。例如，NaOH 标准溶液滴定阿司匹林溶液、EDTA 标准溶液滴定 Ca^{2+} 溶液等。直接滴定法是最常用、最基本的滴定方式。

若有关化学反应不完全符合三个要求时，无法直接滴定，可采用以下三种方式进行滴定。

（二）间接滴定法

当被测物质不能与标准溶液直接作用，但却能和另外一种可以与标准溶液直接作用的物质起反应，这时可以采用间接滴定法进行滴定。例如，高锰酸钾不能直接滴定 Ca^{2+}，可以先将 Ca^{2+} 定量地沉淀为 CaC_2O_4，经过滤、洗涤、用硫酸溶解后，再用 $KMnO_4$ 标准溶液滴定与 Ca^{2+} 定量结合的 $C_2O_4^{2-}$，从而间接测定 Ca^{2+} 的含量。反应式如下：

$$Ca^{2+} + C_2O_4^{2-} = CaC_2O_4$$

$$CaC_2O_4 + 2H^+ = Ca^{2+} + H_2C_2O_4$$

$$5H_2C_2O_4 + 2MnO_4^- + 6H^+ = 2Mn^{2+} + 10CO_2\uparrow + 8H_2O$$

（三）置换滴定法

滴定剂与待测组分没有确定的反应式（如伴有副反应），可以先加入适当的试剂与待测组分 A 反应，定量置换出另一种可被直接滴定的物质 B，再用标准溶液滴定 B，从而测定 A 的方法称为置换滴定法。如硫代硫酸钠不能直接滴定重铬酸钾，可先将 $K_2Cr_2O_7$ 与过量的 KI 发生氧化还原反应，定量置换出 I_2，再用 $Na_2S_2O_3$ 标准溶液直接滴定 I_2。反应式如下：

$$Cr_2O_7^{2-} + 6I^- + 14H^+ = 2Cr^{3+} + 3I_2 + 7H_2O$$

$$I_2 + 2S_2O_3^{2-} = 2I^- + S_4O_6^{2-}$$

（四）返滴定法

当反应较慢或反应物难溶于水，滴定液加入样品后反应无法在瞬时定量完成，此时可先加入一定量过量的标准溶液，待反应定量完成后，用另一种标准溶液作为滴定液滴定剩余的标准溶液。这种滴定方式称为返滴定法或回滴定法。例如，用盐酸测定氧化锌，氧化锌难溶于水，可先加入定量且过量的盐酸标准溶液，然后再用 NaOH 标准溶液回滴定剩余的盐酸。反应式如下：

$$ZnO + 2HCl\ （定量、过量滴定液1） = ZnCl_2 + H_2O$$

$$HCl\ （剩余滴定液1） + NaOH\ （滴定液2） = NaCl + H_2O$$

有时采用返滴定法是由于某些反应缺乏合适的指示剂。如在酸性溶液中，用硝酸银标准溶液滴定 Cl^- 时，没有合适的指示剂，此时可先加已知量的过量的硝酸银标准溶液，再以三价铁盐作指示剂，用 NH_4SCN 标准溶液回滴定过量的 Ag^+，当出现 $[Fe(SCN)]^{2+}$ 的淡红色即为终点。

四、标准溶液

滴定分析中，不论采用何种滴定方式，都需要标准溶液，否则无法计算分析结果。基准物质用于直接配制标准溶液或标定其他溶液。标准溶液浓度的准确与否和基准物质有着直接的关系。

（一）基准物质

基准物质必须符合以下要求。

1. 纯度高，试剂的纯度一般应在 99.9% 以上。
2. 试剂组成和化学式完全相符，若含结晶水，其含量也应与化学式相符。
3. 性质稳定，不易吸收空气中的水分和 CO_2，不与空气中的氧气反应。
4. 试剂有较大的摩尔质量，以减少称量误差。

常用的基准物质见表 4－5。

表 4－5 常用的基准物质及其应用

基准物质	化学式	干燥条件	标定对象
无水碳酸钠	Na_2CO_3	270～300℃	盐酸
硼砂	$Na_2B_4O_7 \cdot 10H_2O$	置于 NaCl－蔗糖饱和溶液的干燥器中	盐酸
邻苯二甲酸氢钾（KHP）	$KHC_8H_4O_4$	105～110℃	氢氧化钠
二水合草酸	$H_2C_2O_4 \cdot 2H_2O$	室温下干燥	氢氧化钠
氧化锌	ZnO	800℃	EDTA
锌	Zn	室温干燥器中保存	EDTA
重铬酸钾	$K_2Cr_2O_7$	140～150℃	硫代硫酸钠
碘酸钾	KIO_3	130℃	硫代硫酸钠
草酸钠	$Na_2C_2O_4$	130℃	高锰酸钾
氯化钠	NaCl	500～600℃	硝酸银

（二）标准溶液配制

1. 直接配制法 准确称取一定量的基准物质，溶解后定量转入容量瓶，稀释至刻度即可。根据称取基准物质的质量及容量瓶的体积，计算标准溶液的准确浓度。

2. 间接配制法 许多物质不符合基准物质的条件，不能用直接法配制。可先按需要配制成近似浓度的溶液，再用基准物质或另一种已知准确浓度的标准溶液，测定该溶液的准确浓度。这种利用基准物质（或已知准确浓度溶液）来确定标准溶液浓度的方法，称为标定。

（三）标准溶液浓度的表示方法

1. 物质的量浓度 单位体积溶液中所含溶质的物质的量，用符号 c 表示，根据前面所学，可得：

$$c = \frac{n}{V} = \frac{\frac{m}{M}}{V} \tag{4-16}$$

【例4-5】准确称取基准物质$K_2Cr_2O_7$为1.4590g，溶解后定量转移至250.0ml容量瓶中，定容后摇匀。试计算此标准溶液的浓度。（$M_{K_2Cr_2O_7}=294.2g/mol$）

解：根据公式（4-16）得

$$c = \frac{n}{V} = \frac{\frac{m}{M}}{V} = \frac{\frac{1.4590}{294.2}}{\frac{250.0}{1000}} = 0.01698(mol/L)$$

2. 滴定度 是指每毫升的滴定液（B）相当于被测组分（A）的质量。用$T_{A/B}$表示，常用单位是g/ml。

即学即练4-3

请说出下列等式的含义：$T_{Na_2CO_3/HCl}=0.005236g/ml$。

答案解析

五、滴定分析计算

滴定分析中要涉及一系列的计算，如标准溶液配制和标定，标准溶液和被测物质间的计算关系以及测定结果的计算等。

（一）滴定分析计算依据

在滴定分析中，用滴定液（B）滴定被测物质（A）时，反应物之间存在着确定的化学计量关系，这是滴定分析定量计算的依据。

对于任意滴定反应：bB(滴定液)+aA(被测组分)=P(生成物)。

反应达到化学计量点时，$b$mol的B与$a$mol的A完全反应，即

$$n_B : n_A = b : a \tag{4-17}$$

式中，n_A、n_B分别表示反应物A、B的物质的量；a、b分别表示A、B化学式前的系数。式（4-17）是物质的量比规则，是滴定液与被测物质之间化学计量的基本关系式，根据实际情况，可衍生出不同的计算公式。

（二）滴定分析基本公式及应用

1. 被测物是溶液 式（4-17）可表示为

$$c_A V_A = \frac{a}{b} c_B V_B \tag{4-18}$$

c_A、c_B、V_A、V_B分别表示反应物A、B的物质的浓度与体积，此式适用于滴定液浓度的标定、溶液稀释或标定的计算等。

【例4-6】取浓度为0.1mol/L的HCl溶液25.00ml，用0.1032mol/L NaOH滴定液滴定至终点，消耗NaOH滴定液体积24.50ml，计算该HCl溶液的浓度。

解：滴定反应为$HCl + NaOH = NaCl + H_2O$

根据公式（4－18）可得，$c_{HCl}=\frac{c_{NaOH}V_{NaOH}}{V_{HCl}}=\frac{0.1032\times24.50}{25.00}=0.1011(mol/L)$

2. 被测物是固体　式（4－17）可表示为

$$\frac{m_A}{M_A}=\frac{a}{b}c_BV_B\times10^{-3}\qquad(4-19)$$

式中，m_A为被测物质的质量，g；M_A为被测物质的摩尔质量，g/mol。此式适用于直接法配制标准溶液、滴定液浓度的标定等。

【例4－7】用基准物质KHP标定NaOH滴定液，称取基准KHP 0.4867g，用NaOH滴定液滴定至终点时，消耗NaOH滴定液23.50ml，计算NaOH滴定液的浓度。（$M_{KHP}=204.2g/mol$）

解：滴定反应为

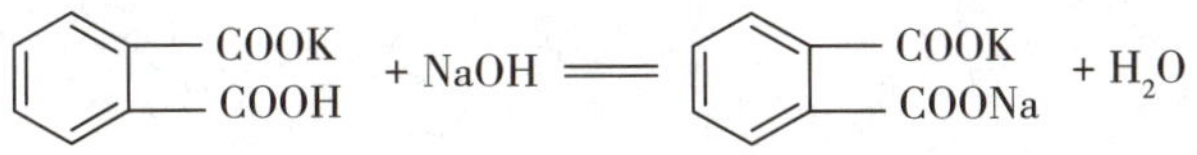

根据式（4－19）可得

$$c_{NaOH}=\frac{m_{KHP}\times1000}{M_{KHP}\cdot V_{NaOH}}=\frac{0.4867\times1000}{204.2\times23.50}=0.1014(mol/L)$$

3. 被测物含量计算　设m_s为试样的质量（g），则

$$\omega\%=\frac{FT_{A/B}V_B\times10^{-3}}{m_s}\times100\%\qquad(4-20)$$

式中，$T_{A/B}$是滴定度；F是校正因子；V_B为滴定液体积。校正因子F是滴定液的实际浓度和标示浓度的比值，可以表示为

$$F=\frac{c_{实际}}{c_{理论}}\qquad(4-21)$$

式（4－20）是药物分析中计算药物含量最常用的计算公式。

【例4－8】阿司匹林原料药含量测定中，已知称取试样0.4012g，用0.1015mol/L的NaOH滴定液滴定，消耗体积为21.91ml，已知每1ml NaOH滴定液（0.1mol/L）相当于18.02mg的$C_9H_8O_4$，计算阿司匹林的含量。

解：先求出校正因子

$$F=\frac{c_{实际}}{c_{理论}}=\frac{0.1015}{0.1}=1.015$$

根据式（4－20）可得

$$\omega\%=\frac{FT_{阿司匹林/NaOH}V_{NaOH}\times10^{-3}}{m_s}\times100\%=\frac{1.015\times18.02\times21.91\times10^{-3}}{0.4012}\times100\%=99.89\%$$

实践实训

实训五　电子天平的使用和标准溶液的配制

【实训目的】

1. 掌握电子天平的称量方法、标准溶液的配制方法。
2. 熟悉电子天平的结构。

【实训原理】

电子天平是采用电磁力与被测物体的重力相平衡的原理来测量的。它是将秤盘与通电线圈相连接，置于磁场中。当被称物置于秤盘上，因重力向下，线圈上就会产生电磁力，与重力大小相等，方向相反。此时传感器输出电信号，经整流放大，改变线圈上的电流，直至产生的电信号通过模拟系统后，将被称物品的质量显示出来。

电子天平称量准确可靠、显示快速清晰，具有自动检测系统、自动校准装置以及超载保护等装置。

【实训用品】

1. 仪器 电热恒温干燥箱、称量瓶、电子天平（感量0.1mg）、干燥器、容量瓶。

2. 试剂 无水碳酸钠。

3. 其他 变色硅胶。

【实训步骤】

（一）电子天平的使用

1. 调水平 开机前，观察天平水平仪内的平衡水泡是否位于圆环的中央，否则应调节天平的水平调节螺丝。

2. 预热 接通电源、打开电源开关和天平开关，预热至少30分钟以上。为保证称量的准确度，天平可保持在待机状态（切忌反复拔开电源）。

3. 校准 因存放时间较长、位置移动、环境变化等因素，天平在使用前一般都应进行校准操作。若为外校准，应在校准状态下，将随仪器配备的标准砝码置于秤盘上，待稳定后，天平显示读数为标准砝码的重量，移走砝码，显示数值应为0.0000g。若显示数值不为零，则再清零，重复以上校准操作。电子天平有自动内校功能，应按仪器使用说明书进行操作。

4. 称量 常用的称量方法有减量法和直接称量法。

（1）减量法　天平称量状态稳定后，显示0.0000时，将盛有样品的称量瓶放在秤盘上，待数字稳定后即可读数，记录质量 W_1。取下称量瓶，用称量瓶瓶盖敲出样品，再将称量瓶放入秤盘，记录质量 W_2，(W_1-W_2) 即为称得样品的质量。用此方法准确称取无水碳酸钠0.23~0.25g于小烧杯中，称出的碳酸钠不在此范围内应重称。

（2）直接称量法　将称量纸或称量容器放在天平内的秤盘中央，待读数稳定后，记录质量 M_1，若需除去称量纸或称量容器的质量，按去皮键去皮，显示器显示为零；然后在称量纸或称量容器中加上样品，记录数值 M_2，若未按去皮键，(M_2-M_1) 为称取的样品的质量；若已经去皮，则 M_2 即为称取的样品质量。

（二）碳酸钠标准溶液的配制

1. 溶解 将少量蒸馏水加入盛有0.23~0.25g碳酸钠的小烧杯中，用玻璃棒搅拌至溶解。

2. 转移 将碳酸钠溶液定量转移至100ml容量瓶。转移时，将玻璃棒插入容量瓶内至刻度线以下，将烧杯嘴靠近玻璃棒，使溶液沿玻璃棒慢慢流入。残留在玻璃棒上的少量溶液，用少量蒸馏水冲洗。残留在烧杯中的溶液，用蒸馏水洗涤3~4次，洗涤液按以上方法转移至容量瓶中。

3. 定容 加蒸馏水至容量瓶约2/3时，将容量瓶水平方向摇转几次（不可倒转）作初步混匀。加水至液面离刻度线1~2cm时改用滴管逐滴加入，直至凹液面最低处与刻度线相切。注意：定容时，应左手拿住容量瓶的刻度线以上部位，容量瓶自然下垂，右手拿滴管，眼睛与刻度线保持水平。

4. 摇匀 一手食指顶住塞子，另一手的五指固定住瓶底，将容量瓶倒转并振摇，再倒转。如此反复约 10 次，即可混匀。

5. 提盖　将容量瓶塞子轻轻提离瓶口，使瓶口溶液沿着瓶壁下滑，而后轻轻盖上塞子，重复以上摇匀操作 5 次。

6. 计算标准溶液的浓度　根据公式 $c=\frac{\frac{m}{M}}{V}$ 计算所配制的标准溶液浓度。

【实训提示】

1. 称量瓶不可用手直接取用，应使用约 2cm 纸带拿取（或戴手套）。
2. 容量瓶使用前必须检漏。
3. 容量瓶作为精密量器，不得长期存放溶液。

【实训思考】

1. 减量法如何称量能更快些？
2. 所配的标准溶液浓度应保留几位有效数字？

实训六　滴定分析常用仪器操作练习

【实训目的】

1. 掌握滴定分析的基本操作及终点的判断。
2. 学会分析数据的正确记录和计算方法。

【实训原理】

滴定分析法是将一种标准溶液滴加到待测组分的溶液中，直至标准溶液与被测组分按照确定的化学计量关系恰好完全反应，根据标准溶液的浓度和体积，计算待测组分含量的一种化学分析方法。

例如，NaOH 溶液与 HCl 溶液的滴定反应：$NaOH + HCl = NaCl + H_2O$，反应的计量点 pH = 7.0，0.1mol/L 的 HCl 溶液与 0.1mol/L 的 NaOH 溶液相互滴定时，滴定突跃范围 pH 为 4.3 ~ 9.7。当 NaOH 滴定 HCl 时，用酚酞作指示剂，终点由无色变为浅红色；用 HCl 滴定 NaOH 时，用甲基橙作指示剂，终点由黄色变为橙色。一定浓度的 HCl 溶液和 NaOH 溶液相互滴定时，所消耗的体积比 V_{HCl}/V_{NaOH} 应是一定的，借此可以检验滴定操作技术和判断终点的能力。

【实训用品】

1. 仪器　托盘天平、50ml 碱式滴定管、50ml 酸式滴定管、250ml 锥形瓶、25ml 移液管、量筒、烧杯、试剂瓶。

2. 试剂　NaOH 溶液（饱和）、浓盐酸、酚酞（0.2% 乙醇溶液）、甲基橙（0.1% 水溶液）。

【实训步骤】

1. 溶液的配制

（1）0.1mol/L HCl 溶液的配制　用量筒量取浓盐酸 2.1ml，倒入烧杯中，加蒸馏水稀释至 250ml，摇匀，转移至试剂瓶中。

（2）0.1mol/L NaOH 溶液的配制　量取饱和 NaOH 溶液 1.4ml，置于烧杯中，加 250ml 蒸馏水，混匀，转入带橡皮塞的试剂瓶中，贴上标签。

2. 滴定管的准备

（1）酸式滴定管　取50ml酸式滴定管，检漏后洗涤，并用0.1mol/L HCl溶液润洗2～3次，每次5～10ml将HCl溶液装入酸式滴定管中，排气泡，调节液面至0.00刻度。

（2）碱式滴定管　取50ml碱式滴定管，检漏后洗涤，并用0.1mol/L NaOH溶液润洗2～3次，装入NaOH溶液后排气泡，调节液面至0.00刻度。

3. 酸碱溶液的互滴定练习

（1）用HCl溶液滴定NaOH溶液　由碱式滴定管中放出25.00ml NaOH溶液于250ml锥形瓶中，加入1～2滴甲基橙指示剂，用0.1mol/L HCl溶液滴定至溶液由黄色变成橙色，即为终点。记录读数，并求出滴定时两溶液的体积比V_{HCl}/V_{NaOH}。平行测定3次，计算相对平均偏差，要求不大于0.2%。

（2）用NaOH溶液滴定HCl溶液　用移液管准确移取25.00ml 0.1mol/L HCl溶液置于250ml锥形瓶中，加入2～3滴酚酞指示剂，用0.1mol/L NaOH溶液滴定至溶液呈微红色，并保持30秒不褪色，即为终点。平行测定3次，记录读数，要求3次V_{NaOH}的最大绝对差值不超过±0.04ml。

4. 数据处理

（1）HCl溶液滴定NaOH溶液记录及处理

项目	测量次数		
	1	2	3
V_{NaOH}（ml）			
$V_{HCl始读数}$（ml）			
$V_{HCl终读数}$（ml）			
V_{HCl}（ml）			
V_{HCl}/V_{NaOH}			
$(V_{HCl}/V_{NaOH})_{平均}$			
$R\bar{d}$（%）			

（2）NaOH溶液滴定HCl溶液记录及处理

项目	测量次数		
	1	2	3
V_{HCl}（ml）			
$V_{NaOH始读数}$（ml）			
$V_{NaOH终读数}$（ml）			
V_{NaOH}（ml）			
$R\bar{d}$（%）			

【实训提示】

1. 注意有效数字的位数。
2. 滴定近终点注意控制滴定速度。

【实训思考】

1. HCl溶液和NaOH溶液能直接配制成标准溶液吗？为什么？
2. 滴定分析实验中，锥形瓶是否用操作溶液润洗？为什么？

附：滴定分析中常用仪器的使用方法

一、移液管

移液管是用于准确量取一定体积溶液的仪器，习惯称为吸管。常见的有胖肚吸管和带刻度的吸管（吸量管）两种。管颈上部刻有一标线，标线的位置是由放出纯水的体积决定的。

（一）洗涤

使用前用铬酸洗液浸泡，将其洗干净，使其内壁及下端的外壁不挂水珠。自来水冲净洗液，蒸馏水润洗。移取溶液前，用待移取溶液润洗 3 次。

（二）移液

1. 吸取溶液　移取溶液时，右手拇指和中指握住移液管标线以上的部位，将移液管插入液面以下 1～2cm，左手拿洗耳球，挤压球部排出空气后，将洗耳球的尖端紧贴管口，慢慢松开洗耳球使液面上升至标线以上约 2cm，如图 4－3（a）所示。

2. 调节液面　移去洗耳球，右手食指指肚迅速按紧管口，将移液管提出液面。左手持盛液容器（如烧杯）并使其倾斜 45°，将移液管管尖紧靠其内壁，逐渐减小食指按压的力度，使溶液缓缓下降至凹液面与刻度线相切，而后食指迅速按紧管口，如图 4－3（b）所示。

3. 放出溶液　移液管保持垂直插入并使管尖紧贴接受容器内壁，接受容器稍倾斜并与移液管成 45°，松开食指，溶液自然流出，如图 4－3（c）所示，停留 10～15 秒即可。

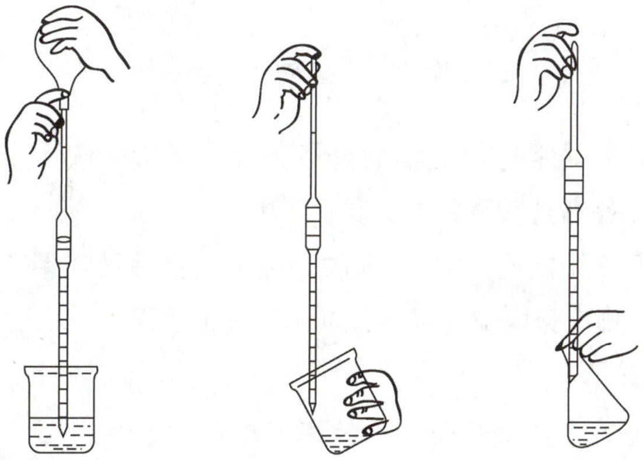

(a)吸取溶液　(b)调节液面　(c)放出溶液

图 4－3　移液管的使用

二、滴定管

滴定管是滴定时控制滴加滴定液的速度和用量，并准确测量滴定消耗滴定液体积的仪器。滴定管规格常用的为 50ml 和 25ml，最小刻度为 0. 1ml，读数可估计到 0. 01ml。

（一）滴定管分类

1. 酸式滴定管　又称具塞滴定管，下端有玻璃活塞作开关，旋转玻璃活塞控制溶液的流速，如图 4－4（a）所示。酸式滴定管用于盛放酸性、中性与氧化性溶液，不能装碱性溶液。

2. 碱式滴定管 又称无塞滴定管，下端用橡胶管连接一支带有尖嘴的小玻璃管，橡胶管内装一玻璃珠，挤压玻璃珠两侧的橡胶管使形成一条狭缝，控制溶液的流速，如图 4-4（b）所示。碱式滴定管主要用于盛放碱性溶液。

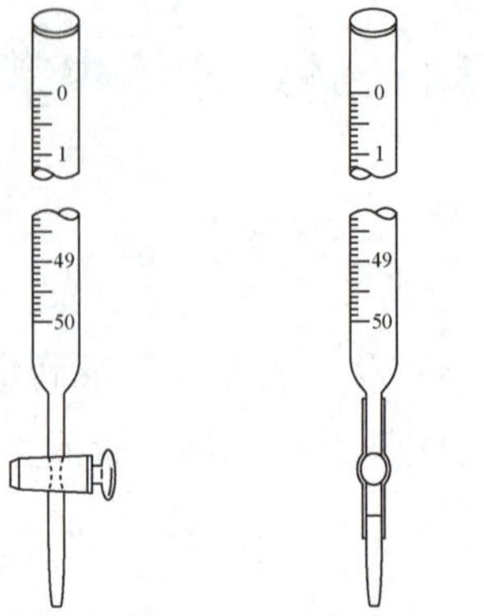

(a)酸式滴定管　(b)碱式滴定管

图 4-4　滴定管

（二）酸式滴定管的使用

1. 检漏 主要检查密合性及活塞是否能灵活转动。在滴定管内装水至最高标线，垂直置于滴定管架上，静置 2 分钟，观察活塞两端及滴定管口是否有水渗出；转动活塞 180°，观察不漏水为准。

若检漏不合格，玻璃活塞涂凡士林，起到密封和润滑作用。将滴定管内的水倒掉，平放在实验台上，取出玻璃活塞，用滤纸擦干活塞和活塞套。蘸取少许凡士林，在活塞两端均匀地涂上薄薄一层，如图 4-5（a）所示。将活塞插入活塞套内，一个方向旋转活塞直至活塞与塞槽接触部位呈透明状态且转动自如，如图 4-5（b）所示，然后再进行检漏。

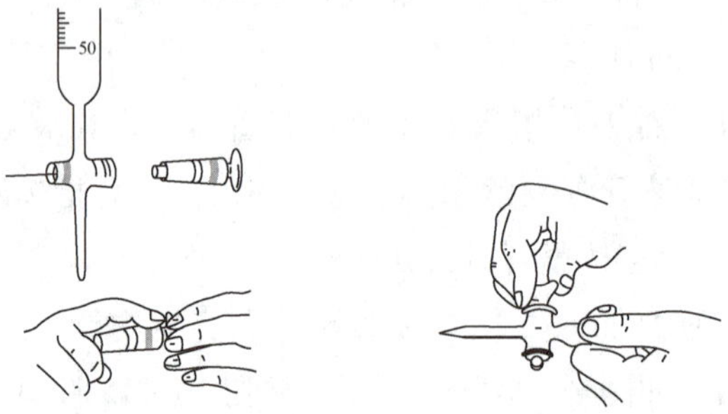

(a)涂凡士林　(b)转动活塞

图 4-5　酸式滴定管活塞的处理

2. 洗涤 检漏合格的滴定管通常先用洗涤剂洗涤，用自来水冲洗干净，再用 5～10ml 蒸馏水润洗 2～3 次；有油污的滴定管要用铬酸洗液洗涤。

3. 装液 装液前用 5～10ml 滴定液润洗 2～3 次，以免滴定液被稀释。将滴定液装入滴定管在零刻度线以上，打开滴定管活塞，排出管内空气，如图 4-6（a）所示，并调至零点。

4. 滴定 用左手控制活塞，大拇指在前，食指和中指在后。转动活塞的同时，中指和食指应稍微弯曲，轻轻向内扣住活塞，手心空握以防止顶出活塞，造成漏液。滴定通常在锥形瓶中进行，滴定管要垂直，操作者要坐正或站正。滴定时，使锥形瓶瓶底离滴定台高约 2～3cm，滴定管下端伸入瓶口内约 1cm。左手旋转活塞控制流速，右手持锥形瓶，边滴加边振荡锥形瓶，如图 4-6（b）所示。

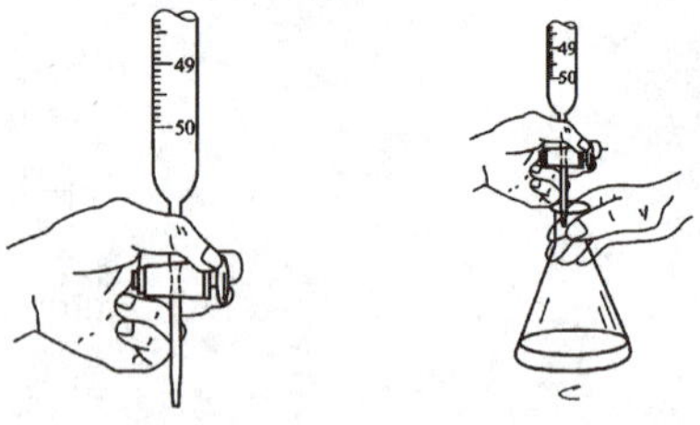

(a)排气泡　(b)滴定

图 4-6　酸式滴定管的操作

（三）碱式滴定管的使用

1. 检漏 检查橡胶管是否老化以及玻璃珠与橡胶管是否匹配。在滴定管内装满水，垂直置于滴定管架，静置 2 分钟，观察滴定管口是否有水渗出。若漏液，更换橡胶管或玻璃珠，再进行验漏。

2. 洗涤 碱式滴定管的洗涤程序与酸式滴定管相同。注意用洗液洗涤时，需将橡胶管取下，换上不用的橡胶管，用自来水冲干净后再换回。

3. 装液 装液前用5～10ml滴定液润洗2～3次，将滴定液加至零刻度线以上。将橡胶管向上弯曲，同时2个手指挤压玻璃珠两侧的橡胶管，使溶液从管尖喷出，排出气泡，如图4－7（a）所示。

4. 滴定 用左手控制玻璃珠，拇指在前，食指在后，捏住玻璃珠中部偏上方的橡胶管，无名指及小指夹住尖嘴玻璃管，向一侧推橡胶管，使其与玻璃珠之间形成一条缝隙，溶液即可流出。注意不要捏玻璃珠下方的橡胶管，也不能使玻璃珠上下移动，否则空气进入形成气泡。

与酸式滴定管相似，滴定时左手通过控制手指力度大小控制流速，右手持锥形瓶，边滴加边振摇锥形瓶，如图4－7（b）所示。

（四）滴定管的读数

滴定结束读数时，将滴定管取下，右手拇指和食指捏住滴定管无刻度处，保持滴定管垂直。液面稳定后，保持视线、刻度线和溶液凹液面最低处成一线，如图4－8所示，读取读数。

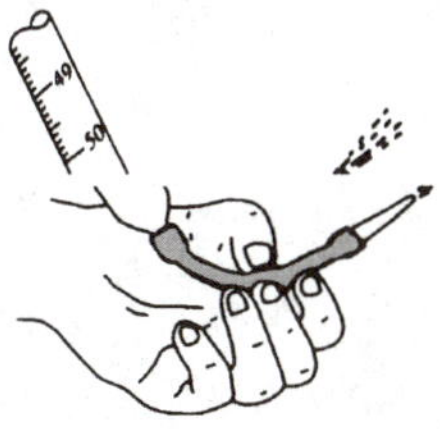

(a)排气泡

(b)滴定

图4－7 碱式滴定管的操作

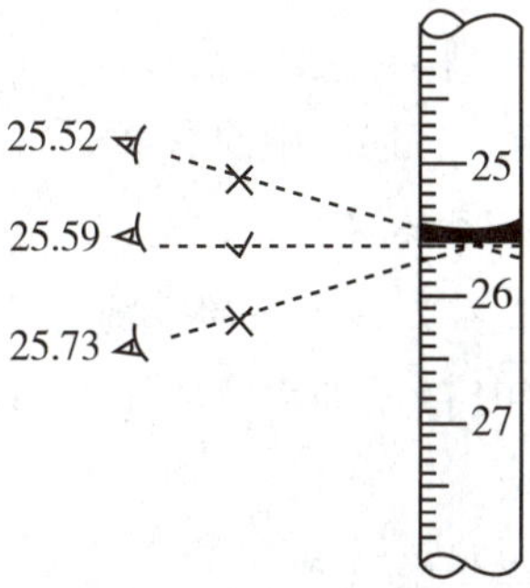

图4－8 滴定管读数

知识链接

分析实验中“量”的概念

定量分析实验突出“量”的概念，通过建立严格的“量”的概念，培养学生的职业能力和职业态度，加强素质教育。比如：实验中使用的滴定管、移液管、容量瓶等玻璃仪器均需要洗干净并用蒸馏水润洗三次直至器壁上的水不成股流下；对有刻度的玻璃仪器进行读数时，视线需与玻璃仪器内液面的凹液面相切（棕色刻度仪器除外），视线偏高偏低均会带来误差，影响结果的准确度等。分析化学实验中每一步的操作都必须严谨细心，中间有一个环节出现误差，实验结果都将不可信。因此，需要我们深刻理解和实践验证分析化学中“量”的概念的重要性，只有掌握过硬的实际操作和误差分析的本领，才能养成良好的职业素养。

目标检测

答案解析

一、选择题

（一）单选题

1. 按照分类方法，滴定分析法属于（　　）。

A. 化学分析法　　B. 仪器分析法　　C. 重量分析法　　D. 色谱分析法

2. 在相同条件下，同一样品进行多次测定，测定值有大有小，误差时正时负，但通过测量次数的增加，存在的误差可减小，这种误差称为（　　）。

A. 偶然误差　　B. 仪器误差　　C. 试剂误差　　D. 系统误差

3. 分析化学中化学分析误差应该控制在（　　）以下。

A. 0.10ml　　B. 0.1%　　C. 20.00ml　　D. 0.1ml

4. 滴定管读数引入的绝对误差为 ±0.02ml，要求滴定的相对误差小于 0.1%，滴定时消耗体积（　　）。

A. 5～10ml　　B. 10～15ml　　C. >20.00ml　　D. <20.00ml

5. 用同一台电子天平称取下列药品，相对误差最小的是（　　）。

A. 0.9867g　　B. 0.5432g　　C. 0.1222g　　D. 0.4567g

6. 用于直接配制滴定液的试剂是（　　）。

A. 分析纯试剂　　B. 优级纯试剂

C. 基准试剂　　D. 化学纯试剂

7. 关于标定，叙述正确的是（　　）。

A. 标定等于滴定分析　　B. 标定是含量测定

C. 标定是确定滴定液的准确浓度的过程　　D. 标定采用的滴定液浓度已知

8. 标定 NaOH 的基准物质是（　　）。

A. 硼砂　　B. 氧化锌

C. 邻苯二甲酸氢钾　　D. 草酸钠

（二）多选题

1. 下列物质能直接配制成标准溶液的是（　　）。

A. 氢氧化钠　　B. 无水碳酸钠

C. 高锰酸钾　　D. 重铬酸钾

2. 下列属于四位有效数字的是（　　）。

A. 1.5000　　B. 0.1001　　C. 1.010　　D. pH = 10.68

3. 基准物质应满足下列哪些要求（　　）。

A. 纯度高　　B. 组成与化学式相符

C. 性质稳定　　D. 摩尔质量大

4. 以下滴定分析法是根据操作形式不同进行分类的是（　　）。

A. 直接滴定法　　B. 返滴定法

C. 置换滴定　　D. 酸碱滴定

5. 测定氯离子，首先向氯离子试液中定量加入过量硝酸银标准溶液，反应完全后，用硫氰酸铵标准溶液滴定试液中的硝酸银，从而求得氯离子含量的方法属于（　　）。

A. 直接滴定法　　B. 返滴定法　　C. 置换滴定　　D. 沉淀滴定

二、综合应用题

1. 用 0.1000mol/L NaOH 标准溶液滴定 25.00ml HCl 溶液至终点，消耗 NaOH 标准溶液 24.32ml，计算该 HCl 溶液的浓度。

2. 测定药用 Na_2CO_3 的含量，称取试样 0.2652g，用 0.2000mol/L 的 HCl 标准溶液滴定，消耗 HCl 标准溶液 23.50ml，计算该药品中 Na_2CO_3 的百分含量。已知 $M_{Na_2CO_3}$ = 106.0g/mol。

3. 用铬酸钾法测定食盐中 NaCl 的含量。精密称取食盐 0. 2015g 溶于水后，以铬酸钾为指示剂，用 $AgNO_3$滴定液（0. 1002mol/L）滴定至终点，消耗 24. 60ml，计算食盐中 NaCl 的含量为多少？已知每 1ml 硝酸银滴定液（0. 1mol/L）相当于 5. 844mg 的 NaCl。

书网融合……

知识回顾　　微课　　习题

（钱惠菊）

第五章 酸碱平衡和酸碱滴定法

学习引导

酸碱是工农业生产和日常生活中常见的化学物质。酸碱平衡是四大化学平衡之一。酸碱滴定法是滴定分析中原理最完善、应用最广泛的分析方法。那么有关酸碱的理论有哪些？怎样确定溶液的酸碱性？酸碱滴定法的原理是什么？如何确定酸碱滴定终点？酸碱滴定法有哪些应用？

本章通过酸碱质子理论的学习，明确酸碱的概念、酸碱反应的实质以及酸碱的强度与溶剂的关系等，在此基础上对水溶液中酸碱平衡进行分析和讨论；通过酸碱滴定曲线的绘制和分析，结合酸碱指示剂的变色原理和变色范围的学习，使同学们认识并掌握酸碱滴定过程中溶液 pH 的规律性变化，从而能合理的选择指示剂确定滴定终点，利用酸碱滴定法进行物质含量的测定。

学习目标

1. 掌握　酸碱解离平衡；酸碱滴定法的基本原理；酸碱标准溶液的配制和标定。
2. 熟悉　酸碱质子理论；同离子效应和盐效应；缓冲溶液；酸碱滴定的应用。
3. 了解　非水溶液的酸碱滴定原理；酸碱电离理论与酸碱质子理论的差别。

酸和碱是日常生活和工农业生产中常见的物质。在食品、药品的生产制备、分离提取、分析检验等过程中都会用到酸碱反应和酸碱滴定法。

第一节　酸碱质子理论

PPT

人们对酸碱的认识经历了由浅到深、由感性到理性的认识过程。最初把有酸味、能使蓝色石蕊变红的物质称作酸，把有涩味、能使红色石蕊变蓝的物质称作碱。1887 年，瑞典化学家阿仑尼乌斯提出了酸碱的电离理论，加深了人们对酸碱的系统化认识。但是，该理论将酸碱限定在水溶液中，对于非水溶液中发生的酸碱反应及相应的化学现象则无法合理解释。1923 年，丹麦化学家布朗斯特和英国化学家劳瑞分别提出了酸碱质子理论，扩大了酸碱的适用范围。

一、酸碱的定义

酸碱质子理论认为，凡能给出质子（H^+）的物质是酸，凡能接受质子（H^+）的物质是碱。例如 HCl、HAc、NH_4^+、$H_2PO_4^-$ 能够给出质子，都是酸；Cl^-、Ac^-、NH_3、$[Al(H_2O)_5OH]^{2+}$ 能够接受质子，都是碱。酸碱质子理论扩大了酸碱的范围，认为分子、阳离子或阴离子都可以作为酸或碱。有些物质如 H_2O、HS^- 等既可以给出质子，也可以接受质子，这类物质称为两性物质。

酸是质子的给予体，酸给出质子后剩余的部分就成为碱，同样碱接受质子后成为酸。我们将化学组成上相差一个质子（H^+）的一对酸碱称为共轭酸碱对。例如：HAc 和 Ac^-、NH_4^+ 和 NH_3、H_3O^+ 和 H_2O 在组成上相差一个质子，都是共轭酸碱对。

$$\text{酸} \rightleftharpoons \text{碱} + H^+$$

$$HAc \rightleftharpoons Ac^- + H^+$$

$$NH_4^+ \rightleftharpoons NH_3 + H^+$$

$$H_3O^+ \rightleftharpoons H_2O + H^+$$

即学即练 5－1

答案解析

下列各组物质属于共轭酸碱对的是：

1. $H_2CO_3 - HCO_3^-$　　2. $H_2CO_3 - CO_3^{2-}$　　3. $HCO_3^- - CO_3^{2-}$

酸、碱给出或接受质子（H^+）能力的大小体现酸碱的强弱。比如在水溶液中，HCl 给出 H^+ 的能力大于 HAc，则 HCl 的酸性强于 HAc；而 Ac^- 接受 H^+ 的能力大于 Cl^-，所以 Ac^- 的碱性强于 Cl^-。在一对共轭酸碱对中，共轭酸的酸性越强，其共轭碱的碱性就越弱。

二、质子的性质

酸碱质子理论认为，质子是一种很小很活泼的微粒，在溶液中不能单独存在，只能以溶剂合质子的形式存在。例如，在盐酸的水溶液中，盐酸给出的质子会与水分子结合，形成水合质子。

$$HCl + H_2O \rightleftharpoons H_3O^+ + Cl^-$$

盐酸溶于液氨中，盐酸给出的质子会与液氨结合成为氨合质子（铵根离子）。

$$HCl + NH_3 \rightleftharpoons NH_4^+ + Cl^-$$

酸碱不是相互孤立的，酸给出 H^+，必须存在另一种碱接受酸的 H^+，酸才能转化为其共轭碱；同样，碱必须要从另一个酸中获得 H^+ 才能转化为共轭酸。

三、酸碱反应的实质

酸碱质子理论认为，酸碱反应的实质是两对共轭酸碱对之间的质子转移。如在非水体系中 $NH_3(g)$ 和 HCl(g) 的反应：

$$HCl(g) + NH_3(g) \rightleftharpoons Cl^- + NH_4^+$$

上述反应有两对共轭酸碱对，其中 HCl(g) 作为酸给出质子转变成它的共轭碱 Cl^-，而碱 $NH_3(g)$ 接受质子转变成它的共轭酸 NH_4^+。质子从其中一对共轭酸碱对中的酸 HCl(g) 传递到另一对共轭酸碱对的碱 $NH_3(g)$ 上，体现了两对共轭酸碱对之间的质子转移。这样的转移既可以在水溶液中进行，也可以在非水溶液或无溶剂条件下进行。

四、酸碱的强度

酸碱的强弱除与自身性质有关，还与溶剂的性质有关。同一物质在不同溶剂中体现的酸碱性强弱是不同的。例如，HAc 在水中是弱酸，而在液氨中则呈强酸性，主要是因为 NH_3 接受质子的能力比水更强，从而使 HAc 给出的质子更多，体现强酸性。NH_3 在水中是弱碱，在冰醋酸中则是强碱，因为冰醋酸给出质子的能力大于水，使 NH_3 可以接受更多的质子。所以弱酸在碱性溶液中酸性会增强，而弱碱在酸性溶液中碱性会增强。

再如，HAc 在液氨中呈强酸性，而在液态 HF 中则呈弱碱性。

$$HAc + NH_3 \rightleftharpoons Ac^- + NH_4^+$$

HAc 在液态 HF 中表现出弱碱性，是因为液态 HF 给出 H^+ 的能力强于 HAc，HAc 只能接受 H^+ 作为碱。

$$HAc + HF \rightleftharpoons H_2Ac^+ + F^-$$

物质酸碱性的强弱受到溶剂酸碱性的影响，"强能变弱，弱能变强，酸能变碱，碱能变酸"，这是酸碱质子理论区别于酸碱电离理论的一个重要特征。

第二节　溶液的酸碱平衡

PPT

一、水的解离平衡

根据酸碱质子理论，水既可以给出质子，也可以接受质子，是两性物质。水分子之间也会发生质子转移，称为水的质子自递反应。反应式如下

$$H_2O + H_2O \rightleftharpoons H_3O^+ + OH^-$$

在一定温度时，上述反应达到平衡，其平衡常数 K_c 可表达为

$$K_c = \frac{[H_3O^+][OH^-]}{[H_2O][H_2O]}$$

在纯水或稀溶液中［H_2O］一般看成常数 1，可与 K_c 合并得到新的常数 K_w，另外［H_3O^+］可以简化为［H^+］，所以上式最终转化为：

$$K_w = [H^+][OH^-] \qquad (5-1)$$

K_w 称为水的离子积常数，简称水的离子积。实验测得 298.15K 时，1L 纯水中有 1.0×10^{-7}mol 水分子发生解离，$[H^+]=[OH^-]=1.0\times10^{-7}$mol/L，所以 $K_w=1.0\times10^{-14}$。不同温度下水的离子积 K_w 不同（表 5－1）。通常未做具体说明时，一般都认为是 298.15K 时的水溶液。

表 5－1　不同温度时水的离子积常数

T(K)	273	283	293	298.15	323
K_w	1.153×10^{-15}	2.915×10^{-15}	6.871×10^{-15}	1.012×10^{-14}	5.309×10^{-14}

K_w 不仅适用于纯水，也适用于所有稀的水溶液。

二、溶液的酸碱性

K_w 反映了一定温度下水溶液中 H^+ 和 OH^- 之间浓度的关系。任何水溶液中 H^+ 和 OH^- 都是同时存在的，它们的值可能很小，但不会为零。

根据［H^+］和［OH^-］的相对大小，可将溶液分为中性、酸性和碱性溶液。在 H^+ 浓度非常小的

情况下，采用 pH 来表示溶液的酸碱性比较方便。pH 是溶液中 $[H^+]$ 的负对数，表达为

$$pH = -\lg[H^+] \tag{5-2}$$

当 $[H^+]=[OH^-]=10^{-7}$mol/L 时，可表达为 pH = 7，溶液呈中性；

当 $[H^+]>[OH^-]$，即 $[H^+]>10^{-7}$mol/L 时，可表达为 pH < 7，溶液呈酸性；

当 $[OH^-]>[H^+]$，即 $[H^+]<10^{-7}$mol/L 时，可表达为 pH > 7，溶液呈碱性。

也可以采用 pOH 来表示溶液的酸碱性。pOH 是溶液中 $[OH^-]$ 的负对数，表达为

$$pOH = -\lg[OH^-] \tag{5-3}$$

pH 和 pOH 的使用范围一般在 0～14，超过该范围则直接使用浓度表示更方便。在 298.15K 时的水溶液中，由于存在 $[H^+][OH^-] = 10^{-14}$ 的关系，两边取负对数后可得到

$$pH + pOH = 14 \tag{5-4}$$

强酸或强碱在水溶液中是全部解离的，给出的 H^+ 或 OH^- 浓度远大于水的质子自递反应产生的浓度，并且存在同离子效应（参考后续内容）抑制水的解离。因此，可利用强酸或强碱自身的浓度来直接计算 pH 或 pOH，而将水解离产生的 H^+ 或 OH^- 忽略。

【例 5-1】计算 0.0010mol/L HCl 溶液和 0.0010mol/L NaOH 的 pH。

解：HCl 在水中完全电离，所以 $[H^+]=0.0010$mol/L，可得

$$pH = -\lg 0.0010 = 3.0$$

NaOH 在水中完全电离，所以 $[OH^-]=0.0010$mol/L，可得

$$pOH = -\lg 0.0010 = 3.0$$

$$pH = 14 - pOH = 14.0 - 3.0 = 11.0$$

答案解析

即学即练 5-2

计算 0.10mol/L 的 KOH 溶液和 0.10mol/L HNO_3 溶液的 pH。

三、弱酸、弱碱的解离平衡

在水溶液里只能发生部分解离的电解质称为弱电解质，弱酸、弱碱都是弱电解质。在水溶液中能给出一个质子的弱酸称为一元弱酸，能给出多个质子的弱酸称为多元弱酸；能接受一个质子的碱称为一元弱碱，能接受多个质子的碱称为多元弱碱。

（一）解离平衡和解离常数

1. 一元弱酸、弱碱的解离平衡　弱电解质在水溶液中发生部分解离，溶液中存在大量未解离的弱电解质分子和少量已解离的离子。如 HAc 是一元弱酸，在水溶液中的解离为

$$HAc + H_2O \rightleftharpoons Ac^- + H_3O^+$$

简写为

$$HAc \rightleftharpoons Ac^- + H^+$$

HAc 分子在水分子的作用下解离成 H^+ 和 Ac^- 离子，同时 Ac^- 又和 H^+ 相互结合生成 HAc 分子。在一定温度下，解离过程中的正、逆反应速率相等后达到动态平衡，称为解离平衡。

解离平衡也是一种化学平衡，符合化学平衡的原理。通常平衡的解离常数 K_c 对于弱酸用 K_a 表示，对于弱碱用 K_b 表示，所以 HAc 的解离常数 K_a 表达为

$$K_a = \frac{[H^+][Ac^-]}{[HAc]}$$

式中 $[H^+]$、$[Ac^-]$ 和 $[HAc]$ 均表示平衡浓度。可以看出，当 K_a 越大，酸给出的 H^+ 就越多，酸性就越强。

对于一元弱碱 NH_3 在水溶液中存在以下解离平衡

$$NH_3 + H_2O \rightleftharpoons NH_4^+ + OH^-$$

所以 NH_3 的解离常数 K_b 表达为

$$K_b = \frac{[NH_4^+][OH^-]}{[NH_3]}$$

同样 K_b 越大，碱接受的 H^+ 就越多，碱性就越强。

2. 多元弱酸、弱碱的解离平衡 凡能给出或接受2个及2个以上质子的弱电解质称为多元弱酸或多元弱碱。如 H_2CO_3 是多元弱酸，解离分两步进行，每步解离都有相应的解离常数，用 K_{a_1}、K_{a_2} 表示。

$$H_2CO_3 \rightleftharpoons H^+ + HCO_3^-$$

$$K_{a_1} = \frac{[H^+][HCO_3^-]}{[H_2CO_3]} = 4.30 \times 10^{-7}$$

$$HCO_3^- \rightleftharpoons H^+ + CO_3^{2-}$$

$$K_{a_2} = \frac{[H^+][CO_3^{2-}]}{[HCO_3^-]} = 5.61 \times 10^{-11}$$

很明显 H_2CO_3 的 K_{a_1} 远大于 K_{a_2}，因此在 H_2CO_3 水溶液中，H^+ 主要来源于第一步解离平衡。根据第一步解离平衡方程式可以得到 $[H^+] \approx [HCO_3^-]$，该关系代入 K_{a_2} 的表达式中可以得到 $K_{a_2} \approx [CO_3^{2-}]$。同样对于其他多元弱酸而言 H^+ 大多也来源于第一步解离平衡。

多元弱碱如 Na_2S，在水溶液中的解离也是分两步进行的，对应的解离常数用 K_{b_1}、K_{b_2} 表示。Na_2S 接受的 H^+ 主要来源于第一步解离平衡，同样对于其他多元弱碱 Na_2CO_3、Na_3PO_4 等也是如此。

解离平衡常数 K_a、K_b 与化学平衡常数一样，与温度有关，而与浓度无关。

（二）解离常数与解离度的关系

不同的弱酸和弱碱在水中解离的程度是不同的，可用解离度（电离度）来表示。解离度是指在一定温度下，弱酸或弱碱在溶液里达到电离平衡时，已解离的分子数占原来总分子数（包括已解离的和未解离的）的百分数，用 α 表示。

$$\alpha = \frac{\text{已解离的分子数}}{\text{电解质分子总数}} \times 100\%$$

解离度能有效表示电解质的强弱。对于相同浓度的不同弱电解质而言，电解质越弱，解离度越小。

解离常数和解离度都可以用来比较弱酸和弱碱的相对强弱，但它们既有联系又有区别。解离常数是化学平衡常数的一种形式，而解离度则是转化率的一种形式。把解离引入到解离平衡式中，可导出下面的公式。

$$K_i \approx c\alpha^2 \text{ 或 } \alpha \approx \sqrt{\frac{K_i}{c}} \quad (5-5)$$

其中，c 为弱酸或弱碱的起始浓度（也称为分析浓度），α 为解离度，K_i 为解离平衡常数。这个公式表明了解离度与解离常数及其溶液浓度间的关系，这种关系称为稀释定律。其意义是：同一弱电解质的电离度与其浓度的平方根成反比。溶液越稀，解离度越大；相同浓度的不同弱电解质的解离度与解离平衡常数的平方根成正比，解离常数越大，解离度也越大。它对于一元弱酸和弱碱普遍成立，对于其他弱电解质也成立。

解离度 α 和解离平衡常数 $K_a(K_b)$ 都可以表示弱酸和弱碱的解离程度。但是，解离度随浓度的变化而变化，而解离平衡常数则不受浓度影响，在一定温度下是一个特征常数。因此，通常用 $K_a(K_b)$ 表示酸碱的强度。如实验测得 298.15K 时不同浓度的 HAc 溶液的解离常数稳定在 1.76×10^{-5}，而其解离度则随浓度的不同而不同。

常见弱酸弱碱的解离常数见附录 3。

（三）共轭酸碱对中 K_a 和 K_b 的关系

共轭酸碱对中的酸和碱通过一个质子相互转化，对应的 K_a 和 K_b 也存在内在的联系。如共轭酸碱对 $HAc-Ac^-$，在水溶液中的解离平衡分别为

$$HAc \rightleftharpoons Ac^- + H^+ \qquad K_a = \frac{[H^+][Ac^-]}{[HAc]}$$

$$Ac^- + H_2O \rightleftharpoons HAc + OH^- \qquad K_b = \frac{[HAc][OH^-]}{[Ac^-]}$$

将 K_a 和 K_b 相乘可得

$$K_aK_b = [H^+][OH^-] = K_w \qquad (5-6)$$

在水溶液中任何一对共轭酸碱对都存在 $K_aK_b = K_w$ 的关系。因此，共轭酸的酸性越强，对应共轭碱的碱性就越弱，反之亦然。在 298.15K 时，式（5-6）两边取负对数可得

$$pK_a + pK_b = 14 \qquad (5-7)$$

其中，$pK_a = -\lg K_a$，$pK_b = -\lg K_b$

同理可推得，对于多元弱酸、弱碱所形成的共轭酸碱对，如 $H_2CO_3-HCO_3^-$、$HCO_3^- - CO_3^{2-}$，存在的关系为

$$K_{a_1}K_{b_2} = K_{a_2}K_{b_1} = K_w$$

【例 5-2】已知 298.15K 时，HAc 的 $K_a = 1.76\times10^{-5}$，计算 Ac^- 的 K_b。

解：Ac^- 是 HAc 的共轭碱，因为存在 $K_aK_b = K_w$ 的关系，所以 Ac^- 的 K_b 为：

$$K_b = \frac{K_w}{K_a} = \frac{1.0\times10^{-14}}{1.76\times10^{-5}} \approx 5.68\times10^{-10}$$

四、同离子效应和盐效应

（一）同离子效应

当外界条件改变时，弱电解质的解离平衡会发生移动从而达到新的平衡状态。如在 HAc 水溶液中加入含相同离子的强电解质 NaAc，由于 NaAc 的完全解离，使溶液中 Ac^- 浓度增加，解离平衡向左移动，导致 HAc 的解离度减小。

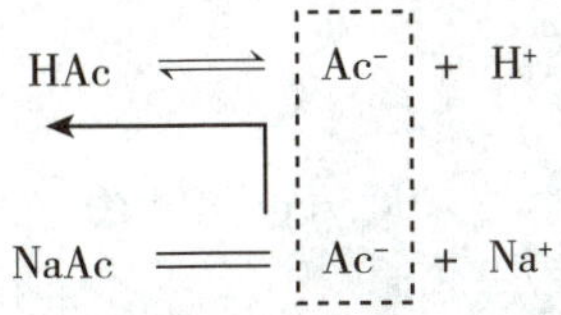

在弱电解质的水溶液中加入与其具有相同离子的强电解质，导致弱电解质的解离度减小的现象，称为同离子效应。

同样，在 HAc 水溶液中加入 HCl，在氨水中加入 NH_4Cl 等，均会产生同离子效应，导致 HAc、氨水的解离度减小。利用同离子效应，可配制缓冲溶液。

（二）盐效应

在弱电解质的水溶液中加入与其没有相同离子的强电解质，使弱电解质的解离度增大的现象，称为盐效应。如在 HAc 水溶液中加入强电解质 NaCl，溶液中离子的总浓度增大，离子强度增大，导致 H^+ 和 Ac^- 结合生成 HAc 困难，解离平衡向右移动，使 HAc 的解离度增大。

产生同离子效应的同时，通常伴随着盐效应。但同离子效应对解离度的影响远大于盐效应，因此在讨论中通常忽略盐效应的影响。

答案解析

即学即练 5－3

在氨水溶液中分别加入下列物质，其电离度有何变化？

（1）KOH　（2）HCl　（3）NH_4Cl

五、溶液 pH 的计算

强酸、强碱在水溶液中是完全解离的，pH 可直接用其 H^+ 浓度进行计算。而弱酸、弱碱溶液不能完全解离，存在解离平衡，其 pH 计算则比较复杂，通常采取近似处理。

（一）一元弱酸、弱碱溶液 pH 近似计算

在一元弱酸或弱碱的水溶液中，同时存在着弱酸或弱碱本身的解离平衡及溶剂水的质子自递平衡。

设一元弱酸 HA 溶液的起始浓度为 c。通常情况下，当 $cK_a \geqslant 20K_w$ 时，可以忽略溶液中水的质子自递平衡；当 $c/K_a \geqslant 500$ 时，质子传递平衡产生的 $[H^+]$ 远小于 HA 的总浓度 c，则 $c-[H^+] \approx c$。

当满足上述条件时，可推导出计算一元弱酸溶液中 $[H^+]$ 的最简公式：

$$[H^+] = \sqrt{cK_a} \qquad (5-8)$$

设 c 为一元弱碱溶液的起始浓度，同理，当 $cK_b \geqslant 20K_w$，$c/K_b \geqslant 500$ 时，可以推导出计算一元弱碱溶液中 $[OH^-]$ 的最简公式：

$$[OH^-] = \sqrt{cK_b} \qquad (5-9)$$

【例 5－3】已知 298.15K 时，HAc 的 $K_a = 1.76 \times 10^{-5}$，计算 0.10mol/L HAc 溶液的 pH。

解：因为 $cK_a > 20K_w$，$c/K_a > 500$。

所以 $[H^+] = \sqrt{cK_a} = \sqrt{1.76 \times 10^{-5} \times 0.10} = 1.33 \times 10^{-3}$ (mol/L)

$$pH = -\lg[H^+] = -\lg 1.33 \times 10^{-3} = 2.88$$

即学即练 5－4

答案解析

试计算下列溶液的 pH。

（1）0.02mol/L 的 HAc 溶液（$K_a = 1.76 \times 10^{-5}$）

（2）0.10mol/L 的 HCN 溶液（$K_a = 6.2 \times 10^{-10}$）

（3）0.50mol/L 的氨水（$K_b = 1.76 \times 10^{-5}$）

（二）多元弱酸、弱碱溶液 pH 近似计算

在多元弱酸或多元弱碱的溶液中，通常 H^+ 或 OH^- 主要来源于第一步解离。因此，一般情况下，多元弱酸或多元弱碱溶液中 $[H^+]$ 或 $[OH^-]$ 的计算，可按一元弱酸或一元弱碱进行简化处理。

对于多元弱酸溶液，当 $cK_{a_1} \geqslant 20K_w$，$c/K_{a_1} \geqslant 500$ 时：

$$[H^+] = \sqrt{cK_{a_1}} \tag{5-10}$$

对于多元弱碱溶液，当 $cK_{b_1} \geqslant 20K_w$，$c/K_{b_1} \geqslant 500$ 时：

$$[OH^-] = \sqrt{cK_{b_1}} \tag{5-11}$$

【例 5-4】已知 298.15K 时，CO_3^{2-} 的 $K_{b_1} = 1.78 \times 10^{-4}$，计算 0.10mol/L Na_2CO_3 溶液的 pH。

解：因为 $cK_{b_1} > 20K_w$，$c/K_{b_1} > 500$。

所以 $[OH^-] = \sqrt{cK_{b_1}} = \sqrt{1.78 \times 10^{-4} \times 0.10} = 4.2 \times 10^{-3}$(mol/L)

$$pOH = -\lg[OH^-] = -\lg 4.2 \times 10^{-3} = 2.33$$

$$pH = 14 - 2.33 = 11.67$$

（三）两性物质溶液 pH 近似计算

对于两性物质，如 $NaHCO_3$、K_2HPO_4、NaH_2PO_4 等，一般进行如下近似处理。

对于 HA^-、H_2A^- 类型的两性物质，当 $cK_{a_2} \geqslant 20K_w$，$c/K_{a_1} > 20$ 时：

$$[H^+] = \sqrt{K_{a_1}K_{a_2}} \tag{5-12}$$

对于 HA^{2-} 类型的两性物质，当 $cK_{a_3} \geqslant 20K_w$，$c/K_{a_2} > 20$ 时：

$$[H^+] = \sqrt{K_{a_2}K_{a_3}} \tag{5-13}$$

【例 5-5】已知 298.15K 时，H_2CO_3 的 $K_{a_1} = 4.3 \times 10^{-7}$，$K_{a_2} = 5.61 \times 10^{-11}$，计算 0.10mol/L $NaHCO_3$ 溶液的 pH。

解：因为 $cK_{a_2} > 20K_w$，$c/K_{a_1} > 20$。

$$[H^+] = \sqrt{K_{a_1}K_{a_2}} = \sqrt{4.30 \times 10^{-7} \times 5.61 \times 10^{-11}} = 4.90 \times 10^{-9}\text{(mol/L)}$$

$$pH = -\lg[H^+] = -\lg 4.90 \times 10^{-9} = 8.31$$

第三节 缓冲溶液

微课

PPT

缓冲溶液在药品、食品的生产检验以及人体生理学上具有重要意义。如人体血浆的 pH 正常范围是 7.35～7.45，超出该范围就会出现酸中毒或碱中毒，严重时会危及生命。生物体内的各类反应、许多药品、食品的生产加工或分析检验等，都要求在一定的 pH 范围内进行。很多药物的降解也会受到 pH 改变的影响，需要保持 pH 的适宜和稳定。那么，如何控制溶液的 pH，怎样使溶液的 pH 保持稳定呢？这涉及缓冲溶液的有关知识。

一、缓冲溶液的组成和作用原理

（一）缓冲溶液的组成

能抵抗外来少量酸碱或稀释，而保持 pH 基本不变的作用称为缓冲作用，具有缓冲作用的溶液称为

缓冲溶液。缓冲溶液通常由一定浓度的共轭酸碱对混合而成。其中的共轭酸碱对又称为缓冲对。常见缓冲对的类型有弱酸及其盐（如 HAc－NaAc）、弱碱及其盐（如 NH_3－NH_4Cl）、多元酸的酸式盐及其次级盐（$NaHCO_3$－Na_2CO_3）、浓度大的强酸或者强碱溶液等。

（二）缓冲原理

我们以 HAc－NaAc 缓冲体系为例来讨论缓冲原理。

在 HAc－NaAc 缓冲溶液中，NaAc 是强电解质，在溶液中完全解离，溶液中存在大量的 Ac^- 离子；HAc 是弱电解质，其本身的解离度很小，而且受 Ac^- 同离子效应的影响，主要以 HAc 分子的形式存在。HAc 和 Ac^- 是一对共轭酸碱对，在同一溶液中存在如下平衡：

$$HAc + H_2O \rightleftharpoons Ac^- + H_3O^+$$

向 HAc－NaAc 缓冲体系中加入少量酸时，溶液中 H^+ 浓度会有所增加，此时 H^+ 会与已有的 Ac^- 结合生成 HAc，解离平衡向左移动，使 H^+ 浓度降低，保持溶液的 pH 基本不变。在此过程中，缓冲体系中的共轭碱 Ac^- 对外加的酸有抵抗作用，称为缓冲溶液的抗酸成分。

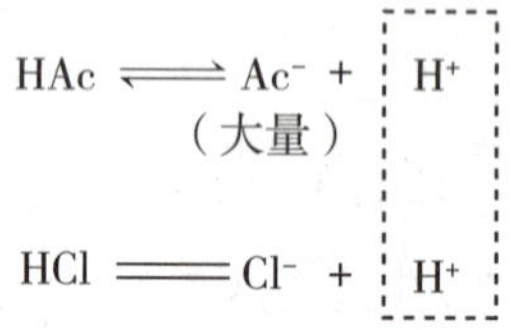

同样，当向 HAc－NaAc 缓冲系中加入少量 NaOH，溶液中的 H^+ 和外加的 OH^- 结合生成 H_2O，减少的 H^+ 将由大量的 HAc 不断解离来补充，解离平衡向右移动，使溶液的 pH 保持基本不变。缓冲体系中的共轭酸 HAc 对外加的碱有抵抗作用，称为缓冲溶液的抗碱成分。

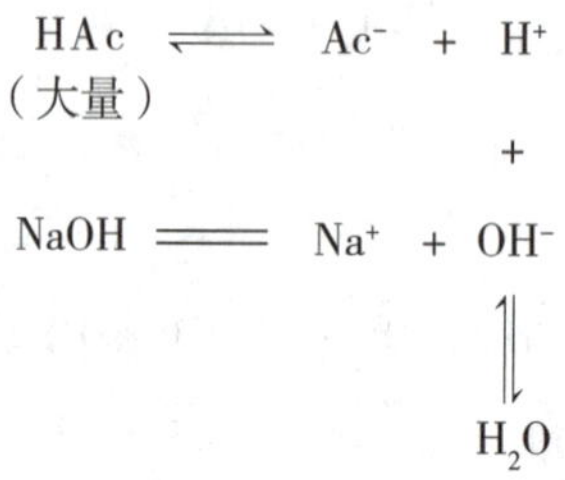

缓冲溶液的缓冲作用是有限度的。当加入的强酸或强碱过多，会导致缓冲溶液中的抗酸成分或抗碱成分消耗殆尽，结果失去缓冲能力和缓冲作用。

二、缓冲溶液 pH 的计算

缓冲溶液由共轭酸（HA）及其共轭碱（A^-）组成，在水溶液中存在如下质子传递平衡：

$$HA + H_2O \rightleftharpoons H_3O^+ + A^-$$

HA 的质子转移平衡常数为

$$K_a = \frac{[H_3O^+][A^-]}{[HA]} \quad 则 \quad [H_3O^+] = K_a\frac{[HA]}{[A^-]}$$

等式两边各取负对数得

$$pH = pK_a + \lg\frac{[A^-]}{[HA]} \qquad (5-14)$$

式中［HA］和［A^-］均为平衡浓度。由于在 HA 和 A^- 缓冲体系中产生同离子效应，使 HA 解离很少，因此，[HA] 和 [A^-] 可以用初始浓度 c_{HA} 和 c_{A^-} 表示。

【例 5－6】已知 HAc 的 $pK_a=4.75$，用 0.20mol/L 的 HAc 和 0.10mol/L 的 NaAc 等体积混合，配制 1L 缓冲溶液，计算：（1）溶液的 pH；（2）向该缓冲溶液中加入 1.0mol/L HCl 溶液 1.0ml，则溶液 pH 为多少？

解：（1）$pH=pK_a+\lg\frac{c_{NaAc}}{c_{HAc}}=4.75+\lg\frac{0.1/2}{0.2/2}=4.45$

（2）加入 HCl 后，HCl 解离出的 H^+ 将与 Ac^- 作用生成 HAc，所以

$$n_{HAc}=0.10+0.001=0.101\text{mol},\ n_{Ac^-}=0.10-0.001=0.099\text{mol}$$

$$pH=pK_a+\lg\frac{n_{碱}}{n_{酸}}=pK_a+\lg\frac{n_{Ac^-}}{n_{HAc}}=4.75+\lg\frac{0.099}{0.101}=4.74$$

三、缓冲容量和缓冲范围

1. 缓冲容量的概念　缓冲溶液的缓冲能力有一定的限度，如果外加强酸或强碱超过某一量时，溶液 pH 将发生较大的变化，失去缓冲能力。常用缓冲容量表示缓冲溶液的缓冲能力大小，缓冲容量是单位体积缓冲溶液 pH 改变 1 个单位时，所需外加一元强酸或一元强碱的物质的量，以符号 β 表示，公式表示为：

$$\beta=\frac{\Delta n}{V|\Delta pH|} \qquad (5-15)$$

式中，Δn 为加入的一元强酸或强碱的量，mol；$|\Delta pH|$ 为缓冲溶液 pH 的改变量；V 为缓冲溶液的体积，L。所以 β 为正值，单位是 mol/(L·pH)。

β 在数值上等于使 1L 缓冲溶液 pH 改变 1 个单位时，所需加入一元强酸或一元强碱的量，β 越大，缓冲容量越大。

【例 5－7】计算例题 5－6 中缓冲溶液 HAc－NaAc 的缓冲容量。

解：$V=1L$，$|\Delta pH|=0.01$，$\Delta n=0.001mol$

$$\beta=\frac{\Delta n}{V|\Delta pH|}=\frac{0.001}{1\times 0.01}=0.1\text{mol/(L·pH)}$$

2. 影响缓冲容量的因素

（1）缓冲溶液的总浓度　缓冲溶液中，共轭酸与共轭碱浓度之和为总浓度，当缓冲比一定时，总浓度越大，抗酸抗碱成分越多，缓冲容量越大。

（2）缓冲比　当缓冲溶液的总浓度一定时，缓冲比越接近 1，缓冲容量越大；缓冲溶液 pH 取决于 K_a 和缓冲比（$c_{碱}/c_{酸}$），改变缓冲比，pH 也改变，当缓冲比等于 1 时，$pH=pK_a$，此时缓冲容量最大。当缓冲比在 1/10 和 10/1 之间时，对应的 pH 在 pK_a-1 与 pK_a+1 之间，缓冲溶液能有效地发挥其缓冲作用，称为缓冲溶液的缓冲范围，即 $pH=pK_a\pm1$。在此范围之外，溶液几乎失去了缓冲作用。常见缓冲溶液的 pK_a 及缓冲范围见表 5－2。

表 5－2　常见缓冲溶液的 p*K* 及其缓冲范围

缓冲溶液的组成	共轭酸 pK_a	缓冲范围
碳酸氢钠－碳酸钠（$NaHCO_3-Na_2CO_3$）	10.25（pK_{a_1}）	9.2～11.0
硼酸－氢氧化钠（H_3BO_3-NaOH）	9.14	8.0～10.0

续表

缓冲溶液的组成	共轭酸 pK_a	缓冲范围
三（羟甲基）氨基甲烷－盐酸（Tris－HCl）	8.21	7.1～8.9
磷酸二氢钾－磷酸氢二钠（KH_2PO_4－Na_2HPO_4）	7.21（pK_{a_1}）	5.8～8.0
醋酸－醋酸钠（HAc－NaAc）	4.75	3.7～5.6
邻苯二甲酸－氢氧化钠（$C_8H_6O_4$－NaOH）	2.89	2.2～4.0

四、缓冲溶液的选择和配制

医药生产及研究中，常需要配制具有一定 pH、同时缓冲能力较强的缓冲溶液。

1. 选择合适的缓冲系 所选择缓冲系的 pK_a 尽量要和配制溶液的 pH 相接近，这样才能保证 $pK_a-1<pH<pK_a+1$，使溶液具有较强的缓冲能力，如配制 pH＝5.0 的缓冲溶液，应当选择 $pK_a=4.75$ 的HAc－NaAc 缓冲系。

2. 共轭酸碱不能和溶质反应 缓冲系的作用是保持较大的缓冲能力，其组分不应和溶质发生化学反应，尤其要避免和加入的某些药物出现配伍禁忌，并且缓冲系组分应当稳定、无毒。如在加热灭菌的体系中，不能使用易受热分解的 $H_2CO_3-HCO_3^-$ 缓冲系；在用作注射液或口服液的体系中，不能使用有毒的硼酸及对应盐作缓冲系。

3. 确定合适的浓度 为保证有较大的缓冲能力，缓冲溶液的总浓度应当越大越好，但过高的浓度会导致试剂浪费及渗透压过大，所以缓冲系的总浓度在 0.05～0.5mol/L 较合适；当缓冲比 $\frac{c_{共轭碱}}{c_{共轭酸}}=1$ 时溶液缓冲能力最大，所以尽量让 $c_{共轭碱}$ 和 $c_{共轭酸}$ 相接近，要注意的是缓冲比中酸、碱的浓度是混合后的浓度，并不是混合前的初始浓度。

4. 计算缓冲系各组分的量 为便于计算，通常选择初始浓度相同的共轭酸和共轭碱来配制。当酸和碱混合后 $V_{总}=V_{酸}+V_{碱}$，而缓冲公式变为：

$$pH=pK_a+\lg\frac{V_{共轭碱}}{V_{共轭酸}}$$

5. pH 计测定和校准 用缓冲公式计算得到的 pH 和实际测得的所配溶液 pH 会略有差异，主要是因为缓冲公式忽略了溶液中各离子、分子之间的相互作用。在要求严格的实验中，常通过 pH 计测定缓冲溶液的真实值，再外加适量的酸或碱来校准。

【例 5－8】要配制 pH＝4.70 的缓冲溶液 500ml，需要多少毫升 0.1mol/L 的 HAc 溶液和 50ml、0.1mol/L 的 NaOH 溶液混合，再加水稀释至 500ml。（HAc 的 $pK_a=4.75$）

解：加入的 HAc 有两个作用，首先和 NaOH 完全反应生成 NaAc，剩下的 HAc 再和生成的 NaAc 组合成缓冲溶液。设加入的 HAc 溶液为 $x$ml，则混合后：

$$c_{HAc}=\frac{0.1\times x\times10^{-3}-0.1\times50\times10^{-3}}{500\times10^{-3}}=\frac{0.1\times(x-50)}{500}\text{mol/L}$$

$$c_{NaAc}=\frac{0.1\times50\times10^{-3}}{500\times10^{-3}}=\frac{0.1\times50}{500}\text{mol/L}$$

根据缓冲方程可得：$4.70=4.75+\lg\frac{50}{x-50}$

解得：$x=106.00$ml

需要加入 106.00ml、0.1mol/L 的 HAc 溶液才能和已有的 NaOH 溶液混合配制 pH = 4.70 的缓冲溶液。

PPT

第四节　酸碱滴定法

酸碱滴定法是以质子转移反应为基础的滴定分析方法，包括在水溶液和非水溶液中进行的酸碱滴定法两类。酸碱以及能与酸碱直接或间接发生质子转移的物质，一般都可以进行酸碱滴定法分析，其应用十分广泛。

实例分析 5-1

实例　2008 年，我国发生了“毒奶粉事件”，即奶粉中非法添加三聚氰胺，许多婴幼儿因食用而受到伤害，影响极其恶劣。蛋白质是一种复杂的有机物，不同的蛋白质氮的含量基本相同。凯氏定氮法是测定有机物氮含量的重要方法，即将被测试样溶解、定量，将试样中的氮转化为 NH_3 释放出来，导入定量且过量的盐酸标准溶液中，以氢氧化钠标准溶液滴定未反应的盐酸，从而换算出食品中蛋白质的含量。

食品和药品是关系到广大人民群众身体健康和生命安全的特殊商品，食品药品类专业，培养的学生将从事食品药品的生产、销售、监管等工作。从业人员必须具备良好的职业道德和职业素质，做良心药、良心食品，坚决杜绝制售假冒伪劣的药品和食品，对人民群众的健康负责。

问题　1. 酸碱滴定法的原理是什么？

2. 酸碱滴定法如何进行定量分析？

答案解析

一、酸碱指示剂

酸碱滴定中，大部分标准溶液与待测溶液反应后外观没有明显的变化。因此，需要借助于指示剂确定滴定的终点。

（一）指示剂的变色原理

酸碱指示剂是通过自身颜色变化来指示溶液 pH 的物质。它是一些结构比较复杂的有机弱酸或有机弱碱，在酸碱环境下由于能够发生部分解离，解离前后结构发生了改变，从而产生颜色的变化。

现以弱酸性指示剂酚酞为例来说明酸碱指示剂的变色原理，HIn 表示指示剂。

$$HIn \rightleftharpoons H^+ + In^-$$

酸式结构　　　碱式结构

酸式色（无色）　　碱式色（红色）

当溶液 pH 发生变化时，上述平衡将向不同的方向发生移动，指示剂将以不同的结构形式存在，从而呈现不同的颜色。当 pH 降低，溶液呈酸性时，平衡向左移动，指示剂呈酸式色，反之，呈碱式色。

（二）指示剂变色的范围及影响因素

1. 指示剂变色范围　指示剂 HIn 在溶液中会存在以下解离平衡。

$$HIn \rightleftharpoons H^+ + In^-$$

其解离常数为

$$K_{HIn} = \frac{[H^+][In^-]}{[HIn]} \text{或} [H^+] = K_{HIn}\frac{[HIn]}{[In^-]}$$

两边取负对数得

$$pH = pK_{HIn} + \lg\frac{[In^-]}{[HIn]} \quad (5-16)$$

显然，指示剂呈现的颜色与 $[In^-]/[HIn]$ 的比值有关，比值的大小与 K_{HIn} 和溶液中 pH 有关。K_{HIn} 在一定温度下是一个常数，所以，比值变化就只随溶液 pH 的变化而变化。由于人的眼睛对颜色的分辨有局限性，一般当一种物质的浓度超过另一种物质浓度的 10 倍（包括 10 倍）时，低浓度物质的颜色被高浓度物质的颜色覆盖，人们就只能看到高浓度物质的颜色。即：当 $[In^-]/[HIn] \geq 10$ 时，$pH \geq pK_{HIn}+1$，只观察到碱式色；当 $[In^-]/[HIn] \leq 0.1$ 时，$pH \leq pK_{HIn}-1$，只观察到酸式色；当比值在 $pK_{HIn}-1$ 到 $pK_{HIn}+1$ 之间，是两种物质的混合色。混合色区间存在颜色的渐变，因此，指示剂颜色变化的 pH 范围是 $pH = pK_{HIn} \pm 1$，该区间也被称为指示剂的理论变色范围。

当 $[In^-]=[HIn]$，即 $[In^-]/[HIn]=1$，$pH=pK_{HIn}$ 时，观察到的是两种结构等量浓度的混合色，此时，指示剂的变色最敏锐，称为指示剂的理论变色点。

不同指示剂的 pK_{HIn} 不同，其变色范围也不同。由于人眼对不同颜色的敏感程度不同，实际观察到的指示剂变色范围与理论变色范围会略有差别，如甲基橙的 $pK_{HIn}=3.4$，其理论变色范围 pH = 2.4 ~ 4.4，而实际变色范围为 pH = 3.1 ~ 4.4，这就是人眼对红色比对黄色敏感所致。在实际工作中使用的是实验测得的指示剂实际变色范围，一些常用酸碱指示剂的变色范围见表 5－3。

表 5－3　常用酸碱指示剂的 pK_{HIn} 和变色范围

指示剂	pK_{HIn}	pH 变色范围	颜色		
			酸式色	过渡色	碱式色
百里酚蓝	1.7	1.2 ~ 2.8	红	橙	黄
甲基橙	3.4	3.1 ~ 4.4	红	橙	黄
溴酚蓝	4.1	3.0 ~ 4.6	黄	蓝紫	紫
甲基红	5.0	4.4 ~ 6.2	红	橙	黄
溴百里酚蓝	7.3	6.0 ~ 7.6	黄	绿	蓝
酚酞	9.1	8.0 ~ 10.0	无	粉红	红
百里酚酞	10.0	9.4 ~ 10.6	无	淡黄	蓝

2. 影响指示剂变色范围的因素　主要有温度、溶剂、指示剂用量和滴定程序。

（1）温度　会影响 K_{HIn} 和 K_w，从而影响指示剂的变色范围。例如 18℃ 时，甲基橙的变色范围为 pH = 3.1 ~ 4.4；100℃ 时，变色范围为 pH = 2.5 ~ 3.7。

（2）溶剂　不同的溶剂具有不同的介电常数和酸碱性，使得指示剂的解离常数和变色范围随溶剂的不同而不同。例如，甲基橙在水溶液中 $pK_{HIn}=3.4$，而在甲醇中 $pK_{HIn}=3.8$。

（3）指示剂的用量　首先，指示剂浓度过高或过低都会影响肉眼观察的敏感性；其次，指示剂的弱酸弱碱性，使得用量过多会消耗滴定剂，影响结果的准确性。

（4）滴定程序　所选的滴定程序应使指示剂的颜色变化由浅到深，或由无色变有色，这样有利于终点判断。例如在碱滴定酸中，酚酞处在由酸性溶液变为碱性溶液的过程中，颜色由无色变为红色，易辨别；反之则变色不明显，易滴定过量。

（三）混合指示剂

有些单一指示剂的酸式色和碱式色之间区别不明显，指示剂变色范围较宽；也有些酸碱滴定的突跃范围较窄，这些会影响单一指示剂的使用，可以考虑采用混合指示剂。混合指示剂是利用颜色互补原理提高终点颜色变化的灵敏性，减小变色范围，提高结果准确度的。

混合指示剂有两类，一类是一种指示剂与一种惰性染料的混合，两种物质混合后形成的混合色非常灵敏，而变色范围不变。例如甲基橙和靛蓝的混合指示剂，靛蓝的蓝色始终不变，指示剂从酸式色到碱式色的变化由混合前的红色到黄色，变为紫色到黄绿色，使颜色变化的敏感性大大增加，提高终点判断的准确性。

另一类是由两种或两种以上指示剂的混合，此类指示剂的酸式色和碱式色的颜色因指示剂之间相互影响而发生变化，变色范围也会发生变化，从而使指示剂颜色变化敏锐，变色范围变窄，如溴甲酚绿和甲基红的混合指示剂。常用的混合指示剂见表5－4。

表5－4　几种常用混合指示剂

混合指示剂成分	组成比例	变色点 pH	溶液颜色	
			酸式色	碱式色
0.1%百里酚酞乙醇溶液＋0.1%茜素黄乙醇溶液	2∶1	10.2	黄色	紫色
0.1%百里酚蓝乙醇溶液＋0.1%酚酞乙醇溶液	1∶3	9.0	黄色	紫色
0.1%甲酚红钠盐溶液＋0.1%百里酚蓝钠盐溶液	1∶3	8.3	黄色	紫色
0.1%中性红乙醇溶液＋0.1%亚甲基蓝乙醇溶液	1∶1	7.0	蓝紫色	绿色
0.1%氯酚红钠盐溶液＋0.1%溴甲酚绿钠盐溶液	1∶1	6.1	黄绿色	蓝紫色
0.2%甲基红乙醇溶液＋0.1%溴甲酚绿乙醇溶液	1∶3	5.1	酒红色	绿色
0.25%靛蓝二磺酸钠溶液＋0.1%甲基橙溶液	1∶1	4.1	紫色	黄绿色
0.1%亚甲基蓝乙醇溶液＋0.1%甲基黄乙醇溶液	1∶1	3.25	蓝紫色	绿色

知识链接

酸碱指示剂的由来

三百多年前，英国科学家罗伯特－波义耳从大瓶里倾倒出盐酸时，少许酸飞溅在实验桌的紫罗兰上，当他用水冲洗掉花上的酸沫后发现紫罗兰颜色变红了。

这一奇特现象让波义耳感到新奇，他认为可能是盐酸使紫罗兰颜色变红。为了确认实验现象，他取来几种已知的酸溶液，并将紫罗兰花瓣分别放入这些稀酸中，结果紫罗兰都变为红色。由此他推断酸能使紫罗兰变红。之后他采集了各种植物的根泡出了浸液，有些浸液遇酸变色，有些浸液遇碱变色。他从石蕊苔藓中提取的紫色浸液，遇酸变红，遇碱变蓝，这就是最早的石蕊试液，波义耳把它称作指示剂。

二、酸碱滴定类型及指示剂的选择

在酸碱滴定中，随着标准溶液的加入，溶液的 pH 也不断变化。我们以加入标准溶液的体积为横坐标，溶液的 pH 为纵坐标绘制曲线，称为酸碱滴定曲线。通过滴定曲线的分析，可以直观发现酸碱滴定中溶液 pH 的规律性变化，而这种变化，特别在化学计量点前后 ±0.1% 的范围内，对应溶液 pH 的变化区间正是选择指示剂的关键依据。

不同类型的酸碱滴定的滴定曲线各有不同，下面分别予以讨论。

（一）强碱（强酸）的滴定

1. 滴定曲线的绘制 现以0.1000mol/L NaOH滴定20.00ml、0.1000mol/L HCl为例，说明强碱强酸滴定过程中溶液pH的变化情况。滴定过程主要分为四个阶段。

（1）滴定前 此时NaOH未加入到HCl中，溶液的［H^+］等于HCl自身的初始浓度。

$$[H^+]=0.1000\text{mol/L}\quad \text{pH}=1.00$$

（2）从开始到化学计量点前 溶液的［H^+］取决于反应剩余HCl的量和溶液的总体积。例如，滴入NaOH溶液19.98ml（化学计量点前0.1%）时，剩余HCl溶液的体积为0.02ml，［H^+］和pH为：

$$[H^+]=\frac{0.1000\times 0.02}{20.00+19.98}=5.0\times 10^{-5}(\text{mol/L})\quad \text{pH}=4.30$$

（3）化学计量点时 滴入NaOH 20.00ml时，NaOH和HCl恰好按化学计量关系反应完全，溶液呈中性。

$$[H^+]=1.00\times 10^{-7}(\text{mol/L})\quad \text{pH}=7.00$$

（4）化学计量点后 溶液的［H^+］取决于过量NaOH的量和溶液的总体积。例如，滴入NaOH溶液20.02ml（化学计量点后0.1%）时，［H^+］和pH为：

$$[OH^-]=\frac{0.1000\times 0.02}{20.00+20.02}=5.0\times 10^{-5}(\text{mol/L})\quad \text{pOH}=4.30$$

$$\text{pH}=14.00-\text{pOH}=14.00-4.30=9.70$$

用类似方法，滴加不同体积的NaOH溶液，可计算出对应溶液的pH，结果见表5-5。

表5-5 0.1000mol/L NaOH滴定20.00ml 0.1000mol/L HCl溶液时的pH

加入	HCl被滴定百分数	剩余	过量	$[H^+]$(mol/L)	pH	
V_{NaOH}（ml）		V_{HCl}（ml）	V_{NaOH}（ml）			
0.00	0.00	20.00		1.00×10^{-1}	1.00	
18.00	90.00	2.00		5.26×10^{-3}	2.28	
19.80	99.00	0.20		5.02×10^{-4}	3.30	
19.98	99.90	0.02		5.00×10^{-5}	4.30	
20.00	100.0	0.00		1×10^{-7}	7.00	滴定突跃
20.02	100.1		0.02	2.00×10^{-10}	9.70	
20.20	101.0		0.20	2.01×10^{-11}	10.70	
22.00	110.0		2.00	2.10×10^{-12}	11.68	
40.00	200.0		20.00	2.00×10^{-13}	12.70	

以NaOH加入的体积为横坐标，溶液的pH为纵坐标作图，得到强碱滴定强酸的滴定曲线，如图5-1所示。

由表5-5和图5-1可看出，滴定过程中pH的变化具有如下特点。

（1）起点时，NaOH溶液的加入量为0.00ml，曲线的pH=1.00。

（2）起点后，NaOH溶液的加入量从0.00ml到19.98ml时，溶液的pH从1.00增加到4.30，仅改变了3.30个pH单位，pH变化缓慢，曲线比较平坦。

（3）近计量点时，在化学计量点前后±0.1%的范围内，NaOH溶液的加入量是从19.98ml到

20.02ml，体积只变化了0.04ml（约1滴），而溶液的pH由4.30增加到9.70，pH变化了5.40个单位，溶液由酸性突变为碱性，滴定曲线成为一段几乎垂直于横轴的直线。这种在化学计量点前后±0.1%误差内溶液pH的突变现象称为滴定突跃。滴定突跃所在的pH范围称为酸碱滴定突跃范围。上述滴定的突跃范围为pH=4.30~9.70。

（4）化学计量点的pH=7.00，溶液呈中性。

（5）滴定突跃后继续加入NaOH溶液，溶液的pH变化缓慢，滴定曲线又变得平坦。

如果滴定程序相反，则滴定曲线与图5-1对称，如图5-2所示，但pH变化方向相反（虚线所示），滴定突跃范围为pH=9.70~4.30。

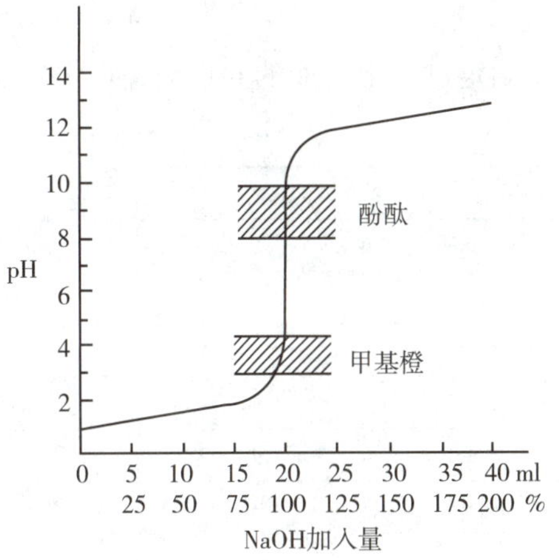

图5-1　0.1000mol/L NaOH滴定20.00mL 0.1000mol/L HCl溶液的滴定曲线

2. 指示剂的选择　在酸碱滴定中，如果在滴定突跃范围内能够观察到变色、确定终点，滴定的误差就在0.1%内，符合滴定要求的准确度。那么，要想满足在滴定突跃范围内发生颜色变化，显然只有当指示剂的变色范围全部或部分与滴定突跃范围重合时，才能让指示剂在突跃范围内变色，这就是指示剂选择的依据。上述滴定中甲基橙、甲基红、酚酞都可以作为指示剂。

3. 突跃范围与酸碱浓度的关系　强酸与强碱间的滴定，其突跃范围的大小与酸碱的浓度有关，如图5-3所示。

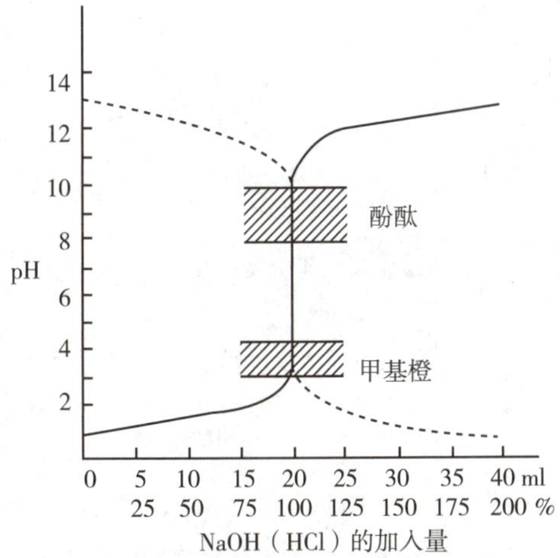

图5-2　0.1000mol/L HCl滴定20.00ml、0.1000mol/L NaOH溶液的滴定曲线

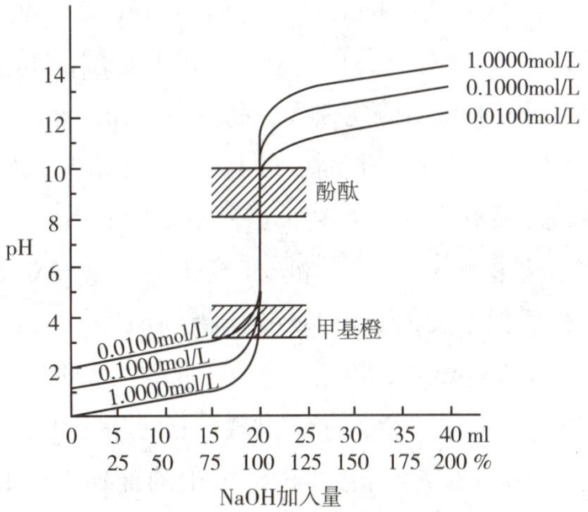

图5-3　不同浓度的NaOH滴定不同浓度的HCl的滴定曲线

从图5-3中可以看出，酸碱的浓度越大，突跃范围越大，可供选择的指示剂越多；反之则少。但是，若用较高浓度的酸碱溶液进行滴定，虽然滴定突跃范围大，可选用的指示剂多，过量1滴产生的滴定误差也增大。一般标准溶液浓度控制在0.1~0.5mol/L较合适。

（二）一元弱酸（弱碱）的滴定

1. 滴定曲线及指示剂的选择　现以0.1000mol/L NaOH滴定20.00ml、0.1000mol/L HAc为例，说明强碱滴定弱酸过程中溶液pH的变化情况，滴定反应为：

$$HAc + OH^- \rightleftharpoons Ac^- + H_2O$$

滴定过程中溶液的 pH 可参照弱酸及缓冲溶液的 pH 进行计算，结果列于表 5－6 中。

表 5－6　用 0.1000mol/L NaOH 滴定 20.00ml 0.1000mol/L HAc 的 pH

加入的 NaOH		剩余的 HAc		计算式	pH	
ml	%	ml	%			
0	0	20.00	100	$[H^+]=\sqrt{K_a c_a}$	2.88	
10.00	50	10.00	50	$[H^+]=K_a\frac{[HAc]}{[Ac^-]}$	4.75	
18.00	90	2.00	10		5.71	
19.80	99	0.20	1		6.75	
19.98	99.9	0.02	0.1		7.70	滴定突跃
20.00	100	0	0	$[OH^-]=\sqrt{\frac{K_w c}{K_a}}$	8.70（计量点）	
		过量的 NaOH				
		ml	%			
20.02	100.1	0.02	0.1	$[OH^-]=10^{-4.3}$ $[H^+]=10^{-9.7}$	9.70	
20.20	101	0.20	1.0	$[OH^-]=10^{-3.3}$ $[H^+]=10^{-12}$	10.70	

用表中的数据绘出对应强碱滴定一元弱酸的滴定曲线，如图 5－4 所示。

比较图 5－1 和 5－4，可以看出强碱滴定一元弱酸有如下特点。

（1）滴定曲线的起点高。因为 HAc 是弱酸，在水溶液中不能完全解离，所以 $[H^+]$ 低于醋酸的起始浓度，用 NaOH 滴定 HAc，滴定曲线的起点在 pH＝2.87 处。

（2）滴定曲线的形状不同。滴定开始至化学计量点前，溶液成分变化复杂。最初，虽然溶液中有 NaAc 生成，但量很少，溶液中的 $[H^+]$ 和 pH 变化主要以 HAc 浓度变化为主，曲线斜率大；随着 NaOH 溶液的加入，NaAc 浓度增加，形成了 HAc－NaAc 的缓冲溶液，此时 NaOH 溶液的加入，溶液的 pH 几乎不变，曲线出现较长一段平坦区；接近计量点时，HAc 的量变得很少，溶液中的 $[H^+]$ 和 pH 变化主要以 NaAc 浓度变化为主，曲线斜率迅速变大。

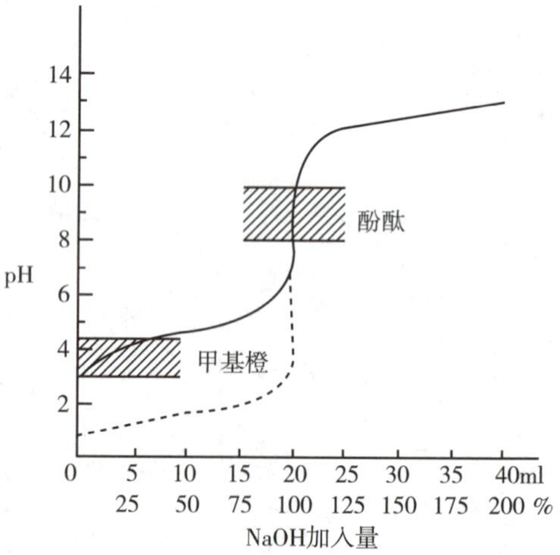

图 5－4　0.1000mol/L NaOH 滴定 20.00ml、0.1000mol/L HAc 的滴定曲线

（3）化学计量点时，溶液中只有弱碱性的 NaAc，因此化学计量点时溶液呈弱碱性，本浓度下化学计量点的 pH＝8.70。

（4）化学计量点后，与强碱滴定强酸类似。

（5）滴定突跃变小。本例中的突跃范围为 pH＝7.70～9.70，与浓度相同的强碱滴定强酸的滴定突跃范围（pH＝4.30～9.70）相比小很多。

根据滴定突跃范围及指示剂选择的依据，此类滴定应选择在碱性区域变色的指示剂，如酚酞、百里酚酞等。

如果强酸滴定弱碱，例如用 HCl 溶液滴定 $NH_3 \cdot H_2O$，滴定曲线变化与上述情况正好相反。这类滴定应选择在酸性区域变色的指示剂，如甲基橙和甲基红等。

2. 影响滴定突跃范围的因素 滴定突跃范围的大小取决于溶液的浓度和弱酸的强度。浓度越大，滴定突跃范围越大，反之越小；弱酸的解离常数 K_a 越大，酸性越强，滴定突跃越大，反之越小，如图5-5所示。

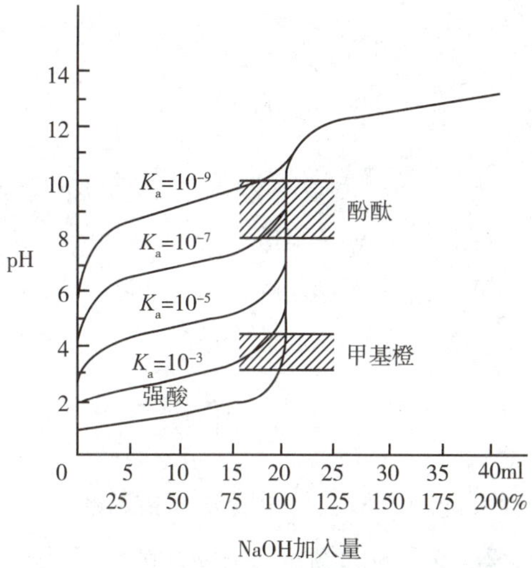

图5-5 0.1000mol/L NaOH 滴定 0.1000mol/L 不同强度酸的滴定曲线

大量试验表明，当弱酸的 $cK_a \geq 10^{-8}$ 时，强碱滴定弱酸才能有明显的滴定突跃范围，才能有合适的指示剂选用，该弱酸也才能用强碱进行滴定。

同理，对于弱碱，当 $cK_b \geq 10^{-8}$ 时，才能用强酸进行滴定。

（三）多元酸（碱）的滴定

1. 多元酸的滴定 由于多元酸在水溶液中是分步解离的，因此，多元酸的滴定比较复杂。首先要判断多元酸各级解离的 H^+ 能否被直接准确滴定，其次还要判断多元酸能否被分步滴定。通常可根据以下两个条件进行判断。

（1）$cK_{a_n} \geq 10^{-8}$，第 n 级解离 H^+ 能否被直接准确滴定。

（2）$K_{a_n}/K_{an+1} \geq 10^4$，相邻两级解离的 H^+ 能被分步滴定。

例如 $H_2C_2O_4$（草酸）为二元弱酸，其 $K_{a_1}=5.9\times10^{-2}$，$K_{a_2}=6.4\times10^{-5}$。由各级解离常数知，满足 $cK_a \geq 10^{-8}$，即 $H_2C_2O_4$ 中两级解离的 H^+ 均可被直接准确滴定，但因不能满足 $K_{a_1}/K_{a_2} \geq 10^4$，故不能进行分步滴定，两级解离的 H^+ 只能同时被滴定，产生1个滴定突跃。

现以0.1000mol/L的NaOH溶液滴定20.00ml、0.1000mol/L的 H_3PO_4 溶液为例，讨论多元酸的滴定。H_3PO_4 在水溶液中存在如下解离平衡：

$$H_3PO_4 \rightleftharpoons H^+ + H_2PO_4^- \qquad K_{a_1}=7.5\times10^{-3}$$

$$H_2PO_4^- \rightleftharpoons H^+ + HPO_4^{2-} \qquad K_{a_2}=6.3\times10^{-8}$$

$$HPO_4^{2-} \rightleftharpoons H^+ + PO_4^{3-} \qquad K_{a_3}=4.4\times10^{-13}$$

依据多元酸中各级解离 H^+ 能否被直接准确滴定和分步滴定的条件，H_3PO_4 的前两级解离 H^+ 能用NaOH溶液直接滴定，并且能分步滴定，而第三级 H^+ 不能用NaOH溶液直接滴定。因此，在NaOH滴定 H_3PO_4 溶液的滴定曲线上存在2个滴定突跃，如图5-6所示。

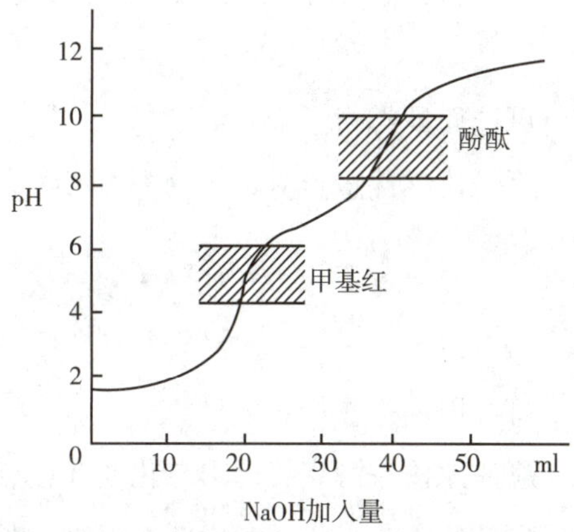

图5-6 0.1000mol/L NaOH 滴定 0.1000mol/L H_3PO_4 的滴定曲线

多元酸的滴定过程中，溶液pH的计算比较复杂。在实际工作中，通常只需计算化学计量点时溶液的pH，选择在此pH附近变色的指示剂指示滴定终点。滴定反应如下：

$$H_3PO_4 + NaOH \rightleftharpoons NaH_2PO_4 + H_2O$$

$$NaH_2PO_4 + NaOH \rightleftharpoons Na_2HPO_4 + H_2O$$

第一化学计量点时，滴定产物为 NaH_2PO_4，根据酸碱质子理论，NaH_2PO_4 是两性物质，其溶液pH可由下式近似计算：

$$[H^+] = \sqrt{K_{a_1}K_{a_2}}$$

$$pH = \frac{1}{2}(pK_{a_1} + pK_{a_2}) = \frac{1}{2}(2.12 + 7.21) = 4.66$$

可选用甲基红作指示剂。

第二化学计量点时，滴定产物为 Na_2HPO_4，属于两性物质，其 pH 可由下式近似计算：

$$[H^+] = \sqrt{K_{a_2}K_{a_3}}$$

$$pH = \frac{1}{2}(pK_{a_2} + pK_{a_3}) = \frac{1}{2}(7.21 + 12.67) = 9.94$$

可选用酚酞、百里酚酞作指示剂。

2. 多元碱的滴定 与多元酸滴定相似。判断多元碱能否被直接准确滴定和分步滴定的条件如下。

（1）$cK_{b_n} \geq 10^{-8}$，能被直接准确滴定。

（2）$K_{b_n}/K_{b_{n+1}} \geq 10^4$，能分步滴定。

现以 0.1000mol/L HCl 滴定 20.00ml 0.1000mol/L Na_2CO_3 溶液为例，讨论多元碱的滴定。

CO_3^{2-} 是二元弱碱，$K_{b_1} = 1.8 \times 10^{-4}$，$K_{b_2} = 2.4 \times 10^{-8}$，由于 K_{b_1} 和 K_{b_2} 均大于 10^{-8}，且 $K_{b_1}/K_{b_2} \approx 4$，因此 CO_3^{2-} 可进行分步滴定。在 HCl 滴定 Na_2CO_3 溶液的滴定曲线上存在 2 个滴定突跃，如图 5－7 所示。

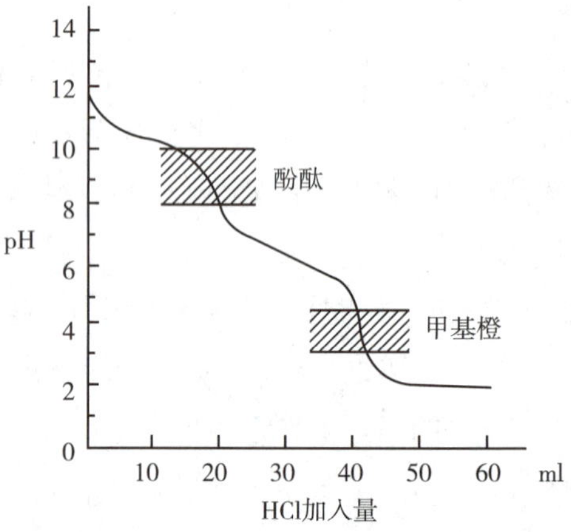

图 5－7　0.1000mol/L HCl 滴定 0.1000mol/L Na_2CO_3 的滴定曲线

同样，多元碱的滴定过程中，溶液 pH 的计算比较复杂。在实际工作中，通常只需计算化学计量点时溶液的 pH，选择在此 pH 附近变色的指示剂指示滴定终点。其滴定反应如下：

$$HCl + Na_2CO_3 \rightleftharpoons NaHCO_3 + NaCl$$

$$HCl + NaHCO_3 \rightleftharpoons NaCl + H_2O + CO_2\uparrow$$

第一化学计量点时，产物为 $NaHCO_3$，属于两性物质，其溶液 pH 可由下式近似计算：

$$[H^+] = \sqrt{K_{a_1}K_{a_2}} = \sqrt{4.3 \times 10^{-7} \times 5.61 \times 10^{-11}} = 4.91 \times 10^{-9}(mol/L)$$

$$pH = 8.31$$

可选酚酞作指示剂。

第二化学计量点时，产物为 H_2CO_3，其溶液 pH 可由下式近似计算：

$$[H^+] = \sqrt{cK_{a_1}} = \sqrt{0.04 \times 4.3 \times 10^{-7}} = 1.31 \times 10^{-4} mol/L$$

$$pH = 3.87$$

可选甲基橙作指示剂。

应注意，在滴定接近第二化学计量点时，由于生成的 H_2CO_3 易形成过饱和溶液，溶液中 H^+ 浓度增大，致使滴定终点提前。因此接近终点时，应剧烈振摇溶液或将溶液煮沸以除去 CO_2，冷却至室温后再继续滴定。

三、酸碱标准溶液的配制与标定

HCl 和 NaOH 溶液是酸碱滴定中最常见的标准溶液，两者都只能用间接配制法。

（一）0.1mol/L HCl 标准溶液的配制和标定

1. 配制 市售浓 HCl 的密度是 1.19g/ml，质量分数为 0.37，换算成物质的量浓度约为 12mol/L。

若配制 0.1mol/L HCl 溶液 1000ml，应取浓 HCl 的体积为：

$$12 \times V_{HCl} = 0.1 \times 1000 V_{HCl} = 8.3\text{ml}$$

HCl 易挥发，实际浓度往往达不到 12mol/L，配制时可取 9.0ml。配制用洁净的小量筒量取浓 HCl 9.0ml，转移至盛有少量纯化水的 1000ml 量杯中，加纯化水配成 1000ml 溶液，倒入试剂瓶中，摇匀、密塞、待标定。

2. 标定 标定 HCl 溶液的基准物质是无水碳酸钠或硼砂。用无水碳酸钠标定时，因其吸湿性强，使用前应在 270～300℃干燥至恒重，置于干燥器中保存备用。标定反应式为：

$$2HCl + Na_2CO_3 = 2NaCl + H_2O + CO_2\uparrow$$

可选用甲基红-溴甲酚绿混合指示剂，根据 HCl 消耗的体积与基准无水 Na_2CO_3 的称量，计算 HCl 溶液的准确浓度。计算公式为：

$$c_{HCl} = \frac{2m_{Na_2CO_3}}{V_{HCl}M_{Na_2CO_3}} \times 10^3$$

（二）0.1mol/L NaOH 标准溶液的配制和标定

1. 配制 NaOH 不但易吸潮，还易吸收空气中 CO_2 生成 Na_2CO_3，Na_2CO_3 在 NaOH 的饱和溶液中不易溶解，因此，通常将 NaOH 配成饱和溶液，贮于塑料瓶中，使 Na_2CO_3 沉于底部，取上层清液稀释成所需配制的浓度。

配制 0.1mol/L NaOH 溶液 1000ml，应取澄清饱和 NaOH 溶液（浓度为 20mol/L）的体积为：

$$20 \times V_{NaOH} = 0.1 \times 1000 \quad V_{NaOH} = 5.0\text{ml}$$

一般比计算量多取一些，通常取 5.6ml 澄清饱和 NaOH 溶液，置于 1000ml 碱试剂瓶中，加新煮沸过的冷蒸馏水配制成 1000ml，密塞充分摇匀，待标定。

2. 标定 标定 NaOH 溶液最常用的基准物质是邻苯二甲酸氢钾。标定反应如下：

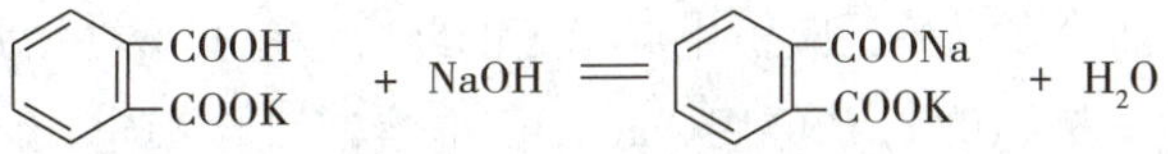

可选用酚酞作指示剂指示终点，根据消耗 NaOH 溶液的体积与基准邻苯二甲酸氢钾的称取质量，计算 NaOH 溶液的准确浓度。

计算公式：

$$c_{NaOH} = \frac{m_{C_8H_5O_4K}}{V_{NaOH}M_{C_8H_5O_4K}} \times 10^3$$

四、应用实例

酸碱滴定法的应用极其广泛，许多药品如阿司匹林、药用硼酸、药用 NaOH 及铵盐等都可用酸碱滴定法测定。按滴定方式的不同分为直接滴定法和间接滴定法。

（一）直接滴定法

凡强酸碱、$cK_a \geqslant 10^{-8}$的酸性物质及$cK_b \geqslant 10^{-8}$的碱性物质，均可用强碱或强酸标准溶液直接滴定。

1. 乙酰水杨酸含量的测定 乙酰水杨酸（阿司匹林）是常用的解热镇痛药，呈酸性（水溶液中$pK_a=3.49$），由于其不易溶于水，可在中性乙醇溶液中用 NaOH 标准溶液直接滴定，以酚酞为指示剂。滴定反应如下：

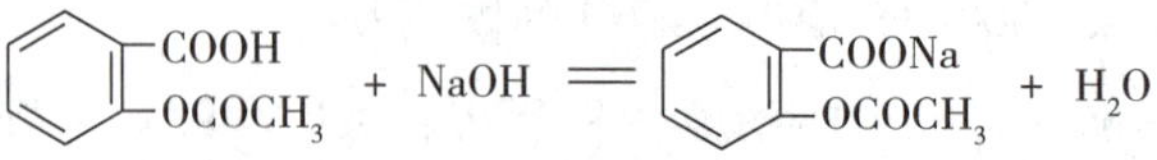

计算公式 $$C_9H_8O_4\% = \frac{c_{NaOH}V_{NaOH}M_{C_9H_8O_4} \times 10^{-3}}{m_s} \times 100\%$$

2. 药用氢氧化钠含量的测定 NaOH 易吸收空气中的 CO_2，而形成 NaOH 和 Na_2CO_3的混合物，如果分别测定各自的含量，通常采用“双指示剂法”。

精密称取质量为m_s的试样，溶解后加入酚酞指示剂，用 HCl 标准溶液滴定至粉红色消失，记录消耗 HCl 标准溶液的体积 V_1ml；再加入甲基橙指示剂，继续用 HCl 标准溶液滴定至橙色，记录消耗 HCl 标准溶液的体积 V_2ml。滴定过程图解如下：

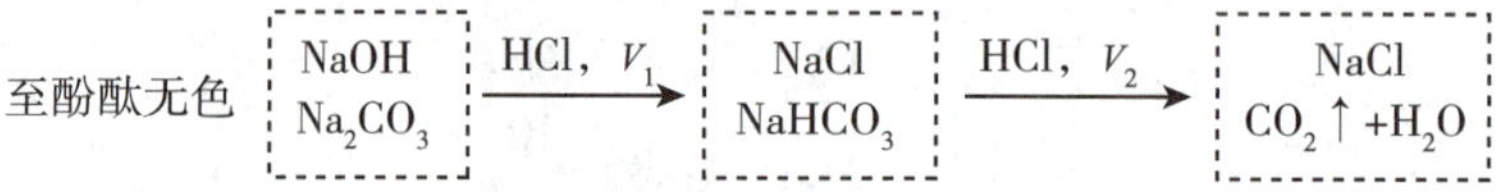

因此，可得出试样中 NaOH 消耗 HCl 标准溶液的体积为（V_1-V_2），而试样中 Na_2CO_3消耗 HCl 标准溶液的体积为 $2V_2$。试样中 NaOH 和 Na_2CO_3的含量计算公式分别为：

$$NaOH\% = \frac{c_{HCl}(V_1-V_2)M_{NaOH} \times 10^{-3}}{m_s} \times 100\%$$

$$Na_2CO_3\% = \frac{c_{HCl}2V_2\dfrac{M_{Na_2CO_3}}{2} \times 10^{-3}}{m_s} \times 100\%$$

（二）间接滴定法

有些物质的酸碱性很弱，不能用碱或酸标准溶液直接滴定，可以采用间接滴定法。

1. 食品中附加剂硼酸含量的测定 硼酸（H_3BO_3、$K_a=5.8 \times 10^{-10}$）的酸性很弱，不能用强碱直接滴定。但硼酸与甘露醇或甘油等多元醇反应，生成稳定的配合酸，其酸性增强。如硼酸与丙三醇反应生成酸性较强的甘油硼酸（$K_a=3 \times 10^{-7}$），可用 NaOH 标准溶液直接滴定，以酚酞为指示剂。有关反应如下。

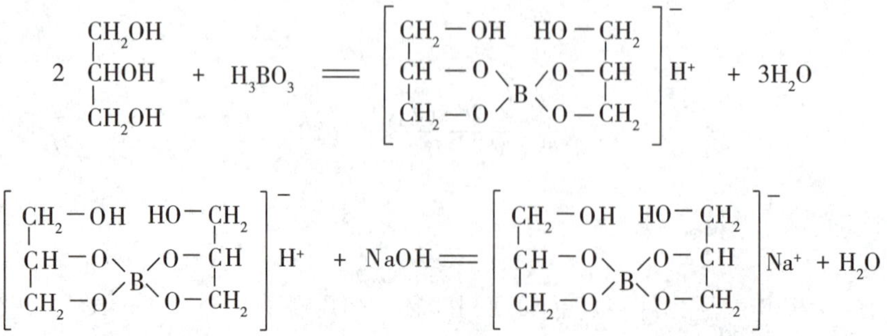

计算公式：

$$H_3BO_3\% = \frac{c_{NaOH}V_{NaOH}M_{H_3BO_3} \times 10^{-3}}{m_s} \times 100\%$$

2. 铵盐中氮的测定　NH_4^+ 是弱酸（$K_a = 5.7 \times 10^{-10}$），$(NH_4)_2SO_4$、$NH_4Cl$ 等都不能用碱标准溶液直接滴定，通常采用下列两种方法测定。

（1）蒸馏法　在铵盐中加入过量的 NaOH，加热煮沸，使 NH_3 蒸馏出来，用过量的 HCl 标准溶液吸收，过量的酸用 NaOH 标准溶液返滴定。

（2）甲醛法　甲醛与铵盐生成六次甲基四胺离子，同时放出定量 H^+，用 NaOH 标准溶液滴定。

第五节　非水溶液的酸碱滴定法

PPT

酸碱滴定一般在水溶液中进行，水是最常用的溶剂，有许多优点。但水溶液中进行的酸碱滴定具有一定的局限性。例如，某些弱酸（或弱碱）在水中的溶解度太小或者弱酸（或弱碱）的强度太弱，不能满足 $cK_a \geqslant 10^{-8}$（或 $cK_b \geqslant 10^{-8}$）的条件，因此在水溶液中不能被直接准确滴定。另外，强度相近的多元酸、多元碱及混合酸碱，在水溶液中也不能分别进行滴定。如果采用非水溶剂作为滴定介质，则可以有效解决上述问题。

在非水溶剂中进行的酸碱滴定法称为非水溶液的酸碱滴定法。非水溶剂指的是有机溶剂与不含水的无机溶剂。在药物分析中，非水溶液的酸碱滴定法应用非常广泛。

实例分析 5－2

实例　咖啡是一种常见饮品，咖啡中含有的咖啡因具有兴奋中枢神经的作用，能暂时驱走睡意使人恢复精力，深受上班族的喜爱。但过量饮用咖啡会引发精神紊乱。因此，此类饮品需要检测及标明咖啡因的含量。咖啡因是一种嘌呤类生物碱，碱性极弱，与酸反应生成的盐不稳定，在水溶液或醇溶液中易水解。

问题　1. 采用酸碱滴定法检测咖啡因该如何选择溶剂？

2. 此种酸碱滴定法有何特点？

答案解析

一、溶剂的类型

根据酸碱质子理论，非水溶剂可以分为质子性溶剂和非质子性溶剂两大类。

1. 质子性溶剂　这类溶剂均有一定的极性，有给出或接受质子的倾向，溶剂分子间可发生质子自递反应，分为以下三种类型。

（1）酸性溶剂　给出质子的能力较强的一类溶剂，如甲酸、冰醋酸、丙酸等。酸性溶剂适宜作为滴定弱碱性物质的溶剂。

（2）碱性溶剂　接受质子的能力较强的一类溶剂，如乙二胺、乙醇胺等。碱性溶剂适宜作为滴定弱酸性物质的溶剂。

（3）两性溶剂　既能给出质子又能接受质子的一类溶剂，如甲醇、乙醇、异丙醇、乙二醇等。滴定不太弱的酸或碱时，常用两性溶剂作介质。

2. 非质子性溶剂 分子中无转移性质子的一类溶剂，可分为以下两种类型。

（1）惰性溶剂 既不给出质子，也不接受质子的一类溶剂，如苯、三氯甲烷、四氯化碳等。这类溶剂在滴定中不参与酸碱反应，只对溶质起溶解、分散和稀释的作用。

（2）非质子亲质子性溶剂 这类溶剂本身无质子，但却有较弱的接受质子的能力，如酰胺类、酮类、腈类、吡啶类等。适用于作为弱酸或某些混合物的滴定介质。

以上溶剂的分类只是为了讨论方便，实际上各类溶剂之间并无严格的界限。在实际工作中为了增大样品的溶解度和滴定突跃，使终点变色敏锐，还可将质子溶剂和惰性溶剂混合使用，称为混合溶剂。如冰醋酸－醋酐、冰醋酸－苯、苯－甲醇等混合溶剂。

二、溶剂的性质与溶剂的选择

（一）溶剂的性质

1. 溶剂的酸碱性 物质的酸碱性不仅与其本身的性质有关，还与溶剂的性质有关。同一种酸在不同的溶剂中，表现出不同的酸强度。弱酸溶于碱性溶剂中可增强其酸性，弱碱溶于酸性溶剂中可增强其碱性。

2. 溶剂的解离性 除惰性溶剂外，常用的非水溶剂均有一定程度的解离，并且与水一样能发生质子自递反应。如溶剂 HS，存在下列解离平衡：

$$HS + HS \rightleftharpoons H_2S^+ + S^-$$

该反应的平衡常数反映了溶剂分子间发生质子转移程度的大小，称为溶剂的自身解离常数或质子自递常数，用 K_s表示。

$$K_s = [H_2S^+][S^-]$$

K_s在一定温度下为一常数，部分溶剂的 K_s见表 5－7。

表 5－7 常见溶剂的自身解离常数（pK_s）及介电常数（ε）（298.15K）

溶剂	pK_s	ε
水	14.00	78.5
甲醇	16.70	31.5
乙醇	19.10	24.0
冰醋酸	14.45	6.13
醋酐	14.50	20.5
乙二胺	15.30	14.2
乙腈	28.50	36.6
甲基异丁酮	>30	13.1
二甲基乙酰胺	—	36.7
三氯甲烷	—	4.81

解离性溶剂 K_s的大小对滴定突跃范围有直接的影响。一般溶剂的 K_s越小，滴定突跃范围越大，反之越小。因此在非水滴定中，在综合考虑其他条件的情况下，尽可能选用 K_s比较小的溶剂。

溶剂的 K_s的大小对酸碱滴定突跃范围的改变有一定影响。以水（$pK_w = 14.0$）和乙醇（$pK_s = 19.1$）两种溶剂进行比较，说明溶剂 K_s的大小对酸碱滴定突跃范围的影响。

在水中，用0.1mol/L NaOH 溶液滴定 HA，当滴定至化学计量点前（-0.1%）时，$[H_3O^+]=10^{-4}$mol/L，pH=4；继续滴定至化学计量点后（+0.1%）时，$[OH^-]=10^{-4}$mol/L，pH=10，滴定突跃 pH 范围为4~10，变化6个 pH 单位。

在乙醇中，用0.1mol/L NaOH 溶液滴定 HA，当滴定至化学计量点前（-0.1%）时，$[C_2H_5OH_2^+]=10^{-4}$mol/L，$pH^*=-\lg[C_2H_5OH_2^+]=4$（$pH^*$相当于在水溶液中的 pH）；继续滴定至化学计量点后（+0.1%）时，$[C_2H_5O^-]=10^{-4}$mol/L，$pH^*=15.1$，滴定突跃 pH^*范围为4~15.1，变化11.1个 pH^*单位。

计算结果说明，溶剂的 K_s越小，滴定突跃范围越大，滴定终点越敏锐。

3. 溶剂的极性　溶剂的介电常数（ε）能反映溶剂极性的强弱，不同的溶剂其介电常数不同。极性强的溶剂，介电常数较大，反之介电常数较小。通常质子性溶剂的极性较强，非质子性溶剂的极性较弱或无极性。同一溶质在极性不同的溶剂中表现出不同的酸碱度。例如，水和乙醇两种溶剂碱性相当而极性不同，水（$\varepsilon=78.5$）的极性强于乙醇（$\varepsilon=24.0$），将冰醋酸溶解在水中的解离度比溶解在乙醇中大，即醋酸在水中的酸性相对较强。

4. 均化效应和区分效应　$HClO_4$、H_2SO_4、HCl 和 HNO_3四种酸在水中的酸强度几乎相等，均属强酸。这是因为这四种酸在水溶液中几乎全部解离生成 H_3O^+，其酸在水溶液中的强度全部被均化到H_3O^+水平。这种把不同强度的酸或碱均化到相同强度水平的效应称为均化效应，具有均化效应的溶剂称为均化性溶剂，水是上述四种酸的均化性溶剂。

如果将上述四种酸溶解于冰醋酸中，由于 HAc 的酸性比水强，接受质子的能力比水弱，导致这四种酸将质子转移给 HAc 生成 H_2Ac^+的能力有所不同，这四种酸在冰醋酸中的强度顺序如下：$HClO_4>H_2SO_4>HCl>HNO_3$。这种能区分酸或碱的强弱的效应称为区分效应，具有区分效应的溶剂称为区分性溶剂，冰醋酸是上述四种酸的区分性溶剂。

通常，碱性溶剂是酸的均化性溶剂，对于碱具有区分效应；酸性溶剂是碱的均化性溶剂，对于酸具有区分效应；惰性溶剂无明显的酸碱性，也不参与质子转移反应，因而无均化效应，当物质溶解于惰性溶剂时，其酸碱性得以保存，惰性溶剂是很好的区分性溶剂。在非水溶液的酸碱滴定中，经常利用均化效应测定混合酸或混合碱的总量，利用区分效应测定混合酸或混合碱中各组分的含量。

（二）溶剂的选择

在非水溶液的酸碱滴定中，溶剂的选择是非常重要的，应遵循以下原则。

（1）溶剂能有效增强被测物质的酸碱性。

（2）溶剂能完全溶解被测样品以及滴定产物，有时使用混合溶剂。

（3）溶剂不能引起副反应。

（4）溶剂纯度要高，不含有酸性或碱性杂质。

（5）溶剂应安全、廉价、黏度小、挥发性低，并且易于回收和精制。

三、滴定类型

（一）碱的滴定

1. 溶剂　滴定弱碱，通常选择对碱有均化效应的酸性溶剂。冰醋酸是最常用的酸性溶剂。冰醋酸中常含有少量水分，而水分是非水溶液滴定中的干扰杂质，且影响滴定突跃，使指示剂变色不敏锐。使用前应加入适量醋酐除去水分，反应式如下：

$$(CH_3CO)_2O + H_2O \rightleftharpoons 2CH_3COOH$$

由反应式可知：醋酐与水是等物质的量反应，可根据等物质的量规则，计算加入醋酐的量。

2. 标准溶液 在冰醋酸中，高氯酸的酸性最强，并且有机碱的高氯酸盐易溶于有机溶剂。因此，常用高氯酸的冰醋酸溶液作为测定弱碱含量的标准溶液。

市售高氯酸含水，其水分同样应加入醋酐除去。常用基准物质邻苯二甲酸氢钾标定高氯酸溶液，结晶紫作指示剂。标定反应如下：

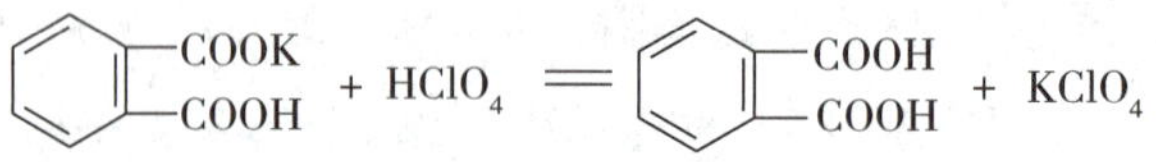

由于溶剂和指示剂要消耗一定量的标准溶液，故需做空白试验。计算公式：

$$c_{HClO_4} = \frac{m_{C_8H_5O_4K} \times 10^3}{(V - V_{空白})_{HClO_4} \cdot M_{C_8H_5O_4K}}$$

知识链接

高氯酸－醋酸溶液浓度的温度校正

水的膨胀系数较小（0.21×10^{-10}/℃），而大多数有机溶剂的体积膨胀系数较大，如冰醋酸的膨胀系数为 1.1×10^{-10}/℃，其体积随温度的改变较大。所以用高氯酸的冰醋酸溶液滴定样品时和标定时的温度若有差别，则应重新标定或按下式进行浓度校正：

$$c_1 = \frac{c_0}{1 + 0.0011(t_1 - t_0)}$$

式中，0.0011 是醋酸的体积膨胀系数；t_0 为标定时的温度；t_1 为测定样品时的温度；c_0 为标定时的浓度；c_1 为测定样品时的浓度。

3. 滴定终点的确定 非水溶液的酸碱滴定中，常用指示剂法和电势滴定法确定终点。滴定弱碱，最常用的指示剂为结晶紫。

4. 应用 主要应用于测定具有碱性基团的化合物，如胺类、氨基酸类、含氮杂环化合物、生物碱、有机碱及其盐等。在《中国药典》中，采用高氯酸标准溶液测定弱碱性药物含量的实例很多，主要分为以下几类。

（1）有机弱碱 在水溶液中 $K_b > 10^{-10}$ 的有机弱碱，如胺类、生物碱类，可用冰醋酸作溶剂，选择适当的指示剂，用高氯酸标准溶液直接滴定；在水溶液中 $K_b < 10^{-12}$ 的极弱碱，需选择一定比例的冰醋酸－醋酐的混合溶液为溶剂，加入适当的指示剂，用高氯酸标准溶液直接滴定。如咖啡因（$K_b = 4.0 \times 10^{-14}$）的测定。

（2）有机酸的碱金属盐 由于有机酸的酸性较弱，其共轭碱在冰醋酸中显较强的碱性，故可用高氯酸的冰醋酸溶液滴定。如苯甲酸钠、乳酸钠、水杨酸钠及枸橼酸钠（钾）等属于此类物质。

（3）有机碱的氢卤酸盐 生物碱类药物难溶于水，且不稳定，常以氢卤酸盐（B · HX）的形式存在，由于氢卤酸在冰醋酸的溶液中呈较强的酸性，导致反应不能进行完全，需加 $Hg(Ac)_2$ 使之生成 HgX_2，此时生物碱以醋酸盐的形式存在，可用 $HClO_4$ 标准溶液滴定，以结晶紫或其他适当的指示剂指示终点。

$$2B \cdot HX + Hg(Ac)_2 \rightleftharpoons 2B \cdot HAc + HgX_2$$

$$B \cdot HAc + HClO_4 \rightleftharpoons B \cdot HClO_4 + HAc$$

（4）有机碱的有机酸盐　在冰醋酸或冰醋酸－醋酐的混合溶剂中，有机碱的有机酸盐的碱性增强，因此，可用高氯酸的冰醋酸溶液滴定，以结晶紫为指示剂。如以B表示有机碱，HA表示有机酸，滴定反应可用下式表示：

$$B \cdot HA + HClO_4 \rightleftharpoons B \cdot HClO_4 + HA$$

如枸橼酸喷托维林、马来酸氯苯那敏及重酒石酸去甲肾上腺素等属于这类药物。

（二）酸的滴定

滴定不太弱的羧酸时，常用甲醇、乙醇等醇类溶剂；滴定弱酸或极弱酸，常用乙二胺、二甲基甲酰胺等碱性溶剂；滴定混合酸时，常用甲基异丁酮作为区分性溶剂。有时也用甲醇－苯、甲醇－丙酮等混合溶剂。

酸的滴定常用甲醇钠作标准溶液，百里酚蓝、偶氮紫和溴酚蓝等为指示剂。

四、应用实例

枸橼酸钠（$C_6H_5Na_3O_7$）是弱碱性药物，样品中枸橼酸钠含量的测定可以选择非水酸碱滴定法直接滴定。以高氯酸－冰醋酸作滴定剂测定弱碱时，以结晶紫为指示剂。

基于指示剂在滴定过程中变色复杂，最好采用电位滴定法作空白试验以减少终点误差，记录空白试验所用的高氯酸体积$V_{空}$。每1ml 0.1mol/L高氯酸滴定液相当于8.602mg的$C_6H_5Na_3O_7$。样品中枸橼酸钠（$C_6H_5Na_3O_7$）的含量计算公式为：

$$C_6H_5Na_3O_7\% = \frac{8.602 \times (V - V_{空}) \times 1}{1000 \times m_s}\%$$

实践实训

实训七　盐酸滴定液的配制和标定

【实训目的】

1. 掌握盐酸滴定液的配制和标定。
2. 学会正确判断滴定的终点。
3. 巩固电子天平和滴定操作。

【实训原理】

浓盐酸在室温下易挥发，故配制0.1mol/L盐酸标准溶液需采用间接配制的方法，即先将浓盐酸配制成与标示浓度（0.1mol/L）近似的溶液，再以基准物质或已知准确浓度的滴定液标定得到其准确浓度。

标定盐酸常用的基准物质有无水碳酸钠（Na_2CO_3）以及硼砂等，本实训选用无水Na_2CO_3作基准物质。Na_2CO_3是强碱弱酸盐，其水溶液呈较强的碱性，与盐酸溶液反应如下。

第一计量点：$Na_2CO_3 + HCl = NaCl + NaHCO_3$

第二计量点：$NaHCO_3 + HCl = NaCl + CO_2\uparrow + H_2O$

总反应：$Na_2CO_3 + 2HCl = NaCl + CO_2\uparrow + H_2O$

用盐酸溶液可直接滴定到第二计量点，选取在酸性区域变色的甲基橙作指示剂。根据盐酸与碳酸钠的用量及二者的化学计量关系，即可计算出盐酸标准溶液的准确浓度。

【实训用品】

1. 仪器 电子天平、50ml 酸碱两用滴定管或酸式滴定管、250ml 锥形瓶、10ml 量筒、250ml 烧杯、试剂瓶、玻璃棒、洗瓶。

2. 试剂 基准无水 Na_2CO_3（干燥至恒重）、浓盐酸（1.19g/ml，37%）、甲基橙指示剂。

【实训步骤】

（一）0.1mol/L 盐酸标准溶液的配制

计算配制 250ml 0.1mol/L 盐酸溶液所需浓盐酸的体积。用量筒量取相应体积的浓盐酸，倒入盛有少量蒸馏水的 250ml 烧杯中，继续加蒸馏水至 250ml；用玻璃棒搅拌均匀，将烧杯中的盐酸溶液转移到试剂瓶中，盖上瓶盖，贴标签，于室温下静置，待标定。

（二）盐酸滴定液的标定

用待标定的盐酸溶液润洗滴定管并装入滴定管中，排出滴定管内气泡并调整液面到 0.00 刻度。记录初始体积此。

精密称取 3 份约 0.1g（精确至 0.0001g）基准无水碳酸钠，分别置于已编号的 250ml 锥形瓶中，用筒量取 50ml 蒸馏水溶解，并加入 2 滴甲基橙指示剂，摇匀，此时溶液呈黄色。

用待标定的盐酸溶液进行滴定，边滴边振荡锥形瓶，至锥形瓶内黄色溶液颜色恰好变为橙色，即为滴定终点。记录消耗 HCl 的体积。平行测定 3 次。

HCl 溶液的浓度计算如下：$c_{HCl} = \dfrac{2m_{Na_2CO_3}}{V_{HCl}M_{Na_2CO_3}} \times 10^3 (mol/L)$

【实训结果】

实验数据及实验结果填入表中。

项目	测定次数		
	1	2	3
无水碳酸钠质量（g）			
消耗盐酸体积（ml）			
盐酸滴定液浓度（mol/L）			
盐酸滴定液平均浓度（mol/L）			
绝对偏差（d）			
平均偏差（$\bar{d}$）			
相对平均偏差（$R\bar{d}$）			

【实训提示】

1. 无水 Na_2CO_3 易吸收空气中的 CO_2 和 H_2O，使用前在 270～300℃条件下干燥 1 小时，在干燥器内冷却备用。

2. 浓盐酸具有易挥发性，配制 HCl 溶液时，实际取用量应略大于理论计算值。

3. 平行滴定操作时，每次都将液面调整到 0.00 刻度线或统一起点刻度线，以减小误差。

【实训思考】

1. 临近滴定终点时，为何要采用滴定管滴加半滴溶液的做法？其操作要领是什么？

2. 第一次滴定结束后，能否用滴定管内剩余的溶液继续下一次滴定操作？为什么？

实训八　氢氧化钠滴定液的配制和标定

【实训目的】

1. 掌握氢氧化钠滴定液的配制和标定。

2. 学会正确判断滴定终点。

3. 巩固移液管和滴定管的操作。

【实训原理】

氢氧化钠易吸收空气中的 CO_2 和 H_2O，采用间接法配制。用 HCl 标准溶液标定 NaOH，反应方程式如下：

$$NaOH + HCl \xlongequal{} NaCl + H_2O$$

选择酚酞作为指示剂。NaOH 溶液的浓度计算如下：

$$c_{NaOH} = \frac{c_{HCl} \times V_{HCl}}{V_{NaOH}}$$

【实训用品】

1. 仪器　50ml 酸碱两用滴定管或碱式滴定管、250ml 锥形瓶、20ml 移液管、聚乙烯试剂瓶、250ml 烧杯、洗耳球、刻度吸管、洗瓶、玻璃棒。

2. 试剂　NaOH 饱和溶液、已标定的 HCl 标准溶液（0.1mol/L）、酚酞指示剂。

【实训步骤】

（一）0.1mol/L NaOH 标准溶液的配制

计算配制 250ml 0.1mol/L NaOH 溶液所需饱和 NaOH 溶液的体积。用刻度吸管吸取相应体积的饱和 NaOH 溶液置于 250ml 烧杯中，加煮沸冷却的蒸馏水至 250ml，用玻璃棒搅拌均匀；然后将烧杯中的盐酸溶液转移到聚乙烯试剂瓶中，盖上瓶盖，贴标签，于室温下静置待标定。

（二）NaOH 滴定液的标定

用少量待标定的 NaOH 溶液的润洗滴定管并装液，排出滴定管内气泡并调整液面到 0.00 刻度。记录初读数 V_0。

用盐酸标准溶液润洗 20.00ml 移液管，准确吸取盐酸标准溶液 20.00ml，置于锥形瓶中，加入 2 滴酚酞指示剂，摇匀，此时溶液呈无色。

用待标定的 NaOH 溶液进行滴定，边滴边振荡锥形瓶，至锥形瓶内无色溶液变为浅红色，且 30 秒内不变色，即为滴定终点。读取滴定管 NaOH 溶液体积。平行滴定 3 次。

【实训结果】

实验数据及计算结果填入表中。

项目	测定次数		
	1	2	3
HCl 滴定液体积 V_{HCl}（ml）			
HCl 滴定液浓度 c_{HCl}（mol/L）			
NaOH 溶液体积 V_{NaOH}（ml）			
NaOH 溶液浓度 c_{NaOH}（mol/L）			
NaOH 溶液平均浓度 $\bar{c}_{NaOH}$（mol/L）			
绝对偏差（d）			
平均偏差（$\bar{d}$）			
相对平均偏差（$R\bar{d}$）			

【实训提示】

1. NaOH 溶液易吸收空气中的二氧化碳形成碳酸钠，沉淀于底部。应吸取饱和 NaOH 溶液上层部分用于溶液的配制。

2. 滴定终点为 30 秒内浅红色不褪去。若 30 秒内褪色，说明滴定未到终点；30 秒后褪色，为溶液吸收了空气中的二氧化碳所致。

【实训思考】

1. 为什么滴定终点颜色由无色变为浅红色？为何要维持浅红色 30 秒内不褪色？
2. 是否可以采用基准物质标定法对 NaOH 溶液进行标定？如果可以，应该选择哪种基准物质？

实训九　食用白醋中总酸含量的测定

【实训目的】

1. 掌握食用白醋的测定方法。
2. 进一步熟悉酸碱滴定分析的操作过程。
3. 巩固容量瓶的操作。

【实训原理】

市售食醋含有的主要成分为乙酸（CH_3COOH，常用 HAc 表示），俗称醋酸，与 NaOH 发生酸碱中和反应：

$$NaOH + HAc = NaAc + H_2O$$

国标食醋中的醋酸含量代表其总酸的含量。选取酚酞作为指示剂，用 NaOH 标准溶液为滴定剂，根据滴定过程消耗的 NaOH 溶液和食醋样品溶液的体积，测定出食醋中总酸的含量。计算方法为：

$$\rho_{HAc}(g/100ml) = \frac{c_{NaOH}V_{NaOH} \times M_{HAc} \times 10}{V_{HAc}}$$

【实训用品】

1. 仪器　50ml 酸碱两用滴定管或碱式滴定管、250ml 锥形瓶、移液管（25ml、10ml）、100ml 容量瓶、聚乙烯试剂瓶、250ml 烧杯、洗耳球、洗瓶、玻璃棒。

2. 试剂　食醋、已标定的 NaOH 标准溶液（0.1mol/L）、酚酞指示剂。

【实训步骤】

1. 用 NaOH 标准溶液润洗滴定管并装液，排出滴定管内气泡、调整液面至 0.00 刻度。记录初始体积。

2. 用少量待测食醋样品溶液荡洗移液管，准确移取市售食醋 3ml 于锥形瓶中，加水 20ml，加入 2 滴酚酞指示剂，摇匀，溶液呈无色。

3. 用 NaOH 标准溶液滴定食醋溶液，边滴边振摇锥形瓶，至锥形瓶内溶液变为浅红色，且 30 秒内不褪色即为滴定终点。读取消耗 NaOH 溶液体积并记录。平行测定 3 次。

【实训结果】

实验数据及计算结果填入表中。

项目	测定次数		
	1	2	3
食醋溶液的体积 V_{HAc}（ml）			
NaOH 滴定液浓度 c_{NaOH}（mol/L）			
NaOH 滴定液体积 V_{NaOH}（ml）			
醋酸的含量 ρ_{HAc}（g/100ml）			
醋酸平均含量 $\bar{\rho}_{HAc}$（g/100ml）			
绝对偏差（d）			
平均偏差（$\bar{d}$）			
相对平均偏差（$R\bar{d}$）			

【实训提示】

1. 容量瓶使用前必须检漏。

2. 临近终点，控制好滴定速度，并用蒸馏水冲洗锥形瓶内壁。

【实训思考】

为了避免 CO_2 对实验的干扰，滴定过程中用水应怎样操作？

实训十　药用硼砂含量的测定

【实训目的】

1. 掌握酸碱滴定法测定药用硼砂含量的方法。

2. 能正确计算硼砂的含量。

3. 巩固减重称量法的操作。

【实训原理】

硼砂（$Na_2B_4O_7 \cdot 10H_2O$）为四硼酸钠十水合物，低毒性，具有杀菌作用。药用硼砂可用于皮肤的消毒防腐。硼砂属于弱酸强碱盐，其水解后溶液呈较强的碱性，用标准 HCl 溶液作为滴定剂，滴定反应为：

$$Na_2B_4O_7 + 2HCl + 5H_2O = 2NaCl + 4H_3BO_3$$

选取甲基红作指示剂，根据滴定过程所用 HCl 溶液和药用硼砂的质量，即可测定药用硼砂的含量，其计算公式为：

$$\chi\% = \frac{c_{HCl}V_{HCl}M_{硼砂}}{2 \times m_s}$$

【实训用品】

1. 仪器 电子天平、50ml 酸碱两用滴定管或酸式滴定管、250ml 锥形瓶、50ml 量筒、试剂瓶、250ml 烧杯、洗瓶、玻璃棒。

2. 试剂 药用硼砂、已标定的 HCl 标准溶液（0.1mol/L）、甲基红指示剂。

【实训步骤】

1. 用少量标定的 HCl 标准溶液润洗滴定管并装液，排出滴定管内的气泡，调整液面到 0.00 刻度。记录初体积。

2. 用减重称量法精密称取约 0.4g（精确到 0.0001g）药用硼砂 3 份，分别置于已编号的 3 个锥形瓶中，加入 50ml 蒸馏水及 2 滴甲基红指示剂，摇匀溶解，此时溶液呈黄色。

3. 用 HCl 标准溶液进行滴定，边滴边振荡锥形瓶，至锥形瓶内黄色溶液变为橙色，且 30 秒内不变色，即为滴定终点。读取滴定管消耗 HCl 的体积。平行测定 3 次。

【实训结果】

实验数据及计算结果填入表中。

项目	测定次数		
	1	2	3
药用硼砂的质量 m（g）			
HCl 滴定液浓度 c_{HCl}（mol/L）			
HCl 滴定液体积 V_{HCl}（ml）			
药用硼砂的含量 $\bar{\chi}$（%）			
药用硼砂的平均含量 $\bar{\chi}$（%）			
绝对偏差（d）			
平均偏差（$\bar{d}$）			
相对平均偏差（$R\bar{d}$）			

【实训提示】

1. 规范使用电子天平和滴定分析器皿，以减小操作误差。
2. 硼砂颗粒不易溶解，应加热溶液使其加快溶解，冷却后再进行滴定。
3. 接近终点时，需控制好滴定剂的半滴加入操作。

【实训思考】

1. 实训中能否用甲基橙或酚酞作指示剂？为什么？
2. 本实训的方法适用于哪些一元弱酸强碱盐含量的测定？

答案解析

目标检测

一、选择题

（一）单选题

1. 关于酸碱理论，下列说法错误的是（　　）。

A. 在酸碱电离理论中，酸的特征就是 H^+，碱的特征是 OH^-

B. 酸碱质子理论认为，凡是具有给出质子能力的物质为酸

C. 酸碱质子理论认为，凡是具有给出质子能力的物质为碱

D. 酸碱质子理论认为，凡是具有接受质子能力的物质为碱

2. 一元弱酸满足（　　）时，才可以用公式 $[H^+]=\sqrt{cK_a}$ 计算。

A. $cK_a \geqslant 20K_w$

B. $c/K_a \geqslant 500$

C. $cK_a \geqslant 20K_w$ 且 $c/K_a \geqslant 500$

D. $cK_a \geqslant 20K_w$ 且 $c/K_a \leqslant 500$

3. 选择缓冲溶液的原则不包括（　　）。

A. 所选用的缓冲溶液对实验测量过程无干扰

B. 所选用的缓冲溶液要有满足实际工作需要的足够的缓冲容量

C. 所选用的缓冲溶液应无污染、易保存且成本低廉

D. 所需控制的 pH 应在所选用的缓冲溶液的缓冲范围之外

4. 关于酸碱指示剂，下列说法错误的是（　　）。

A. 酸碱指示剂的酸式与其共轭碱式的颜色应具有相似的色调

B. 酸碱指示剂的变色范围要与滴定突跃范围全部或者部分重叠

C. 理论上，$pK_{HIn} \pm 1$ 就是酸碱指示剂的变色范围了

D. 使用混合指示剂可以缩小指示剂的变色范围，使颜色变化更明显

5. NaOH 滴定醋酸时，应选择（　　）作为指示剂。

A. 甲基橙　　B. 酚酞　　C. 甲基红　　D. 百里酚蓝

（二）多选题

1. 根据酸碱质子理论，下列属于共轭酸碱对的是（　　）。

A. H_2O-OH^-　　B. $HCl-Cl^-$　　C. $NH_4^+-NH_3$　　D. $H_2CO_3-HCO_3^-$

2. 关于解离平衡常数与解离度之间的关系，以下说法正确的是（　　）。

A. 解离度与解离平衡常数都能反应弱酸（弱碱）的解离程度

B. 解离度是转化率的一种形式

C. 解离平衡常数是化学平衡常数的一种形式

D. 解离度比解离平衡常数能更好地反映出弱酸（弱碱）的特征，应用更为广泛

3. 影响酸碱指示剂变色范围的因素有（　　）。

A. 指示剂的用量　　B. 体积　　C. 滴定程序　　D. 温度

4. 关于强酸（碱）滴定中指示剂的选择，需要注意的是（　　）。

A. 为了减小滴定误差，所选择的酸碱指示剂的变色范围要与滴定突跃范围全部或者部分重叠

B. 为了提高变色判断的准确度，宜选择在滴定终点时颜色由浅入深变化的指示剂

C. 强酸滴强碱适宜选择甲基红作指示剂

D. 强碱滴强酸宜选择酚酞作指示剂

5. 以酸碱质子理论为基础，非水滴定常用的溶剂可分为（　　）。

A. 酸性溶剂　　B. 质子性溶剂　　C. 碱性溶剂　　D. 非质子性溶剂

二、综合应用题

1. 用无水碳酸钠为基准物质标定盐酸标准溶液（用酚酞作指示剂），数据记录如下表，试计算该盐酸的浓度。（无水碳酸钠的摩尔质量为106g/mol）

测定次数	1	2	3
无水碳酸钠质量（g）	0. 1204	0. 1212	0. 1226
消耗盐酸体积（ml）	21. 87	21. 97	22. 28
盐酸浓度（mol/L）			
平均浓度（mol/L）			

2. 精密称取盐酸麻黄碱试样 0. 1498g，加冰醋酸 10ml 溶解后，加入醋酐 4ml，结晶紫指示剂 1 滴，用 0. 1013mol/L 的 $HClO_4$ 标准溶液滴定至终点，消耗 $HClO_4$ 7. 92ml，空白试验消耗标准溶液 0. 65ml，计算此试样中盐酸麻黄碱的百分含量。（每 1ml 0. 1mol/L 的 $HClO_4$ 标准溶液相当于 20. 17mg 的盐酸麻黄碱）

书网融合……

知识回顾　　微课　　习题

（董会钰）

第六章　沉淀平衡与沉淀滴定

学习引导

医学上利用X射线对$BaSO_4$穿透能力较差的特性，在进行胃肠疾病的检查时，用$BaSO_4$作内服造影剂，这种检查手段称为钡餐透视。是否可以用$BaCO_3$代替$BaSO_4$作内服造影剂呢？吃糖以后如果不刷牙容易造成龋齿，是什么原因呢？锅炉的水垢会降低燃料的燃烧利用率同时还会影响锅炉的寿命，水垢的主要成分是什么？什么样的方法可以去除水垢呢？这些现象的发生和解决都与沉淀的生成和溶解有关。

本章将介绍沉淀的生成、溶解以及沉淀转化的基础知识，在此基础上学习基于沉淀反应原理的沉淀滴定分析方法及其在相关领域的应用。

学习目标

1. **掌握**　溶液的沉淀溶解平衡；溶度积的计算；铬酸钾指示剂法、铁铵矾指示剂法和吸附指示剂法指示终点的原理和条件。
2. **熟悉**　溶度积与溶解度的关系。
3. **了解**　影响沉淀生成、溶解的主要因素。

沉淀平衡是沉淀的生成与溶解组成的化学平衡，属于多相平衡，利用沉淀平衡原理可以进行物质的分离与提纯。沉淀滴定法是以沉淀反应为基础的一类重要滴定分析方法，常用于含有卤素离子的食品、药品的检测与含量的测定。

第一节　沉淀平衡

PPT

相同的条件下，不同的物质在水中的溶解度不同，绝对不溶的物质是没有的。许多强电解质在水中的溶解度小，但可溶解的部分能完全解离，如$AgCl$、$BaSO_4$、$CaCO_3$等物质，常把这类物质称为难溶强电解质，它们在溶液中存在着溶解与沉淀的平衡。

一、溶度积

（一）概述

难溶强电解质$AgCl$固体放入水中，表面的$AgCl$分子解离成Ag^+和Cl^-进入溶液中的过程称为溶解，

溶液中 Ag^+ 和 Cl^- 结合形成 AgCl 分子的过程称为沉淀。

一定条件下，当 AgCl 溶解速度与沉淀速度相等时即达到了沉淀溶解平衡，此时，AgCl 溶液为饱和溶液，沉淀与溶解反应关系为：

$$AgCl \rightleftharpoons Ag^+(aq) + Cl^-(aq)$$

$$K = \frac{[Ag^+][Cl^-]}{[AgCl]}$$

AgCl 是固体，[AgCl] 看作常数与 K 合并，称为沉淀平衡常数，也称为 AgCl 沉淀的溶度积常数，用 K_{sp} 表示：

$$K_{sp} = [Ag^+][Cl^-]$$

K_{sp} 是一定温度下 AgCl 沉淀在饱和溶液中解离出来的 Ag^+ 和 Cl^- 离子浓度的乘积。

通常情况下，以 M_aY_b 表示沉淀，则沉淀平衡方程式为：

$$M_aY_b(s) \rightleftharpoons aM^{b+}(aq) + bY^{a-}(aq)$$

沉淀平衡常数是：

$$K_{sp} = [M^{b+}]^a[Y^{a-}]^b \qquad (6-1)$$

K_{sp} 表示在一定的温度下，难溶性物质在饱和溶液中，解离出来的各种离子浓度幂的乘积。K_{sp} 是沉淀与溶解的平衡常数，与物质的本质及温度有关。

【例 6-1】298.15K 时，测得 AgCl 饱和溶液的浓度为 1.34×10^{-5} mol/L，计算此温度下 AgCl 的溶度积。

解：AgCl 沉淀溶解平衡　　$AgCl \rightleftharpoons Ag^+(aq) + Cl^-(aq)$

平衡时的浓度（mol/L）　　1　　1.34×10^{-5}　　1.34×10^{-5}

AgCl 的溶度积：　　$K_{sp} = [Ag^+][Cl^-] = (1.34 \times 10^{-5})^2 = 1.8 \times 10^{-10}$

（二）溶度积与溶解度的关系

溶度积常数与溶解度都可以表示难溶强电解质的溶解能力，两者之间既有区别又有联系，溶解度表示在一定的温度下，一定量饱和溶液中所含溶质的量，用符号 S 表示，其数值上等于物质在饱和溶液中的浓度。溶度积是一定的温度下，饱和溶液中离子浓度幂的乘积，溶度积 K_{sp} 与溶解度 S 可以相互换算。

以 M_aY_b 表示沉淀，达到沉淀溶解平衡时：

沉淀溶解平衡　　$M_aY_b(s) \rightleftharpoons a\,M^{b+}(aq) + b\,Y^{a-}(aq)$

平衡时的浓度（mol/L）　　1　　aS　　bS

溶度积　　$K_{sp} = [M^{b+}]^a[Y^{a-}]^b = a^aS^a \cdot b^bS^b = a^ab^bS^{(a+b)}$

溶解度(mol/L)　　$S = \sqrt[(a+b)]{K_{sp}/(a^ab^b)} \qquad (6-2)$

由公式（6-2）看出，沉淀的化学组成类型不同，K_{sp} 与 S 的换算关系也不同。例如 MY 型 $K_{sp} = [M^{n+}][Y^{n-}] = S \cdot S = S^2$；$M_2Y$ 或 MY_2 型：$K_{sp} = [M^{2n+}]^2[Y^{n-}]$ 或 $K_{sp} = [M^{n+}][Y^{2n-}]^2$，则 $K_{sp} = S \cdot (2S)^2 = 4S^3$。

此外，对于同类型的沉淀，溶度积与溶解度成正比。所以，当沉淀的化学组成比例相同时，沉淀的溶度积越大，其溶解度越大。

溶度积 K_{sp} 与溶解度 S 换算时应该满足以下条件。

1. 沉淀解离的离子的浓度应近似等于离子的活度。

2. 沉淀解离的离子在溶液中不参与其他化学反应。

3. 沉淀溶解部分能一步完全解离成离子。

即学即练 6－1

答案解析

判断下列各组沉淀的溶解度大小关系。

（1）$AgCl(K_{sp}=1.8\times10^{-10})$、$AgBr(K_{sp}=5.0\times10^{-13})$、$AgBr(K_{sp}=9.3\times10^{-17})$

（2）$Ag_2CO_3(K_{sp}=8.1\times10^{-12})$、$Ag_2S(K_{sp}=2.0\times10^{-49})$、$Ag_2C_2O_4(K_{sp}=3.5\times10^{-11})$

二、沉淀的生成与溶解

（一）溶度积规则

对于沉淀 M_aY_b而言，沉淀溶解平衡方程式为：

$$M_aY_b(s) \rightleftharpoons aM^{b+}(aq) + bY^{a-}(aq)$$

任一时刻，溶液中沉淀解离的离子浓度幂的乘积用 K_0表示，称为离子积，即：

$$K_0=[M^{b+}]^a[Y^{a-}]^b \qquad (6-3)$$

K_0与 K_{sp}有以下三种关系。

$K_0=K_{sp}$时，沉淀与溶解达到动态平衡，此时溶液为饱和溶液，即 M_aY_b沉淀溶解的浓度等于其溶解度。

$K_0>K_{sp}$时，溶液处于过饱和状态，溶液中有 M_aY_b沉淀析出。

$K_0<K_{sp}$时，溶液处于不饱和状态，没有沉淀生成，加入相应的物质可以继续溶解。

K_0与 K_{sp}的三种关系称为溶度积规则。应用此规则可以判断沉淀的生成、溶解以及不同沉淀之间的转换能否进行。

（二）沉淀的生成

根据溶度积规则，产生沉淀的条件是 $K_0\geq K_{sp}$。实际工作中，向溶液中加入试剂，增加难溶强电解质离子的浓度，即增大 K_0，使平衡向着生成沉淀反应的方向进行。

以 $BaSO_4$为例，在 25℃时，$BaSO_4$的溶度积 K_{sp}为 1.1×10^{-10}。根据公式 $K_{sp}=[Ba^{2+}][SO_4^{2-}]=S\cdot S=S^2$，计算其溶解度为 1.0×10^{-5}mol/L。向溶液中滴加 0.1mol/L 的 SO_4^{2}溶液时，Ba^{2+}的浓度为 1.1×10^{-10}，远远低于未加 SO_4^{2-}之前的浓度，因此，溶液会有大量 $BaSO_4$沉淀析出。

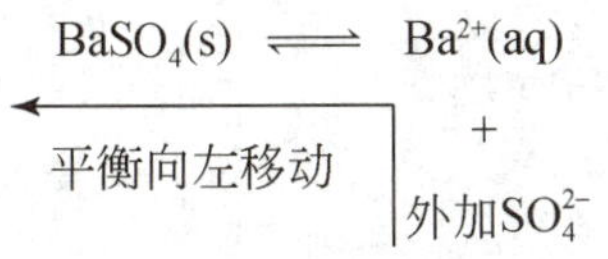

可见，当向难溶强电解质的饱和溶液中，加入与该电解质相同的离子时，使难溶强电解质的溶解度明显降低的现象，称为同离子效应。同离子效应可以降低沉淀在溶液中的溶解度，达到分离离子的目的。除去沉淀中的杂质时，利用同离子溶液洗涤沉淀可以降低其溶解度，减少洗涤过程中沉淀的损失，如洗涤 $BaSO_4$沉淀时可用稀 H_2SO_4溶液。

以上是讨论溶液中只有一种离子可生成沉淀的情况，若向某溶液中加入某种试剂，溶液中有多种离子可以和该试剂生成难溶化合物时，这些离子沉淀遵循怎样的规律？现运用溶度积规则分析如下。

【例6－2】向含有0.1mol/L的Cl^-和CrO_4^{2-}的溶液中逐滴加入$AgNO_3$，如何发生沉淀反应？

解：沉淀反应如下

$$Ag^+ + Cl^- \rightleftharpoons AgCl\downarrow$$

$$2Ag^+ + CrO_4^{2-} \rightleftharpoons Ag_2CrO_4\downarrow$$

根据溶度积规则：AgCl和Ag_2CrO_4开始沉淀所需要［Ag^+］从溶度积计算如下。

已知：$K_{sp}(AgCl) = [Ag^+][Cl^-] = 1.8\times10^{-10}$

$K_{sp}(Ag_2CrO_4) = [Ag^+]^2[CrO_4^{2-}] = 1.12\times10^{-12}$

所以：Cl^-开始沉淀需要［Ag^+］为：$[Ag^+] = \dfrac{1.8\times10^{-10}}{0.1} = 1.8\times10^{-9}$（mol/L）

CrO_4^{2-}开始沉淀需要［Ag^+］为：$[Ag^+] = \sqrt{\dfrac{1.12\times10^{-12}}{0.1}} = 3.34\times10^{-6}$（mol/L）

综上所述，沉淀Cl^-离子所需要Ag^+离子浓度比沉淀CrO_4^{2-}离子所需要Ag^+离子浓度小得多，所以Cl^-离子会首先沉淀下来，而CrO_4^{2-}离子后沉淀下来。这种先后沉淀作用叫作分步沉淀。

（三）沉淀的溶解

根据溶度积规则，沉淀溶解的条件是$K_0 < K_{sp}$。因此，控制沉淀平衡向着离子解离的方向进行，可以达到沉淀溶解的目的。沉淀溶解的方法主要有酸碱法、氧化还原法及配位法。

1. 酸碱法

（1）盐类沉淀　酸效应对强酸盐沉淀如$BaSO_4$、AgCl的溶解度影响较小；而对于弱酸盐沉淀如$CaCO_3$、FeS等影响较大。以二价弱酸盐沉淀MA为例：

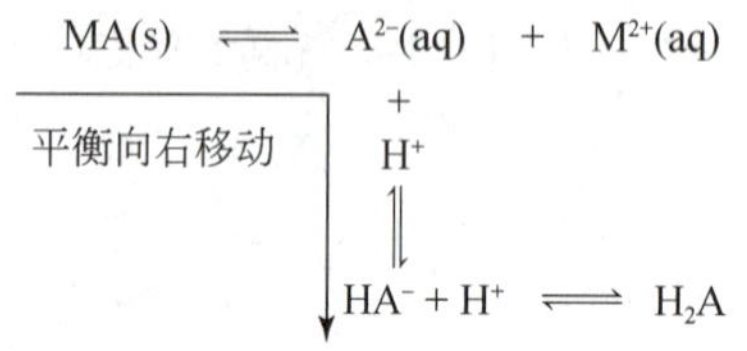

可见，弱酸盐沉淀溶液的H^+浓度增加，A^{2-}与H^+结合生成弱酸H_2A沉淀平衡向右移动，MA沉淀溶解。一般情况下，沉淀的溶度积K_{sp}越大，生成弱酸的K_a值越小，越有利于沉淀的溶解。

（2）金属氢氧化物沉淀　如$Fe(OH)_2$、$Mg(OH)_2$等，增加溶液酸度，发生酸碱中和反应生成水，从而促进沉淀的溶解。所以，金属氢氧化物一般都能溶解于强酸中。

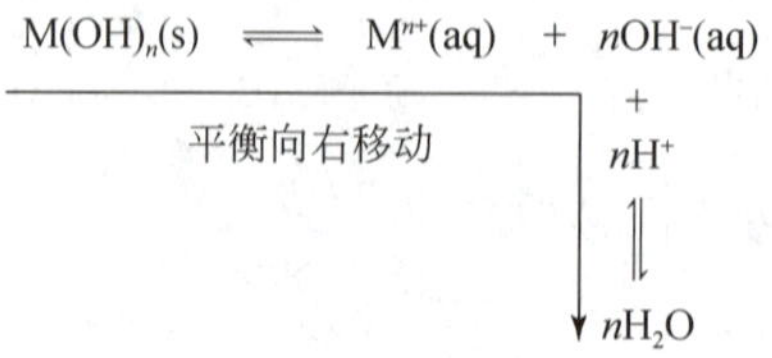

（3）金属氢氧化物　K_{sp}较大的金属氢氧化物，在铵盐中可以生成NH_3而溶解。如$Mn(OH)_2$在铵盐中的溶解反应为：

$$Mn(OH)_2(s) + 2NH_4^+(aq) \rightleftharpoons Mn^{2+}(aq) + 2NH_3 + 2H_2O$$

溶度积较小的金属氢氧化物，如$Fe(OH)_3$、$Al(OH)_3$等，在铵盐中不能溶解。

2. 氧化还原法　难溶性的金属硫化物，其本身溶度积非常小，酸碱法对其溶解度影响不大，常采用加氧化性酸（如王水或硝酸）发生氧化还原反应使沉淀溶解。例如，黑色 CuS 沉淀能溶于硝酸溶液：

$$3CuS(s) + 2NO_3^-(aq) + 8H^+(aq) \rightleftharpoons 3Cu(aq) + 3S\downarrow + 2NO_2\uparrow + 4H_2O$$

3. 配位法　加入配位剂与沉淀解离离子生成可溶性配合物，促使沉淀溶解的方法。例如 AgCl 沉淀既不溶于盐酸，也不溶于硝酸，但可溶于稀氨水中：

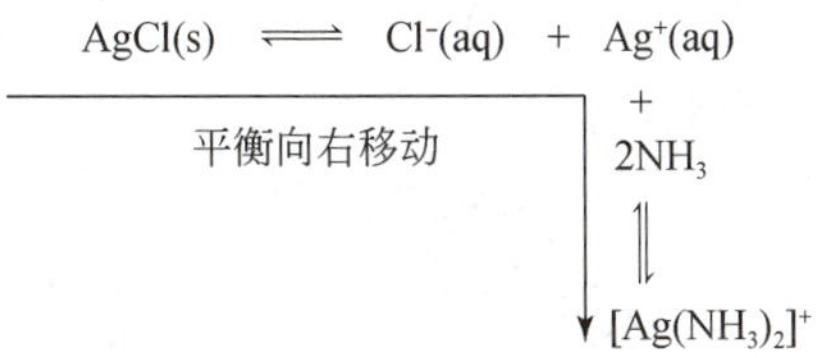

配合物的稳定性及配位剂的浓度是配位法影响沉淀溶解度的关键因素。通常，配位剂的浓度越大，生成的配合物越稳定，沉淀的溶解度越大。因此，配位法不仅影响沉淀反应的完全程度，甚至会导致不产生沉淀。所以，若要完全沉淀某个离子，当加入的沉淀剂能与其发生配位时，就要严格控制沉淀剂的量，以免造成沉淀的损失。例如，若用 Cl^- 沉淀 Ag^+ 时，当 Cl^- 的浓度过高，过量的 Cl^- 会进一步与 AgCl 形成配合物，从而造成 AgCl 沉淀溶解。

$$Ag^+(aq) + Cl^-(aq) \rightleftharpoons AgCl(aq)$$

$$AgCl(aq) + Cl^-(aq) \rightleftharpoons [AgCl_2]^-(aq)$$

知识链接

钙的储留与骨骼及牙齿健康

钙是一种人体必需的重要矿物质，其对人体骨骼结构和健康也有着重要作用。人的生命活动，如神经递质的传递、肌肉收缩、免疫等都需要利用钙。骨骼主要由钙和磷酸盐组成，钙是主要的矿物质之一，钙的第一大作用，是形成坚实的骨骼和牙齿。此外骨骼还包括钾、钠和镁等多种矿物质。这些矿物质在骨骼沉积得愈多，骨骼就变得愈坚实。骨的强度及密度与钙等矿物质的含量密切相关。因为人体内近 99% 的钙存在于骨骼，所以骨质的测量直接反映钙的营养状况。骨质测量包括骨矿物质测量，某一部位矿物质的含量和骨矿物质密度。骨矿物质的变化是钙储留的有效反映指标。骨钙的数量减少会导致骨坚实程度下降。

牙齿的主要成分是碱式磷酸钙。近年龋齿发生率仍然保持较高水平。从沉淀的溶解角度来分析，龋齿就是牙齿表面长时间受到酸性物质的侵蚀使牙釉质表面脱钙、软化，出现了牙洞。这些酸性物质产生来源很多，主要是来自于食物中的酸性物质以及产生酸的细菌等。因此，减少酸性物质与牙齿的直接接触以及注重口腔清洁、减少糖类物质摄入从而防止酸细菌在口腔中大量繁殖，预防龋齿发生，保护牙齿，健康生活。

第二节　沉淀滴定

PPT

沉淀滴定法是以沉淀反应为基础的滴定分析方法。由于沉淀反应具有沉淀组成不恒定、沉淀的溶解度较大、易形成过饱和溶液、沉淀反应缓慢或共沉淀现象严重等特点，因此，用于滴定定量分析的沉淀反应非常少，沉淀滴定的反应必须满足以下条件。

（1）生成沉淀的溶解度必须很小（$S \leqslant 10^{-6}$g/ml）。

（2）沉淀反应迅速、定量地进行，且具有确定的计量关系。

（3）沉淀的吸附作用不影响滴定结果及终点判断。

（4）可以用指示剂或其他的方法指示滴定终点。

目前，具有代表性的沉淀滴定法为银量法。银量法是利用银离子与卤素离子形成微溶性银盐的沉淀反应进行沉淀滴定的分析方法，其主要反应为：

$$Ag^+ + X^- \rightleftharpoons AgX\downarrow$$

其中 X^- 表示为 Cl^-、Br^-、I^-、SCN^-、CN^- 等。

一、指示终点的方法

根据指示滴定终点指示剂的不同，银量法分为铬酸钾指示剂法、铁铵矾指示剂法及吸附指示剂法。

（一）铬酸钾指示剂法

铬酸钾指示剂法也称为莫尔法（Mohr），用铬酸钾（K_2CrO_4）作指示剂的银量法。

1. 滴定原理 在中性或弱碱性溶液中，以 K_2CrO_4 为指示剂，用 $AgNO_3$ 标准溶液直接滴定含有 Cl^-（Br^-）的溶液。由于 AgCl 的沉淀所需要 $[Ag^+]$ 远小于 Ag_2CrO_4 沉淀所需要 $[Ag^+]$（详见【例 6-2】），根据分步沉淀原理，AgCl 首先沉淀出来，随着 AgCl 的不断析出，溶液 Cl^- 浓度逐渐减小，Ag^+ 浓度不断增加，当 $[Ag^+]^2[CrO_4^{2-}] > K_{sp}(Ag_2CrO_4)$ 时，立即生成砖红色的 Ag_2CrO_4 沉淀，指示达到滴定终点，此时 AgCl 沉淀完全。

滴定终点前 $$Ag^+ + Cl^- \rightleftharpoons AgCl\downarrow\text{（白色）}$$

滴定终点时 $$Ag^+ + CrO_4^{2-} \rightleftharpoons Ag_2CrO_4\downarrow\text{（砖红色）}$$

2. 滴定条件及适用范围

（1）滴定体系 滴定溶液应在中性或弱碱性（pH 6.5~10.5）范围内进行。酸性太强 CrO_4^{2-} 浓度减小，化学计量点附近不能形成 Ag_2CrO_4 沉淀。

$$2CrO_4^{2-} + 2H^+ \rightleftharpoons 2HCrO_4^- \rightleftharpoons Cr_2O_7^{2-} + H_2O$$

碱性过强，会生成 Ag_2O 沉淀，导致 Ag^+ 浓度减小，影响滴定的正常进行。

$$2Ag+ + 2OH^- \rightleftharpoons 2AgOH \rightleftharpoons Ag_2O\downarrow + H_2O$$

（2）K_2CrO_4 指示剂的用量 指示剂用量应适当。指示剂用量过少，滴定终点滞后，产生正误差；过多则滴定终点提前，产生负误差。根据溶度积原理，计量点时 Ag^+ 与 Cl^- 的物质的量恰好相等，因此，计量点时 K_2CrO_4 指示剂的理论值计算如下：

由 $[Ag^+][Cl^-] = K_{sp(AgCl)} = 1.56\times10^{-10}$，则

$$[Ag^+] = [Cl^-] = \sqrt{K_{sp(AgCl)}} = \sqrt{1.56\times10^{-10}} = 1.25\times10^{-5}\ (mol/L)$$

计量点时，恰好形成 Ag_2CrO_4 沉淀所需 $[CrO_4^{2-}]$ 为：

$$[CrO_4^{2-}] = \frac{K_{sp(CrO_4^{2-})}}{[Ag^+]} = \frac{1.2\times10^{-12}}{(1.25\times10^{-5})^2} = 7.1\times10^{-3}\ (mol/L)$$

实践证明，50~100ml 的总体积溶液中，加入 5% K_2CrO_4 指示液 1~2ml 即可。此时 CrO_4^{2-} 的浓度为 $2.6\times10^{-3}\sim5.2\times10^{-3}$mol/L，滴定误差小于 ±0.1%。

（3）滴定不能在氨溶液中进行 AgCl 和 Ag_2CrO_4 与 NH_3 均能生成 $[Ag(NH_3)_2]^+$ 使沉淀溶解。

（4）消除干扰离子 与 Ag^+ 生成沉淀的阴离子（PO_4^{3-}、AsO_4^{3-}、SO_3^{2-}、CO_3^{2-}、S^{2-}、CrO_4^{2-} 等）、或与 CrO_4^{2-} 生成沉淀的阳离子（Ba^{2+}、Pb^{2+} 等）、大量有色离子（Cu^{2+}、Co^{2+}、Ni^{2+} 等），以及在中性或弱碱性溶液中易发生水解反应的离子（Fe^{3+}、Al^{3+} 等）均干扰测定，沉淀前必须分离消除。

（5）滴定时应用力振摇 AgCl 沉淀能吸附 Cl^-、AgBr 沉淀吸附 Br^-，用力振摇可防止沉淀对离子的吸附，使被吸附的 Cl^- 或 Br^- 离子充分释放，防止终点提前。

（6）适用范围 本法主要适用于 Cl^-、Br^- 和 CN^- 的测定。不适于 I^- 和 SCN^- 的测定，因为 AgI 和 AgSCN 沉淀对于 I^- 和 SCN^- 具有很强的吸附作用，会造成终点提前而产生负误差，影响测定结果。

实例分析 6－1

实例 胞磷胆碱钠氯化钠注射液是胆碱胞嘧啶核苷二磷酸酯的单钠盐。本品主要用于急性颅脑外伤及脑手术后的意识障碍的恢复治疗。药典要求胞磷胆碱钠氯化钠注射液中含氯化钠（NaCl）的含量应为标示量的 95.0%～105.0%。

问题 胞磷胆碱钠氯化钠注射液中氯化钠（NaCl）的含量如何测定？如何判定该注射液是否合格？

答案解析

（二）铁铵矾指示剂法

铁铵矾 $[NH_4Fe(SO_4)_2]$ 指示剂法也称为佛尔哈德（Volhard）法，以 $NH_4Fe(SO_4)_2$ 为指示剂，NH_4SCN（或 KSCN、KSCN）溶液为滴定剂的银量法，按滴定方法的特点分为直接滴定法和返滴定法（又称剩余回滴法）。

1. 直接滴定法

（1）滴定原理 在酸性溶液中，以铁铵矾作指示剂，用 KSCN 或 NH_4SCN 为标准滴定液，直接滴定 Ag^+ 的滴定方法。滴定过程中，先析出 AgSCN 的白色沉淀，到达化学计量点时，微过量的 SCN^- 与 Fe^{3+} 生成血红色的 $[FeSCN]^{2+}$，指示滴定终点，滴定反应如下：

滴定终点前 $Ag^+ + SCN^- \rightleftharpoons AgSCN\downarrow$（白色）

滴定终点时 $Fe^{3+} + SCN^- \rightleftharpoons [FeSCN]^{2+}$（血红色）

（2）滴定条件 滴定过程中 AgSCN 沉淀的生成，具有强烈的吸附作用，部分 Ag^+ 被吸附其表面上，使终点提前出现，产生负误差。因此，在滴定时，应充分摇动溶液，使被吸附的 Ag^+ 及时释放出来。

实例分析 6－2

实例 磺胺嘧啶银（$C_{10}H_9AgN_4O_2S$）是一种银盐抗菌药，具有广谱的抗微生物活性，对多数革兰阳性菌、革兰阴性菌、酵母菌和其他真菌均有良好抗菌作用。每个 $C_{10}H_9AgN_4O_2S$ 分子中含有一个 Ag^+。

问题 如何通过直接测定法对 $C_{10}H_9AgN_4O_2S$ 含量进行测定？

答案解析

2. 返滴定法

（1）滴定原理 在含有卤素离子的硝酸溶液中，加入已知过量的 $AgNO_3$ 标准溶液，卤素离子首先生成银盐沉淀，再加入铁铵矾指示剂，用 NH_4SCN 标准溶液滴定过量的 $AgNO_3$，到达化学计量点时，微过量的 SCN^- 与 Fe^{3+} 生成血红色的［FeSCN］$^{2+}$ 指示滴定终点，反应如下：

滴定终点前 Ag^+(过量) $+ X^- \rightleftharpoons AgX\downarrow$(白色)

Ag^+(剩余) $+ SCN^- \rightleftharpoons AgSCN\downarrow$(白色)

滴定终点时 $Fe^{3+} + SCN^- \rightleftharpoons [FeSCN]^{2+}$(血红色)

（2）滴定条件

1）在酸性（硝酸）溶液中进行滴定，既可以阻止 Fe^{3+} 的水解，也可消除 PO_4^{3-}、CO_3^{2-}、S^{2-} 等阴离子对 Ag^+ 的干扰以及 Ba^{2+}、Pb^{2+} 等阳离子对 CrO_4^{2-} 的干扰。

2）测定氯化物时，临近终点时应避免用力振摇，防止沉淀转化。因为当滴定到达终点时，溶液中同时存在 AgCl 和 AgSCN 难溶性银盐沉淀，而 AgSCN 的溶解度（1.0×10^{-6}mol/L）小于 AgCl（1.34×10^{-5}mol/L），若用力振摇会使 AgCl 沉淀转化为 AgSCN 沉淀。

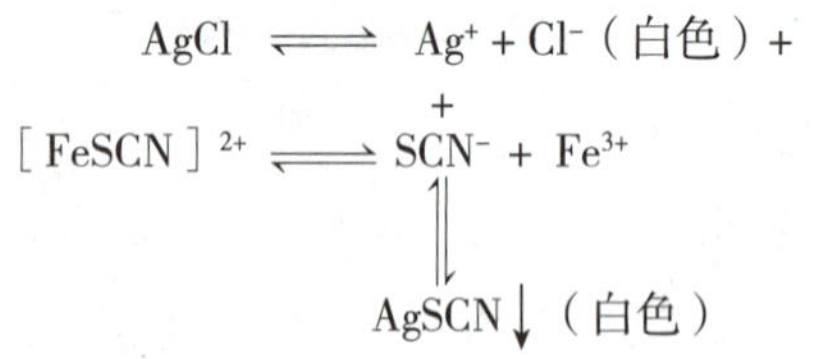

所以溶液中出现了红色之后，随着不断振荡溶液，红色会逐渐消失，从而得不到正确的终点。

为避免上述误差，可采取以下三种方式。

①将溶液煮沸，使 AgCl 沉淀凝聚，以减少 AgCl 沉淀对 Ag^+ 的吸附。将已生成的 AgCl 沉淀除去，并用 HNO_3 洗涤沉淀，洗涤液并入滤液，然后再用 NH_4SCN 标准溶液返滴定过量的 Ag^+。

②剩余滴定前向溶液中加入少量有机溶剂，如硝基苯、异戊醇、邻苯二甲酸二丁酯等，并强烈振摇，使其包裹在沉淀颗粒的表面上，再用 NH_4SCN 标准溶液滴定剩余的硝酸银。测定溴化物和碘化物时，由于 AgBr 和 AgI 沉淀的溶解度都比 AgSCN 的溶解度小，则不必这样做。

测定碘化物应先加入已知过量的 $AgNO_3$ 标准溶液，再加铁铵矾指示剂，否则 Fe^{3+} 氧化 I^- 发生如下反应，影响测定结果的准确度。

$$2Fe^{3+} + 2I^- \rightleftharpoons 2Fe^{2+} + I_2$$

③提高 Fe^{3+} 的浓度以减少终点时 SCN^- 的浓度，从而也可减少滴定误差。

（3）适用范围　用于 Cl^-、Br^-、I^-、SCN^-、CN^- 等离子的测定。

（三）吸附指示剂法 微课

用 $AgNO_3$ 作标准溶液，吸附指示剂确定滴定终点，测定卤化物含量的方法称为吸附指示剂法，也称为法扬司（Fajans）法。

1. 滴定原理　吸附指示剂是一类有色的有机化合物，其阴离子被吸附在胶体微粒表面后，分子结构发生变形，引起吸附指示剂颜色的变化而指示滴定的终点。

例如，$AgNO_3$ 标准溶液滴定 Cl^- 时，用荧光黄（$K_a\approx10^{-8}$）作指示剂，荧光黄指示剂是一种有机弱酸，用 HFIn 表示，溶液中解离出黄绿色的 FIn^- 离子：

$$HFIn \rightleftharpoons H^+ + FIn^-$$

胶状沉淀 AgCl 具有强烈的吸附作用，能选择性地吸附溶液中的离子，化学计量点前溶液中 Cl^- 过量，AgCl 沉淀吸附 Cl^- 带负电，荧光黄阴离子在溶液中呈黄绿色，滴定至化学计量点后，AgCl 沉淀吸

附 Ag^+ 带正电荷，此时溶液中 FIn^- 被吸附，溶液颜色由黄绿色变为淡红色，指示滴定终点。

滴定终点前 Cl^- 过量　$(AgCl)Cl^- + FIn^-$（黄绿色）$\rightleftharpoons$ $(AgCl)Cl^- \mid M^+$（黄绿色）

滴定终点时 Ag^+ 过量　$(AgCl)Ag^+ + FIn^-$（黄绿色）$\rightleftharpoons$ $(AgCl)Ag^+ \mid FIn^-$（淡红色）

2. 滴定条件　常见的吸附指示剂分为两类：一类是酸性染料，能解离出指示剂阴离子的有机弱酸，主要是荧光黄及其衍生物；另一类是解离出指示剂阳离子的碱性染料，如甲基紫、罗丹明 6G 等。常用的吸附指示剂见表 6－1。吸附指示剂的应用受到体系酸度、指示剂的吸附性能、溶液浓度及沉淀大小等因素的影响，进行滴定操作时，需注意以下几点。

（1）滴定前加入糊精、淀粉等亲水性高分子化合物作为保护胶体，防止卤化银胶体过分凝聚，增大吸附表面积，使终点变色敏锐。

（2）溶液的 pH 应适当。吸附指示剂大多数为有机弱酸或弱碱，起指示作用的是阴离子，电离常数小的吸附指示剂，溶液的 pH 偏高；电离常数大的吸附指示剂，溶液的 pH 偏低。

（3）滴定过程应避免强光。卤化银沉淀对光敏感，易分解析出金属银使沉淀变为灰黑色，影响滴定终点的观察。

（4）指示剂吸附性能要适中。胶体微粒对指示剂的吸附能力要略小于待测离子的吸附能力，否则指示剂在化学计量点前变色，滴定终点提前，产生负误差；若胶粒对指示剂吸附能力太大，计量点后不能立即变色，滴定终点推迟，产生正误差。卤化银胶体对几种吸附指示剂及离子的吸附能力的大小顺序为：$I^- > SCN^- > Br^- >$ 曙红 $> Cl^- >$ 荧光黄。

表 6－1　常见吸附指示剂的适用范围

吸附指示剂	滴定剂	待测物	体系 pH
二氯荧光黄	Ag^+	Cl^-	4～10
荧光黄	Ag^+	Cl^-	7～10
溴甲酚绿	Ag^+	SCN^-	4～5
曙红	Ag^+	Br^- 或 Cl^- 或 SCN^-	2～10
罗丹明 6G	Br^-	Ag^+	<7
甲基紫	Cl^-	Ag^+	<7
溴酚蓝	Cl^- 或 Br^-	Hg_2^{2+}	<7
钍试剂	Ba^{2+}	SO_4^{2-}	1.5～3.5

即学即练 6－2

答案解析

下列情况下，沉淀滴定分析结果是否准确。

（1）$pH \approx 7$ 时用莫尔法滴定 Cl^-。

（2）若试样中有铵盐，在 $pH \approx 10$ 时用莫尔法滴定 Cl^-。

（3）用法扬司法滴定 Cl^-，用曙红作指示剂。

二、基准物质及标准溶液

1. 基准物质　银量法常用的基准物质是市售的一级纯 $AgNO_3$ 或基准 $AgNO_3$ 和 NaCl。高纯度 $AgNO_3$ 可直接配成标准溶液。纯度低的 $AgNO_3$ 试剂先配成近似浓度，再用基准无水 NaCl 进行标定。

2. 标准溶液

（1）$AgNO_3$标准溶液的配制与标定　根据要求配制一定体积、近似浓度的$AgNO_3$溶液，摇匀后贮于棕色瓶中，待标定。

用基准试剂 NaCl 标定。准确称取 NaCl 基准物质溶于适量的水中，加入少量的糊精溶液作为保护剂及 1～2 滴荧光黄溶液作指示剂，用待标定的$AgNO_3$溶液进行滴定，滴定至溶液由浑浊黄绿色变为浅红色到达滴定终点，硝酸银标准溶液见光易分解，贮于棕色瓶中避光保存。

（2）KSCN 标准溶液的配制与标定　KSCN 是铁铵矾指示剂法常用的滴定剂。KSCN 是一种无色晶体，常温下化学性质不稳定，空气中易潮解，不能采用直接配制法，而是根据要求配制一定体积、近似浓度的 KSCN 溶液，溶于水中，摇匀后贮于棕色瓶中，以铁铵矾为指示剂，用已知浓度的$AgNO_3$标准溶液进行比较法标定。

首先称取一定量的 KSCN 固体，加水溶解定容，配制成近似浓度待标液，然后准确量取已知浓度的$AgNO_3$标准溶液，加 1～2 滴铁铵矾指示剂以及少量 25% 硝酸溶液，用待标定的 KSCN 溶液滴定至溶液完全清亮后继续滴定至溶液颜色变为浅红色且保持 30 秒不褪色即为滴定终点。根据已知浓度的$AgNO_3$标准溶液及 KSCN 溶液消耗的体积，即可计算出待标定的 KSCN 滴定液的准确浓度。将标定的 KSCN 滴定液置于棕色瓶中，密封保存。

实践实训

实训十一　硝酸银滴定液的配制与标定

【实训目的】

1. 掌握硝酸银溶液的配制与标定。
2. 学会正确判断荧光黄指示剂的滴定终点。
3. 巩固电子天平和滴定管的操作。

【实训原理】

采用吸附指示剂法标定$AgNO_3$溶液。$AgNO_3$溶液中的Ag^+与基准试剂氯化钠中的Cl^-形成难溶于水的 AgCl 沉淀，当到达化学计量点时，AgCl 沉淀吸附在荧光黄（HFIn）上具有不同的颜色，指示滴定终点。滴定反应如下：

滴定终点前　　$Ag^+ + Cl^- \rightleftharpoons AgCl\downarrow$（$Cl^-$过量）

滴定终点时　　$(AgCl)\cdot Ag^+ + FIn^- \rightleftharpoons (AgCl)\cdot Ag^+\cdot FIn^-$（$Ag^+$过量）

达到滴定终点时，荧光黄由黄绿色变为粉红色，为使终点变色敏锐，可适当加入糊精保护胶体，硝酸银溶液的浓度计算如下：

$$c_{AgNO_3} = \frac{m_{NaCl}}{V_{HNO_3} \times M_{NaCl}}$$

【实训用品】

1. 仪器　电子天平、50ml 棕色酸碱两用滴定管或酸式滴定管、250ml 锥形瓶、10ml 量筒、250ml 烧杯、棕色试剂瓶、玻璃棒、洗瓶、称量瓶、500ml 烧杯。

2. 试剂　基准 NaCl（已干燥至恒重）、硝酸银、荧光黄指示剂、糊精溶液。

【实训步骤】

（一）$AgNO_3$标准溶液的配制

称取8g的$AgNO_3$置于烧杯中，加蒸馏水至250ml，搅拌混匀，转入棕色试剂瓶，贴好标签，避光保存，待标定。

（二）$AgNO_3$溶液的标定

1. 用待标定的$AgNO_3$溶液润洗滴定管并装液，排出滴定管内的气泡并调整液面至0.00刻度，记录初始读数V_0。

2. 精密称取约0.13g（精确至0.0001g）基准试剂NaCl置于250ml锥形瓶中，用50ml蒸馏水溶解，加3滴荧光黄指示剂及5ml糊精溶液，摇匀，此时溶液呈黄绿色。

3. 用待标定的$AgNO_3$溶液进行滴定，边滴边振摇锥形瓶，至溶液由黄绿色转变为粉红色，即为滴定终点，读取消耗的$AgNO_3$溶液体积并记录，平行测定3次。

【实训结果】

实验数据及计算结果填入表中。

项目	测定次数		
	1	2	3
基准无水NaCl质量m（g）			
$AgNO_3$滴定液体积V（ml）			
$AgNO_3$滴定液浓度c（mol/L）			
$AgNO_3$滴定液平均浓度$\bar{c}$（mol/L）			
绝对偏差（d）			
平均偏差（$\bar{d}$）			
相对平均偏差（$R\bar{d}$）			

【实训提示】

1. 配制$AgNO_3$标准溶液的蒸馏水要进行除氯，否则$AgNO_3$标准溶液将产生白色沉淀。
2. 称量无水NaCl时，采用减量法并迅速完成。
3. $AgNO_3$试剂见光易分解，所以保存时要注意避光。

【实训思考】

1. 滴定前为什么要加入糊精溶液？
2. 配制$AgNO_3$溶液应注意什么？如何保存$AgNO_3$溶液？

实训十二　生理氯化钠溶液中NaCl含量的测定

【实训目的】

1. 掌握铬酸钾指示剂法测定水中氯离子的方法。
2. 学会正确判断铬酸钾指示剂的滴定终点。
3. 巩固电子天平和滴定管的操作。

【实训原理】

生理氯化钠溶液（生理盐水）是指生理学实验或临床上常用的渗透压与动物或人体血浆的渗透压基本相等的 NaCl 溶液，主要成分为 NaCl，质量浓度应为 100ml 含 NaCl 0.9g。本次实训采用铬酸钾指示剂法测定生理氯化钠溶液中的 NaCl。以 $AgNO_3$ 溶液为滴定剂，铬酸钾为指示剂，在中性或弱碱性条件下，$AgNO_3$ 与 Cl^- 反应，生成白色 AgCl 沉淀，待 Cl^- 完全反应后，剩余的 Ag^+ 与 K_2CrO_4 反应生成砖红色的沉淀（Ag_2CrO_4）滴定到达终点。

滴定终点前　　$Ag^+ + Cl^- \rightleftharpoons AgCl\downarrow$（$Cl^-$ 过量）　　$K_{sp}(AgCl) = 1.8 \times 10^{-10}$

滴定终点时　　$2Ag^+ + CrO_4^{2-} \rightleftharpoons Ag_2CrO_4\downarrow$（$Ag^+$ 过量）　　$K_{sp}(Ag_2CrO_4) = 1.12 \times 10^{-12}$

根据 $AgNO_3$ 溶液与 NaCl 水溶液的用量及二者的化学计量关系，即可计算出水溶液中 NaCl 含量。生理氯化钠溶液中氯化钠的浓度计算如下：

$$\rho_{NaCl} = \frac{c_{AgNO_3} \times V_{AgNO_3} \times M_{NaCl} \times 10^{-3}}{10.00} \text{ g/mL}$$

【实训用品】

1. 仪器　50ml 棕色酸碱两用滴定管或酸式滴定管、250ml 锥形瓶、10ml 量筒、250ml 烧杯、棕色试剂瓶、玻璃棒、洗瓶、500ml 烧杯。

2. 试剂　待测 NaCl 水溶液、硝酸银标准溶液、铬酸钾指示剂（5.0×10^{-3}mol/L）。

【实训步骤】

1. 用已标定的 $AgNO_3$ 溶液润洗滴定管并装液，排出滴定管内气泡并调整液面至 0.00 刻度，记录初始读数 V_0。

2. 准确移取生理氯化钠溶液 10.00ml 于 250ml 锥形瓶中，加蒸馏水 20ml，加入 1ml 铬酸钾指示剂，摇匀，此时溶液呈黄色。

3. 用 $AgNO_3$ 标准溶液进行滴定，边滴边振摇锥形瓶，溶液出现砖红色沉淀，即为滴定终点。读取消耗的 $AgNO_3$ 溶液体积并记录，平行测定 3 次。

【实训结果】

实验数据及计算结果填入表中。

项目	测定次数		
	1	2	3
$AgNO_3$ 滴定液浓度 c_0（mol/L）			
$AgNO_3$ 滴定液体积 V（ml）			
生理氯化钠溶液 NaCl 含量 ρ（g/ml）			
生理氯化钠溶液 NaCl 平均含量 $\bar{\rho}$（g/ml）			
绝对偏差（d）			
平均偏差（$\bar{d}$）			
相对平均偏差（$R\bar{d}$）			

【实训提示】

1. 配制 $AgNO_3$ 标准溶液的蒸馏水要进行除氯，否则 $AgNO_3$ 标准溶液将产生白色沉淀。

2. 控制滴定体系的酸度为中性或者弱碱性，避免对实验结果造成误差。

3. 铬酸钾的指示剂浓度应为 5.0×10^{-3} mol/L 左右。

【实训思考】

1. 铬酸钾指示剂用量过多或过少对结果有什么影响?

2. 溶液的酸碱度对测定结果有何影响?

答案解析

目标检测

一、选择题

(一) 单选题

1. 以下关于溶度积与溶解度的关系，说法正确的是（　　）。

A. 在不考虑离子强度的情况下，沉淀的溶度积等于沉淀的溶解度的幂的乘积

B. 沉淀的化学组成类型不同，沉淀溶度积 K_{sp} 与溶解度 S 之间的换算关系相同

C. 对于 MA 型沉淀，溶解度 $S=(K_{sp}/4)^{1/3}$

D. 对于 MA 型沉淀，溶度积 $K_{sp}=27S^4$

2. 促进沉淀的溶解，不包括利用（　　）。

A. 同离子效应　　B. 酸碱法　　C. 配位法　　D. 氧化还原法

3. 铬酸钾指示剂法要求溶液的 pH 控制在（　　）范围内。

A. 2.5～6.5　　B. 6.5～10.5　　C. 10.5～12.5　　D. 4.5～8.5

4. 用铁铵矾指示剂法测定 Cl^- 时，采用的指示剂是（　　）。

A. 铁铵矾　　B. 铬酸钾　　C. 甲基橙　　D. 荧光黄

5. 用荧光黄为 $AgNO_3$ 滴定 Cl^- 的指示剂，终点颜色变化是（　　）。

A. 黄绿色→淡红色　　B. 黄绿色→白色

C. 白色→淡红色　　D. 淡红色→黄绿色

(二) 多选题

1. 根据沉淀滴定过程中用于指示滴定终点的指示剂的不同，银量法可分为（　　）。

A. 铬酸钾指示剂法　　B. 铁铵矾指示剂

C. 荧光黄指示剂法　　D. 吸附指示剂法

2. 溶度积 K_{sp} 与溶解度 S 换算时，应该满足的条件是（　　）。

A. 沉淀平衡时，沉淀的溶解部分不必一步完全解离成离子

B. 沉淀平衡时，沉淀解离出的离子在溶液中不参与其他化学反应

C. 沉淀平衡时，沉淀的溶解部分要一步完全解离成离子

D. 沉淀平衡时，沉淀解离出的离子的浓度要近似等于离子的活度

3. 利用铁铵矾指示剂－返滴定法检测氯离子（Cl^-）时，为了避免体系在终点存在沉淀转化反应（$AgCl\downarrow + SCN^- \rightleftharpoons AgSCN\downarrow + Cl^-$），可采取相关措施是（　　）。

A. 煮沸溶液　　B. 加入有机溶剂

C. 提高指示剂的浓度

D. 先加入过量的 $AgNO_3$ 溶液后再加指示剂

4. 一般用于沉淀滴定分析法的沉淀反应，必须满足（　　）。

A. 沉淀具有固定的化学式，反应定量完成

B. 沉淀溶解度大，吸附杂质多

C. 沉淀反应迅速，且有合适指示终点的方法

D. 沉淀反应完全，不存在其他影响终点判断的吸附作用

5. 吸附指示剂法滴定操作时，滴定条件是（　　）。

A. 在滴定前加入糊精保护胶体

B. 调整溶液的 pH 以增大吸附指示剂的电离程度

C. 控制溶液的浓度不能太稀

D. 应避免阳光直射

二、综合应用题

移取 10.00ml 生理氯化钠溶液，加入 1.0ml 铬酸钾指示剂，以浓度为 0.1052mol/L 的 $AgNO_3$ 标准溶液滴定至终点，用去 $AgNO_3$ 标准溶液 13.28ml，试求此生理氯化钠溶液中 NaCl 的含量（单位为 g/ml）。

书网融合……

知识回顾　　微课　　习题

（吕保樱）

第七章　配位化合物与配位滴定

学习引导

在 $CuSO_4$溶液中滴加氨水，会有蓝色沉淀生成，继续滴加至氨水过量后，蓝色沉淀消失，得到深蓝色澄清溶液，这是发生了什么化学反应，生成了何种物质？日常生活中，自来水的水硬度如何测定，如何表示？含有金属离子的药物如复方氢氧化铝片、葡萄糖酸钙等，它们的含量如何测定？

本章将介绍一种结构特殊的化合物——配位化合物，通过配合物的组成、命名、常见的配位化合物、配位平衡的介绍，帮助同学们认识配合物的特点及其应用。

学习目标

1. **掌握**　配位化合物基本概念；稳定常数的概念及意义；配位滴定的基本原理。
2. **熟悉**　配位平衡与其他平衡的关系；螯合物的基本概念；EDTA 与金属离子配位的特点；金属指示剂的选择；滴定条件的选择；EDTA 标准溶液的配制与标定方法。
3. **了解**　配位化合物的应用；影响 EDTA 配合物稳定性的主要因素；测定药物或水中含钙量的方法。

配位化合物，简称配合物，也称络合物，是一类具有特殊化学结构且组成复杂的化合物。配合物在生命过程中起着十分重要的作用，如生物体内的大多数金属离子以配合物的形式存在，表现出多种功能；医药方面用螯合剂促进体内有害或过量元素的排出，或引入适量微量元素对人体进行补充等都是利用配位化学的原理。配合物的研究促进了中药有效成分的分离、药品合成制备、配位催化等技术的发展，并广泛应用于生命科学、食品科学、生化检测、药物分析和食品安全监测等各个领域。

第一节　配合物的基本概念

PPT

一、配合物概念、组成及命名

（一）配合物的概念

向 $CuSO_4$溶液中滴加氨水，先有浅蓝色的 $Cu(OH)_2$沉淀生成，当氨水过量时，得到深蓝色的澄清溶液。若向深蓝色澄清溶液中加入少量稀 NaOH 溶液，既无浅蓝色的 $Cu(OH)_2$沉淀生成，也无氨气产生，

说明游离的 Cu^{2+} 和 NH_3 的浓度较低；若加入少量 $BaCl_2$ 溶液时，立即生成白色的 $BaSO_4$ 沉淀，说明溶液中存在大量 SO_4^{2-}，实验过程如下：

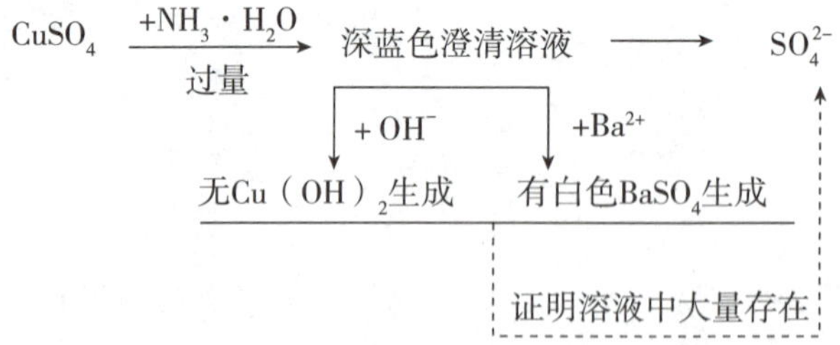

向深蓝色澄清溶液中加入适量乙醇，有深蓝色晶体析出。该晶体的 X 射线衍射分析表明，晶体中除 SO_4^{2-} 外，还有一个相对稳定的复杂离子存在，这个复杂离子 $[Cu(NH_3)_4]^{2+}$，称为配离子，它是由 Cu^{2+} 与 4 个 NH_3 分子通过配位键形成的；深蓝色晶体 $[Cu(NH_3)_4]SO_4$ 为配合物，其结构表示为：

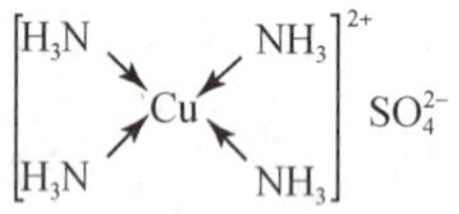

由上述讨论可知，某离子（或原子）和一定数目的中性分子或阴离子通过配位键形成的复杂结构单元称为配位单元。含有配位单元的化合物称为配位化合物。配位单元为离子的称为配离子，为分子的称为配分子。

（二）配合物的组成

配合物一般可分为内界和外界两部分。配合物结构中含有的独立配位单元称为内界，书写化学式时，常写在方括号里。内界以外的部分称为外界，通常写在方括号外。例如配合物 $[Cu(NH_3)_4]SO_4$ 和 $K_2[HgI_4]$，内界分别是 $[Cu(NH_3)_4]^{2+}$ 和 $[HgI_4]^{2-}$，外界分别是 SO_4^{2-} 和 K^+。含配分子的配合物只有内界，因此，此类配合物即配分子，如 $[Ni(CO)_4]$。

内界由一个金属离子（或原子）和若干个中性分子或阴离子组成，是配合物的特征部分。金属离子（或原子）是内界的核心部分，称为中心离子或形成体，本书统称为中心离子。与之连接的中性分子或阴离子是配位体（简称配体）。配体与中心离子直接连接的原子称为配位原子，内界中配位原子的数目称为配位数。如配合物 $[Co(NH_3)_6]Cl_2$ 的组成如下：

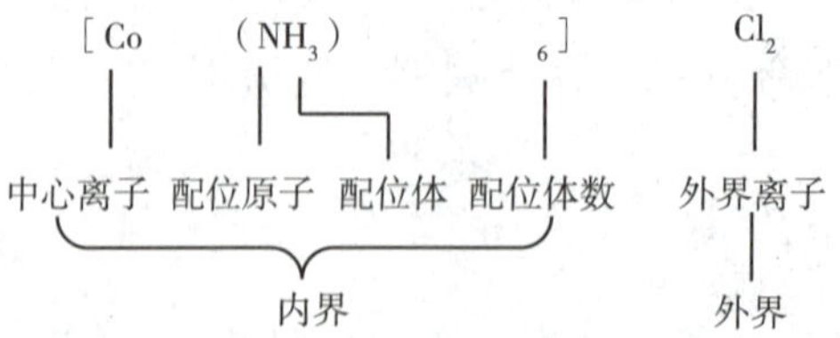

1. 中心离子 是配合物的形成体，位于配离子的中心。由具有空的价电子轨道、能接受孤对电子的阳离子（或原子）组成。其中大部分是金属离子，特别是过渡元素铬、铁、镍、铜、银等元素的离子或原子，如 $[Co(NH_3)_6]Cl_3$ 中的 Co(Ⅲ) 及 $K_4[Fe(CN)_6]$ 中的 Fe(Ⅱ) 等。还有一些是高氧化态非金属元素的原子，如 $Na[BF_4]$ 中的 B(Ⅲ)、$K_2[SiF_6]$ 中的 Si(Ⅳ) 及 $NH_4[PF_6]$ 中的 P(Ⅴ) 等。

2. 配体与配位原子 配合物中与中心离子通过配位键相结合的分子或阴离子称为配位体，简称配体，常见配体见表 7－1。在配位体中，直接向中心离子提供孤对电子形成配位键的原子称为配位原子。配位原子通常是电负性较大的非金属原子。如 H_2O 分子中的 O 原子及 NH_3 中的 N 原子等。

根据配体中配位原子的数目，配体可分为单齿配体和多齿配体。只含1个配位原子的配体，称为单齿配体，如CN^-、H_2O、NH_3等；含有2个或2个以上配位原子的配体称为多齿配体，如乙二胺（缩写为en）分子中的2个氮原子，均为配位原子，属于二齿配体。又如乙二胺四乙酸根（缩写为EDTA），分子中的2个氨基氮，四个羧基上的羟基氧，均为配位原子，属于六齿配体。

表7-1 常见的配体

化学式	名称	缩写
F^-、Cl^-、Br^-、I^-	卤素离子	
SCN^-、CN^-	硫氰酸根、氰根	
NCS^-、NC^-	异硫氰酸根、异氰根	
ONO^-、NO_2^-	亚硝酸根、硝基	
NH_3、H_2O	氨、水	
OH^-、NH_2^-、$S_2O_3^{2-}$	氢氧根、氨基、硫代硫酸根	
CH_3NH_2	甲胺	
$H_2NCH_2COO^-$、$^-OOC—COO^-$	氨基乙酸根、草酸根	gly、ox
$H_2NCH_2CH_2NH_2$	乙二胺	en
$N(CH_2COO)_3^{3-}$	氨三乙酸根	NTA
$(^-OOC—CH_2)_2N—CH_2—CH_2—N(CH_2—COO^-)_2$	乙二胺四乙酸根	EDTA

3. 配位数 直接与中心离子配位的原子数目称为配位数。它是中心离子的重要特征。

（1）配位数的计算方法 对单齿配体而言，内界配体的数目与中心离子的配位数相等，例如，$[Cu(NH_3)_4]^{2+}$中Cu^{2+}的配位数是4。对多齿配体而言，中心离子的配位数为配体数乘以每个配体提供的配位原子数。如$[Cu(en)_2]^{2+}$中的en是双齿配体，因此Cu^{2+}离子的配位数为4，而不是2。若有多个配体，配位数等于多个配体数加和或配体数乘配位原子数再加和。如$[CoCl_2(en)_2]^{2+}$中，同时有单齿配体和多齿配体，其配位数则为$2\times1+2\times2=6$。因此，计算配位数时，不仅要看配体的数目，还要区分配体类型。

（2）常见配位数及影响配位数的因素 中心离子的配位数一般是2、4、6和8，最常见的是4和6。如$[Fe(NCS)_2]^+$的Fe^{3+}配位数为2，$[Hg(SCN)_4]^{2-}$的Hg^{2+}配位数为4，$[Fe(CN)_6]^{4-}$的Fe^{2+}配位数为6。

影响配位数的因素很多，主要取决于中心离子和配体的性质。中心离子电荷的增高以及配体电荷的减少，有利于配位数的增加。对于同一配体，中心离子的电荷越高，配位数越高，如$[Ag(NH_3)_2]^+$的Ag^+配位数为2，$[Cu(NH_3)_4]^{2+}$的Cu^{2+}配位数为4，$[Co(NH_3)_5(H_2O)]^{3+}$的Co^{3+}配位数为6；配体电荷的增加对形成高配位数不利，因为配体间的斥力将增加，导致配位数减少，如$[Co(H_2O)_6]^{2+}$与$[CoCl_4]^{2-}$相比，配体H_2O是中性分子，Cl^-是带负电荷的阴离子，Co^{2+}的配位数由6降为4。一些常见离子的配位数见表7-2。

表7-2 常见离子的配位数

金属离子电荷	配位数	实例
+1（Ag^+、Cu^+、Au^+）	2	$[Ag(NH_3)_2]^+$、$[Au(CN)_2]^-$
+2（Fe^{2+}、Cu^{2+}、Zn^{2+}）	4（6）	$[Cu(NH_3)_4]^{2+}$、$[HgI_4]^{2-}$、$[Co(NH_3)_6]^{2+}$
+3（Fe^{3+}、Co^{3+}、Cr^{3+}）	6（4）	$[FeF_6]^{3-}$、$[Co(NH_3)_6]^{3+}$、$[Cr(NH_3)_6]^{3+}$、$[AlCl_4]^-$
+4（Pt^{4+}）	6（8）	$[Pt(NH_3)_6]^{4+}$

4. 配离子的电荷 中心离子和配体总电荷的代数和即为配离子的电荷数。如 $[PtCl_6]^{2-}$ 的电荷数是：$(+4)\times1+(-1)\times6=-2$。外界离子与配离子符号相反、电荷相等，配合物是电中性的，所以可以根据外界离子的电荷，求算配离子的电荷。如 $K_3[Fe(CN)_6]$ 的配离子的电荷为 -3。

（三）配合物的命名

配合物组成复杂，命名难度较大。通常，配合物的命名服从无机化合物的命名原则。

1. 外界的命名原则

（1）外界是氢离子，称“某酸”，如 $H_2[PtCl_6]$，命名为六氯合铂（Ⅳ）酸。

（2）外界是简单的阴离子（卤素离子或 OH^-），称“某化某”如 $[Ag(NH_3)_2]OH$，命名为氢氧化二氨合银（Ⅰ）。

（3）外界是金属离子、NH_4^+ 或复杂的阴离子（如SO_4^{2-}），称“某酸某”，如 $[Co(NH_3)_5(ONO)]SO_4$，命名为硫酸亚硝酸根·五氨合钴（Ⅲ）。

2. 内界的命名原则 先列出配体及其配位数。依次说明配位体数目、名称及中心离子名称。配体与中心离子之间用“合”字连接，表示与配位键结合，配体数目以中文数字作前缀，中心离子的氧化值用罗马数字放在括号内作后缀。

命名顺序为：配体数－配体名称－合－中心离子（氧化值）。

根据配合物的命名原则，$[Cu(NH_3)_4]SO_4$的命名如下：

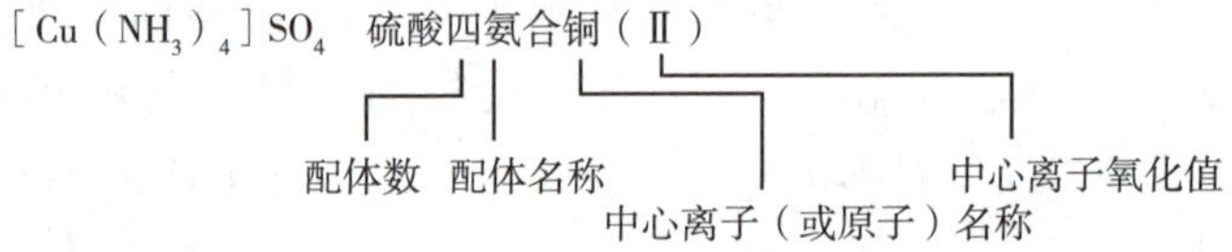

如果配体不止一种，不同配体之间以中圆点“·”分开，复杂的配体名称写在圆括号内。命名顺序为先阴离子、后中性分子，如：

$[Pt(NH_3)_2Cl_2]$	二氯·二氨合铂
$NH_4[Cr(NCS)_4(NH_3)_2]$	四(异硫氰酸根)·二氨合铬(Ⅲ)酸铵

如果同时含有无机配体和有机配体，则无机配体在前，有机配体在后，如：

$[Cu(NH_3)_2(en)]SO_4$	硫酸二氨·一(乙二胺)合铜(Ⅱ)

如果为同类配体，则按配位原子元素符号的英文字母顺序排列，如：

$[Co(NH_3)_5(H_2O)]_2(SO_4)_3$	硫酸五氨·水合钴(Ⅲ)

如果是配离子，命名时加上“配离子”，如：

$[Cr(NH_3)_5(H_2O)]^{3+}$	五氨·水合铬(Ⅲ)配离子

如果配体具有相同的化学式，但配位原子不同，命名也不同。如：

SCN^-作配体，S 为配位原子，名为“硫氰酸根”；NCS^-作配体，N 为配位原子，名为“异硫氰酸根”。

NO_2^- 作配体，N 为配位原子，称为“硝基”；ONO^-为配体，O 为配位原子，称为“亚硝酸根”。

常见的配合物还有一些习惯称呼。如 $[Cu(NH_3)_4]^{2+}$称为铜氨配离子，$[Ag(NH_3)_2]^+$称为银氨配离子，$K_3[Fe(CN)_6]$ 称为铁氰化钾（赤血盐），$K_4[Fe(CN)_6]$ 称为亚铁氰化钾（黄血盐），H_2SiF 称为氟硅酸，K_2PtCl_6称为氯铂酸钾等。

即学即练 7－1

答案解析

命名下列配合物，并指出配离子的电荷、中心离子的氧化值和配位数。

(1) $[Zn(NH_3)_4]SO_4$　　(2) $Na_2[SiF_6]$

(3) $[CoCl_3(NH_3)_3]$　　(4) $NH_4[Cr(SCN)_4(NH_3)_2]$

二、配合物的类型

（一）简单配合物

由单齿配体（如 NH_3、H_2O、CN^-、卤素等）和中心离子形成的配合物称为简单配合物，例如 $[Cu(NH_3)_4]SO_4$、$H_2[PtCl_6]$、$[Ag(NH_3)_2]Cl$ 等。

（二）螯合物

1. 螯合物的形成　多齿配体和中心离子形成的具有环状结构的配合物，称为螯合物。如乙二胺 $H_2NCH_2CH_2NH_2$ 与 Cu^{2+} 生成二（乙二胺）合铜（Ⅱ）离子，是具有 2 个五元环的螯合物，结构如下：

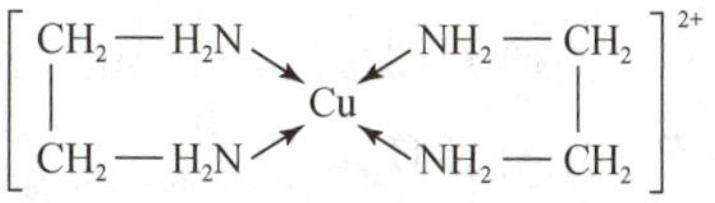

二(乙二胺)合铜(Ⅱ)离子

多齿配体与中心离子形成的环状结构，就像螃蟹的双螯一样钳住中心离子，这种作用称为螯合作用。螯合作用大大增加了配合物的稳定性，称为螯合效应。能形成螯合物的多齿配体称为螯合剂。氨羧配位剂是一类常用的螯合剂，它是以氨基二乙酸 $[—N(CH_2COOH)_2]$ 为基体的配位剂的总称，能同时提供 N 和 O 原子作配位原子，因此几乎可以和所有的金属离子进行配位。在氨羧配位剂中，乙二胺四乙酸（简称 EDTA）应用最为广泛。

2. 螯合物的稳定性　由于螯合效应，螯合物具有很高的稳定性，在溶液中较难解离。

（1）对于相同的配位离子，当配位数相同时，螯合物的稳定性大于简单配合物。

（2）一般来说五元环、六元环最为稳定。当中心离子与配体形成五元或六元环状螯合物时，环的张力较小，螯合物的稳定性较高。因此，要形成稳定的螯合物，螯合剂中相邻两个配位原子之间应间隔 2～3 个其他原子。

（3）中心离子与 1 个配体形成的螯合环数目越多，螯合物越稳定。如 EDTA 与金属离子以 1∶1 配比形成的螯合物中，含有 5 个五元环，因此非常稳定。Mg^{2+}、Ca^{2+} 不易形成配合物，但都能和EDTA形成十分稳定的螯合物，其空间构型如图 7－1 所示。

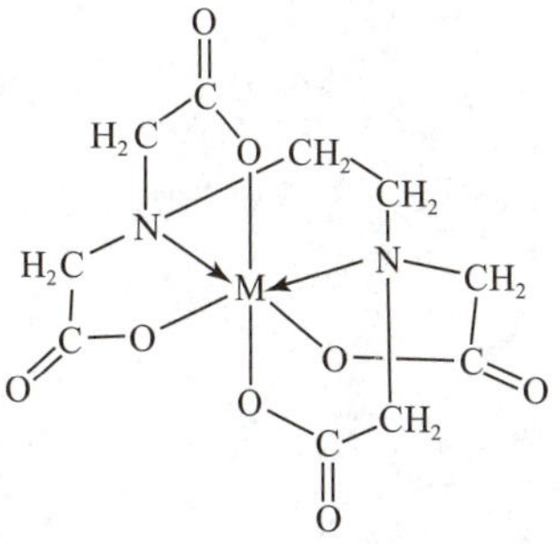

图 7－1　EDTA－M 螯合物立体结构

知识链接

螯合物的应用

螯合物在医药与生物方面有广泛应用。在医药方面，多数抗微生物药物配体与中心离子形成的配合物能增加药物活性，如丙基异烟肼与一些金属的螯合物，提高了药物的脂溶性和透过细胞膜的能力，从而活性更高，抗结核菌的能力强于配体；自 20 世纪 60 年代，科学家们发现配合物顺铂［$PtCl_2(NH_3)_2$］具有抗癌活性，从而打开了配合物治疗癌症的大门，现已研制出第三代铂系抗癌药物，毒副作用大大降低。

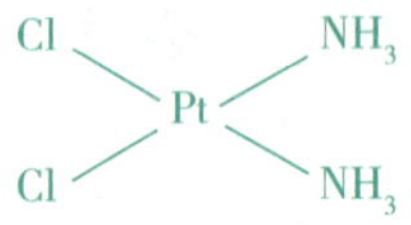

顺铂结构式

金属螯合物在生物化学中的应用也非常广泛，而且极为重要。生物体中的各种代谢活动、能量转换与传递、电荷转移、化学键的形成或断裂、O_2的输送等都与金属离子和有机体生成复杂的螯合物有关。如植物生长中起光合作用的叶绿素是含 Mg^{2+} 的螯合物；动物血液中输送氧的血红素是 Fe^{2+} 卟啉螯合物。

（三）多核配合物

分子中含有两个或两个以上中心离子的配合物，称为多核配合物。根据中心离子种类不同，多核配合物分为同多核配合物和异多核配合物；根据中心离子的数量可分为双核配合物（2 个中心离子）；三核配合物（3 个中心离子）等。多核配合物的中心离子通过配体相互连接，在中心离子间起到“搭桥作用”的配体，称为桥联原子简称桥基。目前研究较多的是含 Mn、Fe、Co、Ni、Cu 等为中心离子的多核配合物；可作桥基的配体很多，如 Cl^-、OH^-、NH_2^-。

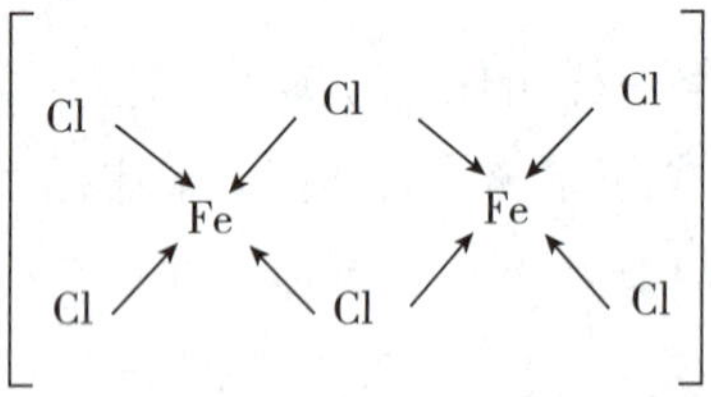

双核配合物（Cl⁻为桥基）

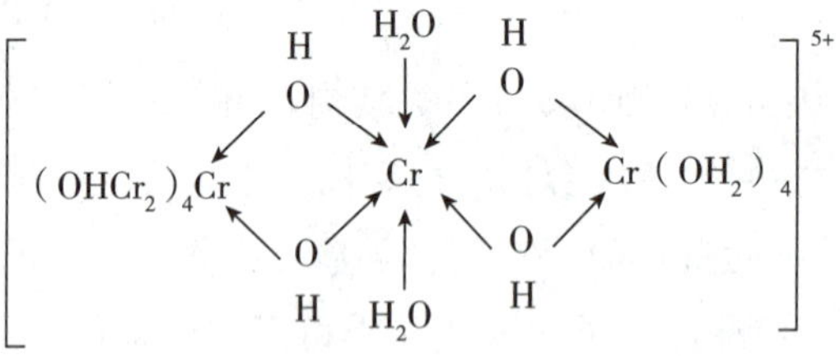

三核配合物（OH⁻为桥基）

即学即练 7－2

何谓螯合物和螯合作用？在下列化合物中哪些能作为有效的螯合剂？

（1）H_2O　（2）$(HOOCCH_2)_2NCH_2CH_2N(CH_2COOH)_2$

（3）NH_3　（4）$NH_2CH_2CH_2COOH$

答案解析

第二节　配位平衡

PPT

一、配合物的稳定性

配合物的稳定性与配离子解离为简单离子和配体的难易程度有关。解离度越大，说明配合物的稳定性越低；反之，配合物的稳定性越高。配合物的稳定性主要由中心离子和配位体的性质决定，其次，与溶液的酸度、温度及浓度等外界因素有关。

（一）配位平衡

中心离子与配位体生成配离子的反应称为配位反应，其逆反应称为解离反应。当向 $CuSO_4$ 中加入过量的氨水，生成 $[Cu(NH_3)_4]^{2+}$，该反应称为配位反应。

$$Cu^{2+} + 4NH_3 \longrightarrow [Cu(NH_3)_4]^{2+}$$

若向上述溶液中继续加入稀 NaOH 溶液，没有 $Cu(OH)_2$ 沉淀生成，但加入 Na_2S，则有黑色 CuS 沉淀生成，说明溶液中存在少量解离的 Cu^{2+}，即 $[Cu(NH_3)_4]^{2+}$ 发生解离反应。

$$[Cu(NH_3)_4]^{2+} \longrightarrow Cu^{2+} + 4NH_3$$

上述讨论可知，Cu^{2+} 与 NH_3 发生配位反应的同时，也存在 $[Cu(NH_3)_4]^{2+}$ 的解离。在一定温度下，当配位反应速率与解离反应速率相等时，体系达到动态平衡，即配位平衡，反应如下：

$$Cu^{2+} + 4NH_3 \rightleftharpoons [Cu(NH_3)_4]^{2+}$$

（二）稳定常数

若用 M 表示金属离子，用 L 表示配位体，当反应达到配位平衡时表示为：

$$M^{n+} + aL^- \rightleftharpoons [ML_a]^{n-a}$$

该反应的平衡常数称为配离子的稳定常数，用 $K_{稳}$ 表示。

$$K_{稳} = \frac{[ML_a^{n-a}]}{[M^{n+}][L^-]^a} \tag{7-1}$$

如 $[Cu(NH_3)_4]^{2+}$ 的稳定常数： $K_{稳} = \frac{[Cu(NH_3)_4^{2+}]}{[Cu^{2+}][NH_3]^4}$

配离子的稳定常数反映了配离子的稳定性，也常用 $\lg K_{稳}$ 表示，$K_{稳}$（或 $\lg K_{稳}$）越大，说明生成配离子的倾向越大，解离倾向越小，配离子越稳定。反之，配离子越容易解离，稳定性越小。

对于配位比相同的配合物，可直接根据 $K_{稳}$ 值比较其稳定性。如 $[Ag(NH_3)_2]^+$ 与 $[Ag(CN)_2]^-$ 配位比相同，$[Ag(NH_3)_2]^+$ 和 $[Ag(CN)_2]^-$ 的 $K_{稳}$ 分别为 1.1×10^7、1.3×10^{21}，故稳定性 $[Ag(CN)_2]^- > [Ag(NH_3)_2]^+$。如果配合物的配位比不同，则不能用 $K_{稳}$ 直接比较其稳定性，只能通过计算结果来判断。常见配离子的稳定常数见附录 7。

二、配位平衡的移动

金属离子和配体在溶液中形成的配位平衡如下：

$$M^{n+} + aL^- \rightleftharpoons [ML_a]^{n-a}$$

根据平衡移动原理，改变金属离子 M^{n+} 或配体 L^- 的浓度，平衡将发生移动。增加 M^{n+} 或 L^- 的浓度，配离子的稳定性增加；反之，配离子将发生解离。在配位平衡的溶液中加入某种试剂，发生酸碱反应、沉淀反应或氧化还原反应等，可改变金属离子或配体的浓度，使配位平衡发生移动。

（一）配位平衡与酸碱平衡

1. 酸效应 根据酸碱质子理论，常见的配体一般都是质子碱。当溶液酸碱度发生改变时，则配位平衡发生移动。如 NH_3 是常见的配体，当溶液酸度提高，H^+ 浓度增大，NH_3 与 H^+ 结合，形成 NH_4^+，导致 NH_3 浓度降低，使配位平衡向配离子解离方向移动，导致 $[Cu(NH_3)_4]^{2+}$ 的解离度增大，其稳定性降低。由于酸度增大导致的配合物稳定性降低的现象称为配体的酸效应。

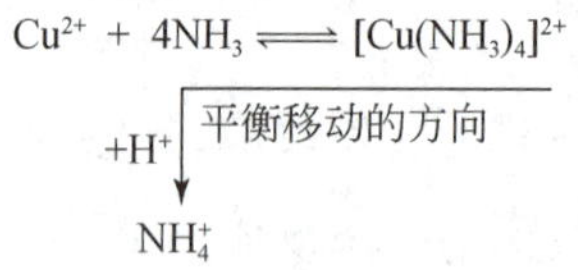

2. 水解效应 配合物的中心离子一般是金属离子，当溶液酸度降低，即 OH^- 浓度升高时，中心离子将发生水解，在溶液中的浓度降低，配位平衡向解离方向移动，导致配离子的解离度增大，稳定性降低。这种因中心离子发生水解，导致配合物的稳定性下降的现象称为水解效应。

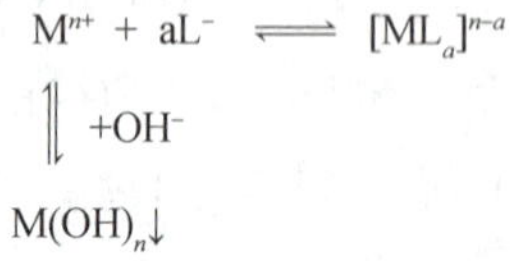

在溶液中，酸效应和水解效应同时存在，但作用相反。因此，溶液中既要考虑配体的酸效应，也要考虑金属离子的水解效应。配合物一般都有适宜的酸度范围，可根据实际需要，控制溶液的 pH，有利于配合物生成或解离。

（二）配位平衡与沉淀平衡

在配合物溶液中加入沉淀剂，如果中心离子和沉淀剂生成难溶的化合物，体系中的中心离子的浓度降低，会使配位平衡向解离的方向移动，导致配离子分解。如向 $[Ag(NH_3)_2]^+$ 溶液中加入 Na_2S 溶液，出现 Ag_2S 沉淀，配位平衡向沉淀平衡转化。

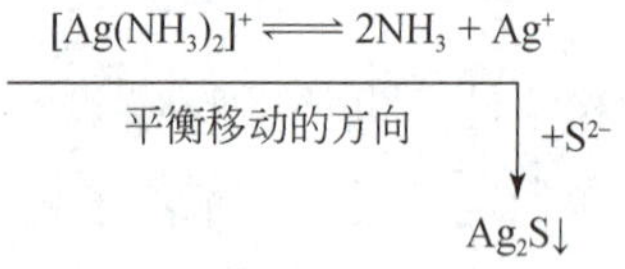

反之，如果向沉淀中加入能与其金属离子形成配合物的配位剂，则沉淀可转化为配离子，发生溶解现象。如在 AgCl 沉淀中加入浓氨水，沉淀溶解生成 $[Ag(NH_3)_2]^+$，沉淀平衡向配位平衡转化，反应如下：

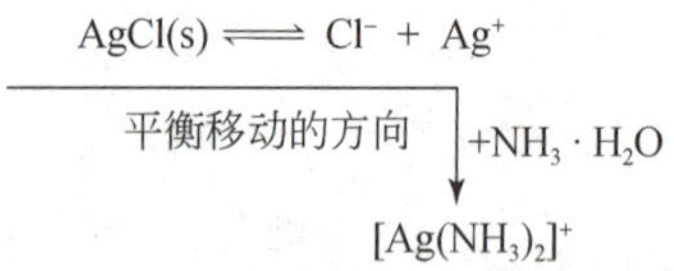

上述反应可知，溶液中同时存在配位平衡和沉淀平衡。两个平衡之间的转化取决于配合物的稳定性和生成难溶化合物的溶解度。配合物稳定，沉淀溶解度大，沉淀平衡易向配位平衡转化；反之，配合物稳定性小，沉淀溶解度小，配位平衡易向沉淀平衡转化。

【例 7－1】298.15K 时，含有 0.1mol/L 的 $[Cu(NH_3)_4]^{2+}$ 溶液中，加入 1.0×10^{-3}mol/L 的 Na_2S 溶液，有无 CuS 沉淀生成？已知 $K_{稳([Cu(NH_3)_4]^{2+})} = 2.09\times10^{13}$，$K_{sp(CuS)} = 6.3\times10^{-36}$。

解：设 $[Cu(NH_3)_4]^{2+}$ 配离子离解所生成的 $[Cu^{2+}] = x$mol/L，

$$Cu^{2+} + 4NH_3 \rightleftharpoons [Cu(NH_3)_4]^{2+}$$

平衡浓度 $\quad x \quad 4x \quad 0.1-x$

$$K_{稳} = \frac{[Cu(NH_3)^{2+}]}{[Cu^{2+}][NH_3]^4} = 2.09\times10^{13}$$

因 $K_{稳}$ 较大，x 很小，$0.1-x\approx0.1$，则

$$K_{稳}=\frac{0.1}{x(4x)^4}=2.09\times10^{13}$$

得 $x=4.51\times10^{-4}(\text{mol/L})$

溶液中 $[S^{2-}]=1.0\times10^{-3}(\text{mol/L})$，$[Cu^{2+}]\cdot[S^{2-}]=4.51\times10^{-4}\times1.0\times10^{-3}=4.51\times10^{-7}$

由于 $4.51\times10^{-7}>6.3\times10^{-36}$，即 $[Cu^{2+}]\cdot[S^{2-}]>K_{sp(CuS)}$ 所以有 CuS 沉淀生成。

【例 7－2】在 298.15K 时，1L 6mol/L 氨水可溶解多少 AgCl？已知 $K_{[Ag(NH_3)_2]^+}=1.1\times10^7$，$K_{sp(AgCl)}=1.8\times10^{-10}$

解：氨水与 AgCl 反应可建立如下平衡

$$AgCl(s)+2NH_3 \rightleftharpoons [Ag(NH_3)_2]^+ + Cl^-$$

该反应的平衡常数 $K_{总}$：

$$K_{总}=\frac{[Ag(NH_3)_2^+][Cl^-]}{[NH_3]^2}=\frac{[Ag(NH_3)_2^+][Cl^-][Ag^+]}{[NH_3]^2[Ag^+]}=K_{稳}\times K_{sp}=1.1\times10^7\times1.8\times10^{-10}=2.0\times10^{-3}$$

设 1L 6mol/L 氨水可溶解 $x$mol 的 AgCl，平衡时物质的浓度分别为：

$[Ag(NH_3)_2]^+=x\text{mol/L}$，$[Cl^-]=x\text{mol/L}$，$[NH_3]=(6-2x)\text{mol/L}$

假设溶解的 Ag^+ 离子基本上以 $[Ag(NH_3)_2]^+$ 离子形式存在，将各浓度代入平衡关系式：

$$K_{总}=\frac{[Ag(NH_3)_2^+][Cl^-]}{[NH_3]^2}=\frac{x\cdot x}{(6-2x)^2}=2.0\times10^{-3}$$

则 $x=0.246(\text{mol/L})$

计算结果表明，在 1L 6mol/L 氨水中仅有 0.246mol AgCl 溶解，故必须加大氨水的浓度，才能使 AgCl 沉淀溶解。

（三）配位平衡与氧化还原反应

在配合物溶液中加入某些可与配合物的中心离子反应的氧化剂、还原剂，改变中心离子或配体的浓度，导致配位平衡发生移动。如向 $[Fe(NCS)_2]^+$ 溶液中加入 $SnCl_2$ 溶液，则血红色褪去，反应如下：

$$2[Fe(NCS)_2]^+ + Sn^{2+} \rightleftharpoons 2Fe^{2+} + Sn^{4+} + 4SCN^-$$

由上述反应可以看出，氧化还原反应对配位平衡产生了影响。同理，配位平衡也会影响氧化还原的平衡。例如，Fe^{3+} 能将 I^- 氧化成 I_2，反应如下：

$$2Fe^{3+} + 2I^- \rightleftharpoons 2Fe^{2+} + I_2$$

向上述氧化还原平衡的溶液中加入 F^- 离子后，Fe^{3+} 与 F^- 离子可生成较稳定的 $[FeF_6]^{3-}$，溶液中 $[Fe^{3+}]$ 大大降低，导致上述反应逆向进行。

（四）配合物的转化

在配合物溶液中，加入某种试剂，能与中心离子或配体生成较原配合物更稳定的配合物，则发生配合物的转化。其实质是发生了取代反应，分为中心离子取代和配体取代。如：

$$[Ag(NH_3)_2]^+ + 2CN^- \rightleftharpoons [Ag(CN)_2]^- + 2NH_3(\text{配位体取代})$$

$$[CuY]^{2-} + Fe^{3+} \rightleftharpoons Cu^{2+} + [FeY]^-(\text{中心离子取代})$$

配合物的转化取决于配离子稳定性的大小，通常，倾向于往 $K_{稳}$ 大的配合物方向进行。两种配离子的 $K_{稳}$ 相差越大，转化越完全。

即学即练 7-3

向 $[Ag(NH_3)_2]^+$ 溶液中加入 NaBr 溶液，会出现什么现象？如果再向溶液中加入 $Na_2S_2O_3$ 溶液，会出现什么现象？

答案解析

第三节　配位滴定

微课

PPT

配位滴定法是以形成稳定配合物的配位反应为基础的滴定分析方法。配位反应很多，但只有满足以下条件的配位反应才能用于滴定分析。

（1）生成的配合物有足够的稳定性，且在水中易溶解。

（2）反应能定量进行，即金属离子与配位剂的反应按一定的计量关系进行，此为定量计算的基础。

（3）配位反应速度快。

（4）有适当的方法确定化学计量点。

配位滴定中，被滴定的一般是金属离子。由于简单配合物多数由无机配体与金属离子形成，常形成逐级配合物，难以确定反应的定量关系，并且配合物稳定性较差，因此极少用于滴定分析。多齿配体与金属离子形成的稳定环状结构的螯合物，配位比简单、易确定定量关系、反应完成度高，一般用于配位滴定反应。目前常用的有机配体是氨羧配位剂，其中以乙二胺四乙酸（EDTA）的应用最为广泛。因此，配位滴定法又称 EDTA 滴定法，主要用于测定金属离子的含量。

一、EDTA 及其配位特性

（一）EDTA 的性质

EDTA 为四元有机弱酸，常用 H_4Y 表示，其结构式如下：

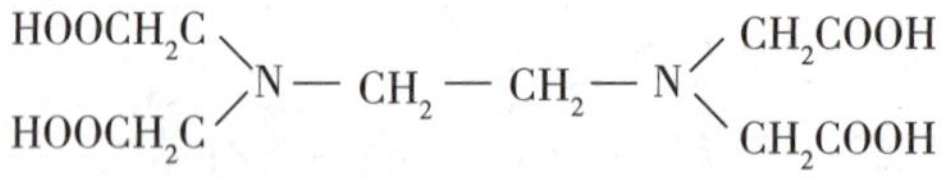

EDTA 微溶于水，难溶于酸和一般的有机溶剂，易溶于氢氧化钠和氨水等碱性溶液。因此，滴定分析中常用其二钠盐作滴定液。其二钠盐含 2 个结晶水，用 $Na_2H_2Y \cdot 2H_2O$ 表示，白色粉末状结晶，水溶性较好，通常也简称 EDTA。

在水溶液中，EDTA 分子中的两个羧基（互为对角线上）的 H^+ 会转移到氮原子上，形成双偶极离子，如下图所示：

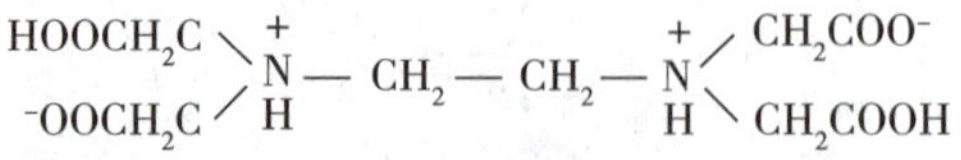

如果溶液酸度较高，EDTA 的两个羧酸根还可以再接受 H^+ 而形成 H_6Y^{2+}，相当于六元酸，在溶液中会存在六级离解平衡，其六级解离平衡可表示如下：

$$H_6Y^{2+} \underset{+H^+}{\overset{-H^+}{\rightleftharpoons}} H_5Y^{+} \underset{+H^+}{\overset{-H^+}{\rightleftharpoons}} H_4Y \underset{+H^+}{\overset{-H^+}{\rightleftharpoons}} H_3Y^{-} \underset{+H^+}{\overset{-H^+}{\rightleftharpoons}} H_2Y^{2-} \underset{+H^+}{\overset{-H^+}{\rightleftharpoons}} HY^{3-} \underset{+H^+}{\overset{-H^+}{\rightleftharpoons}} Y^{4-}$$

各级解离平衡的 pK_a 依次为：$pK_{a_1}=0.9$，$pK_{a_2}=1.6$，$pK_{a_3}=2.0$，$pK_{a_4}=2.67$，$pK_{a_5}=6.16$，$pK_{a_6}=10.26$。

由上述离解平衡可知，EDTA 在水溶液中以 H_6Y^{2+}、H_5Y^{+}、H_4Y、H_3Y^{-}、H_2Y^{2-}、HY^{3-} 和 Y^{4-} 这 7 种形式存在，酸度不同，EDTA 主要存在的形式也不同。实验证明，在 EDTA 存在的 7 种形式中，只有 Y^{4-} 能与金属离子发生配位反应。

（二）EDTA 与金属离子配位特点

1. 配位面广　除一价碱金属离子外，EDTA 几乎能与所有的金属离子形成配合物，有广泛的配位性能，因而配位滴定法应用非常广泛。

2. 配合物稳定　1 个 EDTA 分子中含有 4 个羧基的羟基氧和 2 个氨基氮，共 6 个配位原子，能与金属离子形成多个五元环螯合物，十分稳定。

3. 配合物易溶于水　由于 EDTA 与金属离子形成的配合物多数带电荷，水溶性好，有利于滴定。

4. 计量关系简单　EDTA 与大多数金属离子一般均按 1∶1 配位。

5. 配位反应速度快　大多数金属离子都能与 EDTA 迅速完成配位反应。

6. 配合物的颜色　EDTA 与无色金属离子形成无色配合物，与有色金属离子形成颜色更深的配合物，见表 7－3。

表 7－3　有色 EDTA 螯合物

螯合物	NiY^{2-}	CuY^{2-}	FeY^{-}	CoY^{-}	MnY^{2-}	CrY^{-}
颜色	蓝绿	深蓝	黄	紫红	紫红	深紫

答案解析

即学即练 7－4

采用配位滴定法，能否测定食盐 NaCl 含量，为什么？

二、影响 EDTA 配合物稳定性的因素

（一）EDTA 与金属离子形成配合物的稳定常数

EDTA（Y）能与大多数金属离子（M）形成配位比为 1∶1 的配合物，主反应简写成：

$$M + Y \rightleftharpoons MY$$

反应达平衡时：

$$K_{稳} = K_{MY} = \frac{[MY]}{[M][Y]} \qquad (7-2)$$

$K_{稳}$（或 K_{MY}）为上述反应的平衡常数，即在一定温度下，金属离子与 EDTA 生成的配合物的稳定常数，又称绝对稳定常数。$K_{稳}$ 或 $\lg K_{稳}$ 越大，配合物稳定性越高，配位反应越完全。一些常见金属离子与 EDTA 配合物的稳定常数见附录 7。

（二）影响配位平衡的主要因素

配位滴定中，除被测离子 M 与滴定液 Y 的主反应外，还存在溶液中的 H^+、OH^-、其他配体 L、其

他阳离子 N 等引起的副反应，使形成的配合物不稳定。反应体系的化学平衡关系表示如下：

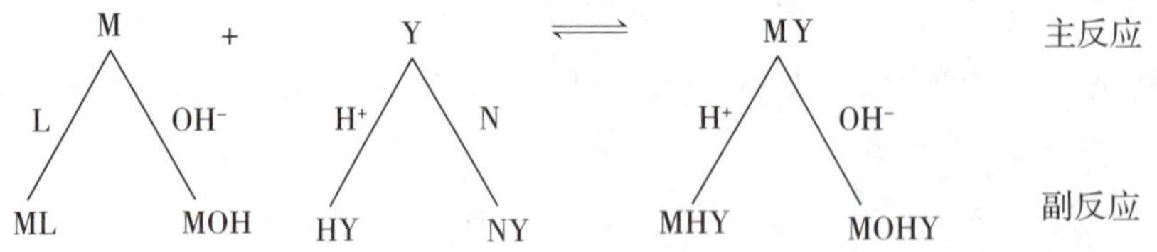

上述副反应对主反应都会产生影响，下面主要讨论对配位平衡影响较大的酸效应和金属离子的配位效应。

1. 酸效应 如果溶液中 H^+ 离子浓度过高，则溶液中的 Y 会与 H^+ 结合，导致 Y 的平衡浓度降低，主反应化学平衡向左移动。这种由于 H^+ 存在使配位体 Y 参加主反应能力降低的现象称为酸效应。酸效应的大小用酸效应系数 $\alpha_{Y(H)}$ 来表示。酸效应系数 $\alpha_{Y(H)}$ 表示在一定 pH 时，未与金属离子 M 配位的各种形式 Y 的总浓度 $[Y']$ 与平衡浓度 $[Y]$（即 $[Y^{4-}]$）之比：

$$\alpha_{Y(H)}=\frac{[Y']}{[Y]}=\frac{[Y^{4-}]+[HY^{3-}]+[H_2Y^{2-}]+[H_3Y^-]+[H_4Y]+[H_5Y^+]+[H_6Y^{2+}]}{[Y^{4-}]} \tag{7-3}$$

由上式可知，$\alpha_{Y(H)}$ 越大，表明参加主反应的 Y^{4-} 越少，酸效应越强。当 $\alpha_{Y(H)}=1$ 时，$[Y']=[Y]$，说明 Y 没有发生副反应，全部以 Y^{4-} 形式存在。不同 pH 时的酸效应系数，见附录 12。$\alpha_{Y(H)}$ 值随着酸度的增大而增大。

2. 配位效应 当溶液中存在其他配位剂 L 时，与金属离子 M 发生副反应，使主反应的能力降低，这种现象称为金属离子的配位效应。配位效应的大小用配位效应系数 $\alpha_{M(L)}$ 来衡量。

$$\alpha_{M(L)}=\frac{[M']}{[M]} \tag{7-4}$$

式中，$[M']$ 为金属离子总浓度，$[M]$ 为游离金属离子浓度。$\alpha_{M(L)}$ 越大，金属离子 M 与其他配位剂 L 发生的副反应越严重，越不利于滴定。

3. 条件稳定常数 当滴定中有副反应发生时候，$[M]$ 和 $[Y]$ 发生改变，主反应平衡发生移动，配合物的稳定性下降。此时，用 K_{MY} 已不能完全反映主反应进行的程度。考虑到副反应所带来的影响，引入条件稳定常数 K'_{MY}，来表示配合物反应的实际反应程度：

$$K'_{MY}=\frac{[(MY)']}{[M'][Y']} \tag{7-5}$$

K'_{MY} 是判断能否进行配位滴定的重要依据。

如果副反应只考虑体系中的酸效应和金属离子的配位效应，则将 $[M']=\alpha_{M(L)}\cdot[M]$，$[Y']=\alpha_{Y(H)}\cdot[Y]$，$[(MY)']=\alpha_{MY}[MY]$ 代入式（7-5）中，得：

$$K'_{MY}=\frac{\alpha_{MY}[MY]}{\alpha_{M(L)}[M]\alpha_{Y(H)}[Y]}=K_{MY}\frac{\alpha_{MY}}{\alpha_{M(L)}\alpha_{Y(H)}} \tag{7-6}$$

由于 $\alpha_{M(Y)}$ 对主反应有利，故不考虑，对上式两边取对数，可得

$$\lg K'_{MY}=\lg K_{MY}-\lg\alpha_{Y(H)}-\lg\alpha_{M(L)} \tag{7-7}$$

若滴定体系中无其他配位剂 L 存在，即 $\lg\alpha_{M(L)}=0$，可以只考虑酸效应对主反应的影响，上式简化为：

$$\lg K'_{MY}=\lg K_{MY}-\lg\alpha_{Y(H)} \tag{7-8}$$

由以上讨论可知，副反应系数越小，条件稳定常数越大，配合物越稳定；反之，配合物的实际稳定

性越低。

【例7-3】求 pH=2.0 和 pH=5.0 时 $\lg K'_{ZnY}$ 值。已知 $\lg K_{ZnY}=16.50$；pH=2.0 时，$\lg\alpha_{Y(H)}=13.51$；pH=5.0 时，$\lg\alpha_{Y(H)}=6.45$。

解：由式（7-8）得：pH=2.0 时，$\lg K'_{ZnY}=\lg K_{ZnY}-\lg\alpha_{Y(H)}=16.5-13.51=2.99$

pH=5.0 时，$\lg K'_{ZnY}=\lg K_{ZnY}-\lg\alpha_{Y(H)}=16.5-6.45=10.05$

显然，由于酸效应，配合物在 pH=5.0 的溶液中比在 pH=2.0 的溶液中更为稳定。

三、配位滴定条件的选择

（一）EDTA 准确滴定金属离子的条件

在配位滴定中，随着滴定液的加入，被测金属离子浓度不断减小。在化学计量点附近，金属离子浓度发生急剧变化，形成滴定突跃。金属离子浓度［M］和配合物条件稳定常数 K'_{MY} 是影响配位滴定突跃范围的主要因素。通常，［M］和 K'_{MY} 越大，滴定突跃范围越大。反之，滴定突跃范围越小。

经理论计算表明：要使终点误差≤0.1%左右，则必须满足以下条件：$\lg(c_M K'_{MY})\geq 6$。而在配位滴定中，金属离子或 EDTA 浓度一般为 10^{-2} 数量级，所以 $\lg K'_{MY}\geq 8$。因此，将 $\lg(c_M K'_{MY})\geq 6$，或 $\lg K'_{MY}\geq 8$ 作为判断金属离子能否进行准确滴定的条件。

（二）配位滴定中酸度的控制

1. 缓冲溶液的作用　配位滴定法需要在一定 pH 溶液中进行，同时，溶液 pH 的变化会影响指示剂的变色点，使误差增大，甚至无法滴定。因此，配位滴定中常用缓冲溶液来保持溶液酸度的相对稳定。在弱酸性溶液中滴定时，常用 HAc-NaAc 缓冲溶液（pH 为 3.4～5.5）或六次甲基四胺 $(CH_2)_6N_4$-HCl 缓冲溶液（pH 为 5～6）控制溶液的酸度；弱碱性溶液中，常用 $NH_3\cdot H_2O$-NH_4Cl 缓冲溶液（pH 为 8～11）控制溶液的酸度。

2. 最高酸度（最低 pH）　在配位滴定中，金属离子 M 能被 EDTA 准确滴定的条件是 $\lg K'_{MY}\geq 8$，则：

$$\lg K'_{MY}=\lg K_{MY}-\lg\alpha_{Y(H)}-\lg\alpha_{M(L)}\geq 8 \tag{7-9}$$

如果不考虑金属离子与其他配位剂的副反应，被测金属离子的 K'_{MY} 主要取决于溶液的酸度，则：

$$\lg K'_{MY}=\lg K_{MY}-\lg\alpha_{Y(H)}\geq 8 \tag{7-10}$$

即酸度越高，$\alpha_{Y(H)}$ 越大，K'_{MY} 越小，滴定突跃范围越小。但当溶液酸度达到某一限度时，导致 $\lg K'_{MY}<8$，金属离子不能准确滴定。因此，当 $\lg K'_{MY}=8$ 时，所对应的酸度即为金属离子与 EDTA 形成的配合物刚好能稳定存在时溶液的酸度，称为最高酸度，即最低 pH。可根据式（7-12），求出 $\lg\alpha_{Y(H)}$。

$$\lg K'_{MY}=\lg K_{MY}-\lg\alpha_{Y(H)}=8 \tag{7-11}$$

$$\lg\alpha_{Y(H)}=\lg K_{MY}-8 \tag{7-12}$$

再从附录 12 查出其对应的 pH，此 pH 就是金属离子准确滴定的最低 pH。

3. 最低酸度（最高 pH）　在配位滴定中，酸度越小，$\alpha_{Y(H)}$ 越小，K'_{MY} 越大，有利于滴定。但如果溶液酸度过低，金属离子易水解，生成氢氧化物沉淀，影响配位滴定的进行。金属离子刚开始水解时溶液的酸度，称为最低酸度，对应的 pH 为最高 pH。一般情况下，忽略配位效应、离子强度及沉淀是否易溶解等因素的影响，直接应用氢氧化物的溶度积，计算该金属离子的最低酸度。

$$[OH^-] = \sqrt[n]{\frac{K_{sp}}{[M]}} \quad (7-13)$$

式中，K_{sp}为$M(OH)_n$沉淀的溶度积，[M] 为金属离子的浓度。

配位滴定时应控制酸度在最高和最低酸度之间，此酸度范围称为配位滴定的适宜酸度范围。

（三）掩蔽作用

在配位滴定中，如果用控制酸度的方法不能消除干扰离子时，常用掩蔽法提高配位反应的选择性。

在滴定体系中，加入某种试剂，只与干扰离子 N 反应，降低溶液中 N 的浓度，使其不能与 EDTA 发生配位反应，从而消除共存离子的干扰，这种方法称为掩蔽法，所用试剂称为掩蔽剂。

依据反应类型不同，掩蔽方法可分为配位掩蔽法、沉淀掩蔽法、氧化还原掩蔽法。

1. 配位掩蔽法 利用配位反应降低干扰离子浓度以消除干扰。如测定铜合金中铅含量时，先利用掩蔽剂 KCN 与 Cu^{2+}、Zn^{2+} 配位消除干扰，再以铬黑 T 为指示剂，用 EDTA 滴定 Pb^{2+}。如果还想继续测定被掩蔽的离子含量，可采用解蔽方法，如在滴定 Pb^{2+} 后的溶液中加入甲醛或三氯乙醛，使 $Zn(CN)_4^{2-}$ 解蔽，释放出 Zn^{2+}，然后再用 EDTA 滴定。解蔽所用试剂称为解蔽剂。掩蔽和解蔽方法联合使用，多组分测定混合物不需分离，可连续分别进行滴定。

2. 沉淀掩蔽法 在配位滴定中，加入沉淀剂，使干扰离子形成沉淀，在不分离沉淀的情况下直接滴定，这种消除干扰离子的方法称为沉淀掩蔽法。如在 Ca^{2+}、Mg^{2+} 共存的溶液中测定 Ca^{2+}，可加入 NaOH 溶液，其与 Mg^{2+} 形成沉淀，此时 OH^- 是 Mg^{2+} 的沉淀掩蔽剂；当 Ba^{2+} 与 Sr^{2+} 共存时，用 K_2CrO_4 掩蔽 Ba^{2+}；当 Pb^{2+} 与其他离子共存时，可用 H_2SO_4 掩蔽 Pb^{2+}。

3. 氧化还原掩蔽法 利用氧化还原反应改变干扰离子的价态而消除干扰的方法。Bi^{3+} 和 Fe^{3+} 共存状态下，测定 Bi^{3+} 时，Fe^{3+} 有干扰，可加抗坏血酸（维生素 C）将 Fe^{3+} 还原为 Fe^{2+}，大大降低了 Fe^{3+} 和 EDTA 配合物的稳定性，从而消除 Fe^{3+} 对 Bi^{3+} 测定的干扰。

四、金属指示剂

在配位滴定中，常用一种能与金属离子生成有色配合物的显色剂来指示滴定终点，这种显色剂称为金属离子指示剂，简称金属指示剂。

（一）金属指示剂的作用原理

金属指示剂一般是配位剂，在不同 pH 条件下，与被滴定的金属离子反应，生成与指示剂本身颜色不同的配合物 MIn。

$$M + In(A色) \rightleftharpoons MIn(B色)$$

配位滴定时，部分待测金属离子 M 与指示剂 In 首先生成指示剂配合物 MIn，溶液显示 MIn 颜色。在滴定过程中 EDTA（Y）的滴入，首先与溶液中游离的金属离子形成无色的配合物 MY，溶液颜色不改变；接近化学计量点时，Y 将金属离子从 MIn 夺取出来，In 处于游离状态，溶液显示指示剂 In 的颜色，指示到达测定终点。

滴定前：$M + In(A色) \rightleftharpoons MIn(B色)$

滴定中：$M + Y \rightleftharpoons MY$

终点时：$MIn(B色) + Y \rightleftharpoons MY + In(A色)$

（二）金属指示剂具备的条件

在配位滴定中，金属指示剂应具备以下条件。

1. 金属离子与指示剂 In 形成的配合物 MIn 可溶于水。

2. 指示剂 In 的颜色与指示剂配合物 MIn 的颜色有明显的区别。

3. 金属离子与指示剂的显色反应要灵敏、迅速，且有良好的可逆性，同时还要有一定的选择性。

4. MIn 具有一定的稳定性，通常要求 MIn 的条件稳定常数 $K'_{MIn} \geqslant 10^4$，同时，其稳定性又小于 MY 配合物的稳定性，即 $K'_{MY}/K'_{MIn} \geqslant 10^2$。

5. 金属指示剂应稳定、便于储存和使用。

（三）常用金属指示剂

常用指示剂及其应用范围见表 7－4。

表 7－4　常用金属指示剂

指示剂	pH 使用范围	终点颜色变化		直接滴定离子
		MIn	In	
铬黑 T（EBT）	8～11	红	蓝	Mg^{2+}、Zn^{2+}、Hg^{2+}、Cd^{2+}、Pb^{2+}、Mn^{2+}、稀土元素离子
二甲酚橙（XO）	<6	红	黄	pH<1　ZrO^{2+} pH1～3　Bi^{3+}、Th^{4+} pH5～6　Zn^{2+}、Pb^{2+} Cd^{2+}、Hg^{2+}、稀土元素离子
钙指示剂（NN）	12～13	酒红	纯蓝	Ca^{2+}

五、滴定液的配制与标定

（一）EDTA 标准液（0.05mol/L）的配制与标定

一般情况下，EDTA 标准液采用间接配制法。由于 EDTA 微溶于水，不能直接使用，常采用 EDTA 的二钠盐（$Na_2H_2Y \cdot 2H_2O$）配制标准液。先将 $Na_2H_2Y \cdot 2H_2O$ 配制成近似浓度的溶液，再用基准物质来标定。EDTA 标准液常用的浓度为 0.01～0.05mol/L。

1. EDTA 标准液的配制　取分析纯 $Na_2H_2Y \cdot 2H_2O$ 19g，溶于约 300ml 温蒸馏水中，冷却后稀释至 1000ml，摇匀即得。必要时过滤，但不能煮沸，以防分解。贮存于硬质玻璃瓶中以待标定。如需长期放置，则应贮存于聚乙烯瓶中。

2. EDTA 标准液的标定　标定 EDTA 标准液的基准物质有很多，如纯 Zn、Cu、Bi 及纯 $CaCO_3$、ZnO 和 $MgSO_4 \cdot 7H_2O$，其中 ZnO 或金属 Zn 最为常用。精密量取锌标准溶液 25.00ml 置于 250ml 锥形瓶中，逐滴加入 1∶1 的 $NH_3 \cdot H_2O$ 溶液至开始出现 $Zn(OH)_2$ 白色沉淀为止，再依次加入 10ml pH＝10 的 $NH_3 \cdot H_2O - NH_4Cl$ 缓冲液，20ml 蒸馏水，少许（约 0.1g）铬黑 T 指示剂，摇匀。然后用待标定的 EDTA 溶液滴定至溶液由紫红色变为纯蓝色，记录所消耗的 EDTA 溶液的体积。平行测定 3 次，计算 EDTA 溶液的浓度：

$$c_{(EDTA)} = \frac{m_{(Zn)}}{V_{(EDTA)} M_{(Zn)}} \qquad (7-14)$$

（二）锌标准液（0.05mol/L）的配制与标定

1. 锌标准溶液的配制 锌标准溶液可采用直接法配制，也可采用间接法配制。

（1）直接法配制 精密称取新制备的纯锌3.2690g，加入蒸馏水5ml及盐酸10ml，将其置于水浴上加热使溶解，冷却后定量转入1000ml容量瓶中，加纯化水稀释至刻度，摇匀即得。

（2）间接法配制 称取分析纯$ZnSO_4$约15g，加稀盐酸10ml与适量纯化水溶解后，稀释至1L，摇匀即得浓度约为0.05mol/L锌溶液，待标定。

2. 0.05mol/L锌标准液的标定 精密量取待标定的锌标准液25.00ml，加甲基红指示剂1滴，滴加氨试液至溶液呈微黄色，再加蒸馏水25ml，加入10ml $NH_3 \cdot H_2O - NH_4Cl$缓冲液与少许铬黑T指示剂，然后用EDTA滴定标准液（0.05mol/L）滴定至溶液由紫红变为纯蓝色即为终点。

$$c_{(Zn)} = \frac{(cV)_{EDTA}}{V_{Zn}} \quad (7-15)$$

六、应用实例

（一）水的总硬度的测定

含有钙盐和镁盐的水称为硬水。总硬度一般是将水中Ca^{2+}、Mg^{2+}折合成CaO的量进行计算，用每升H_2O中含10mg CaO表示。测定水的硬度就是测定水中Ca^{2+}、Mg^{2+}的含量。水的总硬度的测定方式是：准确移取水样100.00ml于250ml锥形瓶中，加入10ml、pH＝10的氨性缓冲溶液，少许（约0.1g）铬黑T指示剂，摇匀。用EDTA标准溶液滴定至溶液由紫红色变为纯蓝色，记录EDTA溶液的体积。平行测定3次，计算水的总硬度：

$$总硬度 = \frac{(cV)_{EDTA} \times M_{CaO} \times 1000}{V_{水样} \times 10} = (cV)_{EDTA} \times 56.08\ (度) \quad (7-16)$$

（二）测定药物的含钙量

测定药物钙的含量时，准确称取一定量含钙类药物（氯化钙、乳酸钙和葡萄糖酸钙等）试样，加$NH_3 - NH_4Cl$缓冲液调节pH＝10，以铬黑T为指示剂。用EDTA标准溶液进行滴定。以葡萄糖酸钙为例，操作步骤如下：精密称取试样0.5g，置锥形瓶中，加入蒸馏水10ml，微热溶解，放冷至室温。另取蒸馏水10ml，加入$NH_3 - NH_4Cl$缓冲液10ml，稀硫酸镁试液1滴，铬黑T指示剂3滴，用0.05mol/L EDTA标准溶液滴定至溶液显纯蓝色。然后将此混合溶液倒入上述锥形瓶中，用0.05mol/L EDTA标准溶液滴定至溶液由酒红色转变为纯蓝色即为终点。计算公式如下：

$$W = \frac{c_{EDTA} \times V_{EDTA} \times M}{1000 m_{试样}} \quad (7-17)$$

实例分析

实例 葡萄糖酸钙用于预防和治疗钙缺乏症，如骨质疏松症、佝偻病、骨软化症等。《中国药典》中葡萄糖酸钙及其制剂采用配位滴定法测定其含量。

问题 1. 测定葡萄糖酸钙含量时，采用哪种滴定液，哪种滴定方式？

2. 滴定中需要加入缓冲溶液吗？如果需要，加入哪种缓冲溶液？为什么？

答案解析

实践实训

实训十三　EDTA 滴定液的配制与标定

【实训目的】

1. 掌握 EDTA 标准溶液的配制与标定的方法。
2. 学会使用铬黑 T 指示剂判断终点的方法。

【实训原理】

乙二胺四乙酸（EDTA）是一种常用的有机络合剂，能与大多数金属离子形成稳定的 1∶1 螯合物，常用作配位滴定的标准溶液。由于乙二胺四乙酸难溶于水，EDTA 标准溶液常用它的二钠盐（$Na_2H_2Y \cdot 2H_2O$）配制。$Na_2H_2Y \cdot 2H_2O$ 是白色结晶粉末，因其不易得纯品，其标准溶液用间接法配制，采用氧化锌为基准物质来标定其浓度。在 pH = 10 的条件下，用铬黑 T 作指示剂，溶液由紫红色变为纯蓝色终点。

滴定前：
$$Zn^{2+} + HIn^{2-} \longrightarrow ZnIn^{-} + H^{+}$$
纯蓝色　　紫红色

滴定中：
$$Zn^{2+} + H_2Y^{2-} \longrightarrow ZnY^{2-} + 2H^{+}$$

终点时：
$$ZnIn^{-} + H_2Y^{2-} \longrightarrow ZnY^{2-} + HIn^{2-} + H^{+}$$
紫红色　　纯蓝色

【实训用品】

1. 仪器　分析天平、托盘天平、电炉、称量瓶、250ml 锥形瓶、50ml 酸式滴定管、25ml 移液管、10ml 量筒。

2. 试剂　ZnO（基准）、乙二胺四乙酸二钠（AR）、氨水 - 氯化铵缓冲液（pH = 10）、铬黑 T 指示剂、稀盐酸、氨水溶液、0.025% 甲基红乙醇溶液。

【实训步骤】

1. 0.05mol/L EDTA 滴定液的配制　称取乙二胺四乙酸二钠盐（$Na_2H_2Y \cdot 2H_2O$）19g，加入 1L 水，加热使其溶解，冷却后摇匀。将其置于硬质玻璃瓶中，避免与橡皮塞、橡皮管接触，贴上标签。

2. 0.05mol/L EDTA 滴定液的标定　精密称取已在 800℃灼烧至恒重的基准物 ZnO 约 0.12g，将其置于 250ml 锥形瓶中，加稀盐酸溶液 3ml，加蒸馏水 25ml 溶解，加甲基红指示剂 1 滴，滴加氨试液使溶液呈微黄色。再加蒸馏水 25ml，$NH_3 \cdot H_2O - NH_4Cl$ 缓冲液（pH = 10.0）10ml 和少许铬黑 T 指示剂，用待标定的 0.05mol/L EDTA 溶液滴定，至溶液由紫红色转变为纯蓝色，即为终点。平行测定 3 次。计算如下：

$$c_{EDTA} = \frac{m_{ZnO} \times 1000}{V_{EDTA} \times M_{ZnO}} \quad (M_{ZnO} = 81.38\text{g/mol})$$

【实训结果】

数据记录在下表中。

项目	测定次数		
	1	2	3
基准物质氧化锌 ZnO 质量 m（g）			
EDTA 滴定液终读数（ml）			
EDTA 滴定液初读数（ml）			
EDTA 滴定液体积 V（ml）			
EDTA 滴定液浓度（mol/L）			
EDTA 滴定液平均浓度 $\bar{c}$（mol/L）			
绝对偏差 d			
平均偏差 $\bar{d}$			
相对平均偏差 $R\bar{d}$			
标准偏差 RSD			

【实训提示】

1. 甲基红指示剂的加入只需加 1 滴，如多加，在滴加氨试液后溶液呈较深的黄色，导致终点不易观察。

2. 滴加氨试液至溶液呈微黄色，应边滴加边振荡，过量会生成 $Zn(OH)_2$沉淀，此时应用稀 HCl 调回至沉淀刚溶解。

3. EDTA 的二钠盐在水中溶解比较慢，可加热溶解或放置过夜。

4. 贮存 EDTA 溶液应选用聚乙烯瓶或硬质玻璃瓶，以免 EDTA 与玻璃中的金属离子作用。

【实训思考】

1. 酸度对配位滴定有何影响？配位滴定中为什么加入缓冲溶液？

2. 选择金属指示剂的原则是什么？

实训十四　水质总硬度的测定

【实训目的】

1. 掌握 EDTA 法测定水中 Ca^{2+}、Mg^{2+} 含量的原理和操作。

2. 学会水硬度的计算方法。

3. 了解水硬度的测定意义。

【实训原理】

工业中将含有较多钙、镁盐类的水称为硬水。水的硬度是将水中 Ca^{2+}、Mg^{2+} 的总量折合成 CaO 或 $CaCO_3$的来计算。每升水中含 1mg CaO 定为 1 度，每升水含 10mg CaO 称为一个德国度（°）。水的硬度用德国度（°）作为标准来划分时，一般小于 4°的水称为很软水，4°～8°的水称为软水，8°～16°的水称为中硬水，16°～32°的水称为硬水，大于 32°的水称为很硬水。硬水一般采用配位滴定法，用 EDTA 标准溶液直接滴定水中 Ca^{2+}、Mg^{2+}，测定其总含量。用 NH_3-NH_4Cl 缓冲溶液调节溶液的 pH≈10，在此条件下，Ca^{2+}、Mg^{2+} 均可被 EDTA 准确滴定。滴定前加入少许指示剂铬黑 T，铬黑 T 与 Ca^{2+}、Mg^{2+} 形成紫红色配合物，即滴定终点前溶液为紫红色。随着 EDTA 溶液的滴入，到达滴定终点时，铬黑 T 指示剂被游离出来，溶液呈纯蓝色，此时溶液由紫红色变为铬黑 T 的纯蓝色。计算公式如下：

$$总硬度 = \frac{(cV)_{EDTA} \times M_{CaO} \times 1000}{V_{水样} \times 10} = (cV)_{EDTA} \times 56.08(度)$$

【实训用品】

1. 仪器　移液管、250ml 锥形瓶、10ml 量筒、50ml 酸式滴定管。

2. 试剂　EDTA 标准溶液（0.01mol/L）、pH = 10 的 $NH_3 \cdot H_2O - NH_4Cl$ 缓冲溶液、铬黑 T 指示剂、自来水水样。

【实训步骤】

用移液管吸取 100.00ml 水样置于 250ml 锥形瓶中，加入 10ml、pH = 10 的缓冲溶液，再加入少许铬黑 T 指示剂，用 0.01mol/L EDTA 标准溶液滴定至紫红色变为纯蓝色，记录滴定中消耗的 EDTA 标准溶液体积。平行滴定 3 次，计算水质总硬度。

【实训结果】

数据记录在下表中。

项目	测定次数		
	1	2	3
$V_{水样}$（ml）	100.00	100.00	100.00
EDTA 滴定液终读数（ml）			
EDTA 滴定液初读数（ml）			
V_{EDTA}（ml）			
自来水总硬度（°）			
自来水总硬度的平均值（°）			
绝对偏差 d			
平均偏差 $\bar{d}$			
相对平均偏差 $R\bar{d}$			
相对偏差 RSD			

【实训提示】

1. 贮存 EDTA 溶液应选用聚乙烯瓶或硬质玻璃瓶，以免 EDTA 与玻璃中的金属离子作用。
2. 测定水质硬度时，消耗的样品体积较少，应该密切观察终点的颜色变化。

【实训思考】

1. EDTA 标准溶液测定水的总硬度时，为什么加入 $NH_3 \cdot H_2O - NH_4Cl$ 缓冲溶液？
2. 铬黑 T 指示剂指示滴定终点的原理是什么？

答案解析

目标检测

一、选择题

（一）单选题

1. 在 EDTA 配位滴定实验中，为消除 Al^{3+} 和 Fe^{3+} 的干扰，常用的试剂是（　　）。

A. 巯基乙酸　　B. 硫化钠　　C. 三乙醇胺　　D. NaOH

2. 对于一些难溶于水的金属化合物，加合适的配位剂后，使其溶解度增加，其原因是（　　）。

A. 产生盐效应

B. 金属离子被配位生成配离子，其难溶盐溶解度增加

C. 使其分解

D. 配位剂与金属离子生成配合物，溶液中金属离子增加

3. 在下列化合物中，能与中心离子形成五元环状螯合物的是（　　）。

A. CH_3NH_2　　B. $NH_2CH_2NH_2$

C. $NH_2CH_2CH_2NH_2$　　D. $NH_2CH_2CH_2CH_2NH_2$

4. CaO 与 EDTA 配位反应的计量关系是（　　）。

A. 1∶2　　B. 1∶1　　C. 2∶1　　D. 1∶4

5. 在配位滴定时，使用铬黑 T 作指示剂，其溶液的酸度宜用（　　）来调节。

A. 硝酸　　B. 盐酸

C. 氨 - 氯化铵缓冲液　　D. 醋酸 - 醋酸钠缓冲液

（二）多选题

1. $NH_4[Cr(NCS)_4(NH_3)_2]$ 中的配体是（　　）。

A. NH_4^+　　B. NH_3　　C. NSC^-　　D. Cr^{3+}

2. 下列关于 EDTA 叙述正确的是（　　）。

A. EDTA 在水溶液中一共有 5 级电离平衡

B. EDTA 在溶液中总共有 7 种形式存在

C. EDTA 与金属离子配位时，生成具有多个五元环的螯合物

D. EDTA 不溶于碱性溶液

3. 与配位化合物的组成有关的名词是（　　）。

A. 中心原子　　B. 键能　　C. 配位体　　D. 波长

4. 能用于配位滴定的配位反应必须具备（　　）。

A. 反应能定量进行完全　　B. 配位反应按一定的反应式定量进行

C. 反应速度必须足够快　　D. 可用适当的方法确定滴定终点

5. 下列关于金属指示剂的作用原理，描述正确的是（　　）。

A. 滴定前是金属离子与 EDTA 配位　　B. 滴定前是金属离子与指示剂配位

C. 滴定终点时 EDTA 置换出指示剂　　D. 滴定终点时溶液显示游离指示剂的颜色

二、简答题

1. 何谓配位滴定法？配位滴定法对滴定反应有何要求？

2. EDTA 与金属离子形成的配合物的特点是什么？

3. 对于两种配离子，能否利用它们的稳定常数 $K_{稳}$ 比较其稳定性？

4. 简述螯合物比简单配合物更稳定的原因。

三、综合应用题

1. 向 100ml 0.10mol/L $AgNO_3$溶液中加入 100.0ml 0.50mol/L 氨水溶液，达到平衡后，求溶液中 Ag^+、NH_3的浓度各为多少？

2. 精密称取葡萄糖酸钙（$C_{12}H_{22}O_{14}Ca \cdot H_2O$）0.5403g，溶于水中，加入适量钙指示剂，用0.05000mol/L EDTA滴定至终点，消耗体积23.92ml，试计算此样品中葡萄糖酸钙含量。（$M_{C_{12}H_{22}O_{14}Ca \cdot H_2O}$ = 448.7g/mol）

3. 取某地水样100.0ml，用氨性缓冲液调节至pH = 10，以铬黑为指示剂，用0.009434mol/L EDTA标准溶液滴定至终点，消耗体积9.70ml，计算水的总硬度。

书网融合……

知识回顾　　微课　　习题

（牛　颖）

第八章　氧化还原平衡与氧化还原滴定法

学习引导

水的需氧量是水质污染程度的重要指标，它分为化学需氧量（COD）和生物需氧量（BOD）两种。其中，COD 又往往作为水中有机物质含量多少的指标。COD 越大，说明水体受有机物的污染越严重。COD 的测定，一般是向酸化或碱化的水样中加入一定量的 $KMnO_4$ 溶液，在沸水中加热一段时间，然后加入过量的草酸钠标准溶液，使之与剩余的 $KMnO_4$ 充分作用，再用 $KMnO_4$ 溶液回滴过量的草酸钠，通过计算求得高锰酸盐指数值，根据高锰酸钾用量，计算水样中还原性污染物质消耗氧的量。这种测定方法称为高锰酸盐指数法，主要适用于饮用水、水源水和地面水的测定，你知道该测定方法的原理是什么吗?

本章主要学习氧化还原反应与电极电势的基本知识，在此基础上介绍氧化还原滴定分析法及其在医药领域的用途。

学习目标

1. **掌握**　氧化还原反应的基本概念及反应方程式的配平；原电池的组成、标准电极电势；氧化还原滴定法的计算。
2. **熟悉**　氧化还原滴定法中几种常见指示剂的作用原理及应用实例；电极电势的应用。
3. **了解**　氧化还原反应的实质；氧化还原滴定法的基本原理和方法；Nernst 方程的计算。

氧化还原反应是动物乃至人类赖以生存的最基本的化学反应之一，在生产生活中具有重要的意义。例如，人和动物的呼吸、植物的光合作用、燃烧反应、化学电池、金属冶炼、火箭发射等都与氧化还原反应息息相关。氧化还原滴定法是以氧化还原反应为基础的滴定分析法，是滴定分析中的一种重要分析方法。

第一节　氧化还原反应

PPT

一、氧化还原反应概述

氧化还原反应最初是根据氧的得失来定义的，例如，在 $CuO + H_2 = Cu + H_2O$ 的反应中，CuO 失去氧发生还原反应是氧化剂，H_2 得到氧发生氧化反应是还原剂，该反应为氧化还原反应。对于没有氧参与的化学反应又如何来判断它是否属于氧化还原反应呢？后来人们把没有氧参与，但是有电子得失的反应也归类于氧化还原反应，如 $Cu^{2+} + Zn = Cu + Zn^{2+}$ 反应中，Zn 失去电子发生氧化反应，Cu^{2+} 得到电子发生还原反应，此反应为氧化还原反应。

但是，在许多有机反应中没有电子得失，只有电子云密度偏离或偏向某一原子，这对于判断反应是否属于氧化还原反应又带来新的困难。为了克服上述困难，化学家们提出了氧化数（又称氧化值）的概念。

（一）氧化数

元素的氧化数是指化合物或单质中元素一个原子的荷电数。这种荷电数是假设把成键电子指定给电负性较大的原子而求得。同时规定，氧化数为负值时在数字前加“-”号，氧化数为正值时在数字前加“+”号。例如，在 NH_3 分子中，把 N—H 键中的电子给电负性较大的 N 原子，可以认为 H 原子失去一个电子，荷电数为 +1，氧化数为 +1；NH_3 分子中有三个 N—H 键，N 原子得到三个电子，荷电数为 -3，氧化数为 -3。确定氧化数的方法如下。

1. 单质中，元素的氧化数为 0，如 H_2、Br_2、N_2（分子中两个原子电负性相同，成键电子不能指定给其中任何一个原子）中的 H、Br、N 元素的氧化数为 0。

2. 单原子离子，元素的氧化数即为离子的电荷数，如 Ca^{2+}、S^{2-} 中的 Ca、S 的氧化数分别为 +2、-2。

3. 氧在大多数化合物（如 CO_2）中的氧化数为 -2；但在过氧化物（如 H_2O_2、Na_2O_2）中为 -1。在超氧化物（如 HO_2）中为 $-\frac{1}{2}$；在氟的氧化物（如 OF_2）中为 +2。

4. 氢在大多数化合物（如 H_2O）中氧化数为 +1；但在活泼的金属氢化物（如 NaH）中，氧化数为 -1。

5. 在电中性的化合物分子中，所有元素的氧化数的代数和等于 0。

6. 元素的氧化数最大为族序数，如 H_2SO_4 中，硫的氧化数为 +6。

【例 8-1】计算 H_2S、$Na_2S_2O_3$、Na_2SO_3、Na_2SO_4 中 S 元素的氧化数。

H_2S：$2\times(+1)+x=0$ $\quad x=-2$

$Na_2S_2O_3$：$2\times(+1)+2x+3\times(-2)=0$ $\quad x=+2$

Na_2SO_3：$2\times(+1)+x+3\times(-2)=0$ $\quad x=+4$

Na_2SO_4：$2\times(+1)+x+4\times(-2)=0$ $\quad x=+6$

由上讨论可知，氧化数不是一个元素原子所带的真实电荷，只是形式电荷数，它可以是整数、分数或小数，与化合价的概念不同。例如 C_2H_2 中 C 的氧化数为 -1，而化合价为 -4。

即学即练 8-1

计算 Fe_3O_4 中 Fe 元素的氧化数，结合氧化数的概念，你能总结出氧化数与化合价的区别吗？

答案解析

（二）氧化还原反应的特征

化学反应前后氧化数发生改变的反应，称为氧化还原反应。例如：

氧化数由0变为-2（降低）

$$CH_4(g) + 2O_2 = CO_2 + 2H_2O$$

氧化数由-4变为+4（升高）

由氧化数的定义可知，氧化还原反应的本质是电子的转移或偏移。在上述反应中，CH_4中 C 的氧化数由 -4 升为 +4，氧化数升高，发生了氧化反应，CH_4被氧化，称为还原剂；而氧原子氧化数由 0 降为 -2，氧化数降低，发生了还原反应，O_2被还原，称为氧化剂。

（三）氧化剂与还原剂的特征

在反应过程中，氧化剂被还原，表现出氧化性；还原剂被氧化，表现出还原性。其氧化数变化的特征如下。

1. 氧化剂是反应中氧化数容易降低的物质。常见的有活泼的非金属单质，如 O_2、Cl_2、Br_2等，以及元素处于较高氧化数的含氧化合物，如 $KMnO_4$、$K_2Cr_2O_7$、浓 H_2SO_4和 HNO_3等。

2. 还原剂是反应中氧化数容易升高的物质。常见的有活泼的金属，如 Na、Mg、Fe 等，以及氧化数低的离子或化合物，如 H_2S、KI、Na_2SO_3等。

3. 一种元素有多种氧化数，处在中间值氧化数的元素，即可以作氧化剂，也可以作还原剂，如 SO_2在 $SO_2 + 2H_2S = 3S\downarrow + 2H_2O$ 反应中作为氧化剂，而在 $SO_2 + H_2O_2 = H_2SO_4$反应中则作为还原剂。又如在 $Cl_2 + H_2O = HClO + HCl$ 反应中，Cl_2既是氧化剂，又是还原剂。类似的还有 FeO、H_2S、H_2O_2等。

需注意的是，判断化合物是氧化剂或还原剂时，要根据具体的反应而定。

（四）氧化还原电对与半反应

在氧化还原反应中，氧化剂与其还原产物、还原剂与其氧化产物称为氧化还原电对，简称电对。处于高氧化态的物质称该元素的氧化型，处于低氧化态的物质称为该元素的还原型。

金属锌浸泡入硫酸铜溶液中可发生如下反应：

$$Zn + Cu^{2+} = Zn^{2+} + Cu \qquad (8-1)$$

该反应中 Zn 失去 2 个电子，氧化数从 0 升到了 +2，被氧化，其半反应为：

$$Zn - 2e \longrightarrow Zn^{2+} \qquad (8-1a)$$

Cu^{2+}得到 2 个电子，氧化数从 +2 降到了 0，被还原，其半反应为：

$$Cu^{2+} + 2e \longrightarrow Cu \qquad (8-1b)$$

反应式（8-1）是反应式（8-1a）与（8-1b）的加和。任何氧化还原反应都是由两个“半反应”组成的。氧化还原半反应不能单独存在，一个是还原剂被氧化的半反应，另一个则必然是氧化剂被还原的半反应。在半反应中，同一元素两种不同氧化数的物态组成了氧化还原电对，通常表示为：氧化型/还原型（Ox/Red）。如，由 Zn^{2+}与 Zn 所组成的氧化还原电对表示为 Zn^{2+}/Zn；由 Cu^{2+}与 Cu 所组成的氧化还原电对表示为 Cu^{2+}/Cu。因此任何氧化还原反应都可以拆成两个半反应，任一特定的氧化或还原半反应都对应于一个氧化还原电对。

在氧化还原电对中，氧化型物质的氧化能力越强，其对应的还原型物质的还原能力越弱，反之亦然。例如 Zn 的还原性强于 Cu，则 Zn^{2+}的氧化性则弱于 Cu^{2+}。

即学即练 8－2

答案解析

泡菜等腌渍食品含有亚硝酸盐，若大量食用则会出现中毒症状，其原因是人体的血红蛋白中含有 Fe^{2+}，亚硝酸盐可使血红蛋白中 Fe^{2+} 转化为 Fe^{3+} 丧失生理功能。其在体内发生以下氧化还原反应：

$$Fe^{2+} + NO_2^- + 2H^+ \xlongequal{} Fe^{3+} + NO + H_2O$$

（1）分别写出该反应的氧化半反应和还原半反应。

（2）分别写出上述半反应的氧化还原电对。

二、氧化还原反应方程式的配平

简单的氧化还原反应可以通过目测进行配平，复杂的氧化还原反应，主要采用氧化数法和离子－电子法进行配平。

（一）氧化数法

根据在氧化还原反应中氧化剂和还原剂的氧化数增减总数必须相等的原则来配平反应方程式的方法，称为氧化数法。以 $KMnO_4$ 和 $FeSO_4$ 在稀硫酸溶液中的反应为例，说明此法配平的步骤。

1. 根据实验事实写出基本反应式。

$$KMnO_4 + FeSO_4 + H_2SO_4 \longrightarrow MnSO_4 + Fe_2(SO_4)_3 + K_2SO_4 + H_2O$$

2. 标明氧化数有变化的元素。

$$K\overset{+7}{Mn}O_4 + \overset{+2}{Fe}SO_4 + H_2SO_4 \longrightarrow \overset{+2}{Mn}SO_4 + \overset{+3}{Fe_2}(SO_4)_3 + K_2SO_4 + H_2O$$

并根据元素的氧化数升高和降低的总数必须相等的原则，按照最小公倍数确定氧化剂和还原剂的化学式前面的系数。

$5 \times 1 \times 2=10$

$$K\overset{+7}{Mn}O_4 + \overset{+2}{Fe}SO_4 + H_2SO_4 \longrightarrow \overset{+2}{Mn}SO_4 + \overset{+3}{Fe_2}(SO_4)_3 + K_2SO_4 + H_4O$$

$1 \times 2 \times 5=10$

3. 根据反应式两边同种元素的原子总数相等的原则，逐一调整系数。

$$2KMnO_4 + 10FeSO_4 + 8H_2SO_4 \rightleftharpoons 2MnSO_4 + 5Fe_2(SO_4)_3 + K_2SO_4 + 8H_2O$$

（二）离子－电子法

氧化还原反应大多数在水溶液中进行，一般只有部分离子参加反应，因此常用离子－电子法进行配平。离子－电子法是将氧化还原反应拆成两个半反应，根据两个半反应得失电子的总数相等进行配平。以 $K_2Cr_2O_7$ 与 H_2S 在稀 H_2SO_4 中的反应为例，说明此法配平的步骤。

1. 根据实验事实，写出未配平的离子方程式。

$$Cr_2O_7^{2-} + H_2SO_4 \longrightarrow Cr^{3+} + S$$

2. 将上述未配平的反应式分别写成两个半反应式，一个表示氧化剂的还原反应，一个表示还原剂的氧化反应。

$$Cr_2O_7^{2-} \longrightarrow Cr^{3+}\text{(还原反应)}$$

$$H_2S \longrightarrow S\text{(氧化反应)}$$

3. 配平两个半反应，使等式两边的原子个数和净电荷数相等。

$$Cr_2O_7^{2-} + 14H^+ + 6e \longrightarrow 2Cr^{3+} + 7H_2O$$

$$H_2S - 2e \longrightarrow S + 2H^+$$

4. 根据氧化剂和还原剂得失电子数必须相等的原则，在两个半反应中乘上适当的系数（由得失电子的最小公倍数确定），然后两式相加，得到配平的离子反应式。

$$Cr_2O_7^{2-} + 8H^+ + 3H_2S \rightleftharpoons 2Cr^{3+} + 7H_2O + 3S$$

5. 加上未参与反应的正负离子，使上述配平的离子反应式改为分子反应式。

$$K_2Cr_2O_7 + 3H_2S + 4H_2SO_4 \rightleftharpoons Cr_2(SO_4)_3 + 3S + 7H_2O + K_2SO_4$$

在配平过程中，如果半反应式两边的氧原子数不等，可根据反应的介质条件（酸碱性），增加 H^+、OH^- 或 H_2O，以配平半反应式。

答案解析

即学即练 8－3

氯气和氢氧化钾在室温条件下反应生成次氯酸钾和氯化钾，试用离子－电子法写出配平的离子反应方程式。

知识链接

诺贝尔将得主亨利·陶布

亨利·陶布（Henry Taube）（1915～2005 年）出生于加拿大。1940 年，在美国加利福尼亚大学伯克利分校获得博士学位，于 1961 年被斯坦福大学聘为教授。陶布博士主要研究一些原子或分子从其他原子或分子争夺电子的反应，这些反应现在称之为“氧化还原反应”，其包含“氧化”和“还原”过程，也是电子得失的过程。

陶布博士具有丰富的化学知识和一整套缜密思考问题的方式。在金属溶液的化学反应中，以前科学家认为只是简单的电子转移，而陶布博士发现，带电原子在转移之前，必须搭建一座化学的“桥”，电子才能由化学桥从一个原子迁移到另一个原子。这一发现解释了金属和离子间的反应为什么会很快，然而有些反应却很慢。该发现还可以解释人为什么不会自燃：脂肪和蛋白是能失去电子的可被氧化分子，而氧是具有氧化性且容易得到电子的分子，当人体和氧结合后，发生氧化还原反应，释放出能量，即“燃烧”过程。然而，这种氧化还原反应过程进行得非常缓慢，因此人体不会自燃。

陶布博士基于在电子转移反应机制，特别是金属化合物反应方面取得的卓越成就，于 1983 年被授予诺贝尔化学奖。

第二节　原电池与电极电势

PPT

通过前面的知识可知，氧化还原反应是伴随着电子转移的反应。一个氧化还原反应必然有氧化剂和还原剂（有时候还包括介质）参加反应。

一、原电池

（一）原电池的组成和工作原理

以 Cu－Zn 电池为例，如果将锌片置于 $ZnSO_4$溶液中，将铜片置于 $CuSO_4$溶液中，两种溶液用一个装满饱和 KCl 溶液和琼脂的倒置 U 形管（称为盐桥）连接起来，再用导线连接锌片和铜片，并在导线中间接一个电流计，则可看到电流计的指针发生偏转（图 8－1）。这说明反应中发生了电子的定向转移，由锌片流向铜片。这种借助于氧化还原反应可将化学能转变为电能的装置称为原电池。

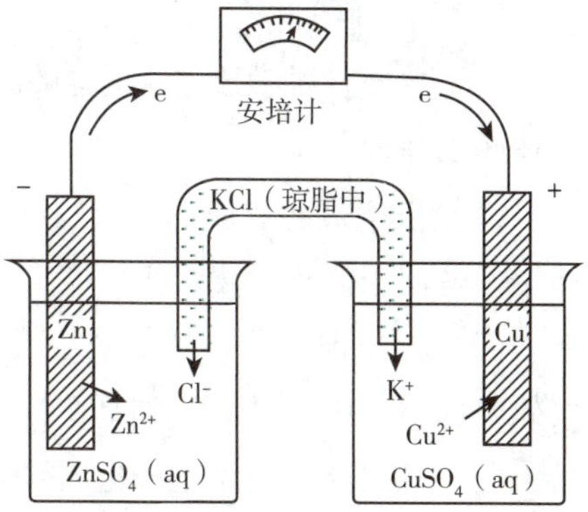

图 8－1　铜锌原电池

原电池由两个半电池组成，半电池也称为电极。输出电子的电极称为负极，输入电子的电极称为正极。当有盐桥存在时，盐桥中的负离子（如 Cl^-）向 $ZnSO_4$溶液中扩散，正离子（如 K^+）向 $CuSO_4$溶液中扩散，以保持溶液的电中性，使氧化还原反应得以继续进行，电流继续产生。

在原电池中，正极和负极分别发生了以下的电极反应：

负极：　$Zn-2e \longrightarrow Zn^{2+}$（氧化反应）

正极：　$Cu^{2+}+2e \longrightarrow Cu$（还原反应）

由正极反应和负极反应构成了原电池的电池反应：

$$Zn+Cu^{2+} \rightleftharpoons Zn^{2+}+Cu$$

由此可知，电池反应实际上就是氧化还原反应。

（二）电极类型

电极是电池的基本组成部分，根据电极组成材料可分为三类。

1. 第一类电极　由一种金属浸在该金属离子的溶液中，金属与其离子成平衡。例如，Zn（s）插在 $ZnSO_4$溶液中，电极符号可表示为：

$Zn(s)\mid ZnSO_4(aq)$ 作负极，电极反应为：$Zn(s)-2e \longrightarrow Zn^{2+}(c_1)$

$ZnSO_4(aq)\mid Zn(s)$ 作正极，电极反应为：$Zn^{2+}(c_2)+2e \longrightarrow Zn(s)$

第一类电极也包括氢气、氧气或卤族元素气体与相应的氢离子、氢氧根离子或卤素离子溶液构成的电极。由于气态是非导体，故需借助某种不腐蚀的金属。例如，用镀有蓬松铂黑的惰性金属 Pt 片吸附饱和的气体，Pt 起导电作用，并使氢、氧或卤族元素气体与其离子在电极上达到平衡。如氯气电极符号表示为：$Cl^-(c_1)\mid Cl_2(g)\mid Pt$，其电极反应如下：

$$Cl_2(g)+2e \longrightarrow 2Cl^-(c_1)$$

2. 第二类电极　这类电极是在金属表面上覆盖一层该金属的难溶盐，然后将其浸入含有该盐阴离子的溶液中构成。最常见的是银－氯化银电极，它是将表面涂 AgCl 的银丝插入 1mol/L 的 KCl（或 HCl）溶液中制得，其电极符号表示为：$Ag(s)\mid AgCl(s)\mid Cl^-(c)$，其电极反应如下：

$$AgCl(s)+e \longrightarrow Ag(s)+Cl^-(c)$$

3. 第三类电极　又称氧化还原电极，由惰性电极（如铂或石墨）浸入含有同一种元素不同氧化态的两种离子的溶液中构成的。金属只起输送电子的作用，参与电极反应的物质都在溶液中。如 Pt 插入

含有 Fe^{3+} 和 Fe^{2+} 的溶液中，即构成 $Pt(s) | Fe^{3+}(c_1), Fe^{2+}(c_2)$ 电极，其电极反应为：

$$Fe^{3+}(c_1) + e \longrightarrow Fe^{2+}(c_2)$$

（三）原电池的符号表示

为了方便且科学地表达电池的组成和结构，1953 年，国际纯粹和应用化学联合会（IUPAC）作了具体的书写规定。

（1）发生氧化反应的负极写在左边，发生还原反应的正极写在右边，并用“－”和“＋”标明。两个半电池用盐桥连接，盐桥用“‖”表示。

（2）原电池中的各种物质组成用化学式表示，并需标明物理状态。如果是溶液，要标明其浓度，气体要标明分压（kPa）。如不作特殊说明，一般指 1mol/L 或 100kPa。

（3）用“|”表示电极电对的两种组成物质间的界面；如果不存在界面则用“,”表示。例如，$Pt | MnO_4^-(c_1), Mn^{2+}(c_2), H^+(c_3)$，表示 Pt 与 MnO_4^-、Mn^{2+}、H^+ 有界面，而 MnO_4^-、Mn^{2+} 和 H^+ 之间无界面。

（4）不能直接作为电极的气体或液体，如 H_2、O_2、Br_2 等，应标明其依附的惰性金属（如 Pt 或石墨）。

根据以上的书写规则，前面所述的铜－锌原电池可用以下电池符号表示：

$$(-)Zn(s) | Zn^{2+}(c_1) \| Cu^{2+}(c_2) | Cu(s)(+)$$

答案解析

即学即练 8－4

将 Cu 片插入盛有 0.5mol/L 的 $CuSO_4$ 溶液的烧杯中，Ag 片插入盛有 0.5mol/L 的 $AgNO_3$ 溶液的烧杯中，写出该原电池的符号。

二、电极电势

微课

在铜锌原电池中，当用导线把铜电极和锌电极连接后，电子从锌极流向铜极，说明这两个电极间存在电势差。

（一）电极电势的产生

金属是由金属原子、金属离子和自由移动的电子以金属键构成，将金属插入含有该金属离子的盐溶液中，金属与其盐溶液的界面上发生两个相反的过程。一方面，金属表面的金属原子由于自身热运动和溶液中水分子的作用以水合离子形式进入溶液中；另一方面，溶液中的金属离子受到金属表面电子的吸引而沉积在金属表面上。因此在金属及其盐溶液之间存在以下平衡：

$$M(s) \underset{\text{沉积}}{\overset{\text{溶解}}{\rightleftharpoons}} M^{n+}(aq) + ne^-$$

金属越活泼或溶液中金属离子的浓度越低，有利于金属原子进入溶液形成金属离子；反之，金属越不活泼或溶液中金属离子浓度越高，有利于金属离子沉积在金属表面。带电离子的迁移，破坏了金属与溶液界面原有的电中性。对于活泼金属，金属离子进入溶液比沉积更容易，这使得溶液带正电荷，金属表面带负电荷，溶液与金属的界面处形成了双电层。反之，对于不活泼金属，金属离子沉积比进入溶液更容易，金属表面带正电荷而溶液带负电荷，也可形成双电层。这种双电层结构使电极与溶液间产生了电势差，即电极电势（图 8－2）。

（二）标准电极电势

如前所述，金属电极电势的大小反映了金属在水溶液中得失电子能力的大小。但是，迄今为止，任一半电池电极电势的绝对值仍无法测定。

1. 标准氢电极　按照国际纯粹与应用化学联合会（IUPAC）的建议，采用标准氢电极作为基准电极（构造如图 8－3 所示），用以测定任意电极的电极电势。

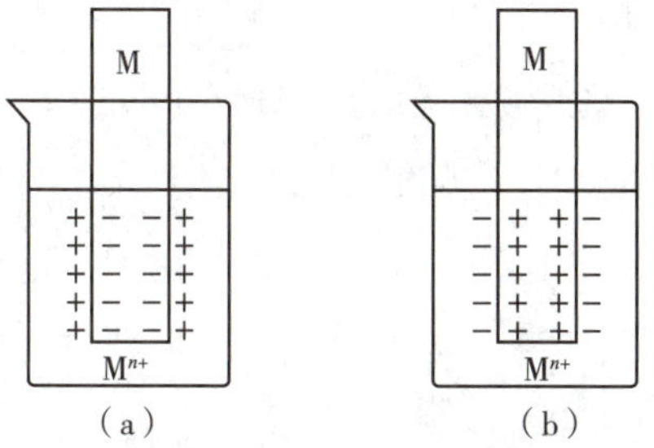

图 8－2　金属电极在溶液中产生双电层示意图

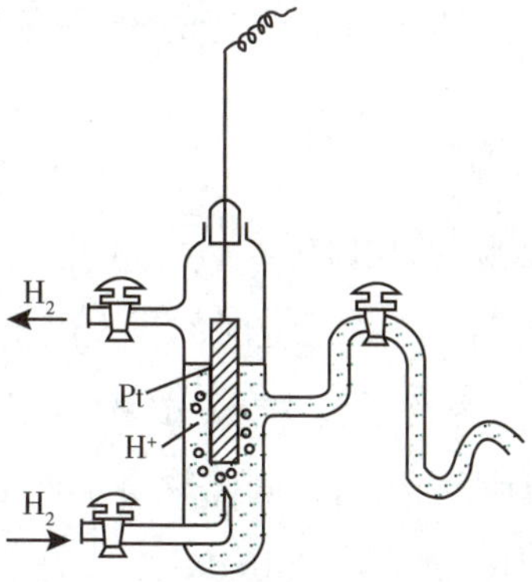

图 8－3　标准氢电极示意图

标准氢电极的制备方法为：将镀有蓬松铂黑的铂片浸入 H^+ 浓度为 1mol/L 的溶液中，并不断通入压力为标准大气压（100kPa）的纯净 H_2，使铂片上吸附的 H_2 达到饱和，构成标准氢电极（SHE）。并规定，任意温度下，标准氢电极的电极电势为 0，用 $\varphi^{\ominus}_{H^+/H_2}=0.0000V$ 表示。式中 $\varphi^{\ominus}$ 右下角注明了参加电极反应物质的共轭电对，右上角的 $^{\ominus}$ 代表标准。其电极反应为：

$$2H^+(aq)+2e \longrightarrow H_2(g)$$

2. 标准电极电势　某电极在标准状态下（100kPa，溶液离子浓度为 1mol/L）的电极电势称为该电极的标准电极电势。标准电极电势用符号 $\varphi^{\ominus}$ 表示，单位为 V。测定某电极的标准电极电势时，在标准条件下待测电极与标准氢电极组成原电池，测出该原电池的电动势，即可求出待测电极的标准电极电势。

根据 IUPAC 的规定，标准氢电极作为负极，待测电极为正极，两电极间用盐桥连接，则可以组成如下原电池：

$$(-)\text{标准氢电极} \parallel \text{待测标准电极}(+)$$

通过测定该原电池的标准电动势，就可以求出待测电极的标准电极电势。

$$E^{\ominus}=\varphi^{\ominus}_{\text{待测}}-\varphi^{\ominus}_{SHE}$$

例如，要测定铜电极 $Cu^{2+}(c=1.0mol/L)\mid Cu(s)$ 的标准电极电势 $\varphi^{\ominus}_{Cu^{2+}/Cu}$，可将铜电极与标准氢电极组成原电池，铜电极为正极，标准氢电极为负极，该原电池表示如下：

$$(-)Pt,\ H_2(100kPa)\mid H^+(c=1.0mol/L)\parallel Cu^{2+}(c=1.0mol/L)\mid Cu(+)$$

测得上述原电池的电动势 $E^{\ominus}=0.3419V$，即铜电极的标准电极电势 $\varphi^{\ominus}_{Cu^{2+}/Cu}=E^{\ominus}=0.3419V$。298.15K 时部分电极的标准电极电势见附录 9。

三、影响电极电势的因素

标准电极电势只能在标准状态下应用，但是绝大多数氧化还原反应都是在非标准状态下进行的，其电动势和电极电势也是非标准的。电极电势的大小主要取决于电极的本性。此外，温度、反应物浓度、溶液的 pH 均对电极电势有影响。若有气体参与反应，气体分压对电极电势也有影响。

（一）Nernst（能斯特）方程

Nernst 方程给出了电极电势与温度、溶液中的离子浓度等因素之间的关系。

对于一个电极反应：

$$a\mathrm{Ox(aq)} + ne \rightleftharpoons b\mathrm{Red(aq)}$$

电极电势与标准电极电势的关系可以用 Nernst 方程表示：

$$\varphi = \varphi^{\ominus} + \frac{RT}{nF}\ln\frac{[\mathrm{O_x}]^a}{[\mathrm{Red}]^b} \qquad (8-2)$$

式中，φ 为电极电势；$\varphi^{\ominus}$ 为标准电极电势；R 为摩尔气体常数，值为 8.314J/(mol·K)；T 为绝对温度；n 为进行氧化还原反应时的得失电子数；F 为 Faraday 常数（96485C/mol）；［Ox］为氧化型物质的浓度，［Red］为还原型物质的浓度，a、b 分别为已配平的氧化还原半反应中氧化型、还原型物质的计量系数。在计算浓度时，固体物质及单质的浓度规定为 1，计算时可不出现在能斯特方程中；气体用相对分压 $p(\mathrm{Ox})/p^{\ominus}$ 或 $p(\mathrm{Red})/p^{\ominus}$ 表示。

当温度为 298.15K 时，将各常数代入上式，把自然对数换成常用对数，则式（8-2）可简化为：

$$\varphi = \varphi^{\ominus} + \frac{0.05916}{n}\lg\frac{[\mathrm{Ox}]^a}{[\mathrm{Red}]^b} \qquad (8-3)$$

当［Ox］=［Red］=1mol/L，$\varphi = \varphi^{\ominus}$，此标准电极电势是在 298.15K，氧化型和还原型浓度均为 1mol/L 时的电极电势。

由式（8-3）可以看出，当减小氧化型物质的浓度或增大还原型物质的浓度时，都将使电对的电极电势减小。

【例 8-2】计算 298.15K 时，Zn(s) 插在 0.0100mol/L 的 $ZnSO_4$ 溶液中的电极电势。

解：$Zn^{2+}(aq) + 2e \rightleftharpoons Zn(s)$

查表得：298.15K 时，$\varphi^{\ominus}_{Zn^{2+}/Zn} = -0.763V$

$$\varphi = \varphi^{\ominus}_{Zn^{2+}/Zn} + \frac{0.05916}{2}\lg[Zn^{2+}] = -0.763 + \frac{0.05916}{2}\lg 0.0100 = -0.822(V)$$

（二）酸度对电极电势的影响

对于有 H^+ 或 OH^- 参加的反应，溶液酸度改变也会使电极电势发生变化，在有些电极反应中会成为决定电极电势大小的主要因素。

【例 8-3】求电极反应 $MnO_4^- + 8H + 5e \longrightarrow Mn^{2+} + 4H_2O$ 在 pH=7 时的电极电势，其它条件与标准状态相同。

解：已知 pH=7，即［H^+］$=1.0\times10^{-7}$mol/L；标准状态下，$c_{MnO_4^-} = c_{Mn^{2+}} = 1$mol/L；由反应方程可知，反应中转移了 5 个电子 $n=5$。查表得到 298.15K，$\varphi^{\ominus}_{MnO_4^-/Mn^{2+}} = 1.507V$。

根据 Nernst 方程：

$$\varphi_{MnO_4^-/Mn^{2+}} = \varphi^{\ominus}_{MnO_4^-/Mn^{2+}} + \frac{0.05916}{n}\lg\frac{[\text{氧化态}]^a}{[\text{还原态}]^b}$$

$$= \varphi^{\ominus}_{MnO_4^-/Mn^{2+}} + \frac{0.05916}{n}\lg\frac{c_{MnO_4^-} \cdot c_{H^+}^8}{c_{Mn^{2+}}}$$

$$= 1.507 + \frac{0.05916}{5}\lg\frac{1 \times (1.0 \times 10^{-7})^8}{1}$$

$$= 0.8444(V)$$

总之，在非标准状态下，氧化态或还原态的浓度改变、溶液 pH 的改变都有可能使得电极电势发生改变，将影响氧化还原反应的进行程度，甚至可能改变氧化还原反应的方向。

四、电极电势的应用

（一）比较氧化剂和还原剂的相对强弱

电极电势的大小，反映了氧化还原电对中氧化型和还原型物质的氧化还原能力的强弱。电对的电极电势值越大，表明电对中的氧化态物质越容易得到电子，氧化能力越强，是强氧化剂；而其对应的还原态物质的还原能力则越弱。反之，电对的电极电势值越小，表明电对中的还原态物质越容易失去电子，还原能力越强，是强还原剂，而其对应的氧化态物质的氧化能力则越弱。

【例 8－4】在标准状态下，下列四个电对的标准电极电势已给出，请从中选择出最强的氧化剂和最强的还原剂，并将氧化剂的氧化能力和还原剂的还原能力分别从强到弱排序。

$Al^{3+} + 3e \longrightarrow Al$　　$\varphi^{\ominus}_{Al^{3+}/Al} = -1.66V$

$Fe^{2+} + 2e \longrightarrow Fe$　　$\varphi^{\ominus}_{Fe^{2+}/Fe} = -0.44V$

$Cu^{2+} + 2e \longrightarrow Cu$　　$\varphi^{\ominus}_{Cu^{2+}/Cu} = 0.34V$

$Fe^{3+} + e \longrightarrow Fe^{2+}$　　$\varphi^{\ominus}_{Fe^{3+}/Fe^{2+}} = 0.77V$

解：由题得知：$\varphi^{\ominus}_{Fe^{3+}/Fe^{2+}} > \varphi^{\ominus}_{Cu^{2+}/Cu} > \varphi^{\ominus}_{Fe^{2+}/Fe} > \varphi^{\ominus}_{Al^{3+}/Al}$，因此，在标准状态下，电对 Fe^{3+}/Fe^{2+} 中氧化态物质 Fe^{3+} 是最强的氧化剂，电对 Al^{3+}/Al 中 Al 是最强的还原剂。

氧化剂的氧化能力排序为：$Fe^{3+} > Cu^{2+} > Fe^{2+} > Al^{3+}$

还原剂的还原能力排序为：$Al > Fe > Cu > Fe^{2+}$

（二）判断氧化还原反应自发进行的方向

将氧化还原反应分为两个半电池反应，并组成一个原电池，根据原电池的电动势 $E = \varphi_+ - \varphi_-$，可判断反应进行方向。若 $E = \varphi_+ - \varphi_- > 0$，反应正向自发进行；$E = \varphi_+ - \varphi_- < 0$，反应逆向自发进行。

【例 8－5】判断标准状态下，下列氧化还原反应进行的方向

$$2Fe^{3+}(aq) + Sn^{2+}(aq) \rightleftharpoons 2Fe^{2+}(aq) + Sn^{4+}(aq)$$

解：查表

$Fe^{3+}(aq) + e \rightarrow Fe^{2+}(aq)$　　$\varphi^{\ominus}_{Fe^{3+}/Fe^{2+}} = +0.771V$

$Sn^{4+}(aq) + 2e \rightarrow Sn^{2+}(aq)$　　$\varphi^{\ominus}_{Sn^{4+}/Sn^{2+}} = +0.151V$

$$E^{\ominus} = \varphi^{\ominus}_{Fe^{3+}/Fe^{2+}} - \varphi^{\ominus}_{Sn^{4+}/Sn^{2+}} = 0.771 - 0.151 = 0.62 > 0$$

所以反应正向自发进行，即反应为：

$$2Fe^{3+}(aq) + Sn^{2+}(aq) \longrightarrow 2Fe^{2+}(aq) + Sn^{4+}(aq)$$

即学即练 8-5

将标准电极电势数值由小到大排列成表得：

Zn^{2+}/Zn	$Zn^{2+}+2e \longrightarrow Zn$	$\varphi^{\ominus}_{Zn^{2+}/Zn}=-0.762V$
H^+/H_2	$2H^+ +2e \longrightarrow H_2$	$\varphi^{\ominus}_{H^+/H_2}=0.000V$
Cu^{2+}/Cu	$Cu^{2+}+2e \longrightarrow Cu$	$\varphi^{\ominus}_{Cu^{2+}/Cu}=+0.337V$
Cl_2/Cl^-	$Cl_2+2e \longrightarrow 2Cl^-$	$\varphi^{\ominus}_{Cl_2/Cl^-}=+1.360V$

试根据以上 $\varphi^{\ominus}$ 数值的大小，判断氧化型及还原型能力的大小。

答案解析

知识链接

生物氧化还原系统的电极电势

在生物系统中，很多氧化还原过程还同时有 H^+ 的转移，而且在生物系统中的反应，大部分是在体温和接近碱中性的条件下进行的，此时 H^+ 的标准态为 $\alpha_{H^+}=10^{-7}$，其他物质均与物理化学中的标准态规定相同。下表 8-1 列出一些重要的生物氧化还原系统的标准电极电势。

表 8-1　生物氧化还原系统的标准电极电势

氧化态	还原态	$\varphi^{\ominus}$ (V)
乙酸	乙醛	-0.58
铁氧还蛋白-Fe^{3+}	铁氧还蛋白-Fe^{2+}	-0.432
H^+	H_2	-0.42
$NADP^+$	NADPH	-0.324
NAD^+	NADH	-0.32
FAD	$FADH_2$	-0.22
核黄素	氢化核黄素	-0.219
草酰乙酸盐	苹果酸盐	-0.166
去氢抗坏血酸	抗坏血酸	-0.045
MB	MBH_2	+0.011
延胡索酸盐	琥珀酸盐	+0.031
肌红蛋白-Fe^{3+}	肌红蛋白 Fe^{2+}	+0.17
氧化细胞色素 C	细胞色素 C	+0.26

第三节　氧化还原滴定法

PPT

氧化还原滴定法是以氧化还原反应为基础的滴定分析方法。许多氧化还原反应已成功用于滴定分析。习惯上，按照滴定剂（氧化剂）的名称命名氧化还原滴定法。例如，碘量法、溴量法、铈量法、高锰酸钾法等。

氧化还原滴定法的应用范围广泛，此法既能测定具有氧化性或还原性的物质，也能间接测定本身不具有氧化还原性质、但能与某种氧化剂或还原剂发生其他类型有计量关系的化学反应的物质；既能测定无机物，也能测定有机物。例如，食品中测定水、双氧水、还原糖等成分；常见药物维生素 C、硝苯地平、盐酸普鲁卡因等含量的测定。因此，氧化还原滴定法是滴定分析中一种重要的分析方法。

一、氧化还原滴定的条件

许多氧化还原反应已成功用于滴定分析。氧化还原反应较为复杂，一般反应速度较慢，副反应较多，并不是所有的氧化还原反应都能用于滴定分析，必须根据具体情况，创造适宜的反应条件。能用于滴定分析的氧化还原反应必须满足下列要求。

1. 反应必须按化学反应式的计量关系定量完成。
2. 反应速度必须足够快，不能有副反应的发生。
3. 必须有适当的方法确定化学计量点。

二、氧化还原滴定法的指示剂

氧化还原滴定法中常用的指示剂有以下几种类型。

1. 自身指示剂　在氧化还原滴定法中，利用滴定液或样品溶液本身的颜色变化来指示终点的物质称为自身指示剂。例如，在酸性溶液中，用高锰酸钾液滴定无色或浅色的样品溶液时，当滴定到化学计量点前后，溶液由无色变为淡红色。

2. 特殊指示剂　某些物质本身无氧化还原性，但能与氧化剂或还原剂作用，产生颜色变化以指示终点，这类物质称为特殊指示剂。例如，淀粉溶液能与 I_2（I_3^-）产生深蓝色吸附化合物，故可根据其蓝色的出现或消失指示滴定终点。

3. 不可逆指示剂　有些物质在过量氧化剂存在时会发生不可逆的颜色变化以指示终点，这类物质称为不可逆指示剂。例如，在溴酸钾法中，过量的溴酸钾液在酸性溶液中能析出溴，而溴能破坏甲基红或甲基橙的呈色结构，以红色消失来指示终点。

4. 氧化还原指示剂　有些物质本身具有氧化还原性，并且它的氧化型和还原型具有不同的颜色，能因氧化还原作用而发生颜色变化以指示终点。这类指示剂称为氧化还原指示剂。例如，二苯胺磺酸钠，其氧化型呈红紫色，还原型为无色，如以二苯胺磺酸钠为指示剂，用高锰酸钾滴定 Fe^{2+} 至化学计量点时，稍微过量的高锰酸钾可将二苯胺磺酸钠由无色的还原型氧化成红紫色的氧化型，指示终点的到达。常用的氧化还原指示剂如表 8－2 所示。

表 8－2　常用的氧化还原指示剂

指示剂	还原型颜色	氧化型颜色
亚甲蓝	无色	蓝绿色
二苯胺	无色	紫色
二苯胺磺酸钠	无色	红紫色
邻苯氨基苯磺酸	无色	红紫色
羊毛罂红	绿色	红色
硝基邻二氮菲亚铁	红色	淡蓝色

由于氧化还原指示剂本身具有氧化还原作用，也要消耗一定量的滴定液。当滴定液的浓度较大时，其影响可以忽略不计。但是在较精确测定或滴定液的浓度小于0.01mol/L时，则需要做空白试验以校正指示剂误差。

三、氧化还原滴定法的分类

（一）高锰酸钾法

1. 基本原理 高锰酸钾法是以$KMnO_4$作滴定液的氧化还原滴定法。$KMnO_4$是强氧化剂，其氧化作用与溶液的酸度有关。在微酸、中性或弱碱性溶液中，MnO_4^-被还原为棕色不溶物MnO_2，因MnO_2使溶液浑浊，妨碍终点观察，所以高锰酸钾法通常在较强的酸性溶液中进行。滴定时使用H_2SO_4控制酸度，避免使用HNO_3（有氧化性）和HCl（有还原性）。

在强酸性条件下滴定反应为：

$$MnO_4^- + 8H^+ + 5e \longrightarrow Mn^{2+} + 4H_2O \qquad \varphi^{\ominus}_{MnO_4^-/Mn^{2+}} = 1.491V$$

因为MnO_4^-本身为紫红色，被还原为Mn^{2+}后紫红色褪去，在达到计量点后，稍微过量的MnO_4^-即可使溶液变为淡红色而指示反应终点，所以，高锰酸钾法可用$KMnO_4$作自身指示剂，一般不另加指示剂。

有些物质与$KMnO_4$反应较慢，需用加热或加催化剂的方法以加速反应速率。例如，用$KMnO_4$滴定$C_2O_4^{2-}$时，即使在强酸性溶液中加热的情况下，开始时反应也不会迅速进行。只有待最初加入的1～2滴$KMnO_4$溶液的紫红色褪去后，溶液中有了Mn^{2+}，反应方能较快地进行。这种由于反应生成物本身引起的催化作用称为自催化作用。

高锰酸钾法的优点是氧化能力强，应用广泛，滴定时一般不需要额外加指示剂。缺点是选择性差，滴定液不稳定，久置会缓慢分解。

2. 滴定液的配制与标定 市售的$KMnO_4$试剂中常含有少量的MnO_2和其他杂质，因此不能用直接法配置标准溶液，纯化水中也常含有微量的还原性物质，能慢慢地与$KMnO_4$反应，使$KMnO_4$滴定液的浓度在配制初期有很大变化。因此，$KMnO_4$标准溶液配置时，常将溶液煮沸以使其浓度迅速达到稳定，并将配成的溶液盛于棕色玻璃瓶中在冷暗处放置一段时间。MnO_2因能催化加速$KMnO_4$的分解，必须过滤除去（过滤不能使用滤纸，因其能还原$KMnO_4$），待浓度稳定后方可进行标定。

（1）$KMnO_4$（0.02mol/L）滴定液的配制　称量$KMnO_4$固体3.2～3.9g，溶于1000ml新煮沸放冷的蒸馏水中，混匀后置棕色瓶中，暗处放置7～10天（或溶于蒸馏水后加热煮沸10～20分钟，放置2天），用垂熔漏斗过滤，滤液存于另一棕色玻璃瓶中。

（2）$KMnO_4$滴定液标定　标定$KMnO_4$溶液的基准物质有很多，如$H_2C_2O_4$、$Na_2C_2O_4$、As_2O_3等，其中$Na_2C_2O_4$因不含结晶水，性质稳定，容易提纯，故较为常用。取在110℃干燥至恒重的基准级$Na_2C_2O_4$ 0.2g，精密称定。加新煮沸放冷的蒸馏水150ml，H_2SO_4 10ml，搅拌使溶解。从滴定管中以最大流速加入$KMnO_4$标准溶液25ml，随加随搅，加热至75℃，待褪色后，停止加热。趁热继续滴定至溶液显微红色并30秒内不褪色即达终点。$KMnO_4$与$Na_2C_2O_4$之间的反应如下：

$$2MnO_4^- + 5C_2O_4^{2-} + 16H^+ \rightleftharpoons 2Mn^{2+} + 10CO_2 + 8H_2$$

$KMnO_4$的浓度如下：

$$c_{KMnO_4} = \frac{2 \times m_{Na_2C_2O_4} \times 10^3}{V_{KMnO_4} \times M_{Na_2C_2O_4} \times 5} \text{(mol/L)}$$

3. 标定 $KMnO_4$ 溶液需注意的事项

（1）温度　室温下反应速率缓慢，常将溶液加热至75～85℃（一般是水浴加热或刚好冒蒸汽）时进行滴定；若高于90℃，会引起 $H_2C_2O_4$ 分解。

（2）酸度　在硫酸酸性溶液中进行，其浓度为0.5～1mol/L。酸度不足，易生成 MnO_2 沉淀；酸度过高，又会促使 $KMnO_4$ 分解。

（3）滴定速度　刚开始滴定时速度不宜过快，否则 $KMnO_4$ 来不及与 $C_2O_4^{2-}$ 反应，在热的酸性溶液中发生分解。

（4）滴定终点　$KMnO_4$ 可作自身指示剂，但滴定终点不稳定，因为空气中的还原性气体及尘埃杂质能使 $KMnO_4$ 缓慢分解而褪色，故滴定至溶液显为浅红色，经30秒内不褪色，即为终点。

4. 应用示例——H_2O_2 含量的测定　精密移取市售30% H_2O_2 溶液1ml，放入贮有5ml蒸馏水并已称定重量的带磨口塞的锥形瓶中，精密称重，然后定量移入100ml容量瓶内，加水稀释至刻度，摇匀。精密移取上述10ml溶液，加入 H_2SO_4（1mol/L）20ml，用 $KMnO_4$ 标准溶液（0.02mol/L），滴定至浅红色即达终点，消耗 $KMnO_4$ 滴定液 Vml，反应式如下：

$$2MnO_4^- + 5H_2O_2 + 6H^+ \longrightarrow 2Mn^{2+} + 5O_2 + 8H_2O$$

H_2O_2 含量计算公式为：

$$\omega_{H_2O_2\%} = \frac{\frac{5}{2}(c \times V)_{MnO_4^-} \times 10^{-3} \times M_{H_2O_2}}{W_{样品}} \times 100\%$$

（二）碘量法

1. 基本原理　碘量法是利用 I_2 的氧化性和 I^- 的还原性进行滴定的分析方法。

$$I_2 + 2e \rightleftharpoons 2I^- \qquad \varphi^\ominus_{I_2/I^-} = 0.535V$$

从 $\varphi^\ominus_{I_2/I^-}$ 值可知，I_2 是一种较弱的氧化剂，而 I^- 是中等强度的还原剂。低于 $\varphi^\ominus_{I_2/I^-}$ 电对的还原性物质如 S^{2-}、SO_3^{2-}、AsO_3^{3-}、SbO_3^{3-}、维生素C等，能用碘标准溶液直接滴定，这种方法叫直接碘量法或碘滴定法。高于 $\varphi^\ominus_{I_2/I^-}$ 电对的氧化性物质如 Cu^{2+}、$Cr_2O_7^{2-}$、CrO_4^{2-}、MnO_4^-、NO_2^-、Cl_2、H_2O_2 等，可将 I^- 氧化成 I_2，再用 $Na_2S_2O_3$ 标准溶液滴定生成的 I_2，这种滴定方法叫间接碘量法或滴定碘法。

2. 滴定方式

（1）直接碘量法　用直接碘量法来测定还原性物质时，一般应在弱碱性、中性或弱酸性溶液中进行。如测定 AsO_3^{3-} 需在弱碱性 $NaHCO_3$ 溶液中进行。

$$I_2 + AsO_3^{3-} + H_2O \rightleftharpoons 2I^- + AsO_4^{3-} + 2H^+$$

若反应在强酸性溶液中进行，则平衡向左移动，且 I^- 易被空气中的 O_2 氧化：

$$4I^- + O_2 + 4H^+ \longrightarrow 2I_2 + 2H_2O$$

如果溶液的碱性太强，I_2 就会发生歧化反应：

$$3I_2 + 6OH^- \rightleftharpoons IO_3^- + 5I^- + 3H_2O$$

I_2 标准溶液可用升华法制得的纯碘直接配制。但碘具有挥发性和腐蚀性，不宜在天平上称量，故通常先配成近似浓度的溶液，然后进行标定。由于碘在水中的溶解度很小，通常在配制 I_2 溶液时加入过量的KI以增加其溶解度，降低 I_2 的挥发性。直接碘量法可利用碘自身的黄色或加淀粉作指示剂，I_2 遇淀粉呈蓝色。

（2）间接碘量法　间接碘量法测定氧化物质时，须在中性或弱酸性溶液中进行。例如，测定 $K_2Cr_2O_7$

的含量的反应如下：

$$Cr_2O_7^{2-} + 6I^- + 14H^+ \longrightarrow 2Cr^{3+} 3I_2 + 7H_2O$$

$$I_2 + 2S_2O_3^{2-} \longrightarrow 2I^- + S_4O_6^{2-}$$

若溶液为碱性，则存在如下副反应：

$$4I_2 + S_2O_3^{2-} + 10OH^- \longrightarrow 8I^- + 2SO_4^{2-} + 5H_2O$$

在强酸性溶液中，$Na_2S_2O_3$易被分解：

$$S_2O_3^{2-} + 2H^+ \longrightarrow S + SO_2 + H_2O$$

间接碘量法也用淀粉作指示剂，但它不是在滴定前加入，若指示剂加入过早，则由于淀粉与I_2形成的牢固结合会使I_2不易与$Na_2S_2O_3$立即作用，以致滴定终点不敏锐，故一般在近终点时加入。应用碘量法除了掌握好酸度外，还应注意以下几点。

1）防止碘挥发　可采取的措施有：加入过量的 KI，使I^-变成I_3^-；反应时溶液不可加热；反应在碘量瓶中进行，滴定时不要过分摇动溶液。

2）防止I^-被空气氧化　可采取的措施有：避免阳光照射；Cu^{2+}、NO_2^-等能催化空气对I^-的氧化，应该高温除去；滴定应该快速进行。

3. 应用示例——维生素 C 含量测定　维生素 C 分子中含有烯二醇基，易被I_2氧化成含二酮基的脱氢维生素 C，故可用直接碘量法测定含量。

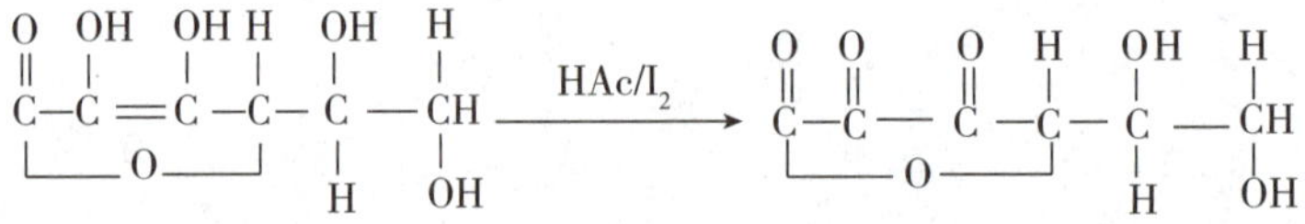

在碱性条件下有利于反应向右进行，但维生素 C 的还原性很强，在碱性环境中易被空气中的O_2氧化，因此滴定时加入 HAc 使滴定在酸性溶液中进行，以减少维生素 C 被空气氧化所造成的误差。

（1）配制 0.05mol/L I_2标准溶液　由于I_2在水中的溶解度很小（1.18×10^{-3}mol/L，25℃）通常在配制I_2溶液时加入一些碘化物（常用 KI），使碘与碘离子结合成配离子，从而增大其溶解度。I_2（0.05mol/L）标准溶液的配置方法为：称取 13g I_2，放入盛有 KI 溶液（36%）100ml 的玻璃乳钵中研磨完全溶解，然后转移至烧杯中，加盐酸 3 滴，加蒸馏水稀释至 1000ml，过滤即得（若将碘事先研细，亦可在烧杯中用 72% KI 溶液 50ml 使之溶解完全，然后稀释至 1000ml，无需过滤）。为了避免 KI 的氧化，配置好的碘标准溶液，须盛于棕色瓶中，密塞存放。

（2）I_2标准溶液（0.05mol/L）的标定　准确移取 25.00ml I_2溶液置于 250ml 锥形瓶中，加水 50ml，用标定过的$Na_2S_2O_3$标准溶液滴定至浅黄色后，加入 0.2% 淀粉溶液 2～4 滴，继续用$Na_2S_2O_3$溶液滴定至蓝色恰好褪去。标定反应为：

$$I_2 + 2S_2O_3^{2-} \rightleftharpoons 2I^- + S_4O_6^{2-}$$

根据下式计算I_2溶液的浓度：

$$c_{I_2} = \frac{c_{Na_2S_2O_3} V_{Na_2S_2O_3}}{2V_{I_2}}$$

（3）维生素 C 含量的测定　准确称取约 0.2g 维生素 C，放入锥形瓶中，加入 50ml 新煮沸放冷的蒸馏水和 10ml 2mol/L HAc 使其溶解，加淀粉指示剂 1ml，立即用I_2标准溶液（0.05mol/L）滴定至浅蓝色，按下式计算维生素 C 的含量：

$$\omega_{维生素C} = \frac{c_{I_2} \times V_{I_2} \times M_{I_2}}{m_{样品}}$$

实例分析

实例　卡尔·费休法简称费休法，是1935年卡尔·费休（Karl Fischer）提出的测定水分的容量分析方法。费休法是测定物质水分方法之一。具有准确度高、测量范围广等优点，已被列为许多物质中水分测定的标准方法。

费休法基本原理是利用碘氧化二氧化硫时，需要一定量的水参加反应：

$$I_2 + SO_2 + 2H_2O \longrightarrow 2HI + H_2SO_4$$

问题　利用该反应可测定许多无机物和有机物中的水，该方法属于氧化还原滴定分析法中的哪一种？该测定方法的注意事项有哪些？

答案解析

（三）亚硝酸钠法

1. 基本原理　以 $NaNO_2$ 为滴定液的分析法称为亚硝酸钠法，也称重氮化法。在盐酸存在条件下，已知浓度的 $NaNO_2$ 定量与芳香伯胺类化合物发生重氮化反应，根据消耗 $NaNO_2$ 滴定液的浓度和体积，计算芳伯胺类化合物的含量。芳伯胺与亚硝酸钠的反应如下：

$$ArNH_2 + NaNO_2 + 2HCl \longrightarrow Ar{-}N{\equiv}N + NaCl + 2H_2O$$

2. 滴定液的配制与标定

（1）标准溶液的配制　亚硝酸钠水溶液不稳定，放置时浓度显著下降。在 pH = 10 左右时，其水溶液最稳定。因此，配制亚硝酸钠溶液时，常加入少量碳酸钠作为稳定剂。

（2）标定　标定亚硝酸钠溶液可用对氨基苯磺酸、磺胺二甲嘧啶、磺胺嘧唑等作为基准物质。现在最常用对氨基苯磺酸，标定反应为：

对氨基苯磺酸为内盐，在水中溶解缓慢，需先用氨水溶解，再加盐酸，使其成为对氨基苯磺酸盐酸盐。

亚硝酸钠溶液见光易分解，应贮存于带玻璃塞的棕色瓶中，密封保存。

3. 终点的指示　利用碘化钾与淀粉制成 KI－淀粉糊或 KI－淀粉试纸确定亚硝酸钠滴定法的滴定终点。达到化学计量点后，稍微过量的 $NaNO_2$ 可将 KI 氧化，生成 I_2：

$$2NO_2^- + 2I^- + 4H^2 \rightleftharpoons I_2 + 2NO + 2H_2O$$

生成的 I_2 与淀粉显蓝色，但不能把这种指示剂加到滴定液中。否则，滴入的 $NaNO_2$ 将优先与 KI 作用而无法指示终点。因此，只有在临近终点时，用玻璃棒蘸少许滴定试液，在外面与指示剂接触，根据是否出现蓝色以确定终点到达。这种方法使用的指示剂称为外指示剂。由于使用外指示剂手续较繁琐，显色不明显，近年趋向于使用常规的内指示剂指示终点。其中，以橙黄Ⅳ－亚甲蓝用得较多，中性红、二苯胺也有应用。但应注意，如测定物或其产物均有颜色，内指示剂终点颜色的改变也不相同。采用永停滴定法确定终点，可得到准确的分析结果，药典多用此法指示终点。

4. 滴定反应条件

（1）反应速率与所处的酸介质的种类有关，在 HBr 中比 HCl 中快，在 H_2SO_4 或 HNO_3 中反应较慢。但因 HBr 价格较高及芳伯胺盐酸盐较硫酸盐溶解度大，固常用 HCl 为酸介质。

（2）酸度较高，可增加重氮盐的稳定性，一般酸度控制到 1～2mol/L。

（3）亚硝酸钠法的反应速度随温度的升高而加快，但温度升高又伴随亚硝酸钠的分解。一般规定在 15℃以下进行滴定。在 30℃以下，将滴定管尖插入液面下约 2/3 处，在不断搅拌下，迅速滴定至近终点，再将管尖提出液面，继续缓慢滴定至终点。

（4）苯胺环上，特别是在对位上，有其他取代基团存在时，会影响重氮化反应速度，对于慢的重氮化反应常加入适量 KBr 起催化作用。

5. 应用与示例 亚硝酸钠法主要用于测定具有芳伯胺结构的药物，如盐酸普鲁卡因、盐酸普鲁卡因胺和磺胺类药物。有些芳酰胺和芳硝基化合物以及一些经过简单反应可以转变为芳伯胺的化合物，如对乙酰氨基酚、非那西丁等也可以用亚硝酸钠法测定含量。

以对乙酰氨基酚含量测定为例：精密称取样品，置于烧瓶中，加入稀硫酸，加热至回流，冷却。加入蒸馏水、盐酸及 KBr。在一定温度下，用亚硝酸钠标准溶液按快速滴定法滴定，用细玻璃棒蘸取溶液少许，点在 KI 淀粉试纸上，立即出现蓝色斑点时，停止滴定。5 分钟后再蘸取再试，如仍显蓝色斑点，即为终点。扑热息痛的含量为：

$$扑热息痛\% = \frac{(cV)_{NaNO_2} \times M_{扑热息痛} \times 10^{-3}}{W_{样品}} \times 100\%$$

实践实训

实训十五　间接碘量法

【实训目的】

1. 掌握碘量法的测定原理及碘盐含量测定方法。
2. 熟悉硫代硫酸钠滴定液的配制方法、注意事项。
3. 了解淀粉指示剂指示终点的原理，并学会判断终点。

【实训原理】

标定 $Na_2S_2O_3$ 滴定液的反应式为：

$$Cr_2O_7^{2-} + 6I^- + 14H^+ \rightleftharpoons 2Cr^{3+} + 3I_2 + 7H_2O$$

$$I_2 + 2S_2O_3^{2-} \rightleftharpoons 2I^- + S_4O_6^{2-}$$

$Na_2S_2O_3$ 溶液的浓度为：

$$C_{Na_2S_2O_3} = \frac{6 \times W_{K_2Cr_2O_7}}{M_{K_2Cr_2O_7} \times V_{Na_2S_2O_3} \times 10^{-3}}$$

碘盐中的碘酸盐在酸性条件下，加入碘化钾析出碘单质，以淀粉作指示剂，用硫代硫酸钠标准溶液滴定，反应式如下：

$$IO_3^- + 5I^- + 6H^+ \rightleftharpoons 3I_2 + 3H_2O$$

$$I_2 + 2S_2O_3^{2-} \rightleftharpoons 2I^- + S_4O_6^{2-}$$

碘盐中碘含量的计算公式为：

$$I_2(mg/kg) = \frac{V_{Na_2S_2O_3} \times c_{Na_2S_2O_3} \times 21.12 \times 5 \times 10^{-3}}{W_{样品}}$$

通过实训，将所得 $Na_2S_2O_3$ 滴定液的标定结果，及碘含量的测定结果进行分析，分别计算绝对偏差、平均偏差、相对平均偏差。

【实训用品】

1. 仪器　电子天平、碱式滴定管（25.00ml）、移液管（20.00ml）、碘量瓶（250ml）。

2. 试剂　$Na_2S_2O_3$(AR)、$K_2Cr_2O_7$(AR)、KI(AR)、HCl 溶液（4mol/L）、碘盐、淀粉指示剂（0.5%～1.0%）、10% KI 溶液。

【实训步骤】

（一）$Na_2S_2O_3$ 滴定液（0.1mol/L）的配制和标定

1. 0.1mol/L $Na_2S_2O_3$ 溶液的配制　称取 $Na_2S_2O_3$ 26.0g，用 1000ml 含有 0.2g Na_2CO_3 的蒸馏水水溶解，放置两周后待用。

2. 0.1mol/L $Na_2S_2O_3$ 溶液的标定　精密称取 $K_2Cr_2O_7$ 1.2258g，溶于 250ml 容量瓶中，稀释至刻度，备用。移取 20.00ml $K_2Cr_2O_7$ 溶液于碘量瓶中，加入 KI 2.0g，加水 15ml，加入 5ml 4mol/L 的盐酸，摇匀，放暗处 10 分钟。加 50ml 水稀释，用 $Na_2S_2O_3$ 滴定液滴定至临近终点，滴加淀粉指示剂 1ml，继续滴定至蓝色消失而显亮绿色，即为终点。记录消耗 $Na_2S_2O_3$ 滴定液的体积。平行测定 3 次。

（二）加碘盐中碘含量的测定

1. 粗称 50g 盐，溶解，定容至 250ml（容量瓶）。

2. 量取 50ml 上述盐水于 250ml 碘量瓶中，加入 1ml 2mol/L 硫酸再加入 5ml 10% KI 溶液，密塞，摇匀，水封，在暗处放置 10min。

3. 用 $Na_2S_2O_3$ 滴定液（0.002mol/L）滴定至浅黄色，加入 1ml 淀粉指示剂，继续滴定至蓝色消失，记录消耗 $Na_2S_2O_3$ 滴定液的体积，平行测定 3 次。

【实训结果】

1. 0.1mol/L $Na_2S_2O_3$ 溶液标定结果记录于下表。

项目	测定次数		
	1	2	3
基准物质 $K_2Cr_2O_7$ 的质量 m（g）			
$Na_2S_2O_3$ 滴定液的体积 V（ml）			
$Na_2S_2O_3$ 滴定液的浓度 c（mol/L）			
$Na_2S_2O_3$ 滴定液的平均浓度 $\bar{c}$（mol/L）			
绝对偏差 d			
平均偏差 $\bar{d}$			
相对平均偏差 $R\bar{d}$			

2. 加碘盐中碘含量的测定结果记录于下表。

项目	测定次数		
	1	2	3
加碘盐的质量 m（g）			
$Na_2S_2O_3$滴定液的体积 V（ml）			
碘含量（mg/kg）			
碘含量平均值（mg/kg）			
绝对偏差 d			
平均偏差 $\overline{d}$			
相对平均偏差 $R\overline{d}$			

【实训提示】

1. 滴定反应在室温下进行，滴定时不要剧烈摇荡溶液。
2. 淀粉指示剂应在滴定至溶液浅黄色时加入。
3. 加碘盐中碘含量的测定中需使用碘量瓶，需在暗处静止 10 分钟。

【实训思考】

1. 配制的 $Na_2S_2O_3$标准溶液为什么要放置两周？
2. KI 为什么必须过量？
3. 为什么要用新煮沸的含有 Na_2CO_3放冷的蒸馏水配制？

实训十六　高锰酸钾法测定药用硫酸亚铁铵中铁含量

【实训目的】

1. 掌握用 $Na_2C_2O_4$做基准物质标定 $KMnO_4$溶液的原理、方法。
2. 熟悉 $KMnO_4$滴定液的配制和保存方法。

【实训原理】

$Na_2C_2O_4$标定 $KMnO_4$溶液的反应式如下：

$$2MnO_4^- + 5C_2O_4^{2-} \rightleftharpoons 2Mn^{2+} + 10CO_2 + 8H_2O$$

$KMnO_4$溶液浓度计算式为：

$$c_{KMnO_4} = \frac{2 \times m_{Na_2CO_3} \times 10^3}{V_{KMnO_4} \times M_{Na_2C_2O_4} \times 5}$$

硫酸亚铁铵在硫酸溶液中，与 $KMnO_4$的反应离子方程式为：

$$5Fe^{2+} + MnO_4^- + 8H^+ \rightleftharpoons Mn^{2+} + 5Fe^{3+} + 4H_2O$$

高锰酸钾作自身指示剂，终点敏锐。硫酸亚铁铵中铁含量的计算公式为：

$$Fe\% = \frac{5c_{KMnO_4} \times V_{KMnO_4} \times 55.85}{W_{样品} \times 10^3} \times 100\%$$

【实训用品】

1. 仪器　电子天平、酸式滴定管（25.00ml）、移液管（20.00ml）、水浴锅、锥形瓶（250ml）。

2. 试剂　H_2SO_4（3mol/L）、硫酸亚铁铵（s）、$KMnO_4$（cp）、H_3PO_4（1mol/L）、$Na_2C_2O_4 \cdot 2H_2O$。

【实训步骤】

（一）$KMnO_4$滴定液（0.1mol/L）的配制和标定

1. $KMnO_4$标准溶液的配制　称取 $KMnO_4$ 1.6g，溶于 500ml 新鲜煮沸冷却的蒸馏水，混匀，置于棕色瓶，暗处放置 7～10 天，用垂熔漏斗过滤，滤液保存于棕色瓶中备用。

2. $KMnO_4$滴定液（0.1mol/L）的标定　取 105℃干燥至恒重的 $Na_2C_2O_4 \cdot 2H_2O$，精密称定 0.15g，置于 250ml 锥形瓶中，加入蒸馏水 125ml，再加入浓硫酸 5ml，摇匀，加热至 75～85℃，取出，迅速加入滴定液 15ml，待褪色后，继续滴定至淡红色，保持半分钟不褪色（此时溶液温度不低于 55℃），记录消耗的 $KMnO_4$滴定液的体积。平行测定 3 次。

（二）硫酸亚铁铵含量的测定

精密称定硫酸亚铁铵 0.7g，加 H_2SO_4（3mol/L）与蒸馏水各 15ml，加入 2ml H_3PO_4（1mol/L），溶解后立即用 $KMnO_4$滴定液滴定至浅红色，即为终点。记录消耗的 $KMnO_4$滴定液的体积。平行测定 3 次。

【实训结果】

1. $KMnO_4$滴定液（0.1mol/L）的标定结果记录于下表。

项目	测定次数		
	1	2	3
基准物质 $Na_2C_2O_4$的质量 m（g）			
$KMnO_4$滴定液的体积 V（ml）			
$KMnO_4$滴定液的浓度 c（mol/L）			
$KMnO_4$滴定液的平均浓度 $\bar{c}$（mol/L）			
绝对偏差 d			
平均偏差 $\bar{d}$			
相对平均偏差 $R\bar{d}$			

2. 硫酸亚铁铵中铁的含量测定结果记录于下表。

项目	测定次数		
	1	2	3
硫酸亚铁铵的质量 m（g）			
$KMnO_4$滴定液的体积 V（ml）			
Fe（%）			
$\overline{Fe}$（%）			
绝对偏差 d			
平均偏差 $\bar{d}$			
相对平均偏差 $R\bar{d}$			

【实训提示】

1. $KMnO_4$溶液需在棕色瓶中放置 7～10 天，过滤后再进行标定。
2. 滴定开始速度不易过快，随着锰离子的生成，反应加快，滴定速度也可加快。

【实训思考】

1. 为什么滴定速度要先慢后快?
2. 用草酸钠标定高锰酸钾时，为什么要加热到75～85℃?

答案解析

目标检测

一、选择题

(一) 单选题

1. 在下列化合物中，S的氧化数为+4的是(　　)。

A. H_2S　　B. $Na_2S_2O_3$　　C. Na_2SO_3　　D. Na_2SO_4

2. 下列关于氧化还原反应本质的叙述，不正确的是(　　)。

A. 氧化还原反应必然有电子的得失或偏移

B. 氧化还原反应必然引起元素氧化数的变化

C. 同种元素的原子之间不会发生电子的偏移或得失

D. 氧化还原反应中，还原剂氧化数升高总值与氧化剂的氧化数降低总值相等

3. 下列说法错误的是(　　)。

A. 在原电池中，正极发生氧化反应，负极发生还原反应

B. 在原电池中，电极电势较高的电对是原电池的正极

C. 在原电池中，电极电势较低的电对是原电池的负极

D. 原电池的电动势等于正极电极电势减去负极电极电势

4. 下列电池符号书写，正确的是(　　)。

A. $(-)Zn|Zn^{2+}(c_1)\|Cu^{2+}(c_2)|Cu(+)$　　B. $(-)Zn^{2+}(c_1)|Zn\|Cu^{2+}(c_2)|Cu(+)$

C. $(-)Zn|Zn^{2+}(c_1)\|Cu|Cu^{2+}(c_2)(+)$　　D. $(-)Zn^{2+}(c_1)|Zn\|Cu|Cu^{2+}(c_2)(+)$

5. 已知 $\varphi^{\ominus}_{Fe^{3+}/Fe^{2+}}=0.77V$，$\varphi^{\ominus}_{Cu^{2+}/Cu}=0.34V$，$\varphi^{\ominus}_{Sn^{4+}/Sn^{2+}}=0.15V$，$\varphi^{\ominus}_{Fe^{2+}/Fe}=-0.41V$。在标准状态下，下列反应能进行的是(　　)。

A. $2Fe^{3+}+Cu \rightleftharpoons 2Fe^{2+}+Cu^{2+}$　　B. $Sn^{4+}+Cu \rightleftharpoons Sn^{2+}+Cu^{2+}$

C. $Fe^{2+}+Cu \rightleftharpoons Fe+Cu^{2+}$　　D. $Sn^{4+}+2Fe^{2+} \rightleftharpoons Sn^{2+}+2Fe^{3+}$

(二) 多选题

1. 下列属于氧化还原滴定法的是(　　)。

A. 碘量法　　B. 非水碘量法　　C. 高锰酸钾法　　D. 亚硝酸钠滴定法

2. 在酸性介质中，用$KMnO_4$溶液滴定草酸盐，不正确的是(　　)。

A. 快速滴定　　B. 开始时缓慢进行，以后逐渐加快，然后变慢

C. 始终缓慢进行　　D. 开始时快，然后缓慢

3. 用$Na_2C_2O_4$作基准物质标定$KMnO_4$溶液，合适的条件为(　　)。

A. 终点时，粉红色应保持30秒内不褪色　　B. 温度为75～85℃

C. 需加入Mn^{2+}催化剂　　D. 滴定速度开始要快

4. 间接碘量法中，应正确使用淀粉指示剂，下列做法不正确的是（　　）。

A. 滴定开始时就应该加入指示剂　　B. 为使指示剂变色灵敏，应适当加热

C. 指示剂要在终点时加入　　D. 指示剂要在临近终点时加入

二、简答题

1. 分别指出以下两个氧化还原反应的氧化剂和还原剂。

$$4HCl + MnO_2 = MnCl_2 + Cl_2\uparrow + 2H_2O$$

$$16HCl + 2KMnO_4 = 2KCl + 2MnCl_2 + 5Cl_2\uparrow + 8H_2O$$

2. 依次指出以下单质或化合物中铁元素的氧化数：Fe、Fe_2O_3、FeO、$FeCl_3$、$FeSO_4$。

3. 已知：$\varphi^\ominus_{Sn^{4+}/Sn^{2+}} = 0.15V$，$\varphi^\ominus_{SO_4^{2-}/SO_2} = 0.17V$，$\varphi^\ominus_{Mg^{2+}/Mg} = -2.375V$，$\varphi^\ominus_{Al^{3+}/Al} = -1.66V$，$\varphi^\ominus_{S/H_2S} = 0.141V$，根据以上 $\varphi^\ominus$ 值，将还原型还原能力大小依次排列。

4. 将氧化还原反应：$Ag(s) + 2Fe^{3+}(c_1) \rightleftharpoons Fe^{2+}(c_2) + Ag^+(c_3)$ 设计成原电池，请写出其电池符号，以及正极反应与负极反应。

5. 用 $KMnO_4$ 滴定 $C_2O_4^{2-}$ 时，通常要注意什么问题？

三、综合应用题

1. 电池 $(-)Zn \mid Zn^{2+}(1mol/L) \parallel Cl^-(1mol/L) \mid Cl_2(101kPa) \mid Pt(+)$

已知 $\varphi^\ominus_{Cl_2/Cl^-} = 1.36V$，$\varphi^\ominus_{Zn^{2+}/Zn} = -0.76V$。

（1）写出该电池涉及的电极反应式和电池反应式。

（2）写出原电池的电动势。

2. 量取 H_2O_2 样品 25.00ml，稀释至 250ml，再移取出 25.00ml，加 H_2SO_4 酸化后，用 0.02732mol/L $KMnO_4$ 标准溶液滴定，用去 35.86ml。计算样品中 H_2O_2 的质量浓度。

书网融合……

知识回顾　微课　习题

（张稳稳）

第九章 电化学分析法

学习引导

20 世纪 70 年代发明的袖珍血糖仪，可用一滴毛细血管全血测定血糖，病人可以通过自测血糖，快速得出结果，因而被认为是糖尿病治疗史上的一个里程碑。血糖仪是如何快速测量血糖的呢？除血糖测定外，水的 pH、酱油中总氨基酸含量、药物含量都是通过什么方法进行测定的？

本章将通过电位分析法的概述、直接电位法、电位滴定法、永停滴定法的学习，了解和掌握电分析法在食品药品分析中的应用。

学习目标

1. **掌握** 指示电极、参比电极的概念；直接电位法测定溶液 pH 的原理和方法；电位滴定仪和永停滴定仪的操作技术；永停滴定法的原理、确定滴定终点的方法及应用。

2. **熟悉** 电位滴定法的原理、特点及判断终点方法；应用电位法测定溶液 pH 的原理。

3. **了解** 电位法测定其他离子浓度的方法；电化学分析法在食品药品分析中的应用。

根据电化学原理和物质在溶液中的电化学性质及变化而建立起来的分析方法称为电化学分析法。通常将被测物质制成溶液，根据电化学性质选择适当的电极组成原电池，测量某些电化学参数（如电极电势、电流、电阻和电量等）的强度及变化，从而对被测组分进行分析。根据电参数不同，可分为电位分析法、电导分析法、电解分析法和伏安分析法四类。

电化学分析法具有灵敏度高、选择性好、响应时间短和方法简便，仪器设备较简单，容易实现自动化等特点，在食品检测和药物分析中有广泛的应用。

本章将重点介绍电位分析法和永停滴定法。

第一节 电位分析法概述

PPT

电位分析法是用一支指示电极和一支参比电极与待测溶液组成化学电池，在零电流条件下，测定两电极间的电位差（即原电池的电动势）进行分析测定。常见电位分析法有直接电位法和电位滴定法两种。

电位法使用的电极有两种，一种为参比电极，另一种为指示电极。

一、参比电极

参比电极的电位值不随溶液中待测离子浓度的变化而变化，在一定条件下具有恒定电位值。参比电极具有制作方便、重现性好、电极电势稳定等特点，一般用难溶盐电极作参比电极。

实际测量中常用的参比电极有饱和甘汞电极和银－氯化银电极。

（一）饱和甘汞电极（SCE）

甘汞电极由金属汞、甘汞（Hg_2Cl_2）和 KCl 溶液组成，其构造如图 9－1 所示，电极反应为：

$$Hg_2Cl_2 + 2e \rightleftharpoons 2Hg + 2Cl^-$$

298.15K 时，电极电势为：

$$\varphi_{Hg_2Cl_2/Hg} = \varphi^{\ominus}_{Hg_2Cl_2/Hg} - 0.0592\lg c_{Cl^-} \qquad (9-1)$$

甘汞电极的电极电势与温度、KCl 浓度有关，一定温度下，当溶液中 Cl^- 浓度不变时，甘汞电极的电极电势是定值。不同浓度 KCl 甘汞电极的电极电势见表 9－1。

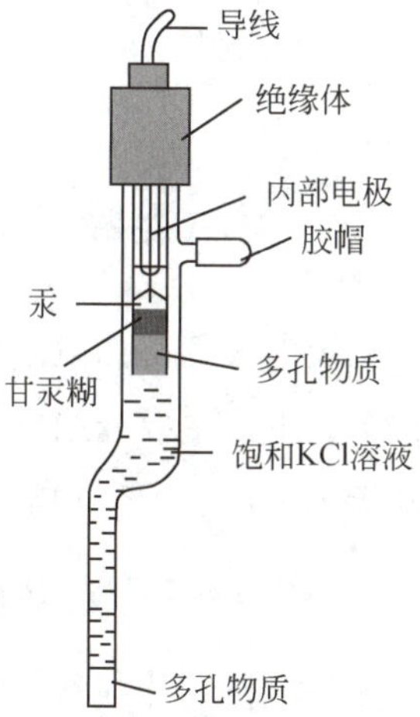

图 9－1　饱和甘汞电极示意图

表 9－1　不同浓度 KCl 溶液甘汞电极的电极电势（298.15K）

KCl 溶液浓度	电极名称	电极电位 φ（V）
0.1mol/L	0.1mol/L 甘汞电极	0.3365
1mol/L	标准甘汞电极	0.2828
饱和溶液	饱和甘汞电极（SCE）	0.2438

甘汞电极在较高温度时性能较差，因此使用受温度的限制。

（二）银－氯化银电极（SSE）

表面涂有氯化银的银丝插入一定浓度的 KCl 溶液中构成了银－氯化银电极，如图 9－2 所示。银－氯化银电极表示为：

$$Ag(s) \mid AgCl(s) \mid Cl^-(c)$$

其电极反应为：

$$AgCl(s) + e \rightleftharpoons Ag(s) + Cl^-(c)$$

298.15K 时，电极电势为：

$$\varphi_{AgCl/Ag} = \varphi^{\ominus}_{AgCl/Ag} - 0.0592\lg c_{Cl^-} \qquad (9-2)$$

银－氯化银电极的电极电势随温度、KCl 浓度的改变而改变，一定温度下，若溶液中 Cl^- 浓度一定，银－氯化银电极的电极电势是定值。不同浓度 KCl 溶液的电极电势见表 9－2。

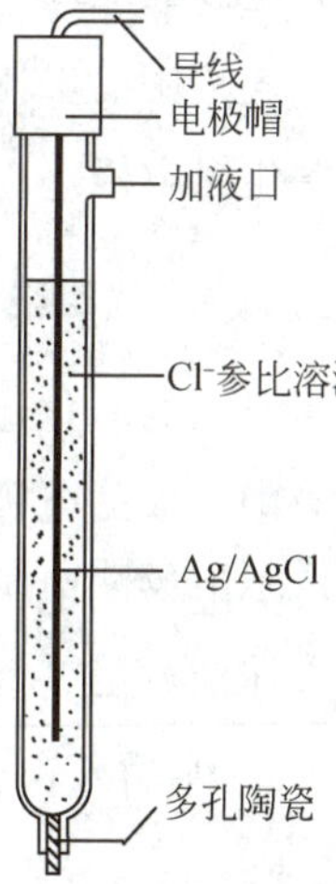

图 9－2　银－氯化银电极示意图

银－氯化银电极具有结构简单、性能稳定、体积小、灵活等优点，在高于 60℃ 的体系中仍可使用。因此，银－氯化银电极是常用的参比电极。

表 9-2 银-氯化银电极的电极电势（298.15K）

KCl 溶液浓度	电极名称	电极电位 φ（V）
0.1mol/L	0.1mol/L 银-氯化银电极	0.3337
1mol/L	标准银-氯化银电极	0.2801
饱和	饱和银-氯化银电极	0.2412

二、指示电极

电极电势随待测溶液离子浓度（或活度）的变化而变化的电极称为指示电极。常用的指示电极种类很多，下面主要介绍金属-金属离子电极、金属-金属难溶盐电极、惰性金属电极和离子选择性电极四种指示电极。前三种电极的特征在第八章已进行了详细的介绍。

（一）金属-金属离子电极

根据电极的能斯特方程，其电极电势与溶液中金属离子的浓度（或活度）有关，故可用于测定金属离子的浓度。如银丝插入含 Ag^+ 的溶液中组成的银电极，表示为：$Ag|Ag^+$（c）。电极反应为：

$$Ag^+(c)+e \rightleftharpoons Ag(s)$$

298.15K 时，电极电势为：

$$\varphi_{Ag^+/Ag}=\varphi^{\ominus}_{Ag^+/Ag}+0.0592\lg c_{Ag^+} \quad (9-3)$$

此类电极因只有一个相界面，习惯称为第一类电极。Cu-Zn 原电池中的 Cu^{2+}/Cu 电极和 Zn^{2+}/Zn 电极也属于这类电极。

（二）金属-金属难溶盐电极

该类电极的电极电势随溶液中阴离子的浓度（或活度）而发生变化，故可用于测定难溶盐阴离子的浓度，是常用的参比电极，可用通式 $M|MX|X^{n-}$ 表示。此类电极有两个相界面，称为第二类电极。如银-氯化银电极（$Ag|AgCl|Ag^+$）、甘汞电极（$Hg|Hg_2Cl|Cl^-$）等。

（三）惰性金属电极

前面介绍的氧化还原电极即惰性金属电极，将惰性金属（铂或金）插入含有某氧化态和还原态电对的溶液中构成的电极也称为零类电极。惰性金属不参与电极反应，在电极反应过程中只起传递电子的作用。该类电极的电极电势取决于溶液中氧化态和还原态物质的浓度（或活度）之比，故可用于测定氧化态或还原态离子的浓度（或活度）。

如，将 Pt 插入含有 Fe^{3+}、Fe^{2+} 的溶液中，Pt 仅作为 Fe^{3+}、Fe^{2+} 电子转移的场所，表示为：$Pt|Fe^{3+}$（$c_{Fe^{3+}}$），Fe^{2+}（$c_{Fe^{2+}}$）。

电极反应为：

$$Fe^{3+}(c_{Fe^{3+}})+e \rightleftharpoons Fe^{2+}(c_{Fe^{2+}})$$

298.15K 时，电极电势为：

$$\varphi_{Fe^{3+}/Fe^{2+}}=\varphi^{\ominus}_{Fe^{3+}/Fe^{2+}}+0.0592\lg\frac{c_{Fe^{3+}}}{c_{Fe^{2+}}} \quad (9-4)$$

（四）离子选择性电极

以固体膜或液体膜等高选择性的电极模为传感体，对溶液中的特定的待测离子产生选择性响应，而测定特定待测离子的浓度（或活度）的电极称为膜电极，也称为离子选择性电极。这类电极界面上没有半电池反应，不存在电子交换，电极电势的形成是离子在膜上扩散和交换的结果。此类电极具有选择性好、灵敏度高的特点，是一类发展较快和应用较广的指示电极。测量溶液 pH 的玻璃电极属于离子选择性电极（膜电极）。

1. 离子选择电极的测量原理　离子选择性电极是一种电化学传感器，其结构如图 9－3 所示。

图 9－3　离子选择性电极结构图

离子选择性电极的膜电位与待测离子活度存在对数关系，即：

$$\varphi = K \pm \frac{2.303RT}{nF}\lg a_i \qquad (9-5)$$

式（9－5）中，K 为电极常数，a_i 为活度，n 为响应离子电荷（阳离子为“＋”，阴离子为“－”）。

2. 离子选择性电极的种类　敏感膜的特征是离子选择性电极的分类依据。

（1）晶体膜电极　一般由导电性难溶盐晶体经过加压或拉制成单晶、多晶或混晶的活性膜，由于制备方法不同，晶体膜又分为均相膜和非均相膜两类。

氟离子选择性电极是常用的晶体膜电极，其敏感膜是掺有氟化铕的氟化镧单晶膜，膜封在聚四氟乙烯管中，管内充入 0.1mol/L 的 NaF 和 NaCl 内充溶液，插入 Ag－AgCl 内参比电极，结构如图 9－4 所示。晶体膜与溶液界面上建立双电层结构，产生膜电位 φ，即：

$$\varphi = K - \frac{2.303RT}{F}\lg a_{F^-} \qquad (9-6)$$

式（9－6）中，φ 为氟离子选择电极电位（膜电位），a_{F^-} 为氟离子活度，K 为常数。由上式可知电位 φ 与氟离子活度有关，故该类电极可用于测定待测离子（氟离子）的浓度或活度。

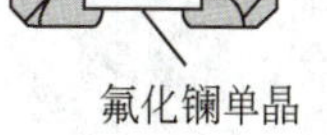

图 9－4　氟离子选择性电极结构图

（2）非晶体膜电极　电极膜由非晶体材料组成。根据膜的物理状态，分为刚性基质电极（电极膜由玻璃吹制而成的电极）和流动载体电极（电极膜由惰性微孔支持体浸有液体离子交换剂或中性配位剂的有机溶剂的载体制成的）。玻璃膜电极属于非晶体膜电极中的固定基体电极。

除以上两种膜电极外，还有气敏电极、酶电极等类型的离子选择性电极。

知识链接

离子选择性电极的发展

1906 年生理学家 Cremer 首先观察到，与玻璃接触的水溶液酸碱度发生变化时，通过膜的电位也发生了变化。随后德国 Haber 等人制成了第一种离子选择性电极，即测量溶液 pH 的玻璃电极。19 世纪 50 年代，由于真空管的发明，阻抗 ＞100M 的电极电位很容易被测量，玻璃电极的应用得以普及。美国

M. S. Frant 和 J. W. Ross 于 1966 年用氟化镧单晶制成了高选择性的氟离子电极，这是离子选择性电极发展史上的重要贡献。次年，Ross 又制成第一种液体离子交换型的钙离子电极。19 世纪 60 年代，随着 pH 敏感膜被大量而系统的研究，离子选择性电极的商品已有 20 种左右，这一分析技术已成为电化学分析法的独立分支学科。

第二节　直接电位法

PPT

选择合适的指示电极与参比电极，插入待测组分溶液中组成原电池，通过测量原电池的电动势，求出待测组分含量的方法称为直接电位法。直接电位法属于电位分析法的一种，通常用于测定溶液的 pH 和其他离子的浓度。

一、溶液 pH 的测定

测定溶液 pH 常用玻璃电极作指示电极，饱和甘汞电极作参比电极。

（一）pH 玻璃膜电极

pH 玻璃膜电极属于非晶体膜电极中的固定基体电极。其特点是过程响应快，操作简便，不污染溶液，溶液中若含有氧化剂或还原剂、有色溶液或浑浊溶液等均不会影响电极电势的测定，因此，广泛应用于各种溶液 pH 的测定。

1. pH 玻璃电极的构造　主要部分是玻璃管下端特殊玻璃（SiO_2 基质中加入 Na_2O 和 CaO 烧结而成）制成厚度为 0.05 ~ 0.1mm 的球形玻璃膜（电极的核心部位）。内置 0.1mol/L 盐酸和 Ag – AgCl 电极，如图 9 – 5 所示。

pH 玻璃电极内阻较高（约为 100MΩ），因此电极引出线及导线必须高度绝缘，以防漏电和静电干扰。

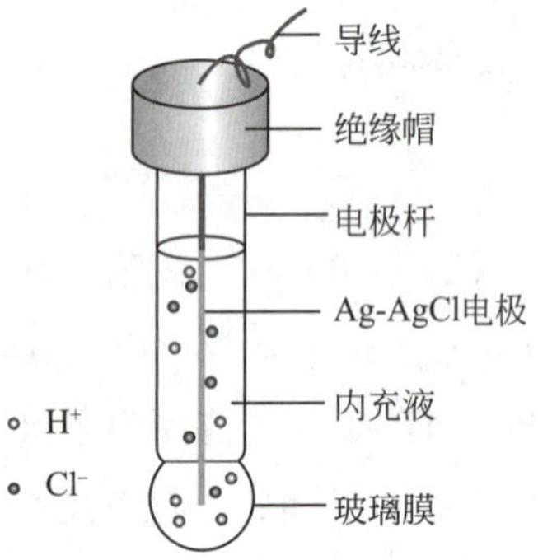

图 9 – 5　玻璃球膜电极

2. pH 玻璃电极对 H^+ 响应的原理　pH 玻璃电极使用前必须在水中浸泡，这一过程称为水化。当玻璃膜浸入水中，表面形成很薄（厚度为 10^{-5} ~ 10^{-4}mm）的水化凝胶层，该层中的 Na^+ 与溶液中的 H^+ 发生离子交换反应，水化层表面的 Na^+ 几乎全部被交换。浸泡好的玻璃电极浸入溶液时，在溶液中与水化凝胶层中的 H^+ 活度不同，H^+ 从活度高的部分向活度低的部分扩散，产生外相界面电位 $\varphi_{外}$。玻璃膜内表面也形成水化层，玻璃膜电极内膜与参比溶液产生内相界面电位 $\varphi_{内}$。玻璃膜内、外表面之间的电位差，称为玻璃电极的膜电位 $\varphi_{膜}$（$\varphi_{膜} = \varphi_{外} - \varphi_{内}$）。膜电位抑制了 H^+ 的继续扩散，当扩散作用达到动态平衡时，$\varphi_{膜}$ 为定值。整个玻璃电极电势应等于膜电位与内参比电极电位之和，即：

$$\varphi_{玻} = \varphi_{AgCl/Ag} + \varphi_{膜} \tag{9-7}$$

在一定条件下，Ag – AgCl 内参比电极电位 $\varphi_{AgCl/Ag}$ 是定值，298.15K 时，式（9 – 5）代入式（9 – 7）得：

$$\varphi_{玻} = K_{玻} + \frac{2.303RT}{F}\lg a_{H^+} = K_{玻} - 0.0592pH \tag{9-8}$$

$K_{玻}$ 为玻璃电极常数，式（9 – 8）表示一定温度下，玻璃电极的电位 $\varphi_{玻}$ 与待测溶液 H^+ 活度呈线性关系，因此，此式是 pH 玻璃电极测定溶液 pH 的定量测定理论依据。

3. 玻璃电极的性能 微课

（1）电极斜率 当溶液中的 pH 改变一个单位时，引起玻璃电极电位的变化值称为电极斜率，用 S 表示。即：

$$S=\frac{\Delta\varphi}{\Delta \mathrm{pH}} \tag{9-9}$$

S 的理论值为 2.303RT/F，称为能斯特斜率。由于玻璃电极长期使用会老化，因此玻璃电极的实际斜率都约小于其理论值。在 25℃时，实际斜率若低于 52mV/pH 时就不宜使用。

（2）碱差和酸差 pH 玻璃电极的 φ ~ pH 关系曲线只有在一定的 pH 范围内呈线性关系。普通玻璃电极在 pH 大于 9 的溶液中测定时，对 Na^+ 也有响应，因此 pH 读数低于真实值，产生负误差，这种误差称为碱差或钠差。若用 pH 玻璃电极测定 pH 小于 1 的酸性溶液时，pH 读数大于真实值，则产生正误差，称为酸差。

（3）不对称电位 从理论上讲，当玻璃膜内、外两侧溶液的 H^+ 浓度相等时，膜电位（$\varphi_{膜}$）应为零。但实际上并不为零，仍有 1 ~ 30mV 的电位差存在，此电位差称为不对称电位。它主要是由于制造工艺等原因使玻璃膜内、外两表面的性能并不完全相同而引起的。而每一支玻璃电极的不对称电位也不完全相同，但同一支玻璃电极，在一定条件下的不对称电位是一个常数。因此，在使用前将玻璃电极放入水或酸性溶液中充分浸泡（一般浸泡 24 小时左右），可以使不对称电位值降至最低，并趋于恒定，同时也使玻璃膜表面充分活化，有利于对 H^+ 产生响应。

（4）温度要求 一般玻璃电极只能在 0 ~ 50℃ 范围内使用。因为温度过低，玻璃电极的内阻增大；温度过高，电极的寿命下降。并且在测定标准溶液和待测溶液的 pH 时，温度必须相同。

答案解析

即学即练

玻璃电极在使用前一定要在纯水中浸泡，目的主要在于（　　）。

A. 清洗电极　　B. 活化电极　　C. 校正电极　　D. 检查电极好坏

（二）复合 pH 电极

pH 玻璃电极（指示电极）和参比电极（Ag - AgCl 或 Hg - Hg_2Cl_2）组成的电极称为复合 pH 电极，其结构如图 9 - 6 所示。复合 pH 电极由两个同心玻璃套管构成，内管是一般的玻璃电极，外管是由 Ag - AgCl 或 Hg - Hg_2Cl_2 电极组成的参比电极，下孔为微孔隔离材料层，防止电极内外溶液混合，起盐桥的作用。

复合 pH 电极插入试样溶液中，组成完整的电池体系。此类电极使用方便，适用于小体积溶液 pH 的测定。

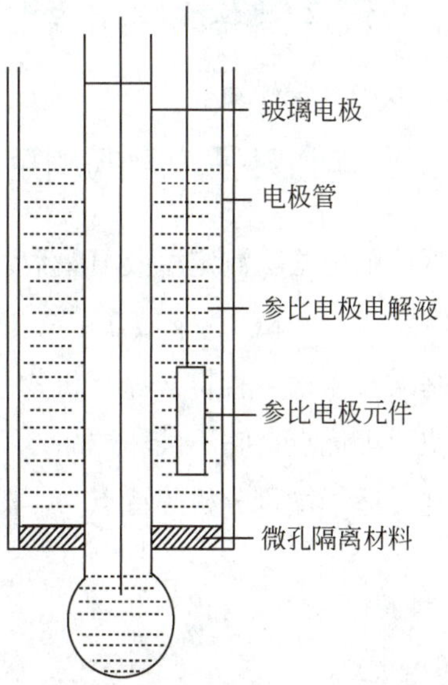

图 9 - 6 复合 pH 电极结构图

（三）溶液 pH 测定及原理

溶液 pH 测定装置如图 9 - 7 所示。玻璃电极作指示电极，饱和甘汞电极为参比电极，与待测溶液组成原电池。表示为：

$(-)Ag \mid AgCl(s) \mid HCl(c_1) \mid$ 玻璃膜 $\mid$ 样品溶液$(c_x) \parallel KCl$(饱和)$\mid Hg_2Cl_2(s) \mid Hg(l)(+)$

原电池的电动势为：

$$E = \varphi_{甘汞} - \varphi_{玻} \tag{9-10}$$

将式（9－8）代入式（9－10），298.15K 时，电动势为：

$$E = \varphi_{甘汞} - K_{玻} + 0.0592pH = K + 0.0592pH \tag{9-11}$$

式中，$K_{玻}$为常数，较难确定，一般采取二次测量法消除影响。即先测量已知 pH（pH_s）标准溶液的电动势 E_s，再测量待测溶液 pH（pH_x）的 E_x。

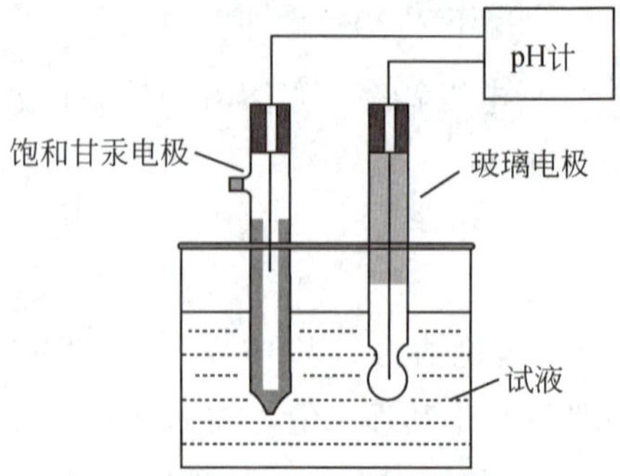

图 9－7　溶液 pH 测定装置

298.15K 时，电池电动势与 pH 之间的关系为：

$$E_x = K + 0.0592pH_x \tag{9-12}$$

$$E_s = K + 0.0592pH_s \tag{9-13}$$

由式（9－12）减式（9－13）得：

$$pH_x = pH_s - \frac{E_s - E_x}{0.0592} \tag{9-14}$$

应该注意，测定时，饱和甘汞电极在标准缓冲溶液和待测溶液中产生的液接电势不同，会引起测定误差。当标准缓冲溶液的 pH_s 与待测溶液的 pH_x 非常接近（$\Delta pH < 3$）时，此测定误差可以忽略不计。因此，选择标准缓冲溶液是要与样品的 pH 尽量接近，以减小误差。

实例分析

实例　用酸度计测定溶液的 pH 时通常先用 pH 试纸测试待测溶液，再用与待测溶液 pH 相接近的标准缓冲溶液进行定位（仪器校正）即在酸度计上直接读出被测溶液的 pH，这种方法称为两次测定法，是实际工作中常用测定溶液 pH 的方法。

问题　1. 为什么要采用两次测定法测溶液的 pH？

2. 定位操作时，为什么选择标准缓冲溶液与待测溶液 pH 相接近？

答案解析

二、其他离子浓度的测定

直接电位法除测定溶液 H^+ 活度（或浓度）外，也广泛用于测定其他阴、阳离子的活度（或浓度），如可测定 Na^+、K^+、Ag^+、Ca^{2+}、Cu^{2+}、NH_4^+、F^-、Cl^-、Br^-、I^-、S^{2-} 和 NO_3^- 等无机离子，还可以测定氨基酸、尿素、青霉素等有机物。用离子选择电极直接电位法测定离子浓度具有设备简单、手续简便、快速等优点，它不破坏样品，不受样品溶液颜色、浑浊的影响，样品用量少，在低浓度测定方面更为优越，适于微量分析等特点。

第三节　电位滴定法

PPT

电位滴定法是通过测量滴定过程中指示电极电动势的变化来确定滴定终点的一种测定分析方法。定量参数是滴定液的体积，其准确度优于直接电位法。电位滴定法与指示剂滴定法相比，具有客观可靠，准确度高，易于自动化，不受溶液有色、浑浊的限制等优点。

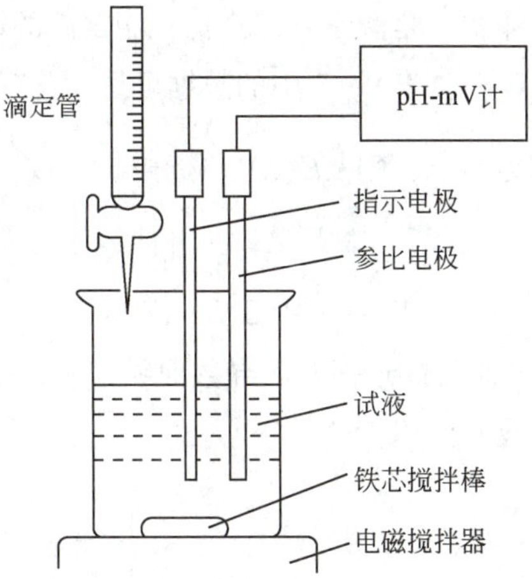

图9－8　电位滴定装置图

一、测定原理

电位滴定时，将指示电极和参比电极插入待测溶液组成原电池。随着滴定液的加入，待测离子的浓度不断降低，电池的电动势发生变化，化学计量点附近，待测离子浓度的变化，使电池电位发生突变，指示滴定到达终点。被测物含量的计算方法与化学滴定法相同。电位滴定的装置如图9－8所示。

二、确定终点的方法

电位滴定法是加入滴定液与测量电动势同时进行，直至化学计量点以后。由此可得到一系列滴定液体积 V 与电动势 E 的数据。化学计量点附近，电动势变化增大，应减小滴定剂的加入量，每次加入0.05～0.10ml，典型的电位滴定数据见表9－3。

表9－3　典型的电位滴定数据

滴定剂体积 V（ml）	电位计读数（mV）	E（mV）	V（ml）	$\Delta E/\Delta V$（mV/ml）	平均体积 $\bar{V}$（ml）	$\Delta(\Delta E/\Delta V)$	Δ^2（$\Delta E/\Delta V^2$）
23.80	161	15	0.30	50	23.65		
24.00	174	13	0.20	65	23.90		
24.10	183	9	0.10	90	24.05	20	200
24.20	194	11	0.10	110	24.15	280	2800
24.30	233	39	0.10	390	24.25	440	4400
24.40	316	83	0.10	830	24.35	－590	－5900
24.50	340	24	0.10	240	24.45	－130	－1300
24.60	351	11	0.10	110	24.55	－40	－400
24.70	358	7	0.10	70	24.65	－20	
25.00	373	15	0.30	50	24.85		

表9－3中，ΔV 为相邻2次加入滴定液体积差，ΔE 为相邻2次测得的电动势之差，$\bar{V}$ 为相邻2次滴定液体积的平均值。

（一）$E-V$ 曲线法

以表9－3中滴定液体积 V 作横坐标，测得电池电动势 E 作纵坐标，绘制 $E-V$ 曲线，如图9－9（a）所示。曲线拐点对应的体积，是滴定到终点消耗滴定液的体积。

$E-V$ 曲线法适用于有明显突跃的滴定，电动势突跃范围越大，分析误差越小，当滴定曲线斜率不够大时，较难确定滴定的终点，此方法准确度较低。

（二）$\Delta E/\Delta V-\bar{V}$ 曲线法

以表9－3中 $\Delta E/\Delta V$ 对平均体积 $\bar{V}$ 作图，得到图9－9（b）所示的峰状曲线，该曲线最高点对应的体积，是滴定到终点消耗滴定液的体积。

从表 9－3 中的数据可见，化学计量点附近，$\Delta E/\Delta V$ 的变化率越大，则准确度越高。如选用的 ΔV 足够小，则 $\Delta E/\Delta V$ 趋近于 dE/dV，因此，$\Delta E/\Delta V-\bar{V}$ 曲线法也称一阶导数法。

（三）$\Delta^2E/\Delta V^2-V$ 曲线法

以表 9－3 中 $\Delta^2E/\Delta V^2$ 对 V 作图，得到有两条极值的曲线，如图 9－9（c）所示。该曲线看成是 $E-V$ 曲线的近似二阶导数曲线，又称二阶微商法。$\Delta^2E/\Delta V^2=0$ 时对应的体积，即为滴定到终点消耗滴定液的体积。

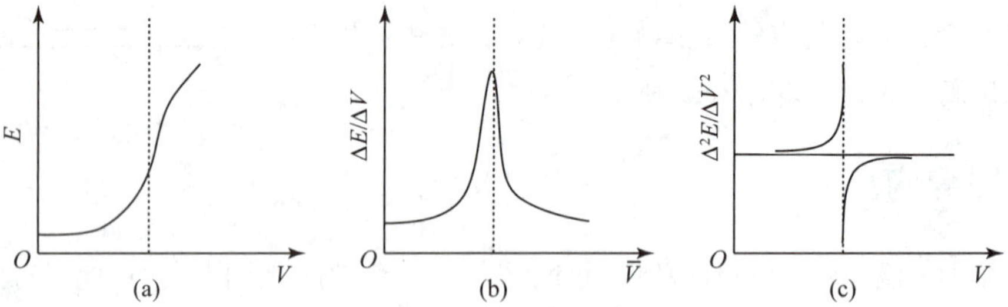

图 9－9　电位滴定曲线图

三、电位滴定仪

电位滴定仪一般包括：电极系统、电位测量系统及滴定装置。自动电位滴定仪还包括反馈控制系统、自动取样系统和数据处理系统等。常规电位滴定法中使用的指示电极，除各种离子选择电极外，还可以用金属电极如铂、银、金、钨等电极，以及石墨电极和氢醌电极等，常用的电位测量装置包括 pH 计、离子计、数字电压表等。

自动电位滴定仪是由指示电极、参比电极与试液组成电池，在电位滴定过程中随着滴定剂的加入，溶液中发生化学反应，被测离子的浓度不断发生变化，因而引起指示电极和参比电极之间电位发生变化。在等电点附近，两电极之间的电位发生突跃，利用此突变电位结合仪器内部的计算程序计算可得到滴定终点。

随着科技的发展，自动电位滴定仪正越来越多地用于多种滴定分析中。自动电位滴定仪的应用省去了复杂的计算，并提高了滴定终点的准确度。

第四节　永停滴定法

PPT

永停滴定法是根据电池中双铂电极电流的变化来确定滴定终点的滴定法，又称双电流或双安培滴定法，是建立在电解池基础上的电化学分析法。

一、基本原理

（一）电解池

将电能转化为化学能的电化学装置称为电解池，如图 9－10 所示。电解池由电极和电解质溶液构成。发生在电极上的氧化或还原反应称为电极反应，其中发生氧化反应的电极为阳极；发生还原反应的电极称为阴极。

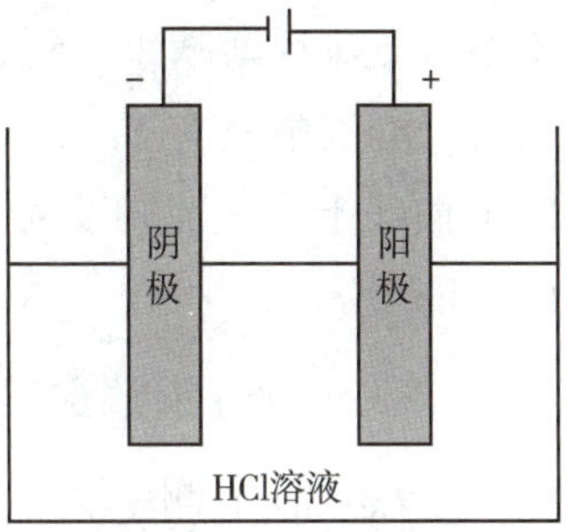

图 9-10　电解池结构

(二) 电对类型

1. 可逆电对　将 2 支相同的铂电极插入含有 I_2/I^- 电对的溶液中，并在两电极间加一低电压，电池发生电解反应。

阳极发生氧化反应：　$2I^- - 2e \rightleftharpoons I_2$

阴极发生还原反应：　$I_2 + 2e \rightleftharpoons 2I^-$

像 I_2/I^- 这样，能在两个铂电极上分别进行氧化和还原反应的电对，称为可逆电对。

2. 不可逆电对　如果在含有 $S_4O_6^{2-}/S_2O_3^{2-}$ 电对的溶液中插入 2 支相同的铂电极，并外加一低电压，只在阳极上发生氧化反应：

$$2S_2O_3^{2-} - 2e \rightleftharpoons S_4O_6^{2-}$$

在阴极上 $S_4O_6^{2-}$ 不能生成 $S_2O_3^{2-}$，这样的电对称为不可逆电对。

二、滴定装置和原理

永停滴定仪装置如图 9-11 所示。将 2 支相同的铂电极插入待滴定溶液中，在两电极间外加一低电压（10 ~ 100MV），并联一只电流计，观察滴定过程中通过两个电极间的电流的变化情况来确定化学计量点，滴定终点附近，试液中产生可逆电对或原有可逆电对消失，导致双铂指示电极的电流迅速发生变化或停止变化来确定滴定终点。永停滴定法是依据外加一低电压时，可逆电对产生电流，不可逆电对不产生电流，根据电流变化的情况来确定滴定终点，电流的突变点即为滴定终点。

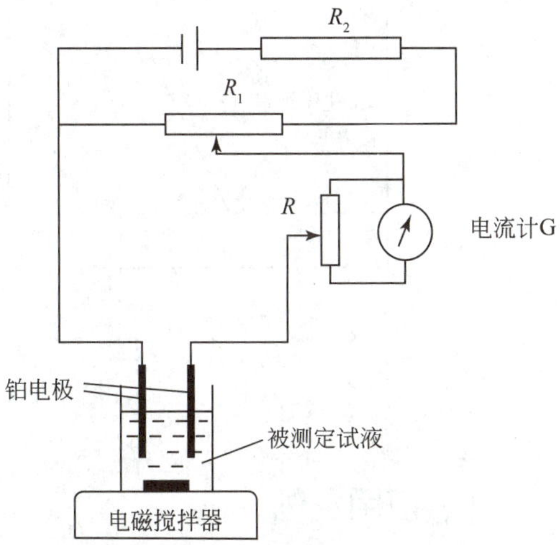

图 9-11　永停滴定仪装置示意图

三、滴定类型

永停滴定法中，根据电流的变化情况，分为以下三种类型。

(一) 可逆电对滴定不可逆电对

以 I_2 滴定液滴定 $Na_2S_2O_3$ 溶液为例，滴定反应如下：

$$2S_2O_3^{2-} + I_2 \rightleftharpoons S_4O_6^{2-} + 2I^-$$

滴定开始，化学计量点前，溶液中含有 I^-、$S_4O_6^{2-}$ 和 $S_2O_3^{2-}$。没有成对的可逆电对，电流计的指针停在零点。化学计量点后，I_2 稍过量，即产生可逆电对 I_2/I^-，有电流通过，电流计指针突然偏转，指示达到终点。在 $I-V$ 曲线上，电流的转折点所对应的体积即为滴定至终点消耗滴定液的体积，如图 9-12（a）所示。

(二) 不可逆电对滴定可逆电对

以 $Na_2S_2O_3$ 滴定液滴定含有 KI 的 I_2 溶液为例。滴定开始至化学计量点前，溶液中有 I_2/I^- 可逆电对，因此有电流产生，当反应进行到 1/2 时，$[I^-] = [I_2]$，电流达到最大，继续滴定，随着 $[I_2]$

减小，电流逐渐减小，到达化学计量点时，溶液中无电对存在，电流为零（即降到最低）。化学计量点后，溶液中只有 $S_4O_6^{2-}/S_2O_3^{2-}$ 不可逆电对，因此，电流计指针停在零点，故称为永停滴定法。在 $I-V$ 曲线上，电流转变为零的点为滴定终点，此点的体积为滴定到终点消耗滴定液的体积，如图 9－12（b）所示。

（三）可逆电对滴定可逆电对

以 $Ce(SO_4)_2$ 测定 Fe^{2+} 为例。反应如下：

$$Ce^{4+}+Fe^{2+}\rightleftharpoons Ce^{3+}+Fe^{3+}$$

滴定前，溶液中只有 Fe^{2+}，没有可逆电对，无电流通过。滴定开始，溶液中有 Fe^{3+} 生成，产生可逆电对 Fe^{2+}/Fe^{3+}，故有电流产生，电流的大小由 Fe^{3+} 浓度决定。当 $[Fe^{2+}]=[Fe^{3+}]$ 时，电流达到最大值。化学计量点时，溶液中只有 Ce^{3+}、Fe^{3+}，没有可逆电对，故电流为零。化学计量点后，溶液中有 Ce^{4+}/Ce^{3+}、Fe^{3+}，继续产生电流，随着滴定剂的过量，电流逐渐增大，在 $I-V$ 曲线上，电流为零（几乎为零）时对应的体积即为滴定到终点消耗滴定液的体积，如图 9－12（c）所示。

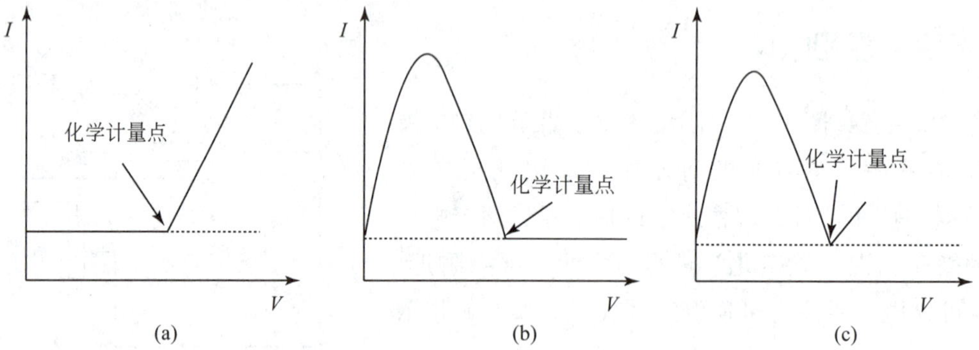

图 9－12　永停滴定法滴定曲线

四、应用示例

磺胺嘧啶含量的测定可用亚硝酸钠 $NaNO_2$ 作标准溶液，永停滴定法确定终点。

磺胺嘧啶在酸性溶液中可与 $NaNO_2$ 定量完成重氮化反应而生成重氮盐。反应式如下：

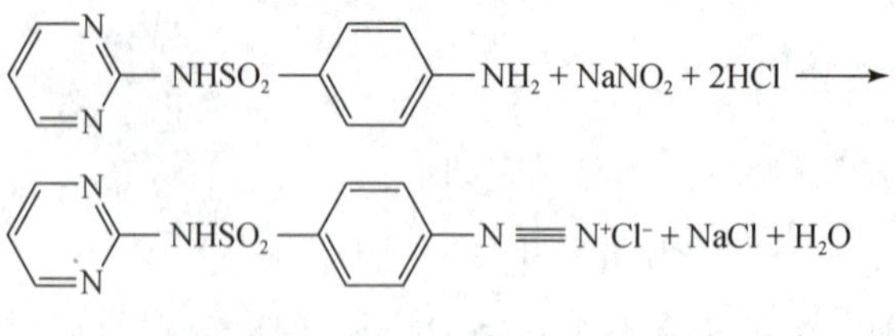

化学计量点前，溶液中无可逆电对存在，电流表指针停留在零点。化学计量点后，HNO_2 稍微过量，与其分解产物 NO 在有数十毫伏外加电压的两个铂电极上发生反应：

阳极：　$NO+H_2O-e\rightleftharpoons HNO_2+H^+$

阴极：　$HNO_2+H^++e\rightleftharpoons NO+H_2O$

可逆电对 HNO_2/NO 存在，使两个电极上发生电解反应，产生电流，指针发生偏转，并且不再回零，表明到达终点。

实践实训

实训十七　饮用水 pH 的测定

【实训目的】

1. 掌握饮用水 pH 测定原理。
2. 掌握酸度计的使用。

【实训原理】

pH 大小是确定水质指标之一，饮用水 pH 要求在 6.5 ~ 8.5。

玻璃电极法测定水样 pH，通常以饱和甘汞电极为参比电极、玻璃电极为指示电极组成原电池。通过测量电池的电动势得到 pH，氢离子浓度发生变化时，溶液变化 1 个 pH 单位，电动势改变 59.16mV，调节仪器补偿温度差异，读取 pH。

酸度计测定溶液 pH 时，用已知 pH 的标准缓冲溶液校正酸度计，应选用与被测溶液 pH 接近的标准缓冲溶液，以减少测量过程中可能出现的误差。校正后的酸度计，可直接测量饮用水水样的 pH。

【实训用品】

1. 仪器　酸度计或离子活度计（精确到 0.1 个 pH 单位，pH 为 0 ~ 14）、复合电极、50ml 烧杯（聚乙烯或聚四氟乙烯烧杯）、250ml 锥形瓶。

2. 试剂　pH 标准溶液甲（298.15K，pH = 4.0）、pH 标准溶液乙（298.15K，pH = 6.86）、pH 标准溶液丙（298.15K，pH = 9.18）、邻苯二甲酸氢钾溶液（10.12g/L）、磷酸二氢钾（KH_2PO_4）溶液（3.388g/L）、磷酸氢二钠（Na_2HPO_4）（3.533g/L）。

【实训步骤】

（一）仪器校准

1. 玻璃电极使用前在蒸馏水中浸泡 24 小时。
2. 检查电极连接，打开 pH 计电源，预热。
3. 将水样与标准溶液调至同一温度，记录测定温度，将仪器温度补偿旋钮调至该温度。
4. 从小烧杯中取出电极，用蒸馏水冲洗并用滤纸吸干，电极头浸入 pH = 6.86 标准溶液（与水样 pH 相差不超过 2 个 pH 单位），调节“粗调/截距”旋钮至读数 6.86。
5. 取出电极，冲洗并用滤纸吸干，浸泡在第 2 个 pH = 9.18 的标准溶液中（pH 与第 1 个标准溶液差 3 个 pH 单位），调节“微调/斜率”旋钮至读数 9.18。
6. 取出电极，冲洗并用滤纸吸干，浸泡在第 1 个标准溶液中，如果仪器响应的显示值与第 1 次测量的第 1 个标准溶液的 pH 之差大于 0.1 个 pH 单位。重复上述两步，直到两次读数相符，可用于测定样品。

（二）样品测定

测定样品时，先用蒸馏水冲洗电极，再用水样冲洗，然后将电极浸入样品中，小心摇动使其均匀，静置，待读数稳定时记录 pH。

重复测定3次，极差不超过0.05，求出平均值即为水样的pH。

【实训结果】

饮用水pH测定值记录于下表。

测定次数	1	2	3	平均
pH读数				

【实训提示】

1. 玻璃电极使用前在蒸馏水中浸泡24小时以上，用后冲洗干净，浸泡在水中。
2. 每次测量后，必须用蒸馏水充分清洗电极。
3. 取下电极护套时，应避免敏感玻璃泡与硬物接触（破损或擦毛会使电极失效）。
4. 电极的引出端必须保持清洁干燥，电极引入导线和溶液应保持静止，否则引起仪器读数不稳定。

【实训思考】

1. 测量溶液pH时，为什么pH计要用标准pH缓冲溶液进行校正？
2. 测量水样前，为什么不能提前打开水样瓶？

实训十八　酱油中氨基酸总量的测定（电位滴定法）

【实训目的】

1. 掌握电位滴定法测定氨基酸总量的原理。
2. 了解电位滴定法确定酸碱滴定终点的原理。
3. 熟练规范使用酸度计。

【实训原理】

氨基酸含有羧基（—COOH）和氨基（$—NH_2$）能形成内盐，加入甲醛溶液时，$—NH_2$与甲醛结合，碱性消失，用碱滴定—COOH，并用间接的方法测定氨基酸的含量。将酸度计的玻璃电极和甘汞电极（或复合电极）插入被测液中构成电池，用碱液滴定，根据酸度计指示的pH判断和控制滴定终点。

【实训用品】

1. 仪器　酸度计、复合玻璃电极、磁力搅拌器、电子天平、烧杯（250ml）、微量滴定管（10ml）、容量瓶（100ml）、移液管（10ml、20ml）、量筒。

2. 试剂　20%中性甲醛、NaOH(0.050mol/L)、pH＝6.18标准缓冲溶液（25℃）。

【实训步骤】

（一）仪器校正

开启酸度计电源，预热30分钟，连接复合电极，选择适当pH缓冲溶液，测量缓冲溶液的温度。调节温度补偿旋钮至实际温度，将电极浸入缓冲溶液中，调节定位旋钮，使酸度计与缓冲溶液的pH一致。校正后，定位调节旋钮不可再动，否则必须重新校正。

（二）样品处理

准确称取5.0g酱油试样，置于100ml容量瓶中，加水至刻度，混匀后量取20.00ml，置于250ml烧杯中，加 60ml 水，开启磁力搅拌器，用 NaOH(0.050mol/L) 滴定液滴定至酸度计指示 pH = 8.2。记录消耗氢氧化钠滴定液的体积（可用于计算试样的总酸含量）。

（三）氨基酸的滴定

上述溶液滴定至 pH = 8.2，加入 10.00ml 甲醛溶液，混匀，用 NaOH 滴定液继续滴定至 pH = 9.2，记录消耗氢氧化钠滴定液的体积 V_1。

（四）空白试验

量取 80ml 蒸馏水于 200ml 烧杯中，先用 NaOH（0.050mol/L）滴定液滴至 pH = 8.2，加入 10.00ml 中性甲醛溶液，混匀，用 0.050mol/L 的氢氧化钠滴定液继续滴定至 pH = 9.2，记录加入甲醛后，滴定消耗氢氧化钠滴定液的体积 V_2。

【实训结果】

（一）数据记录

样品测定值记录于下表。

测定	样品 1	样品 2
V_1（ml）		
V_2（ml）		

（二）结果计算

$$氨基酸态氮（\%）= \frac{(V_1 - V_2) \times c \times 0.014}{m \times 20/100} \times 100\%$$

式中，V_1 为样品稀释液加入甲醛后，滴定至终点（pH = 9.2），消耗 NaOH 滴定液的体积（ml）；V_2 为空白试验中，加入甲醛后，滴定至终点（pH = 9.2）消耗 NaOH 滴定液的体积（ml）；c 为氢氧化钠滴定液的浓度（mol/L）；M 为测定样品溶液的质量（g）；14 为氮的摩尔质量（g/mol）

【实训提示】

1. 标准 pH 缓冲液配制后不宜久存，否则影响滴定终点，导致检测结果不准确。
2. 久置的复合电极初次使用时，必须浸泡在饱和 KCl 溶液中 24 小时以上。

【实训思考】

总酸测定和氨基态氮的测定有什么区别？

实训十九　磺胺嘧啶的含量测定（永停滴定法）

【实训目的】

1. 掌握永停滴定法的原理和操作。
2. 熟悉永停滴定法确定滴定终点的方法。
3. 熟练掌握永停滴定仪使用方法。

【实训原理】

磺胺嘧啶是具有芳伯氨基的药物，在酸性溶液中能与 $NaNO_2$ 发生重氮化反应而生成重氮盐。到达化学计量点后，稍有过量的 $NaNO_2$，溶液中便产生 HNO_2 及分解产物 NO，并组成可逆电对 HNO_2/NO，使两个电极上发生电解反应，电路中将有电流通过，电流计指针将发生偏转，并不再回到零位，以此来指示终点。

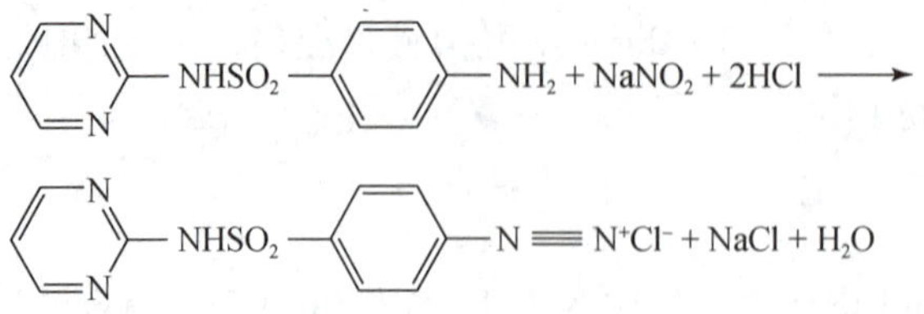

【实训用品】

1. 仪器 永停滴定仪、电磁搅拌器、铂电极、酸式滴定管、烧杯。

2. 试剂 磺胺嘧啶、KBr(AR)、12mol/L HCl、0.1mol/L 亚硝酸钠滴定液。

【实训步骤】

精密称取磺胺嘧啶约 0.7g，加纯化水 50ml 使其溶解，再加 HCl（12mol/L）5ml 及 KBr 1g，在电磁搅拌器的搅拌下，用亚硝酸钠滴定液（0.1mol/L）滴定，将滴定管的尖端插入液面下 2/3 处，滴定至计量点时，将滴定管尖端提出液面，用少量的纯化水洗涤尖端，洗液并入溶液中，继续缓慢滴定，直到电流计发生明显的偏转不再恢复，即到达化学计量点。记录所用的亚硝酸钠滴定液的体积，平行测定 3 次。

【实训结果】

1. 数据记录 数据记录在下表中。

项目	测定次数		
	1	2	3
样品的质量 m（g）			
V_{NaNO_2}（ml）			
样品的含量 ω			
平均含量 $\overline{\omega}$			
相对平均偏差 $R\overline{d}$			
标准偏差 RSD			

2. 数据处理 磺胺嘧啶样品含量计算公式为：

$$\omega_{磺胺嘧啶} = \frac{c_{NaNO_2} \times V_{NaNO_2} \times M_{磺胺嘧啶} \times 10^{-3}}{m_s}$$

$M_{磺胺嘧啶} = 250.28\text{g/mol}$。

【实训提示】

1. 电极在使用前应先放入含有三氯化铁溶液（0.5mol/L）数滴的浓硝酸中浸泡 30 分钟，使用前用水冲洗以除去其表面的杂质。

2. 酸度一般以控制在 1～2ml/L 为宜。

3. 温度不宜超过 30℃，滴定速度稍快。

【实训思考】

1. 本实验中为何需要加入 KBr？
2. 在滴定过程中，如果使用的电压过高会出现什么现象？

答案解析

目标检测

一、选择题

（一）单选题

1. 直接电位法中离子选择性电极的电位应与待测离子的浓度（　　）。

A. 成正比　　B. 对数成正比

C. 符合扩散电流公式的关系　　D. 符合能斯特方程式

2. 用直接电位法测定溶液的 pH 时，电极系统由玻璃电极与饱和甘汞电极组成，其中玻璃电极是作为测量溶液中氢离子活度（浓度）的（　　）。

A. 金属电极　　B. 参比电极　　C. 指示电极　　D. 电解电极

3. 为使 pH 玻璃电极对 H^+ 响应灵敏，pH 玻璃电极使用前应在（　　）中浸泡 24 小时以上。

A. 自来水　　B. 稀碱　　C. 纯水　　D. 标准缓冲溶液

4. 电位滴定法指示终点的方法是（　　）。

A. 内指示剂　　B. 外指示剂　　C. 内 – 外指示剂　　D. 电位的变化

5. 永停滴定法确定滴定终点是根据（　　）。

A. 电流变化　　B. 电压变化　　C. 电阻变化　　D. 颜色变化

（二）多选题

1. 参比电极一般具有（　　）等特点。

A. 制作方便　　B. 重现性好

C. 电极电势稳定　　D. 对溶液中待测离子有响应

2. 银 – 氯化银电极的电极电势与（　　）有关。

A. H^+ 浓度　　B. Cl^- 浓度　　C. KCl 浓度　　D. 溶液温度

3. 玻璃电极的构造包括（　　）。

A. Ag – AgCl 内参比电极　　B. 一定浓度的 HCl 溶液

C. 饱和 KCl 溶液　　D. 玻璃膜

4. 下列关于玻璃膜电极说法正确的是（　　）。

A. 电极界面上发生半电池反应　　B. 玻璃膜起传导电子的作用

C. 膜电位形成基于离子在膜上的扩散和交换作用　　D. 不存在电子交换

5. 下列参量中，（　　）是属于电分析化学方法所测量的。

A. 电动势　　B. 电流　　C. 电容　　D. 电场

二、简答题

1. 什么是指示电极及参比电极？试各举例说明其作用。

2. 为什么一般来说，电位滴定法的误差比电位测定法的误差小？

三、综合应用题

当下述电池中的溶液是 pH = 4.00 的缓冲溶液时，在 298.15K 时测得下列电池的电动势为 0.270V：

(－)玻璃电极 | H^+ ($x$mol/L) | 饱和甘汞电极(＋)

当缓冲溶液由未知溶液代替时，测得电动势为 0.304V，试计算未知溶液的 pH。

书网融合……

知识回顾　　微课　　习题

（袁志江）

第十章　光谱分析法

学习引导

光谱分析法是在经典的比色法基础上不断完善逐渐发展起来的方法，包括紫外－可见分光光度法、红外分光光度法、荧光分光光度法及原子吸收分光光度法等，可用于物质的定性、定量分析。紫外－可见分光光度法是《中国药典》收载最早的仪器分析方法之一，适用于微量和痕量组分的分析。红外吸收光谱法的专属性强，除了可以用于物质的定性鉴别、物相分析和定量测定外，还可对药物存在的多晶型现象进行研究分析。

本章将带领同学们学习光谱分析法的定义、原理及分类，了解常见的紫外－可见分光光度法、红外分光光度法的应用，并学习如何使用光谱分析法对目标物质进行定性定量分析，让大家对光谱分析法有更为深入的认识。

学习目标

1. **掌握**　紫外－可见分光光度法的基本概念；紫外－可见吸收光谱产生的原因及特征；Lambert－Beer定律、影响因素及有关计算；紫外－可见分光光度法单组分定量分析的方法；红外吸收光谱产生的条件及吸收峰的强度；吸收峰位置的分布规律及影响峰位的因素以及试样的制备。

2. **熟悉**　紫外－可见分光光度计的基本结构、工作原理及对化合物进行定性鉴别和纯度检查的方法；红外光谱仪的性能。

3. **了解**　紫外光谱与有机物分子结构的关系；紫外－可见分光光度计的类型；红外光谱仪的结构、类型等。

光学分析法是以物质发射的电磁辐射或物质与辐射能相互作用建立起来的分析方法。根据物质与辐射能作用性质不同，光学分析法又分为非光谱分析法和光谱分析法两大类。

非光谱分析法是不以光的波长为特征信号，而是通过测量光的某些性质（反射、折射、干涉和偏振等）的变化建立起来的方法。又可分为X射线衍射法、电子衍射法、偏振法等。

光谱分析法是以被测物质对光的吸收、发射、散射或荧光为基础建立的分析方法，通过测量光的波长和强度相互关系进行分析。根据物质分子或原子内不同能级间跃迁所需的能量和不同波长光的能量的相互匹配关系，建立了一系列的光谱分析方法。如原子吸收光谱法、原子发射光谱法、紫外－可见分光光度法、红外吸收光谱法、拉曼光谱法、磁共振波谱法等。

光谱分析法是利用光谱学的原理和实验方法，确定物质的结构和化学成分的分析方法。光谱分析法有不同的分类标准，按作用物质（原子或分子）的特点分为原子光谱法和分子光谱法；按物质与辐射能的转换方向分为吸收光谱法和发射光谱法，如分子吸收光谱、原子吸收光谱、原子发射光谱等；按辐射源波长特征分为红外光谱法、可见光谱法、紫外光谱法、X 射线光谱法。本章介绍的紫外－可见分光光度法属于吸收光谱法，红外光谱法属于分子光谱法。

第一节　光谱分析法基础

PPT

一、光的基本性质

（一）光的波粒二象性

光是一种电磁波，不需要借助任何介质在空间传播。光按波的形式传播，光的折射、散射、反射、干涉、衍射等现象表现出波动性；光作用于物质时，产生光压、光电效应及光化学反应，说明光具有能量，表现出粒子性。因此，光具有波动性和粒子性，即波粒二象性。光的最小单位是光子，光子的能量（E）与频率（v）或波长（λ）的关系为：

$$E = \mathrm{h}v = \mathrm{h}\frac{\mathrm{c}}{\lambda} \tag{10-1}$$

式中，h 为普朗克常量 $6.626\times10^{-34}\mathrm{J\cdot s}$；c 为光的速度 $3.0\times10^{10}\mathrm{cm/s}$。

从上式可以看出，光的能量与波长成反比，即短波的能量高，长波的能量低。因此，不同波长的光具有不同的能量。

（二）电磁波谱与光

按波长或频率大小顺序将电磁波排列起来，就是电磁波谱。电磁波谱按波长可分为 γ 射线、X 射线、紫外光、红外光、微波和无线电波等，各波段的光具有不同的用途。也可根据其能量范围划分为若干区域，各区域的光波可引起物质中质点不同类型的能级跃迁，由此也产生相应的不同类型分析方法。电磁波谱各区域的名称、波长范围、相应能级跃迁类型及分析方法见表 10－1。

表 10－1　电磁波谱表

波谱名称	波长范围	能级跃迁类型	分析方法
γ 射线	5×10^{-3} ~ 0.14nm	核能级	
X 射线	10^{-3} ~ 10nm	内层电子	X 射线衍射法
远紫外区	10 ~ 200nm	内层电子	真空紫外光谱法
近紫外区	200 ~ 400nm	价电子	紫外光谱法
可见区	400 ~ 760nm	价电子	可见光谱法
红外区	0.76 ~ 1000mm	分子振动	红外光谱法
微波区	0.1 ~ 100cm	分子转动	微波光谱法
无线电波区	1 ~ 1000m	电子自旋及核自旋	核磁共振谱法

二、复合光和单色光

具有一定波长的光称为单色光，由不同波长的光组成的光称为复合光。不同波长的可见光呈现不同的颜色，人的眼睛能够感知的光称为可见光，波长范围在400～760nm。把一束白光通过三棱镜，由于折射作用分解为红、橙、黄、绿、青、蓝、紫七种颜色的光。因此，白光是复合光。可见光的颜色与波长的对应关系见表10－2。

表10－2　不同颜色可见光的波长范围

光的颜色	红色	橙色	黄色	绿色	青色	蓝色	紫色
波长范围（nm）	760～650	650～610	610～560	560～500	500～480	480～450	450～400

如果将适当颜色的2种单色光按一定比例混合可以形成白光，这2种单色光称为互补光或互补色，如红光与青光互补，蓝光与黄光互补。光的互补关系如图10－1所示。

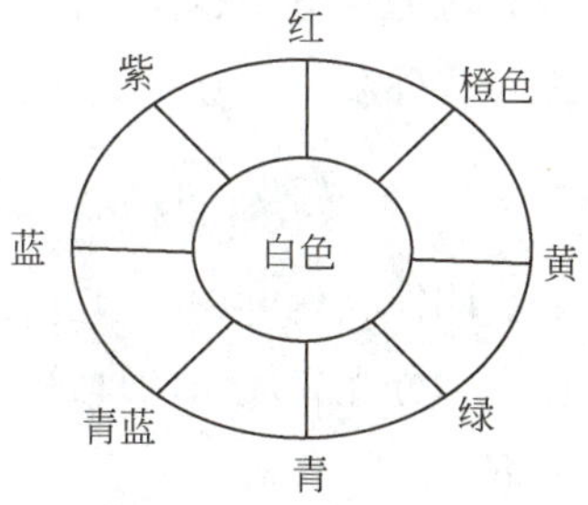

图10－1　光的互补色

三、物质对光的选择吸收

不同的物质，具有不同的组成和结构，其内部特征能量也不同，物质只能吸收与内部能量相当的光辐射。用白光照射固体时，不同波长的光发生吸收、透过、反射、折射的程度不同，因此，物质呈现出不同的颜色。若物质对各种波长的光完全吸收，则呈现出黑色；如果完全反射，则呈现白色；如果物质选择性地吸收某些波长的光，则呈现的颜色是所吸收光的互补色。

溶液呈现的颜色，是溶液中的粒子对不同波长光的选择性吸收引起的。当白光通过溶液时，如果溶液对各种光吸收程度相同，则溶液是无色透明的；如果某种波长的光被吸收，溶液的颜色由透射光的波长决定。透射光与吸收光为互补色。因此，溶液的颜色实质是吸收光的互补色。

答案解析

即学即练10－1

高锰酸钾溶液呈现紫色，是因为吸收了白光中什么颜色的光？

第二节　紫外－可见分光光度法

PPT

紫外－可见分光光度法是研究物质在紫外光区（200～400nm）或可见光区（400～760nm）的特定波长处或一定范围内的吸光程度，对物质进行定性和定量分析的方法。紫外－可见分光光度法（UV－Vis）是根据物质分子中价电子对波长为200～760nm的电磁波的吸收特征所建立的光谱分析方法，属于电子光谱。

电子光谱强度大，所以灵敏度较高，一般可达10^{-6}～10^{-4}g/ml，部分可达10^{-7}g/ml。测定准确度一般为0.5%，并且具有操作简便、快速、专属性强的特点，故在药物分析中可用于药品的鉴别、检查和含量测定。目前应用UV－Vis，在定性上不仅可以鉴别不同官能团和化学结构不同的化合物，而且可以鉴别结构相似的不同化合物；在定量上，不仅可以进行单组分的分析，而且可以对多种混合物不经分离进行同时测定。此外，还可根据吸收光谱的特性，与其他分离分析技术的联用，推断化合物的结构。但由于仪器分辨率的限制，吸收峰一般简单、平缓，特征性不如红外光谱法专属性强。

一、紫外-可见分光光度法基本原理

（一）紫外-可见光吸收光谱的产生

紫外吸收光谱是由于分子中价电子的跃迁而产生的。通常情况下，这些电子都处在各自的成键轨道上。当分子接受了一定的外界能量（通常是光能）后，价电子就会跃迁到具有较高能量的反键轨道上，并产生相应的吸收光谱。含有 π 电子和非键电子的分子能吸收紫外光或可见光，激发电子到更高的反键分子轨道。电子越易被激发，它能吸收光的波长就越长。因为这些吸收光谱位于紫外和可见光区，因此称为紫外-可见吸收光谱，简称紫外光谱。

（二）光吸收的基本定律（Lambert-Beer 定律）

朗伯（Lambert）和比尔（Beer）分别研究了有色溶液的液层厚度、溶液浓度与吸光度的定量关系，奠定了分光光度法的理论基础，称为光的吸收定律或朗伯-比尔定律。它是吸收光谱分析法定量分析的依据。

1. 透光率和吸光度 当一束平行的单色光垂直通过任何均匀、无散射现象的溶液体系时，若入射光强度为 I_0 吸收光强度为 I_a，透射光强度为 I_t，则三者之间的关系为：

$$I_0 = I_a + I_t \qquad (10-2)$$

透射光强度 I_t 与入射光强度 I_0 的比值称作透光率或透光度，用 T 表示，即：

$$T = \frac{I_t}{I_0} \times 100\% \qquad (10-3)$$

从式（10-3）可以看出，溶液的透光率越大，吸光度越小，溶液对光的吸收越小；透光率越小，吸光度越大，对光的吸收程度越大。透光率的倒数反映了物质对光的吸收程度。实际应用时，透光率的倒数取对数，称为吸光度 A。吸光度与透光率之间的关系为：

$$A = \lg\frac{1}{T} = -\lg T = \lg\frac{I_0}{I_t} \qquad (10-4)$$

2. 朗伯-比尔定律 一束平行的单色光，通过均匀无散射的含有吸光物质的溶液时，入射光的波长、强度及溶液的温度等条件不变的情况下，溶液的吸光度 A 与溶液浓度 c 及液层厚度 L（cm）乘积成正比。

$$A = EcL \qquad (10-5)$$

式中，E 为吸收系数，是物质的特性常数，表明物质对某一特定波长光的吸收能力。不同物质对同一波长的单色光 E 不同，E 越大，表明该物质的吸光能力越强，灵敏度越高。所以，E 是紫外分光光度法用于药物定性和定量的依据。

当溶液中有多种吸光物质时，A 等于溶液内各吸光物质吸光度的总和，即吸光度具有加和性，它是多组分光度分析法的理论基础。

吸收系数 E 常用的表示方式如下。

（1）摩尔吸收系数 一定的波长时，物质的浓度为 1mol/L、液层厚度 1cm 时，溶液的吸光度，用 ε 表示。

（2）百分吸收系数（或比吸收系数） 一定波长时，物质的浓度为 1%（W/V）、液层厚度为 1cm 时，溶液的吸光度，用 $E_{1cm}^{1\%}$ 表示。二者的关系为：

$$\varepsilon = \frac{M}{10}E_{1\text{cm}}^{1\%} \tag{10-6}$$

式中，M 为吸光物质的摩尔质量。

摩尔吸收系数和百分吸收系数不能直接测定，只能通过测定已知准确浓度稀溶液的吸光度，根据朗伯－比尔定律公式计算求得。

（三）偏离光吸收定律的主要因素

根据 Lambert－Beer 定律，当吸收池厚度不变，以吸光度对浓度作图，应得到一条通过原点的直线。但实际工作中，吸光度与浓度的线性关系常发生偏离。引起偏离的主要原因有化学因素和光学因素两方面。

1. 化学因素

（1）溶液浓度高　朗伯－比尔定律只适用于稀溶液，当溶液浓度太高时，吸光物质粒子间的平均距离减小，受粒子间电荷分布相互作用的影响，摩尔吸收系数会发生改变。

（2）介质不均匀　朗伯－比尔定律适用于均匀、非散射的溶液。如果被测试液是胶体溶液、乳浊液或悬浮液，则入射光通过后，除了一部分被测试液吸收外，还有反射、散射的损失，因而实际测量的吸光度增大，使标准曲线偏离直线向吸光度轴弯曲。

（3）溶质的变化　溶质因浓度或其他因素的变化而发生解离、缔合、生成配合物或溶剂化、配合物组成改变，或某些有色物质在光照下发生化学分解、自身氧化还原反应、干扰离子和显色剂的作用等，使吸光物质的存在形式发生改变，从而影响对光的吸收。

2. 光学因素　主要来源于仪器本身光路系统以及溶液对光产生的散射和反射的影响。

（1）非单色光的影响　Lambert－Beer 定律适用单色光，而纯单色光很难得到。实际工作中，只能选择靠近单色光附近波长的光。

（2）杂散光的影响　单色器得到的单色光与所需波长相隔较远的光为杂散光。杂散光一般来源于仪器制造过程中不可避免的瑕疵。此外，仪器保养不善，光学元件受到尘染、腐蚀会使杂散光增多。

（3）光的散射和反射的影响　这种影响会导致吸光度增大，进行空白试验可以减少误差。当空白溶液与供试品溶液折射率有较大差异时，此误差不能完全消除。

（4）非平行光的影响　非平行的入射光、反射光、散射光等会导致吸光度增大。

（四）吸收光谱

在紫外－可见光区，将不同波长的单色光依次通过被分析物质，分别测得吸光度 A，以波长 λ（nm）为横坐标，吸光度 A 或透光率 T 为纵坐标绘制的曲线称为吸收曲线，也称吸收光谱，如图 10－2 所示。吸收曲线上极大值的部分称为吸收峰，对应的波长为最大吸收波长 λ_{max}；吸收曲线有极小值的部分称为吸收谷，对应的波长称为最小吸收波长 λ_{min}。如果最大吸收峰旁边有一个小的曲折称为肩峰 λ_{sh}；吸收曲线上波长最短的一端，吸收强度大但不形成峰的部分称为末端吸收。

同一物质的不同浓度，吸收曲线形状相似和 λ_{max} 不变；不同的物质，吸收曲线形状和 λ_{max} 均不同。因此，λ_{max} 是物质定性分析的依据之一。

同一物质的不同浓度，一定的波长下吸光度 A 不同，A 随浓度的增大而增大。因此，A 是物质定量分析的理论依据。

光吸收曲线描述了溶液对不同波长光的吸收情况，最大吸收峰位置随浓度变化的幅度最大。因此，

通常选用溶液的 λ_{max} 作为测定波长，以提高测定的灵敏度。吸收曲线是定量分析中选择入射光波长的重要依据。

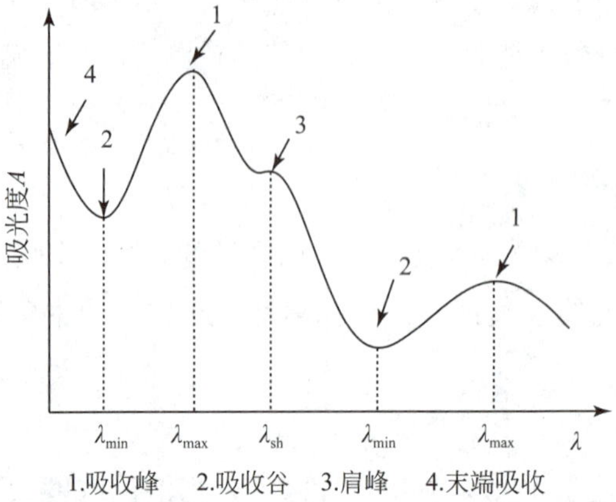

图 10－2　物质的紫外－可见吸收光谱示意图

1. 吸收峰；2. 吸收谷；3. 肩峰；4. 末端吸收

二、紫外－可见分光光度计的基本结构 微课

紫外－可见分光光度计种类、型号繁多，其基本结构和原理相似，主要由光源、单色器、吸收池、检测器、显示和数据处理系统五部分组成。一般构造如下：

光源 → 单色器 → 吸收池 → 检测器 → 显示和数据处理系统

（一）光源

提供入射光的装置称为光源。要求在所需光谱范围内，发射连续的、有足够强度且稳定的紫外光或可见光。可见光区一般用钨灯作光源，发射光谱的波长范围是 320～1000nm，使用波长为 360～1000nm；紫外光区常用的光源为氢灯或氘灯，发射的连续波长范围为 150～400nm。其中氘灯比氢灯价格高，但氘灯发光强度和使用寿命比氢灯长 2～3 倍，目前氘灯使用居多。

（二）单色器

将光源辐射的复合光分成单色光的装置称为单色器。单色器一般由狭缝、色散元件及透镜系统组成。常用的色散元件有棱镜和光栅，目前光栅使用较多。

（三）吸收池

吸收池又称比色皿或比色杯，是分光光度计中盛放溶液的装置。吸收池材料必须能透过所测光谱范围的光。一般可见光区用玻璃吸收池，紫外光区用石英吸收池。吸收池的规格为 0.5～5cm，以规格 1cm 吸收池最为常用。

答案解析

即学即练 10－2

在紫外光区能不能用玻璃吸收池？为什么？

（四）检测器

将光信号转变为电信号的装置称为检测器。常用的检测器有光电池、光电管、光电倍增管和光二极管阵列检测器。目前，高中档分光光度计常用光二极管阵列检测器，扫描速率快，在极短的时间内，可以获得三维全光光谱图。

（五）显示和数据处理系统

将检测器输出的信号放大显示出来并做简单计算的装置称为显示和数据处理系统。显示方式一般有透光率与吸光度，某些仪器还可以转换成浓度、吸收系数等。

高性能仪器配有数据处理系统，一方面对仪器进行操作控制，另一方面还有定量测定、光谱扫描、时间扫描、定量测定、数据处理、结果打印等多种功能。

三、测量条件的选择

（一）入射波长的选择

使用分光光度计时，选择合适的入射波长，测定结果准确度较高。其选择的原则是吸收最大、干扰最小。若无干扰，应选择被测成分最大吸收波长（λ_{max}）作为入射光；当干扰成分存在时，则需要选用吸收较低、峰形稍平坦的次强吸收峰或肩峰作为入射光波长。

（二）吸光度范围的选择

分光光度法中，透光率测量误差，也称为光度误差，它是仪器的主要误差。通过控制溶液的浓度或选择不同厚度的吸收池，将吸光度读数控制在适当的范围内，可以减少光度误差。一般情况下，被测溶液和标准溶液的吸光度值在0.3~0.7范围内，仪器的测量误差最小，测定结果准确度较高。

（三）参比溶液的选择

参比溶液也称空白溶液，用来调节仪器的零点（$A=0.000$ 或 $T=100\%$）。作为测量的相对标准，以消除溶液中其他成分、试剂对光的吸收或反射、吸收池带来的误差，并扣除显色之后其他有色物质的干扰。因此，合理选择参比溶液对提高分析结果的准确度至关重要。常用的参比溶液见表10-3。

表10-3 常用的参比溶液的选择

参比溶液类型	配制方法	可消除影响
纯化水	用纯化水调零	吸收池+杂散光
溶剂参比	用溶剂调零	吸收池+杂散光+溶剂
试剂参比	不加试样，其他均加	吸收池+杂散光+显色剂
试液参比	不加显色剂，其他均加	吸收池+杂散光+干扰离子
试样参比	掩蔽试液中的被测物，其他均加	吸收池+杂散光+显色剂+干扰离子

四、紫外-可见分光光度计的类型

（一）单光束分光光度计

单光束分光光度计从光源到检测器只有一束光。常见的单光束紫外-可见分光光度计有751G型、752型、754型等。常见的单光束可见分光光度计有721型、722型、723型、724型等。

单光束分光光度计结构简单、价格低、杂散光难以抵消，测量结果受电源波动影响产生较大的误差，只适用于定量分析，而不能用于制药、质量检验等行业。

（二）双光束分光光度计

双光束是目前被广泛使用的光路。从单色器发出的单色光，用旋转的折光镜分成交替的两束单色光，分别通过参比池和样品池，再由检测器交替接收参比信号和样品信号。最后由显示器显示出透光率、吸光度和浓度等。特点是能连续改变波长、自动比较样品及参比溶液的透光强度、自动消除光源强度变化所引起的误差，适用于较宽的波长范围内复杂的吸收光谱曲线的分析。常用的双光束紫外-可见分光光度计有730型、760MC型、日本岛津UV-2450型等。

（三）双波长分光光度计

同一光源发出的光分成两束，分别经过2个光栅单色器，产生不同波长的两束光，以一定的时间间隔交替照射在装有试液的同一吸收池上，得到试液对不同波长的吸光度差值。同一测定条件下，不同波长的吸光度差值与待测组分的浓度成正比。

双波长分光光度计适用于高浓度试样、多组分混合试样的测量。与单波长分光光度计对浑浊样品的测定相比，具有灵敏性高及选择性好的特点。双波长测定时，两个波长的光通过同一吸收池，可以消除因吸收池的参数不同、位置不同以及制备参比溶液等带来的误差，提高测定的准确度。

（四）多通道分光光度计

多通道分光光度计使用了一个光二极管阵列检测器，对全部波长同时进行检测，一般在1/10秒的极短时间内获得190~820nm范围的全光光谱。多通道分光光度计具有光谱响应宽、数字化扫描准确、性能稳定等优点，可作为追踪化学反应和反应动力学研究的重要工具。

随着仪器的改进和计算机的应用，如1~4阶导数光谱测量技术、双波长或三波长分光光度法、速率分析或动力学分析、化学计量点的应用等新的测量技术不断出现。

五、紫外-可见分光光度计的应用

紫外-可见吸收光谱主要是由分子中生色团和助色团的特性所决定，不同的有机化合物有不同的吸收光谱。目前，紫外-可见分光光度计主要发展方向是微型、微量、快速、专用。微型是便携式、现场检测的需要；微量是生命科学、医学、海洋科学等领域科研工作的需要（样品量很少、很贵）；快速是食品疾控、安全、应急现场检测的需要；专用是功能专一、但可靠性要求很高的在线自动检测的需要。

（一）定性鉴别

紫外-可见分光光度计（UV-Vis）用于定性分析时，一般采用对比法。可根据吸收光谱的特征，如吸收光谱形状、吸收峰数、各峰的波长位置、强度和相应的吸收系数等对比。按规定的方法配制供试品溶液与对照品溶液，通过对比吸收光谱的特征数据、吸光度或吸收系数、吸收光谱的一致性进行鉴别。

1. 标准品或标准图谱对照法 相同条件下，分别测定未知物和标准品的吸收光谱曲线，两者进行对比、判断。

无标准品时，将未知药物的吸收光谱与《化学药品对照品图谱集》中收录的该药品标准图谱进行对比。若两个吸收光谱曲线的形状、光谱特征完全一致，则初步确认为同一化合物。但必须用其他光谱方法进一步证实后，才能得出较为肯定的结论。因为结构相似的物质可能会产生相似的光谱。例如，醋酸可的松、醋酸氢化可的松、醋酸泼尼松三种药品的吸收光谱曲线仅有微小的差别，而最大吸收波长、摩尔吸收系数和百分吸收系数几乎完全相同。总之，紫外吸收光谱用于药物定性分析时，同一物质图谱相同；但图谱相同却不一定为同一物质。

2. 对比吸收光谱特征数据法　常用于鉴别的吸收光谱特征数据有 λ_{max}、吸收系数 $E_{1cm}^{1\%}$、ε，有时也用 λ_{min}、λ_{sh}、A_{max} 和 A_{min} 的特征值同时作为鉴别的依据。例如，维生素 B_{12} 注射液的鉴别，《中国药典》（2020 年版）规定，在 361nm 与 550nm 的波长处有最大吸收；361nm 波长处的吸光度与 550nm 波长处的吸光度的比值应为 3.15～3.45。

（二）纯度检查

1. 化合物无吸收　化合物在一定的波长范围内没有明显吸收，但杂质有相当强的吸收，少量的杂质用紫外－可见分光光度法可以进行检测。例如，原料药维生素 B_2，若含有杂质感光黄素，440nm 处产生吸收，而维生素 B_2 此处无吸收。因此，在此波长下测定本品，以吸光度不超过 0.016，作为维生素 B_2 中杂质感光黄素的限量依据。

2. 化合物有较强的吸收峰　化合物有较强的吸收，而杂质无吸收或吸收很弱，则杂质的存在使化合物的吸收系数降低。若杂质的吸收大于化合物，则杂质使化合物的吸收系数值增大，并使化合物的吸收光谱发生变形。

（三）含量测定

紫外－可见分光光度法定量分析的理论依据是朗伯－比尔定律。定量方法分单组分和多组分的含量测定。本章主要介绍单组分的含量测定方法。

1. 吸收系数法　根据朗伯－比尔定律，若 L 和 $E_{1cm}^{1\%}$ 已知，即可根据测得的 A 求出被测物质的浓度。

$$c = \frac{A}{E_{1cm}^{1\%}L} \qquad (10-7)$$

【例 10－1】精密称定对乙酰氨基酚原料（$C_8H_9NO_2$）42.0mg，置 250ml 容量瓶中，加 0.4% 的氢氧化钠溶液 50ml 溶解后，加水至刻度，摇匀，精密量取 5ml，置 100ml 容量瓶中，加 0.4% 氢氧化钠溶液 10ml，加水至刻度，摇匀，照紫外－可见分光光度法，在 257nm 处测定吸光度为 0.598，已知 $C_8H_9NO_2$ 的百分吸收系数（$E_{1cm}^{1\%}$）为 715，按干燥品计算，求 $C_8H_9NO_2$ 的含量。（$C_8H_9NO_2$ 含量应为 98.0%～102.0%）

已知：$m_s=40.2mg$，$A=0.598$，$L=1cm$，$V=250ml$，$E_{1cm}^{1\%}=715$ $D=20$（D 为稀释倍数）

解：$C_8H_9NO_2$ 的百分含量 $=\dfrac{A\times D\times V}{E_{1cm}^{1\%}\times 100\times L\times m_s}\times 100\%$

$$=\frac{0.598\times 20\times 250}{715\times 100\times 1\times 42.0\times 10^{-3}}\times 100\%$$

$$=99.6\%$$

因此，结果符合规定。

2. 对照品比较法　相同条件下，分别配制供试品和对照品溶液，对照品溶液中所含被测成分的量应为供试品溶液中被测组分标示量的（100±10）%，在规定波长处测定供试品溶液及对照品溶液的吸光度，又称比较法或外标一点法。即：

$$\frac{A_{供}}{A_{对}} = \frac{C_{供}}{C_{对}} \qquad (10-8)$$

【例 10－2】精密称定贝诺酯 37.1mg，置 250ml 容量瓶中，加无水乙醇溶解并稀释至刻度，摇匀，精密量取 5ml，置 100ml 容量瓶中，加无水乙醇稀释至刻度，摇匀，按照紫外－可见分光光度法，240nm 处测定吸光度为 0.516；另取贝诺酯对照品适量，精密称定，同法配制对照品溶液浓度为 7.4μg/ml，同法测

定，吸光度为0.520。本品按干燥品计算，贝诺酯含量是多少？（贝诺酯的含量不得少于98.5%）

已知：$m_s=37.1mg$，$A_x=0.516$，$A_r=0.520$，$V=250ml$，$C_r=7.4\mu g/ml$，$D=20$

解：贝诺酯的百分含量 $=\dfrac{\dfrac{A_x}{A_r}\times C_r\times V\times D}{m_s}\times 100\%$

$$=\frac{\frac{0.516}{0.520}\times 7.4\times 10^{-3}\times 250\times 20}{37.1}\times 100\%$$

$=99.0\%$

因此，结果符合规定。

3. 标准曲线法 又称工作曲线法、校正曲线法。它是紫外-可见分光光度法中最经典的方法。测定时，配制一系列不同浓度的标准溶液，以不含被测组分的空白溶液作为参比，相同条件下测定标准溶液的吸光度，绘制 $A-c$ 曲线。并在同条件下测定试样溶液的吸光度，从标准曲线上找到与之对应的浓度，即为该试样的浓度。

标准曲线法对仪器要求不高，简单易行，适合于大批量样品的分析。在测定条件固定的情况下，标准曲线可以反复使用。

第三节 红外吸收光谱法

PPT

红外吸收光谱法（IR）是利用物质对红外线的特征吸收建立起来的分析方法，简称红外光谱法。红外吸收光谱法的特点是适用范围广、特征性强，除光学异构体及长链烷烃同系物外，几乎没有两个化合物具有相同的红外光谱。因此，红外光谱法是鉴别物质和分析物质化学结构的有效手段，已被广泛应用于物质的定性鉴别、物相分析和定量测定，并用于研究分子间和分子内部的相互作用，由于红外光谱的高度专属性，在药品检验工作中，红外光谱法常与其他理化方法联合使用，作为有机药品特别是原料药的鉴别手段，尤其是鉴于有机药品品种不断增加，许多药品化学结构比较复杂或相互间化学结构差异较小，用颜色反应、沉淀、结晶形成或紫外-可见分光光度法等常用方法不足以区分时，采用红外分光光度法常可以有效地解决上述问题。在国内外药典中，几乎所有原料药都把红外光谱作为其必不可少的鉴别方法之一，此外，由于红外光吸收与物质浓度的关系在一定范围内遵循朗伯-比尔定律，因而可采用红外分光光度法对药品进行定量分析。

实例分析

实例 2006年，65名患者使用齐齐哈尔第二制药厂生产的“亮菌甲素注射液”后，出现急性肾衰竭临床症状。导致13名患者死亡，2名患者受到严重肾伤害。经有关检验部门紧急检验并查明，该批号注射液含有毒有害物质二甘醇。国家药品监督管理部门组织医学专家论证，本次事件是由于该厂原辅料采购、质量检验工序管理不善和相关人员违规操作，购进了以“二甘醇”冒充“丙二醇”并用于生产亮菌甲素注射液引发的，“二甘醇”是导致该事件的元凶。

问题 1. 案例中涉及的二甘醇和丙二醇，二者结构有何区别？

2. 丙二醇的检测方法有哪些？

答案解析

一、红外线及红外吸收光谱

（一）红外线

电磁波谱中，波长位于0.76～1000μm范围内的电磁辐射称为红外线或红外光。按波长不同分为近红外区（0.76～2.5μm）、中红外区（2.5～25μm）、远红外区（25～1000μm），其中应用最广泛的是中红外区。

（二）红外吸收光谱（IR）

物质吸收中红外区的电子辐射得到的吸收光谱称为中红外吸收光谱，简称红外吸收光谱或红外光谱。

红外吸收光谱常用 $T-\sigma$ 或 $T-\lambda$ 曲线表示。即以波数 σ（cm^{-1}）或波长 λ（μm）为横坐标，表示吸收峰的位置，以透光率 T 为纵坐标，表示吸收峰的强度。目前，红外光谱图常采用 $T-\sigma$ 曲线。苯酚的红外光谱如图10－3所示。

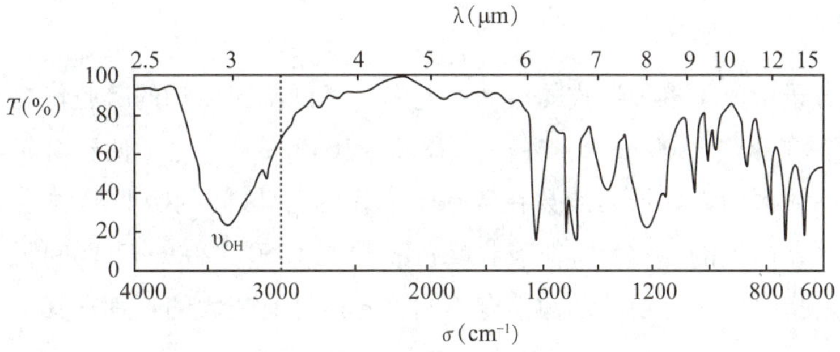

图10－3　苯酚的红外光谱图（$T-\sigma$ 曲线）

二、红外光谱和紫外－可见光谱的区别

（一）产生原因不同

红外吸收光谱和紫外吸收光谱同属于吸收光谱范畴。红外光谱是分子吸收红外辐射后，引起分子振动能级跃迁并伴随转动能级跃迁而产生的，故又称分子振动－转动光谱；紫外－可见光谱是分子吸收紫外－可见光后，引起外层电子能级跃迁所产生，又称电子光谱。

（二）特征性不同

红外吸收光谱与分子结构密切相关，峰密集、形状复杂、专属性强。而紫外－可见吸收光谱只反映少数官能团的特性，吸收峰较少、峰形简单。

（三）用途不同

红外吸收光谱的峰形复杂，所提供的信息量较多，能产生红外吸收的物质，都有特征的红外光谱，用于化合物的定性与定量分析，主要用于有机化合物的结构鉴定。紫外－可见吸收光谱的峰形平缓且缺少细节，所提供的信息量少，主要用于定量分析，有机物的定性鉴别和结构分析方面仅作为红外光谱的一种辅助方法。

即学即练 10－3

红外光谱属于（　　）。

A. 分子光谱　　B. 电子光谱　　C. 原子光谱　　D. 发射光谱

答案解析

知识链接

近红外光谱分析技术

近年来，食品安全备受全社会的关注，食品安全已成为当前社会的热门话题。近红外光谱分析技术是一项基于近红外光谱技术与化学计量学分析模型技术的综合分析技术，具备快速、低成本、无损测量等特点，应用于食品成分含量现场快速筛查及加工过程实时检测，是目前新型食品安全检测的理想手段。除此之外，近红外光谱仪还广泛应用于医药、农业、石油化工、环境等行业。

三、基本原理

红外吸收曲线是分子中原子多种形式的振动产生的，不同基团振动的吸收峰总是出现在某一特定的区域，如羟基吸收峰在 3700～3000cm^{-1}、羰基在 1850～1640cm^{-1}。为了便于解析红外图谱，通常把红外光谱分为特征区和指纹区两大区域。波数在 4000～1250cm^{-1}区间的吸收峰强度大，可用于官能团的鉴别，此区间为特征区，产生的峰称为特征吸收峰；波数在 1250～200cm^{-1}区间吸收峰较密集，犹如人的指纹，称为指纹区。指纹区化合物的结构稍有不同，光谱即有较大的差别，其主要用于化合物的定性分析。

吸收峰的位置由化学键常数、成键原子质量、内外影响因素等决定。化学键常数越大，吸收峰频率越高；成键原子的质量越小，吸收峰频率越高。此外，化合物内部的诱导效应、共轭效应、氢键、杂化及物质的溶剂也会影响吸收峰的位置。

四、红外分光光度计

目前，红外分光光度计主要有色散型和傅里叶变换型（FT－IR）两大类。色散型扫描速度较慢、灵敏度较低、无法实现色谱－光谱联用；FT－IR 型具有高分辨率、高灵敏度和快速扫描的特点，仪器的性价比高。因此，FT－IR 型红外分光光度计的应用范围日趋广泛，不仅用于中红外区的测量，也用于远红外、近红外、可见光甚至紫外光区的测量，是实现光谱－色谱联用较理想的仪器，目前已有 GC－FTIR、HPLC－FTIR 等联用型的商品仪器。

（一）色散型红外分光光度计

色散型红外分光光度计其构造系统与紫外－可见分光光度计类似。主要由光源、吸收池、单色器、检测器、放大器及记录机械装置五个部分组成，如图 10－4 所示。

常用的色散型红外分光光度计大多数为双光束型，即从光源发出的红外线对称地分成两束，一束透过样品池，另一束通过参比池。两束光经过扇形镜切光器调制后进入单色器和检测器，当样品有选择地吸收特定波长的红外光时，两束光强度就有差别，检测器上产生与两束光强度差成正比的交流信号电压，经放大器放大后，由记录仪记录试样吸收情况的变化。与此同时，光栅也按一定速度运动，到达检

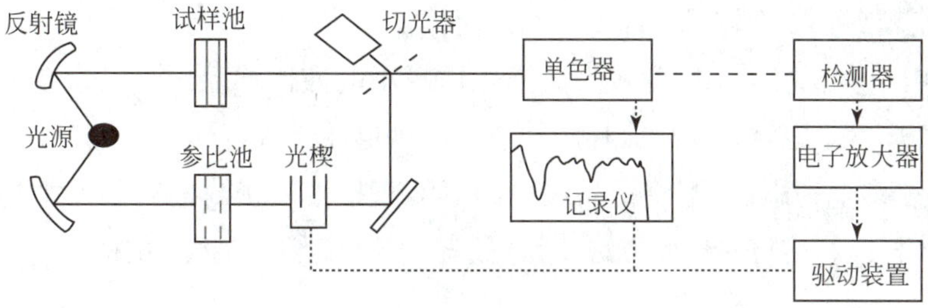

图 10－4　色散型红外分光光度计结构示意图

测器上的入射光的波数也随之变化，由于记录纸与光栅同步运动，即可绘制出光吸收强度随波数变化的红外吸收光谱图。

（二）傅立叶变换型（FT－IR）红外分光光度计

FT－IR 与色散型红外分光光度计的工作原理不同，主要区别是单色器和检测器。FT－IR 的单色器主要为麦克尔逊（Michelson）干涉仪。FT－IR 的工作原理如图 10－5 所示。

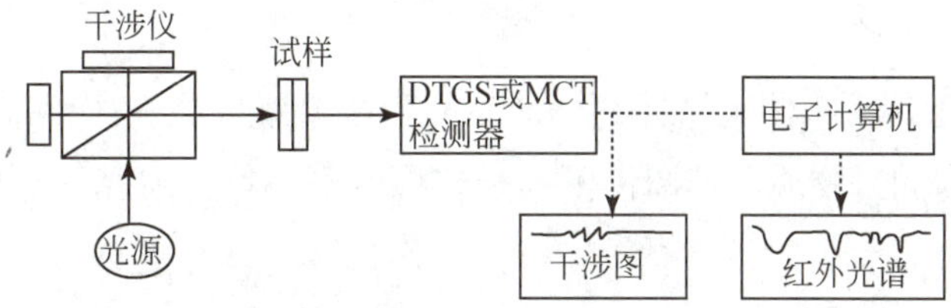

图 10－5　FT－IR 工作原理图

由光源发出的红外光，经准直系统变为一束平行光束，再进入 Michelson 干涉仪调制得到一束干涉光。干涉光通过样品后，带有光谱信息到达检测器变为电信号，通过计算机对干涉图进行傅里叶变换计算，得到与色散型分光光度计完全相同的图谱。

五、样品的制备

利用红外光谱可以测定气体、液体及固体样品，其中固体样品最为方便。一般要求试样中不含水分（羟基峰受到干扰），并且纯度 > 98%，否则需要分离提纯。因此，要保证红外光图谱的质量，必须保证样品制备方法的正确性。

（一）固体样品

固体样品可用压片法、糊法和薄膜法制样。其中压片法使用最多。

1. 压片法　固体样品常用的制备方法，KBr 被用作固体分散介质。将样品与无水 KBr 粉末按一定比例置于玛瑙研钵中研磨均匀，装入压片模具中制备样片。为防止潮解，整个操作过程应在红外灯下进行。若测定样品为盐酸盐，改用 KCl 作分散质。

2. 糊法　将固体试样研细后，分散在与其折射率相近的液体介质中，制成糊状，从而得到可靠的光谱。常用液状石蜡作分散介质，但不适合分析与石蜡结构相似的饱和烷烃。

3. 薄膜法　将试样直接加热熔融后涂制或压制成膜；或将试样溶解在低沸点、易挥发溶剂中，涂在盐片上，待溶剂挥发后成膜。薄膜法可以获得没有溶剂和分散介质影响的理想光谱。

（二）液体样品

1. 夹片法　将液体样品夹于两块盐片之间，通过毛细作用吸附住液层形成液膜，放入光路中即可测定。它适用于沸点较高、黏度较低、挥发性小的液体样品。

2. 涂片法 适用于沸点较高、黏度较大、挥发性较小的液体样品。可以涂在一空白片上测定，不必夹片。由于涂膜的厚度难以掌握，故涂片法一般只用于定性分析。

3. 液体池法 测量时，用注射器将样品或样品溶液直接注入密封的吸收池中即可。一般液体样品及有合适溶剂的固体样品，均可采用此方法。其更适合于低沸点的易挥发试样。

（三）气体样品

气体样品可灌入气体池中测定其 IR 光谱。气体池由玻璃制成，入口和出口处均有活塞，两端为溴化钾窗片。

六、红外分光光度计的应用

红外吸收光谱法应用非常广泛，对于气体、液体、固体样品均可进行分析。不仅用于已知化合物的定性鉴别和未知化合物的结构分析，还可以用于定量测定。

（一）定性分析与结构分析

1. 定性分析 相同的条件下，测定试样和标准品的吸收光谱曲线，用标准品或标准图谱进行比较。若两者图谱完全一致，则为同一物质；若图谱不一样或峰位不一致，则说明不是同一物质，或者试样中含有杂质。

2. 结构分析 红外光谱应用最广的是根据峰位、峰强度和峰形等特征判断化合物的类别，推测某种基团的存在，从而推断未知化合物的结构。首先获得清晰可靠的图谱，其次依据必要的物理常数、紫外光谱、核磁共振等数据对图谱进行解析，并作出正确的判断。

（二）定量分析

红外吸收光谱的定量分析依据与紫外－可见光谱法相同，朗伯－比尔定律是红外分光光度法定量分析的依据。红外光谱的谱带较多，选择余地大，适合于单组分或多组分的定量分析。此外，红外吸收光谱法不受样品状态的限制，能定量测定样品而被广泛应用。但该方法灵敏度较低，不适用于微量组分的测定。

实践实训

实训二十　维生素 B_{12} 注射液含量的测定

【实训目的】

1. 掌握紫外－可见分光光度计的操作方法。
2. 熟悉紫外－可见分光光度法的含量测定方法。
3. 了解紫外－可见分光光度计的结构原理。

【实训原理】

维生素 B_{12} 是一种含钴的卟啉类化合物，具有很强的生血作用，可用于治疗恶性贫血等疾病。维生素 B_{12} 是一种混合物，共含七种物质。一般维生素 B_{12} 是指其中的氰钴素，为深红色吸湿性结晶，制成注射液的标示含量有每毫升含维生素 B_{12} 为 50、100 或 500g 等规格。

维生素 B_{12} 的水溶液在（278 ± 1）nm、（361 ± 1）nm 与（550 ± 1）nm 三个波长处有最大吸收。361nm

处的吸收峰干扰因素少，《中国药典》规定以（361 ±1）nm 处吸收峰的吸收系数 $E_{1cm}^{1\%}$ 值（207）为测定注射液实际含量的依据。

【实训用品】

1. 仪器 紫外 - 可见分光光度计、石英吸收池、5ml 移液管、10ml 容量瓶。

2. 试剂 维生素 B_{12} 注射液。

【实训步骤】

1. 石英吸收池配对 取石英吸收池在 220nm 装蒸馏水，以一个石英吸收池为参比，调节 T 为 100%，测定另一个石英吸收池的透光率，其偏差应小于 0.3%，可配成一套使用，记录另一个石英吸收池的吸光度值作为校正值。

2. 核对药物最大吸收波长 选择光谱扫描工作室，设置扫描波长范围为 200～600nm，光度读数方式为 Abs，光度读数范围为 0～1，进行光谱扫描，通过光谱扫描曲线确定吸收峰位置。

3. 空白试验 将装入空白溶液的 2 个石英吸收池放入仪器中校零。

4. 含量测定 取维生素 B_{12} 注射液样品，按照其标示含量，精密量取本品适量，用水定量稀释成每 1ml 中约含维生素 B_{12} 25μg 的溶液，作为供试品溶液，照紫外 - 可见分光光度法，在 361nm 的波长处测定吸光度，按 $C_{63}H_{88}CoN_{14}O_{14}P$ 的吸收系数（$E_{1cm}^{1\%}$）为 207 计算，即得。

【实训结果】

$$c_{维生素B_{12}}(\mu g/ml) = A_{样} \times 48.31$$

计算含量，并折合成稀释前的浓度，与药品标示量比较，判断是否合格。

【实训提示】

1. 实验中所用的容量瓶和移液管均应经检定校正、洗净后使用。

2. 使用的石英吸收池必须洁净。

3. 取吸收池时，手指拿毛玻璃面两侧。装样品溶液的体积以池体积的4/5 为度。透光面要用擦镜纸由上而下擦拭干净，检视应无残留溶剂，为防止溶剂挥发后溶质残留在池子的透光面，可先用蘸有空白溶剂的擦镜纸擦拭，然后再用干擦镜纸拭净。吸收池放入样品室时应注意每次放入方向相同。使用后用溶剂及水冲洗干净，晾干防尘保存，吸收池如受污染不易洗净时可用硫酸发烟硝酸混合液稍加浸泡后，洗净备用。如用铬酸钾清洁液清洗时，吸收池不宜在清洁液中长时间浸泡，否则清洁液中的铬酸钾结晶会损坏吸收池的光学表面，并应充分用水冲洗，以防铬酸钾吸附于吸收池表面。

4. 除各品种项下已有注明者外，供试品溶液的吸光度以在 0.3～0.7 为宜，吸光度读数在此范围误差较小。

【实训思考】

标准曲线法与吸收系数法定量各有何特点？

实训二十一 食品中亚硝酸盐含量的测定

【实训目的】

1. 掌握紫外 - 可见分光光度计的使用、样品制备、提取的基本操作技能、比色法测定食品中亚硝酸盐的原理与方法。

2. 熟悉食品中亚硝酸盐含量的卫生标准。

【实训原理】

食品中亚硝酸盐含量测定采用盐酸萘乙二胺法，利用碱性硼砂将脂肪从样品中分离，用乙酸锌和亚铁氰化钾使蛋白质变性分离。试样经沉淀蛋白质、除去脂肪后，弱酸条件下亚硝酸盐与对氨基苯磺酸重氮化后，与盐酸萘乙二胺偶合形成紫红色染料，采用分光光度法的标准曲线法，根据朗伯－比尔定律测定食品中亚硝酸盐的含量。

【实训用品】

1. 仪器 天平（感量为0.1mg和1mg）、容量瓶（50ml、100ml、500ml、1000ml）、移液管（2ml、5ml、10ml、20ml）、吸耳球、胶头滴管、漏斗、烧杯（50ml）、组织捣碎机（或匀浆机）、超声波清洗器、电炉、恒温水浴锅、紫外－可见分光光度计等。

2. 试剂 实验用水为蒸馏水，试剂不加说明者，均为分析纯试剂。

（1）亚铁氰化钾溶液（106g/L） 称取106.0g亚铁氰化钾，用水溶解，并稀释至1000ml。

（2）乙酸锌溶液（220g/L） 称取220.0g乙酸锌，先加30ml冰醋酸溶解，用水稀释至1000ml。

（3）饱和硼砂溶液（50g/L） 称取5.0g硼酸钠，溶于100ml热水中，冷却后备用。

（4）对氨基苯磺酸溶液（4g/L） 称取0.4g对氨基苯磺酸，溶于100ml 20%（*V/V*）盐酸中，置棕色瓶中混匀，避光保存。

（5）盐酸萘乙二胺溶液（2g/L） 称取0.2g盐酸萘乙二胺，溶于100ml水中，混匀后，置棕色瓶中，避光保存。

（6）亚硝酸钠标准溶液（200μg/ml） 准确称取0.1000g于110～120℃干燥恒重的亚硝酸钠，加水溶解，移入500ml容量瓶中，加水稀释至刻度，混匀。

（7）亚硝酸钠标准使用液（5.0μg/ml） 使用前，吸取亚硝酸钠标准溶液5.00ml，置于200ml容量瓶中，加水稀释至刻度。

【实训步骤】

1. 样品处理 用四分法取适量样品，用食品匀浆机捣碎，制成匀浆备用。

2. 试样提取 称取匀浆试样5g（精确至0.01g，若制备过程中加水，应按加水量折算）置于50ml烧杯中，加入12.5ml饱和硼砂溶液，搅拌均匀，以70℃左右的水约300ml将样品匀浆液洗入500ml容量瓶中，置沸水浴中加热15分钟，取出置冷水浴中冷却，并放置至室温。

3. 提取液净化 上述提取液中加入5ml亚铁氰化钾溶液，摇匀；再加入5ml乙酸锌溶液，充分振摇混匀，沉淀蛋白质。加水至刻度，摇匀，放置30分钟，除去上层脂肪，过滤，弃初滤液30ml，其滤液备用。

4. 亚硝酸盐标准曲线的制备及样品的测定 吸取40.0ml上述滤液于50ml带塞比色管中，编号为样品管；另吸取0.00ml、0.20ml、0.40ml、0.60ml、0.80ml、1.00ml、1.50ml、2.00ml、2.50ml亚硝酸钠标准使用液（相当于0.0μg、1.0μg、2.0μg、3.0μg、4.0μg、5.0μg、7.5μg、10.0μg、12.5μg亚硝酸钠），分别置于50ml带塞比色管中，分别编号0～8号标准管。分别于标准管与试样管中加入2ml对氨基苯磺酸溶液，混匀，静置3～5分钟后各加入1ml盐酸萘乙二胺溶液，加水至刻度，混匀，静置15分钟，用2cm吸收池，以0号管调节零点，于波长538nm处测吸光度，绘制标准曲线比较。同时做试剂空白。

5. 结果记录并计算 以重复性条件下获得的两次独立测定结果的算术平均值表示，结果保留两位有效数字。在重复性条件下，获得的两次独立测定结果的绝对差值，不得超过算术平均值的10%。

【实训结果】

亚硝酸盐（以亚硝酸钠计）的含量按下式进行计算，并对照 GB 2760—2011 对试样质量进行评价。

$$X_1 = \frac{A_1 \times 1000}{m \times \frac{V_1}{V_0} \times 1000}$$

式中，X_1为试样中亚硝酸钠的含量，mg/kg；A_1为测定用样液中亚硝酸钠的质量，μg；m为试样质量，g；V_1为测定用样液体积，ml；V_0为试样处理液总体积，ml。

【实训提示】

1. 加入亚铁氰化钾和乙酸锌后必须充分振摇。
2. 显色后，显色温度为 15～30℃，在 20～30 分钟内比色较好。
3. 为使亚硝酸盐提取完全，进行加热处理，控制加热时间为 15 分钟。

【实训思考】

1. 影响实验结果准确性的因素有哪些？
2. 试样处理中加入硼砂溶液的作用是什么？
3. 试样中加入亚铁氰化钾和乙酸锌有何用途？

实训二十二 阿司匹林原料药的红外鉴别

【实训目的】

1. 掌握红外光谱法进行物质结构分析的基本原理，能利用红外光谱鉴别官能团，并根据官能团确定未知组分的主要结构。
2. 熟悉红外光谱仪的操作、固体样品的制备方法。
3. 了解傅立叶红外光谱仪的结构和工作原理。

【实训原理】

不同物质对红外辐射的吸收不同，其红外光谱图也不相同；吸收光谱的谱带强度遵循朗伯－比尔定律。发射光谱是以样品为红外辐射源，测量样品的红外发射光谱。发射强度取决于发射温度和物质结构。物质的发射谱带同样也是吸收谱带。利用物质吸收或发射红外光谱原理，对物质进行定性定量及结构分析。

【实训用品】

1. 仪器 玛瑙研钵、红外灯、压片机。

2. 试剂 阿司匹林原料药、KBr。

3. 其他 《药品红外光谱集》。

【实训步骤】

1. 纯 KBr 薄片扫描 取少量 KBr 固体，在玛瑙研钵中充分磨细后，在红外灯下烘烤 10 分钟左右。

取出约 100mg 装于干净的压膜内（均匀铺撒并使中心凸起），在压片机上于 29.4MPa 压力下压 1 分钟制成透明薄片。将此薄片装于样品架上，插入红外光谱仪的试样安放处，从 4000 ~ 600cm^{-1} 进行波数扫描。

2. 扫描固体样品 取 1 ~ 2mg 阿司匹林（经过干燥处理），在玛瑙研钵中充分研磨后，再加入 400mg 干燥的 KBr 粉末，继续研磨至完全混合均匀，并将其在红外灯下烘烤 10 分钟左右。取出 100mg 按照步骤 1 同样的方法操作，得到吸收光谱，与标准光谱图比较。

3. 清场 取下样品架，取出薄片，将模具、样品架擦净收好。

【实训结果】

将所得到的红外光谱和标准谱图对比，并对各个吸收峰进行归属。

【实训提示】

1. 除另有规定外，应按照国家药典委员会编订的《药品红外光谱集》各卷收载的各光谱图所规定的方法制备样品。

2. 采用固体制样技术时，常遇多晶现象，固体样品的晶型不同，红外光谱会产生差异。

3. 谱图主要比较吸收谱带的数目、波数、形状和强度，主要官能团的谱带要核对。

【实训思考】

红外光谱分析中，为什么用 KBr 制作试样池？

答案解析

目标检测

一、选择题

（一）单选题

1. 紫外 - 可见分光光度法的波长范围是（　　）。

A. 200 ~ 400nm　　B. 400 ~ 760nm

C. 760 ~ 1000nm　　D. 200 ~ 760nm

2. 在紫外 - 可见光谱区有吸收的化合物是（　　）。

A. $CH_3—CH═CH—CH_3$　　B. $CH_3—CH_2—OH$

C. $CH_2═CH—CH_2—CH═CH_2$　　D. $CH_2═CH—CH═CH—CH_3$

3. 物质的颜色是由于选择性地吸收了白光中的某些波长所致，$CuSO_4$ 溶液呈蓝色是由于它吸收了白光中的（　　）。

A. 蓝色光　　B. 绿色光　　C. 黄色光　　D. 红色光

4. 根据朗伯 - 比尔定律，有色物质的浓度、最大吸收波长、吸光度三者的关系是（　　）。

A. 增加、增加、增加　　B. 减小、不变、减小

C. 减小、增加、增加　　D. 增加、不变、减小

5. 红外光谱法，试样状态可以是（　　）。

A. 气体状态　　B. 固体状态

C. 固体、液体状态　　D. 气体、液体、固体状态都可以

（二）多选题

1. 紫外－可见分光光度计常使用的检测器有（　　）。

A. 热电偶　　B. 光电倍增管　　C. 光电池　　D. 光电管

2. 偏离朗伯－比尔定律的因素有（　　）。

A. 介质不均匀　　B. 杂散光进入检测器

C. 比色皿的厚度　　D. 溶液浓度过高

3. 下列说法不正确的是（　　）。

A. 按朗伯－比尔定律，浓度 c 与吸光度 A 之间的关系是通过原点的直线

B. 朗伯－比尔定律成立的必要条件是稀溶液，与是否为单色光无关

C. 透光率越大，则吸光度也越大

D. 同一物质在不同波长处吸收系数不同，不同物质在同一波长处吸收系数相同

4. 紫外－可见分光光度法在药物分析的应用有（　　）。

A. 鉴别　　B. 杂质检查　　C. 含量测定　　D. 标准对照

5. 关于紫外－可见分光光度计的操作，正确的是（　　）。

A. 取吸收池时，手拿毛玻璃两侧　　B. 盛装样品溶液以吸收池体积的4/5为宜

C. 使用挥发性溶液时应加盖子　　D. 待测溶液吸光度读数在0.3～0.7误差较小

二、综合应用题

1. 安络血的相对摩尔质量为236，将其配成100ml含安络血0.4300mg的溶液，盛于1cm吸收池中，在 $\lambda_{max}=550nm$ 处测得 A 值为0.483，试求安络血的 $E_{1cm}^{1\%}$ 和 ε。

2. 精密称取干燥失重为5.0%的维生素 B_{12} 0.0075g置50ml容量瓶中，加水溶解稀释至刻度，摇匀，稀释5倍后，按照紫外－可见分光光度法于361nm处测得吸收度为0.580。已知本品药品标准给定的吸收系数（$E_{1cm}^{1\%}$）为207，求其百分比含量。

书网融合……

知识回顾　　微课　　习题

（郝晶晶）

第十一章 色谱分析法

学习引导

色谱分析法应用于我们日常生活的方方面面，如食品中营养物质的检测、药品中有效物质的检测、环境中有害气体的分析等。那么什么是色谱分析法？它有哪些分类？应如何使用色谱分析法对目标物质进行定性？如何准确计算目标物质的含量？

本章主要介绍色谱分析法的定义、原理和分类，常见的平面色谱法、气相色谱法和液相色谱法的应用，并引导学生学习如何使用色谱分析法对目标物质进行定性定量分析。

学习目标

1. **掌握** 色谱法原理；色谱法常用术语；色谱的定性分析和定量分析方法。
2. **熟悉** 薄层色谱法的材料和操作过程；气相色谱仪和液相色谱仪的结构组成；色谱分析法的分类。
3. **了解** 纸色谱法；正相键合、反相键合液相色谱法技术；联用技术。

色谱分析法，简称色谱法。1906 年俄国植物学家茨维特（M. S. Tswett）将植物色素的石油醚提取液注入填充有碳酸钙的玻璃柱，再将石油醚加入到柱内，使之自由流下，分出叶绿素带（绿色）和胡萝卜素带（黄色），在柱的不同部位，形成不同的颜色、有规则的色带。因色带与光谱相似，茨维特把它命名为色谱，上述分离方法，称为色谱法。色谱的起源与颜色有关，但随着色谱法的发展，当今主流的色谱分析方法，如气相色谱法、液相色谱法已经看不到颜色的分离。色谱法的本质是根据物质的物理或物理化学性质不同对混合物进行分离，进而对分离开的组分进行一一检测的高通量、快速、有效的分析技术。色谱分析法已成为现代分析技术中不可缺少的分离、分析的方法。

PPT

第一节 色谱分析法概述 微课

色谱分析法，也称色层分析法，简称层析法。色谱分析法具有很多优点：分离效率高、分析速度快、检测灵敏度高、样品用量小、选择性好、可以进行多组分同时分析、易于自动化等。

一、色谱分析法原理

色谱分析法中有相对运动的两相，即固定相和流动相。其中固定不动的相称为固定相，常为固体或液体；另一相是携带组分经过固定相向前移动的流动相，常为液体或气体。

色谱分离是组分在流动相和固定相间多次“分配”的过程，如图 11－1 所示。含有 A、B、C 三组分的样品试液加入色谱柱中，三组分都被吸附剂吸附在固定相（吸附剂）上。然后加入流动相洗脱，随着流动相不断流入色谱柱，被吸附在固定相上的三组分又溶解于流动相中，这个过程称为解吸。解析出来的组分随着流动相继续流动，当遇到新的吸附剂颗粒时，又重新被吸附，如此反复多次地在色谱柱上吸附、解吸（可达 10^3 ~ 10^6 次）。吸附剂对样品组分的吸附能力不同，流动相对组分的溶解能力也有差异，因此，经过一定时间的洗脱，三组分在色谱柱中的距离逐渐拉开（吸附能力弱的 A 组分在柱中迁移速度较快，先流出色谱柱；而吸附能力强的 B 组分、C 组分在柱内运动速度较慢，后流出色谱柱）。因此，混合物中组分按吸附力由弱到强依次流出色谱柱，从而达到不同组分的分离。

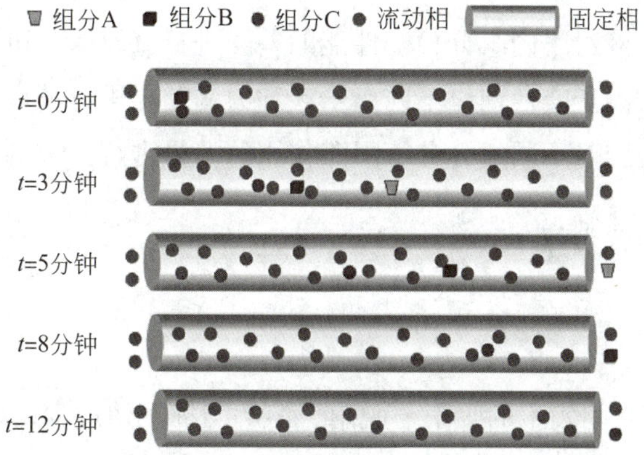

图 11－1　色谱分离过程示意图

实例分析 11－1

实例　茨维特开展的色素分离实验中，玻璃柱中从上到下依次出现绿色（叶绿素）、黄色（叶黄素）、黄绿色（胡萝卜素）。

问题　1. 实验中的石油醚、碳酸钙分别起什么作用？

2. 实验中的色带是怎样形成的？

3. 实验中分离的目标组分是什么？请根据实验结果，按照流出时间先后顺序写出对应的组分。

答案解析

通常，色谱分析法主要起到分离的作用，如果在色谱的后端再连接一个检测器，就可以对目标物质进行定性和定量分析。色谱分析法定性的主要依据是化合物在色谱上的保留时间，定量的主要依据是化合物在检测器上的响应值，通常以峰面积或峰高来表示。

二、色谱分析法分类

色谱分析法有多种分类方法，常见的主要有以下三种。

（一）按固定相使用的形式分类

色谱分析法可以分为柱色谱法、平面色谱法和毛细管电泳法。柱色谱可以分为填充柱色谱和毛细管柱色谱；平面色谱可以分为薄层色谱和纸色谱。

（二）按两相所处的状态分类

1. 按流动相所处的状态分类 色谱分析方法又可以分为气相色谱法（GC）、液相色谱法（LC）和超临界流体色谱法（SFC）。

2. 按固定相所处的状态分类 固定相分为固体吸附剂、固定液和键合固定相。因此，色谱法又可以分为气固色谱（GSC）、气液色谱（GLC）、液液色谱（LLC）、薄层色谱（TLC）、纸色谱（PC）、液固色谱（LSC）和键合相色谱法（CBPC）等。

（三）按分离机理分类

1. 吸附色谱 利用吸附剂对不同组分吸附性能的差异进行分离的分析方法。

2. 分配色谱 利用固定液对不同组分分配性能的差异进行分离的分析方法。

3. 离子交换色谱 利用离子交换剂对不同离子亲和力的差异进行分离的分析方法。

4. 凝胶色谱法 利用凝胶对不同组分分子阻滞作用的差异进行分离的分析方法。

三、色谱分析法常用术语

（一）分配系数

组分在固定相与流动相之间发生的吸附与脱附、溶解与挥发的过程，称为分配过程。分配系数是指在一定温度和压力下，组分在两相间达到分配平衡时，在固定相与流动相中浓度之比 K。

$$K = \frac{c_s}{c_m} \tag{11-1}$$

式中，c_s、c_m分别为组分在固定相和流动相中的浓度。

K 的差异是色谱分离的先决条件。组分 K 值相差越大，越容易分离。色谱分离时，K 值大的组分在固定相中的浓度大，柱中滞留的时间长，出柱慢；K 值小的组分在流动相中的浓度大，不易被固定相保留，先流出色谱柱；$K = 0$ 不被固定相保留，最先流出。

（二）色谱图（色谱流出曲线）

试样中各组分经色谱柱分离后，随流动相进入检测器，检测器将浓度（或质量）的变化转化为电压（或电流）信号，由记录仪记下所得到的电信号强度－时间曲线，即浓度（或质量）－时间曲线，称为色谱流出曲线，即色谱图，如图 11－2 所示。色谱图上的色谱峰对应某种组分，分析色谱图就可以得到定性分析和定量分析结果。

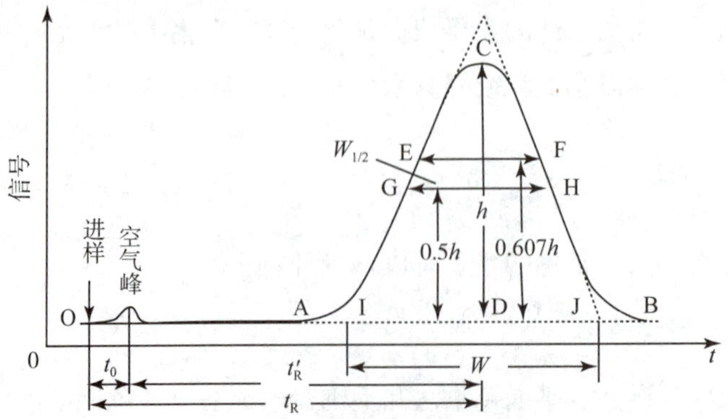

图 11－2 色谱流出曲线图

1. 基线 在操作条件下，没有组分流出时的色谱图，称为基线。基线反映检测器的噪声随时间的变化。稳定的基线应是一条平行于横轴的直线，如图 11－2 中的 OB 线。

2. 色谱峰 在操作条件下，色谱图上突起的部分，即组分流经检测器所产生的信号。

正常的色谱峰为对称的正态分布，每个峰至少代表样品中的一个组分。常见色谱峰的类型如图 11－3 所示。

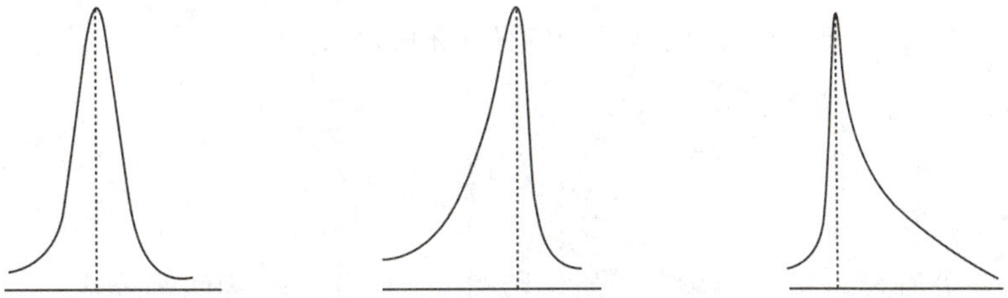

图 11－3 常见的色谱峰类型

（三）色谱定性参数

1. 保留时间 用 t_R 表示，指某组分从进样开始到在色谱柱后出现浓度极大值时所需要的时间。如图 11－2 中 t_R 对应的时间。保留时间是色谱法定性分析的基本依据。

2. 死时间 用 t_0 表示，指分配系数为 0 的组分，即不被固定相吸附的组分的保留时间。也可以理解为是流动相通过系统所需要的时间。如图 11－2 中 t_0 对应的流出时间。

3. 调整保留时间 用 t'_R 表示，指组分在固定相中停留的时间，即扣除了死时间的保留时间。如图 11－2 中 t'_R 对应的时间。试验条件一定时，t'_R 仅取决于组分性质。

$$t'_R = t_R - t_0 \tag{11-2}$$

（四）色谱定量参数

1. 峰高 用 h 表示，指色谱峰顶点与基线之间的垂直距离，如图 11－2 中的 CD 线。

2. 峰面积 用 A 表示，指某色谱峰曲线与基线间包围的面积，如图 11－2 中 ACB 内的面积。试验条件恒定时，峰面积与对应组分的含量成正比，可用峰面积计算组分的含量。

对称色谱峰峰面积的计算如下：

$$A = 1.065 \times h \times W_{1/2} \tag{11-3}$$

式中，h 为色谱峰峰高；$W_{1/2}$ 为色谱峰的半峰宽。

不对称色谱峰峰面积的计算如下：

$$A = 1.065 \times h \times \frac{(W_{0.15h} + W_{0.85h})}{2} \tag{11-4}$$

式中，h 为色谱峰峰高；$W_{0.15h}$、$W_{0.85h}$ 分别为色谱峰 0.15 倍峰高处与 0.85 倍峰高处的峰宽。

3. 色谱峰区域宽度 简称峰宽，是描述色谱峰的另一重要参数，反映了柱效的高低。色谱峰区域宽度越小，柱效越高，常见的有以下三种表示方法。

（1）标准差 用 σ 表示，为 0.607 倍峰高处色谱峰宽的一半。即图 11－2 中 EF 间距离的一半。σ 越小，柱效越高。

（2）半峰宽 用 $W_{1/2}$ 表示，为峰高一半处的峰宽 $W_{1/2}$，如图 11－2 中 GH 之间的距离。

$$W_{1/2} = 2.355\sigma \tag{11-5}$$

（3）基线宽度　即峰宽，用 W 表示，指色谱峰拐点上的切线在基线上的截距，如图 11－2 中 W 对应的距离。

$$W = 1.699W_{1/2} = 4\sigma \qquad (11-6)$$

（五）其他色谱参数

1. 分离度　又称分辨率，用 R 表示，描述的是给定的色谱条件对两种物质的分离程度。该参数用来衡量相邻两个色谱峰的分离程度，色谱图中的两个相邻组分只有完全分离开来，其定性和定量结果才能相对准确。分离度的计算方法如下：

$$R = \frac{2(t_{R_2} - t_{R_1})}{W_1 + W_2} \qquad (11-7)$$

式中，t_{R_1} 和 t_{R_2} 分别代表相邻的两个峰的保留时间；W_1 和 W_2 为两峰峰宽。

其中，若 $R=0$，表示两峰完全重合；$R=1$，表示两峰分离度可达 98%；$R=1.5$，表示两峰分离度可达 99.7%。《中国药典》中规定，$R \geqslant 1.5$ 可作为两组分完全分离的指标。

2. 拖尾因子　又称对称因子，用 T 表示，是衡量色谱峰的对称性指标。从峰顶点处作与基线的垂直线，可将该色谱峰划分为左半部分和右半部分。通常用拖尾因子 $T = A_{右}/A_{左}$ 来衡量色谱峰是否对称。若 $T=1$，表示该色谱峰完全对称，如图 11－3（a）所示；$T<1$，左边峰面积大于右边，则表示该色谱峰前沿，如图 11－3（b）所示；$T>1$，右边峰面积大于左边，则表示该色谱峰拖尾，如图 11－3（c）所示。通常，要求理想的色谱峰 $0.8<T<1.2$。

3. 校正因子　色谱试验条件恒定时，被测物质的质量与其峰面积成正比。同一检测器对不同的物质，具有不同的响应值（峰高或者峰面积）。因此，用峰面积计算物质的含量时，需引入校正因子。

（1）绝对校正因子　用 f_i 表示，指单位峰面积的物质的质量。即：

$$f_i = \frac{m_i}{A_i} \qquad (11-8)$$

式中，m_i 表示被测组分的质量；A_i 表示被测组分的峰面积。由于试样的准确进样量难以确定，而峰面积与色谱条件有关，故需要引入相对校正因子。

（2）相对校正因子　用 f'_i 表示，指被测组分 i 中加入标准物质 s，被测组分相对于标准物质的相对校正因子。即：

$$f'_i = \frac{f_i}{f_s} = \frac{m_i A_s}{m_s A_i} \qquad (11-9)$$

式中，A_i、A_s、m_i、m_s 分别表示被测组分 i 和标准物质 s 的峰面积和质量。m_i 与 m_s 的质量之比进样前可准确测定，峰面积虽与色谱条件有关，但 A_i 与 A_s 的比值消除了操作条件的影响，故相对校正因子可准确测得，也称作校正因子。

PPT

第二节　平面色谱法

平面色谱法在平面上进行分离，包括薄层色谱法和纸色谱法。平面色谱法的特点是固定相一次使用，样品预处理简单，对被分离物质没有限制。其优点是分离能力强，展开时间短，一次可以同时展开多个试样，且所用仪器简单，操作方便；其缺点是自动化程度低，分辨率和重现性较差。

一、薄层色谱法

薄层色谱法（TLC）是将适宜的固定相涂布于玻璃板、塑料或铝基片上，成一均匀薄层，待点样、展开后，将样品的色谱比移值与适宜的对照物按同法所得的比移值作对比，用以进行药品的鉴别、杂质检查或含量测定的方法。薄层色谱法是快速分离和定性分析少量物质的一种很重要的实验技术，也可用于跟踪反应进程。

（一）分离原理

薄层色谱法，又称薄层层析，可根据作为固定相的支持物不同，分为薄层吸附层析（吸附剂）、薄层分配层析（纤维素）、薄层离子交换层析（离子交换剂）、薄层凝胶层析（分子筛凝胶）。一般试验中应用较多的是以吸附剂为固定相的薄层吸附层析。

如图 11－4 所示，将含有 A、B 两组分的试样溶液点在薄层板的基线一端，在密闭的展开缸中用适当的展开剂展开。此时展开剂为流动相，平板上的吸附剂为固定相。由于 A、B 两组分对同一吸附剂的吸附能力不同，使得展开剂从薄层板的一端流向另一端时，A、B 两组分在吸附剂和展开剂之间产生反复的吸附、解吸附、再吸附、再解吸附，两组分移动的速度不同，经过展开剂展开一段时间后，A、B 两组分的斑点距离逐渐变大，最终达到分离目的。

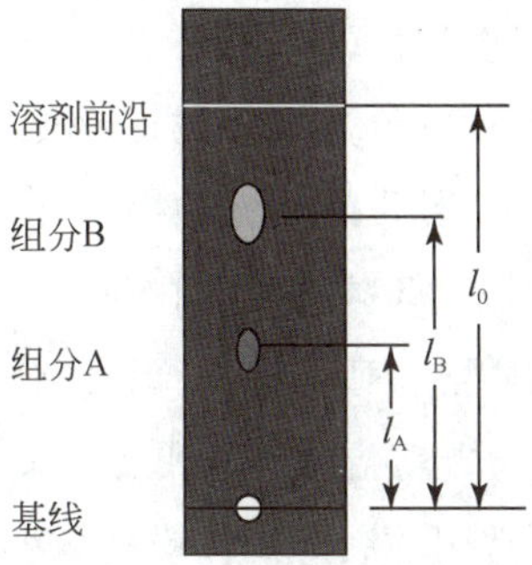

图 11－4　薄层色谱法示意图

比移值是薄层色谱法的重要参数，用 R_f 表示，它是组分斑点中心至基线的距离（图 11－4 中 l_A、l_B）与溶剂前沿至基线的距离（图 11－4 中 l_0）的比值，表示两组分的分离结果，计算公式如下：

$$R_f=\frac{\text{溶质移动的距离}}{\text{溶剂移动的距离}}=\frac{l_i}{l_0} \tag{11－10}$$

式中，l_i 表示某溶质斑点中心至基线的距离；l_0 表示溶剂前沿至基线的距离。

各种物质的比移值随要分离化合物的结构、薄层板的种类、溶剂、温度等不同而不同，但在条件固定的情况下，比移值对每一种化合物来说是一个特定常数。样品中各组分的比移值相差越大，分离效果越好。试验证明，组分的比移值可用范围为 0.2～0.8，最佳范围为 0.3～0.5。

（二）吸附薄层色谱材料

1. 固定相（吸附剂）　常见的吸附剂有硅胶、氧化铝、聚酰胺等。

（1）硅胶　其吸附原理是组分分子的极性基团和吸附活性中心形成氢键。因此，物质的极性越强，硅胶的吸附强度也就越强。硅胶具有弱酸性，其适用于分离酸性和中性物质，不适合于分离碱性化合物。根据含水量的大小，硅胶可分为Ⅰ级～Ⅴ级五个级别，级数越高，含水量越大，硅胶的吸附能力就越弱。

（2）氧化铝　吸附的原理也是氢键作用力。其吸附强弱同样也和含水量有关，含水量越大，氧化铝的吸附能力就越弱。根据 pH 不同，氧化铝可分为以下 3 类。

1）酸性氧化铝（pH 为 4～5）　用于分离酸性和中性物质，如酸性色素、氨基酸等。

2）中性氧化铝（pH 约为 7.5）　用途最广，适于分析碱性和中性物质，如生物碱、挥发油、甾体等。

3）碱性氧化铝（pH 为 9～10）　分离碱性物质，如生物碱。

（3）聚酰胺　常用的是聚己内酰胺，商品名为涤纶、尼龙 6、卡普隆等。其吸附的原理同样是氢键作用力。聚酰胺分子内存在着许多酰胺基，可与酚、酸、醌等官能团形成氢键。氢键能力越强，组分比移值越大。

（4）改性硅胶　通过化学反应方法将有机分子以共价键连接在硅醇基上，称为化学键合固定相，即改性硅胶。常见的改性硅胶分为疏水性改性硅胶（非极性键合相）和亲水性改性硅胶（极性键合相）。

2. 载板　是用以涂布薄层的玻璃板、铝箔及塑料板。薄层板需要具有一定的机械强度及化学惰性，且厚度均匀、表面平整，因此玻璃板是最常用的。载板有不同规格，但最大不得超过 20cm×20cm，玻璃板在使用前必须洗净、干燥备用。除另有规定外，用 5cm×20cm、10cm×20cm 或 20cm×20cm 的规格，要求光滑、平整，洗净后不附水珠，晾干。

3. 黏结剂　用来加强固定相颗粒的附着力，增加薄层板的润湿性。黏结剂可分为无机黏结剂和有机黏结剂。常见的无机黏结剂有煅石膏、硅胶 H 等；常见的有机黏结剂有羧甲基纤维素钠（CMC）。

4. 荧光指示剂　使用荧光指示剂，在适当波长激发光照射下可以产生均匀的荧光背景，清晰显示化合物的暗斑。短波长（254nm）荧光指示剂有锰激活的硅酸锌、钠荧光素、阴极绿；长波长（365nm）荧光指示剂有银激活的硫化锌、硫化镉、彩蓝。

5. 展开剂（流动相）　也称溶剂系统、洗脱剂，是在平面色谱中用作流动相的液体。展开剂的主要任务是溶解被分离的物质，在薄层吸附剂上转移被分离物质，使各组分的比移值在 0.2～0.8 并对被分离物质要有适当的选择性。作为展开剂的溶剂应满足以下要求：适当的纯度、适当的稳定性、低黏度、线性分配等温线、很低或很高的蒸气压以及尽可能低的毒性。

常用的展开剂按极性从小到大依次排序有：石油醚、环己烷、四氯化碳、三氯乙烷、苯、甲苯、二氯甲烷、三氯甲烷、乙醚、乙酸乙酯、丙酮、正丙醇、乙醇、甲醇、吡啶、酸、水。展开剂首选单一溶剂或二元溶剂系统；若效果不够理想，再考虑多元溶剂系统。

极性组分分析时优先选择极性大的展开剂，非极性组分分析时选择极性小的展开剂。酸性组分分析时展开剂中加入一定比例的酸可防止斑点拖尾；碱性组分分析时，若是氧化铝为吸附剂应选择中性溶剂为展开剂，若是硅胶为吸附剂应选择碱性溶剂为展开剂。

即学即练 11－1

答案解析

吸附剂采用硅胶时，不适合分析（　　）。

A. 酸性色素　　B. 氨基酸　　C. 生物碱　　D. 石油

（三）薄层色谱操作过程

1. 薄层板制备　除另有规定外，将 1 份固定相和 3 份水在研钵中向一方向研磨混合，去除表面的气泡后，倒入涂布器中，在玻璃板上平稳地移动涂布器进行涂布（厚度为 0.2～0.3mm）。取下涂好薄层的玻璃板，置水平台上于室温下晾干，在 110℃烘 30 分钟后，置于有干燥剂的干燥箱中备用。使用前检查其均匀度（可通过透射光和反射光检视）。

2. 样品溶液及展开剂制备　样品溶液（或对照品溶液）及展开剂制备按照《中国药典》（2020 年版）各规定项下要求制备，溶解样品的溶剂一般用甲醇、乙醇、丙酮、三氯甲烷等挥发性的有机溶剂，以减少点样后色斑的扩散。且最好选用与展开剂极性相似的溶剂。

3. 点样　将试样溶液加载到薄层板上的操作过程，分为手动点样和自动点样。手动点样主要器具为微量毛细管、微量注射器等。自动点样采用半自动点样仪或全自动点样仪，按预设程序自动点样。手动点样灵活方便，常用于各种鉴别中，最常用的器具是微量毛细管。仪器的自动点样准确性好，常用于薄层扫描法的含量测定。

具体操作如下：除另有规定外，在洁净干燥的环境下，先用铅笔标记基线及展开剂前沿，点样基线距底边10～15mm，高效薄层板为8～10mm。然后用专用毛细管或自动（手动）点样器点样于薄层板上，一般为圆点状或窄细的条带状，点样位置应正确、集中。圆点状直径小于3mm，高效板直径小于2mm；接触点样时勿损伤薄层表面。点间距离可视斑点扩散情况，以相邻斑点互不干扰为宜，一般不少于8mm，高效板不少于5mm。

4. 展开 方法有下行法、上行法、双向展开法、多次展开法和径向展开法等。最常用的是上行法和下行法。上行法，是让展开剂借助于纤维毛细管效应向上扩展，此法适用于分离比移值较大的样品；下行法是借助于重力使溶剂沿纤维毛细管向下移动，适用于比移值相差较小的组分。薄层展开室需预先用展开剂饱和，可在室中加入足够量的展开剂，并在壁上贴两条与室一样高、宽的滤纸条，一端浸入展开剂中，密封室顶的盖，使系统平衡或按《中国药典》（2020年版）规定操作。将点好样品的薄层板放入展开室的展开剂中，浸入展开剂的深度为距薄层板底边0.5～1.0cm（切勿将样点浸入展开剂中），密封室盖，待展开至规定距离（一般为10～15cm），取出薄层板用铅笔迅速画出展开剂边缘作前沿位置，晾干，待溶剂挥干后斑点定位检视。

5. 斑点定位检视（显色） 展开后的薄层板需要用特定的方法显色。常见的显色方法有光学检出法、物理显色法、试剂显色法等。

（1）光学检出法 分为自然光检验（400～800nm）、紫外光检验（254nm或365nm）、荧光检验（灵敏度高、专属性高）。

（2）物理显色法 用紫外照射展开后的纸或薄层，使化合物发生光化学反应（包括光加成、光分解、光氧化还原及光异构等），物质结构发生某些变化而形成荧光发射功能团、发生荧光增强或淬灭及荧光物质的激发或发射波长发生移动等现象，从而提高了分析的灵敏度和选择性。

（3）蒸汽显色法 多数有机化合物吸附碘蒸气后显示不同程度的黄褐色斑点，这种反应有可逆及不可逆两种情况。前者在离开碘蒸气后，黄褐色斑点逐渐消退，并且不会改变化合物的性质，且灵敏度很高，故是定位时常用的方法。后者是由于化合物被碘蒸气氧化、脱氢增强了共轭体系，因此在紫外光下可以发出强烈而稳定的荧光，对定性及定量都非常有利。

（4）试剂显色法 广泛应用的定位方法。通用的显色试剂有浓硫酸溶液、0.5%碘的三氯甲烷溶液、0.05%中性高锰酸钾溶液、碱性高锰酸钾溶液等。显色方法包括喷雾显色和浸渍显色两种。

（四）定性和定量分析

斑点定位后，根据要求进行定性和定量分析。薄层色谱法操作简便，常用于药物成分鉴别（中药制剂鉴别居多）、杂质检查及含量测定。其中成分鉴别、杂质检查属于定性分析，含量测定属于定量分析。

1. 成分鉴别 用适宜浓度的对照品与供试品，在同一薄层板上点样、展开与检视。供试品主斑点的颜色（或荧光）和位置（比移值）与对照品的斑点比对进行分析。适用于中药制剂、化学药品、放射性药品及生物药品的鉴别。

2. 杂质检查 有对照品法和自身稀释对照法两种。用标准品与被测物溶液在同一薄层板上点样、展开与检视，观察斑点进行判断。

3. 含量测定 薄层色谱定量分析法常用的有洗脱法、目视比色法和薄层扫描法。药品检验中，主要用于中药含量测定，药典规定采用薄层色谱扫描法。

二、纸色谱法

（一）分离原理

纸色谱法的固定相为纸纤维上吸附的水，流动相为与水不相溶的有机溶剂，纸纤维起惰性支持物的作用。纸色谱过程是组分在固定相和流动相之间连续萃取的过程。展开过程中，供试品中各组分随展开剂向前移动，各组分在两相间的分配系数不同，滤纸上移动的速度也不同，经过一段时间，不同的组分在滤纸上移动的距离不同，从而得到分离。固定相为水时，可用于分离极性物质；对于非极性物质，可采用固定相是极性很小的（液状石蜡、硅油）有机溶剂，用水或极性有机溶剂作为流动相。纸色谱法常用于磺胺类药物、食品中氨基酸的分离和检出。

（二）操作规程

纸色谱法的分析过程一般包括滤纸准备、点样、展开、显色和检视四个步骤。

1. 滤纸准备 下行法展开时，取色谱滤纸按纤维长丝方向切成适当大小的纸条。上行法展开时，色谱滤纸长约25cm，宽度则根据需要而定，必要时可将色谱滤纸卷成筒形。层析纸使用前，应放在100℃烘箱中烘1～2小时干燥，否则会产生拖尾现象。

2. 点样 点样方法与薄层色谱相似。点样量取决于纸的厚薄程度及显色剂的灵敏度。下行法展开时，使色谱滤纸上端能足够浸入溶剂槽内的展开剂中，并使点样基线在溶剂槽侧的玻璃支持棒下数厘米处。上行法展开时，点样基线距滤纸下端10～15mm。

3. 展开 为防止展开过程中固定相的水失去，展开剂先用水进行预处理。常用的展开剂是水饱和的正丁醇、正戊醇、酚等水的有机溶剂。

4. 显色和检视 操作方法与薄层色谱法类似。检视时不能使用腐蚀滤纸的显色剂（如硫酸等），也不能在高温下显色。

（三）定性与定量

纸色谱的定性方法与薄层色谱完全相同，都是根据比移值来鉴定物质。纸色谱定量时采用碱洗法，即定位后的斑点部分剪下，溶剂洗脱，用比色法或分光光度法测定。目前用光密度法对斑点直接扫描，根据扫描得到的积分值，求算样品的含量。

第三节　气相色谱法

PPT

实例分析 11-2

实例 随着家庭汽车数量的增多，汽油价格和质量越来越成为大家关注的问题。汽油的质量直接影响了行车的安全及使用成本。在加油站，经常能看到标注92号、95号、98号汽油，它们的纯度不同，价格也随着纯度增大而增高。

问题 1. 汽油的主要成分是什么？

2. 如何检测汽油的质量？

答案解析

气相色谱法是以气体作为流动相，利用色谱分离技术和检测技术，对多组分的复杂混合物进行定性和定量分析的方法。气相色谱法适合于分析沸点较低、热稳定性好的中小分子化合物。

一、气相色谱仪

气相色谱仪是以气体作为流动相（载气）的色谱分析方法。当样品由微量注射器“注射”进入进样器后，被载气携带进入填充柱或毛细管柱；由于样品中各组分在色谱柱中的流动相（气相）和固定相（液相或固相）间分配或吸附系数的差异，在载气的冲洗下，各组分在两相间作反复多次分配使各组分在柱中得到分离，然后用接在柱后的检测器根据组分的物理化学特性将各组分按顺序检测出来。

气相色谱仪的种类繁多，功能各异，但其基本结构相似。气相色谱仪一般由气路系统、进样系统、分离系统（色谱柱系统）、检测系统、温度控制系统、数据处理及记录系统六大部分组成，如图 11－5所示。

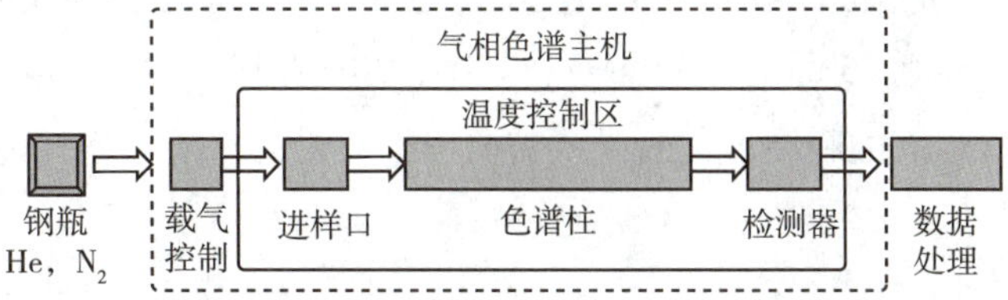

图 11－5　气相色谱仪组成示意图

（一）气路系统

气路系统包括气源、净化干燥管、载气流速控制和气体化装置，是一个载气连续运行的密闭管路系统。通过该系统可以获得纯净的、流速稳定的、惰性的载气。气路的气密性、流量测量的准确性及载气流速的稳定性，都是影响气相色谱仪性能的重要因素。气相色谱中常用的载气有氢气、氮气、氩气，纯度要求 99.99% 以上，化学惰性好，不与有关物质反应。载气是气相色谱的流动相，载气的功能仅是携带试样、洗脱组分。载气的选择要有利于提高柱效，还要与分析对象和所用的检测器相匹配。

（二）进样系统

进样系统是将样品定量引入色谱仪并使其汽化，然后用载气将样品快速注入色谱柱的装置。进样系统包括进样器和汽化室。

1. 进样器　分为自动进样器和手动进样器两种。液体样品的进样一般采用微量注射器。气体样品的进样常用色谱仪本身配置的推拉式六通阀或旋转式六通阀。固体样品一般先溶解于适当试剂中，然后用微量注射器进样。目前商品化的气相色谱仪，大多使用自动进样器进样，单次进样体积一般不大于 2ml。

2. 汽化室　汽化室的入口为进样口。从进样器中注射到进样口的液体样品，在汽化室的高温下瞬间汽化为蒸气。

（三）分离系统

气相色谱中的分离系统，即气相色谱柱，是气相色谱的核心部位，由固定相与柱管组成。不同组分的物质在进样口汽化后一同进入色谱柱，但由于在色谱柱中的保留时间各不相同，最终在载气的带动下按先后顺序流出色谱柱。色谱柱按粗细分为填充柱和毛细管柱两类。

1. 填充柱 内径为4~6mm，根据固定相不同，分为气-液色谱填充柱和气-固色谱填充柱。90%的气相色谱分析中采用气液分离模式，气液分离模式使用的气-液色谱填充柱的固定相是涂渍在载体上的固定液。

固定液是一些高沸点的液体，在操作温度下为液态，室温时为固态或液态。选择固定液时，若组分的极性差别是主要矛盾，则按“相似相溶”原则，即分离组分的极性或官能团与固定液相似的原则来选择，这样组分被分开的可能性就大；若沸点差别是主要矛盾，可选择非极性固定液。

2. 毛细管柱 内径为0.1~0.5mm，是目前商品化气相色谱仪较为常用的色谱柱，分为开管型和填充型。开管型是将固定液直接涂在或交联聚合在毛细管内壁上，固定液应用较多的是硅氧烷类（硅氧烷类可键合不同类型的基团，改变色谱柱的极性）；填充型是将载体（又称担体，一般是多孔性化学惰性颗粒）和吸附剂等松散装入玻璃管中，然后拉制成毛细管柱。毛细管柱大部分使用玻璃或弹性石英的材质，不耐受高温。

一根气相色谱柱，除了固定液、最大耐受温度等参数外，其规格也是使用时需要注意的参数。以如下色谱柱为例 Rtx-5（30m×0.25mm，0.25mm），其中，30m 指的是柱子的柱长；0.25mm 是色谱柱的内径；0.25mm 是色谱柱固定液的膜厚。试验时，需要根据分析的需求，选择适当的色谱柱。

（四）检测系统

检测系统由检测器与放大器组成。被色谱柱分离后的组分依次进入检测器，按其浓度或质量随时间的变化，转化成相应电信号，经放大后记录和显示，绘出色谱图。常见的气相色谱检测器如表11-1所示。其中，氢火焰离子化检测器、热导检测器为通用型检测器；电子捕获检测器、火焰光度检测器、火焰热离子检测器为专属型检测器。

表11-1 常见的气相色谱检测器

检测器	载气种类	测定浓度	应用
氢火焰离子化检测器（FID）	氮气、氦气	10^{-6}以上	有机化合物
电子捕获检测器（ECD）	氮气	10^{-9}以上	有机卤素等化合物
火焰光度检测器（FPD）	氮气、氦气	约10^{-7}	硫、磷化合物
火焰热离子检测器（FTD）	氮气、氦气	10^{-9}以上	氮、磷化合物
热导检测器（TCD）	氦气、氢气、氮气、氩气	5×10^{-5}以上	无机气体、有机化合物

（五）温度控制系统

为达到分离目的，气相色谱仪对色谱柱、汽化室与检测器进行温度控制的系统称为温度控制系统。检测器和汽化室均设有独立的恒温调节装置。

（六）数据处理及记录系统

数据处理及记录系统包括电子电位差计、积分仪、色谱数据处理机及色谱工作站。其作用是记录检测器的检测信号并进行定量数据处理。该系统是气相色谱仪必不可少的组成部分。

二、定性分析

在色谱法中，化合物定性的主要依据是保留时间。通过分析标准样品，可以得到该目标物质的保留时间。在同样的色谱条件下，未知样品如果在同一保留时间处有色谱峰，则表示未知样品中可能含有该目标物质。

在分析时，需要指定保留时间的误差范围。有两种指定方式：时间带和时间窗。时间带是设定误差范围的绝对值，在色谱法中通常要求保留时间的允许偏差范围在0.1分钟以内，否则就不能认定为该物质；有时也可以用时间窗的方式，通常允许偏差范围为2.5%。

保留时间并不能完全确证是同一种物质。保留时间不相同，肯定不是同一种物质，但保留时间相同，也并不肯定是同一种物质。因此，通常可采取加入标准物、改变色谱条件、采用其他仪器方法加以确证，也可将光谱和质谱信息作为进一步确证手段。

为了更好地定性各种化合物，在气相色谱法中，通常需要控制以下几个参数。

（一）温度

包括进样口温度、色谱柱温度和检测器温度；在气相色谱法中，一般沸点低的化合物先出峰，沸点高的化合物后出峰。

（二）压力（流量）

包括总载气流量、色谱柱流量分流出口流量、隔垫吹扫流量、检测器气体流量等。

（三）温度的时间程序

又称为程序升温程序。通过改变升温程序，可以调整不同性质的化合物的分离度。

即学即练 11－2

答案解析

化合物的沸点和其分子量有关，一般分子量越大，沸点越高。以下化合物中，哪个化合物在气相色谱中出峰最为靠后？

A. 乙烷　　B. 正己烷　　C. 正庚烷　　D. 正十七烷

三、定量分析

在色谱分析中，定量分析通常需要符合以下几个要求：①需要有纯物质作为标准参照；②被定量组分峰要与其他峰完全分离；③符合定性参数要求；④选择合适的定量方法。

由式（11－8）可知，进入检测器的待测组分i的质量或浓度与检测器的响应信号（峰面积或峰高）成正比，故可用峰面积（峰高）来进行定量分析。

常见的定量方法有面积归一化法、外标法和内标法。

（一）面积归一化法

面积归一化法是要求所有组分都能在色谱图上显示出峰，且峰面积之和按100%计算的定量方法。被测组分i的百分含量ω_i计算如下：

$$\omega_i = \frac{m_i}{m_{试样}} \times 100\% = \frac{f'_i \times A_i}{\sum f'_n \times A_n} \times 100\% \qquad (11-11)$$

式中，A_i为被测组分i的峰面积；f'_i为被测组分i的校正因子。

面积归一化法的优点是简便，定量结果与进样量无关，不必称量和准确进样，操作条件的变化对结果影响较小，通常用于杂质检查。但该方法要求所有组分都流出且被检测到，因此测定误差大，通常用于粗略考察供试品中的杂质含量，不宜用于微量杂质的检查。

【例 11-1】用气相色谱法分析测定含有甲醇、乙醇、正丙醇和丁醇的混合物，测验测得色谱峰面积分别为：5.3、26.8、3.0、24.0。已知它们的相对校正因子分别为 0.64、0.70、0.78、0.79。按面积归一化法，分别求出甲醇、乙醇和丁醇组分的含量。

解：由于所分析组分全部出峰，根据面积归一化法计算各组分含量如下。

$$\omega_{甲醇} = \frac{5.3 \times 0.64}{5.3 \times 0.64 + 26.8 \times 0.70 + 3.0 \times 0.78 + 24.0 \times 0.79} \times 100\% = 7.8\%$$

$$\omega_{乙醇} = \frac{26.8 \times 0.70}{5.3 \times 0.64 + 26.8 \times 0.70 + 3.0 \times 0.78 + 24.0 \times 0.79} \times 100\% = 43.2\%$$

$$\omega_{丁醇} = \frac{24.0 \times 0.79}{5.3 \times 0.64 + 26.8 \times 0.70 + 3.0 \times 0.78 + 24.0 \times 0.79} \times 100\% = 43.6\%$$

（二）外标法

外标法分为标准曲线法（也称工作曲线法）和外标一点法（也称单点校正法），是一种简便、快速的定量方法。标准曲线法是用标准样品配制成不同浓度的标准系列，在与待测组分相同的色谱条件下，等体积准确进样。测量各峰的峰面积或峰高，用峰面积或峰高对样品浓度绘制标准曲线，根据待测组分的峰面积或峰高，在标准曲线上即可查出其浓度，此标准曲线应是通过原点的直线，如图 11-6 所示。若标准曲线不通过原点，则说明存在系统误差。标准曲线的斜率即为绝对校正因子。

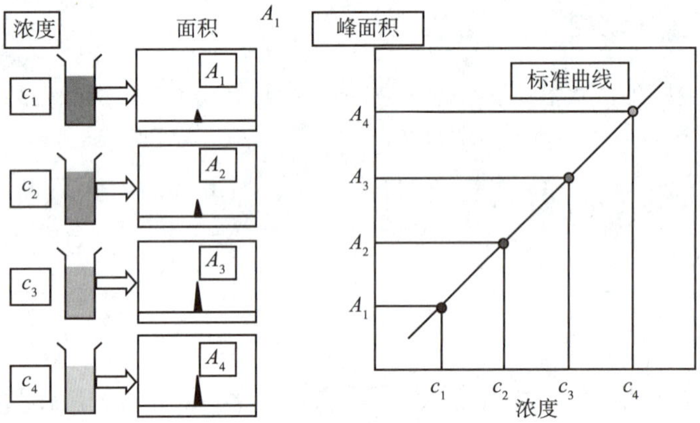

图 11-6　外标法操作示意图

当待测样品大概浓度已知的时候，可以用单点校正法进行定量。精密称（量）取对照品和供试品，配制成溶液。分别对标准溶液（对照品）和待测样品（供试品）等体积进样分析，测量对照品溶液和供试品溶液中待测成分的峰面积。计算如下：

$$c_i = c_R \times \frac{A_i}{A_R} \tag{11-12}$$

式中，c_i 为供试品溶液中被测组分的浓度；A_i 为被测组分的峰面积；A_R 为对照品溶液的峰面积；c_R 为对照品溶液的浓度。

外标法的优点是操作简单，不需要校正因子，计算方便，绘制好标准工作曲线后可直接从标准曲线上读出含量，因此特别适合于大量样品的分析。

外标法的缺点是每次样品分析的色谱条件（检测器的响应性能、柱温、流动相流速及组成、进样量、柱效等）很难完全相同，因此容易出现误差。此外，在绘制标准工作曲线时，一般使用待测组分的标准样品（或已知准确含量的样品），而实际样品的组成却千差万别，也会造成一定的误差。

（三）内标法

内标法是选择试样中不含有的纯物质作为对照物质加入待测样品溶液中，以待测组分和对照物质的响应信号对比，测定待测组分含量的方法。区别于外标法，将内标法中加入到试样中的对照物质称为内标物。内标法通常分为：内标工作曲线法、内标一点法和内标校正因子法。前两种方法与外标标准曲线法和外标一点法相似，不同之处在于内标法加入的对照物质是内标物。内标校正因子法是一种相对分析方法，具体方法如下。

首先将质量为 m_s 的内标物溶液加到质量为 m_R 的被测组分对照品中，对含有内标物的对照品进行色谱分析，分别测定内标物和被测组分对照品的峰面积（或峰高）。根据式（11－9）求得相对校正因子，计算如下：

$$f'_i = \frac{m_R A_s}{m_s A_R} \tag{11-13}$$

式中，A_R、A_s、m_R、m_s 分别表示被测组分对照品和内标物的峰面积和质量。

然后将质量为 m'_s 的内标物溶液加到质量为 $m_{试样}$ 的被测组分供试品中，对含有内标物的供试品进行色谱分析，分别测定供试品中内标物和被测组分的峰面积（或峰高）。即可按式（11－14）求出被测组分在样品中的百分含量。待测组分含量 ω_i 计算如下：

$$\omega_i = \frac{m_R}{m_{试样}} = f'_i \times \frac{m'_s A_i}{m_{试样} A'_s} \tag{11-14}$$

式中，f'_i 为相对校正因子；A_i 为供试品溶液中被测组分的峰面积；m'_s、A'_s 为含有内标物质供试品溶液中内标物质的质量和峰面积。

内标法是色谱分析中一种比较准确的定量方法，尤其在没有标准物对照时，此方法更显其优越性。

内标法的优点如下：①测定的结果较为准确，由于是通过测量内标物及被测组分的峰面积的相对值来进行计算的，因而在一定程度上消除了操作条件等的变化所引起的误差。②操作过程中样品和内标是混合在一起注入色谱柱，因此只要混合溶液中被测组分与内标的量的比值恒定，即可抵消进样体积以及流动相、检测器的影响。

内标法也有其缺点：操作程序较为麻烦；寻找合适的内标物有时也有困难。

采用内标法定量时，内标物的选择很重要，需满足以下要求：①应当是试样中不存在的组分；②纯度必须符合要求的纯物质；③与被分析的样品组分有基本相同或尽可能一致的物理化学性质；④与试样应完全互溶，但不能发生化学反应；⑤加入量应接近待测组分含量；⑥保留时间应与待测组分相近，且必须能与样品中各组分充分分离。

【例 11－2】维生素 E 的含量测定。测定相对校正因子时，称取正三十二烷 150.20mg，加正己烷定容至 100ml，组成内标溶液。再称取维生素 E 对照品 20.24mg，加上述内标溶液定容至 10ml。取 1ml 进样，记录色谱图，测得维生素 E 对照品和正三十二烷（内标物）的色谱峰面积分别为 48.90 和 38.77。另称取维生素 E 供试品 10.68mg、正三十二烷 10.0mg 照《中国药典》（2020 年版）配制供试品溶液，取 1ml 进样，记录色谱图，测得维生素 E 和正三十二烷的色谱峰面积分别为 29.78 和 30.36，求供试品中维生素 E 的含量。

解：由于加入了内标物，根据内标法计算维生素 E 含量。

已知 $m_R = 20.24\text{mg}$，$A_R = 48.90$，$A_s = 38.77$，$m_s = \frac{150.20}{100} \times 10 = 15.02\text{mg}$

所以相对校正因子 $f_i' = \frac{m_R A_s}{m_s A_R} = \frac{38.77 \times 20.24}{48.90 \times 15.02} = 1.068$

已知 $m_{试样} = 10.68mg$，$m_s' = 10.0mg$，$A_i = 29.78$，$A_s' = 30.36$

所以 $\omega_{维生素E} = f_i' \times \frac{m_s' A_i}{m_{试样} A_s'} \times 100\% = \frac{1.068 \times 10.0 \times 29.78}{10.68 \times 30.36} \times 100\% = 98.09\%$

PPT

第四节　高效液相色谱法

高效液相色谱法（HPLC）是在经典液相色谱法的基础上，引入气相色谱法的理论和实验技术，以高压输送流动相，采用高效固定相及高灵敏度检测器，发展起来的现代液相色谱分析技术。高效液相色谱法广泛应用于各种原料药、制剂含量的测定及其食品添加剂的分析，是色谱法中应用最广泛的一种分析方法。

一、高效液相色谱仪

高效液相色谱仪由高压输液系统、进样系统、分离系统、检测系统、信号记录及数据处理系统五大部分组成，如图 11－7 所示。与经典液相柱色谱装置比较，具有高效、快速、灵敏等特点。

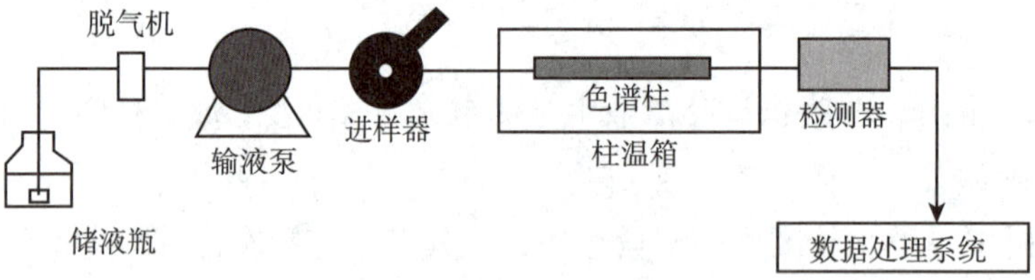

图 11－7　高效液相色谱仪组成

（一）高压输液系统

高压输液系统包括流动相贮存器、高压输液泵和梯度洗脱装置等。

1. 流动相贮存器　即储液瓶，通常是带盖的玻璃瓶，有一定的容积可贮存流动相。在液相色谱中，流动相不仅起到运载样品分子的作用，通过调整流动相的类型和比例，还能够起到调整化合物的保留能力的作用。

2. 高压输液泵　仪器的关键部件，可以稳定的流速将流动相运输至分离系统。一般分为恒压泵和恒流泵。高压输液泵的一般压强为 20～130MPa。

3. 梯度洗脱装置　在一个分析周期内，程序控制改变流动相的组成（如改变溶剂的极性、离子强度和 pH 等），可使所有组分在适宜条件下获得有效分离。梯度洗脱装置分为高压梯度和低压梯度两种。

（二）进样系统

进样器是将样品溶液准确送入色谱柱的装置，是进样系统的关键部件。进样量保持恒定，有利于提高分析样品的重复性，故要求进样器密闭性好，死体积小，重现性好。目前最常用的进样器为六通阀进样器和自动进样器。六通阀进样器的特点是较高压力下无需停流即可进样，使用寿命较长。自动进样器的特点是进样操作全部按照预先编制的程序进行自动操作，可以一次性对几十个甚至上百个样品进行分析，进样重复性高，适用于大批量样品的分析。

（三）分离系统

该系统包括色谱柱、连接管和恒温器等。色谱柱是色谱仪的最重要部件，一般长度为 10 ~ 50cm（需要两根联用时，可在二者之间加一连接管），内径为 2 ~ 5mm。高效液相色谱柱几乎都是直行柱，按主要用途分为分析柱和制备柱两类。药品检验中大多选用内径为 4.6mm、长度约为 20cm 的分析柱。恒温器可将温度从室温调到 60℃，通过改善传质速度，缩短分析时间，就可增加色谱柱的效率。

（四）检测系统

根据样品的性质，选择特定的检测器对样品进行分析。常见的液相色谱检测器包括紫外检测器（UV）、二极管阵列检测器（PDA）、荧光检测器（FLD）、示差折光检测器、蒸发光散射检测器（ELSD）、电导检测器、质谱检测器等。检测器一般分为通用型检测器和专属型检测器。通用型检测器适用于各种化合物的检测，对多种化合物均有响应，示差折光检测器、蒸发光散射检测器和质谱检测器为通用型检测器。专属型检测器仅对某些有特征结构或性质的化合物有响应，紫外检测器、二极管阵列检测器、荧光检测器、电导检测器均为专属型检测器。在实际应用中，紫外检测器和二极管阵列检测器的使用频率最高。

（五）信号记录及数据处理系统

又称色谱工作站，由仪器操作软件和计算机组成。

二、常见高效液相色谱法的类型及原理

高效液相色谱法可按固定相的聚集状态不同，分为液 - 固吸附色谱法、液 - 液分配色谱法和化学键合相色谱法。目前最常用的是化学键合相色谱法。

（一）液 - 固吸附色谱法

液 - 固吸附色谱法简称液 - 固色谱法，是根据混合物中各组分在固态固定相中被吸附的能力不同和在液态流动相中溶解能力的不同，通过各组分在吸附剂（固定相）和流动相之间的多次吸附与解吸附来进行分离、分析的方法。常用硅胶作为固定相。

（二）液 - 液分配色谱法

液 - 液分配色谱法简称液 - 液色谱法，是根据混合物中各组分在液态固定相与液态流动相中的溶解度和分配系数不同，通过多次萃取、溶解来进行分离、分析的方法。因以液体状态涂布在载体上形成固定相，易产生固定相流失，造成样品污染并导致色谱柱使用寿命缩短，故现在多采用更稳定的化学键合相作为固定相。

（三）化学键合相色谱法

化学键合相色谱法简称键合相色谱法，其固定相是化学键合相。化学键合相是通过化学反应将官能团键合在载体表面形成的固定相，简称为键合相。化学键合相非常稳定，均一性、重现性及分离选择性好，且键合到载体表面的官能团极性不同，在高效液相色谱法中占有极其重要的位置。根据化学键合相与流动相极性的相对强弱，化学键合相色谱法可分为反相键合相色谱法和正相键合相色谱法。

1. 反相键合相色谱法　固定相的极性小于流动相的极性的色谱法，简称为反相色谱法，是目前使用最为广泛的液相色谱法。反相色谱法的固定相大多为非极性键合相，如在基质硅胶的表面键合非极性

的官能团（烃基硅烷），如十八烷基硅烷（用 ODS 或 C_{18}表示）、辛烷基硅烷（C_8）等，其中应用最多的是十八烷基键合硅胶。流动相常采用水、甲醇、乙腈等强极性溶剂。其中，水相除了可以用纯水外，还经常加入少量酸、碱或无机盐来调节或稳定流动相的 pH。反相色谱法可以广泛地应用于弱极性、中等极性和强极性化合物的分析，由于其具有流动相更加环保且有更多选择参数、保留时间重复性更稳定等优点，目前反相色谱法的应用相比正相色谱法更为普遍。

反相键合色谱的分离机制是“疏溶剂作用原理”，即化合物的作用力为疏水性作用力。溶质的保留行为主要是利用非极性溶质分子或溶质分子中非极性基团和极性溶剂接触时产生排斥力，而从溶剂中被“挤出”，即产生疏溶剂作用，进而使溶质分子与键合相的表面的非极性的烷基发生疏水缔合，使溶质分子保留在固定相中。极性强的化合物和非极性键合相（固定相）缔合作用力较弱，保留较弱；极性弱的化合物和非极性键合相（固定相）缔合作用力较强，保留较强。因此，在反相色谱法里，极性强的化合物先出峰，极性弱的化合物后出峰。

如图 11－8 所示，两个化合物分别为苯酚和三取代苯酚。由于苯酚在邻位、间位、对位上都有取代基（烷基），使得三取代苯酚的极性要弱于苯酚。苯酚极性强，与 C_{18}固定相的缔合作用力弱，因此在色谱图中先出峰；三取代苯酚的极性弱，与 C_{18}固定相的缔合作用力强，因此在色谱图中后出峰。

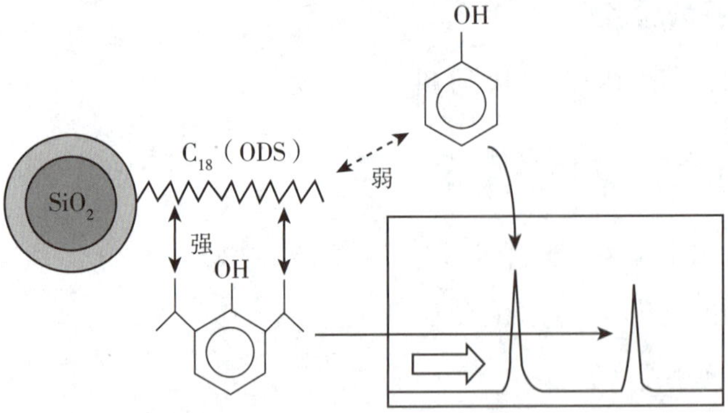

图 11－8　反相键合相色谱中极性不同的两种化合物的流出曲线

实例分析 11－3

实例　食品、化妆品及药物制剂中常用到对羟基苯甲酸甲酯、对羟基苯甲酸乙酯、对羟基苯甲酸丙酯、对羟基苯甲酸丁酯这一类防腐剂，在限量范围内使用上述防腐剂对人体影响不大，但超量使用会对人体健康产生危害。我国 GB 2760—2014《食品安全国家标准食　品添加剂使用标准》中采用反相液相色谱法对此类物质进行分析。已知在同系物中，碳原子数目越多，极性越弱。

问题　1. 按极性从小到大的顺序排列对羟基苯甲酸甲酯、对羟基苯甲酸乙酯、对羟基苯甲酸丙酯、对羟基苯甲酸丁酯这四种物质。

2. 按出峰的先后顺序排列上述四种物质。

答案解析

在反相键合相色谱中，流动相的极性越弱，疏水性越强，组分的保留时间越短，洗脱能力越强，溶剂强度越高；相反溶剂极性越强，疏水性越弱，组分的保留时间越长，洗脱能力越弱，溶剂强度越低。

水是极性最强的溶剂，也是反相键合相色谱中强度最弱的溶剂，为了获得不同强度的混合液，常采用不同溶剂的混合物，如水－甲醇、水－乙腈等。

有机溶剂的性质与其和水的比例对分离度有重要的影响，常用的反相键合相色谱溶剂的洗脱强度由弱到强为水 < 甲醇 < 乙腈 < 乙醇 ≈ 丙酮 < 异丙醇 ≤ 四氢呋喃。

在实际分析中，通常还需要配制缓冲盐以稳定流动相的 pH。可以通过控制有机相种类、水与有机相不同的比例、缓冲液的浓度和 pH 来调整组分的选择分离。

即学即练 11-3

答案解析

已知在某液相条件下，流动相体系为水-甲醇；两个组分的分离度无法达到要求。以下哪些做法可以通过增加化合物保留的方式来提高分离度？

A. 将有机相换为乙腈　　B. 延长分析时间

C. 减小有机相中甲醇的比例　　D. 减小样品进样量

反相键合相色谱法的分离条件可从以下几个方面考虑。

（1）固定相的条件　反相键合相色谱中，常选用非极性键合相。非极性键合相用于分离分子型化合物，也用于分离离子型或可离子化的化合物。十八烷基硅烷（ODS）是应用最广泛的非极性固定相，适合于弱极性和中等极性化合物的分析。如样品的极性较强，可以考虑使用极性较强的短链烷基键合相（如 C_4、C_8 柱）。苯基键合相则适用于分离芳香化合物以及多羟基化合物如黄酮苷类等。

（2）流动相的条件　反相键合相色谱法中，流动相一般以极性最强的纯水为基础溶剂，加入甲醇、乙腈等有机溶剂作为调节剂，构成水-甲醇体系或水-乙腈体系。分析强极性化合物时，由于组分在色谱柱上的保留较弱，应减小有机溶剂的比例来增加组分的保留；分析弱极性化合物时，由于组分在色谱柱上的保留较强，应增大有机溶剂的比例来减小组分的保留，提高分析效率。如果样品中同时含有强极性和弱极性化合物，通常要使用梯度洗脱的方法兼顾不同组分的分析。

（3）pH 的调节　常见的调节剂有弱酸、弱碱和缓冲盐。弱酸常使用甲酸、乙酸、草酸等，浓度不超过 0.5%。弱碱常使用氨水，浓度一般不超过 0.1%。常见的缓冲体系有磷酸-磷酸盐缓冲体系、乙酸-乙酸铵缓冲体系等。传统的 C_{18} 色谱柱耐受 pH 范围是 2~8，流动相使用酸或碱时需要注意流动相 pH 是否在色谱柱耐受范围内。

2. 正相键合相色谱法　固定相的极性大于流动相的极性的色谱法，简称为正相色谱法。其固定相采用极性键合相。常见的极性键合相有氨基键合相、氰基键合相和二醇基键合相等。流动相一般采用非极性或弱极性有机溶剂，如烃类溶剂（如二氯甲烷、环己烷等）中加入一定量的极性调整剂（如三氯甲烷、醇和乙腈等）。其分离原理是组分在极性键合相和流动相间进行分配，极性强的组分与极性键合相（固定相）缔合能力强，保留时间长，后洗脱出色谱柱；极性弱的组分与极性键合相（固定相）缔合能力弱，保留时间短，先洗脱出色谱柱。常用于分离溶于有机溶剂极性较弱至中等极性的非离子性化合物，如脂溶性维生素、甾族、芳香醇、芳香胺、脂、有机氯农药等，对异构体的分离上也有一定优势。

正相键合相色谱法的分离条件可从以下两个方面考虑。

（1）固定相的条件　正相键合相色谱法以极性键合相为固定相，如氨基、氰基键合相等。分离含双键的化合物常用氰基键合相，分离含多官能团化合物如甾体、强心苷、糖类等常用氨基键合相。

（2）流动相的条件　正相键合相色谱法的流动相通常采用烷烃溶剂再加入适量极性调节剂，通过改变极性调节剂的浓度来改变溶剂强度。常用的极性调节剂有乙醚、乙酸乙酯、乙腈、丙酮、乙醇、甲醇等。极性调节剂的浓度越大，流动相的极性越强，组分的保留时间越短，洗脱能力越强。

三、定性及定量分析

高效液相色谱的定性及定量分析方法与气相色谱的定性及定量分析方法相同。定性分析的主要依据为保留时间（或调整保留时间）。常用的定量方法有面积归一化法、外标法（标准曲线法和单点校正法）和内标法，通过色谱峰面积（峰高）、校正因子等参数来计算待测物质的含量。

知识链接

联用技术

色谱分析法的优点在于分离效率高、分析速度快，但存在定性准确性不高、灵敏度一般等缺点。通过和有机质谱、无机质谱、串联色谱等仪器进行联用，可以增加色谱分析法的定性可靠性，提高分析时的灵敏度。常见的色谱联用技术有液相色谱－质谱联用技术、气相色谱－质谱联用技术、液相色谱－电感耦合等离子体联用及色谱－色谱联用技术。现在联用技术的主流趋势是与质谱的联用，包括液相色谱－质谱联用技术和气相色谱－质谱联用技术。

液相色谱－质谱联用技术，简称液质联用，使用液相色谱－质谱联用仪（LC－MS）和液相色谱－串联质谱联用仪（LC－MS/MS）。它以液相色谱作为分离系统，质谱为检测系统。样品在质谱部分和流动相分离，被离子化后，经质谱的质量分析器将离子碎片按质量数分开，经检测器得到质谱图。液质联用体现了色谱和质谱优势的互补，将色谱对复杂样品的高分离能力，与质谱具有高选择性、高灵敏度及能够提供相对分子质量与结构信息的优点结合起来，在药物分析、食品分析和环境分析等许多领域得到了广泛的应用。

气相色谱－质谱联用技术，简称气质联用。根据质量分析器种类的不同，常见的有气相色谱－质谱联用仪（GC－MS）和气相色谱－串联质谱联用仪（GC－MS/MS）。在气质联用中，化合物有规律地形成一系列碎片离子与分子离子组合，然后在磁场（或电场）作用下，按这些离子的质荷比进行扫描记录，最后运用计算机处理资料，依据每种化合物的色谱保留时间，以及质谱的分子离子与关键碎片离子组成的断裂型式，结合标样或标准谱图，对化合物逐个做出定性鉴定与定量分析。气质联用分析的对象主要是沸点低、分子量小、极性弱的化合物。

实践实训

实训二十三　维生素 C 片的鉴别

【实训目的】

1. 掌握薄层色谱法实训原理；薄层板活化。
2. 熟悉研磨及过滤操作。
3. 能按薄层色谱法操作规程进行实训，并对实训结果给出正确判断。

【实训原理】

根据薄层色谱法的分离原理，不同组分在吸附剂和展开剂之间反复进行吸附、解吸。易被吸附剂吸附的组分移动较慢，与吸附剂吸附作用弱的组分相对移动的较快，组分经过展开剂后，各组分间的斑点距离逐渐变大，组分相互分离。本实验中，斑点定位后按照规定方法检视，若供试品和对照品的斑点位置和颜色一致，则说明维生素C片中含有维生素C。

【实训用品】

1. 仪器 烘箱、研钵1只、钥匙、电子天平、扁形称量瓶、称量纸、量筒（10ml）、铁架台、铁圈、短颈漏斗、玻璃棒、烧杯、滤纸、点样毛细管或平头进样针、硅胶 GF_{254} 薄层板（10cm×20cm）、色谱缸（10cm×20cm×20cm）、喷雾瓶、烧杯。

2. 试剂 维生素C片、维生素C对照品、乙酸乙酯、乙醇、蒸馏水。

【实训步骤】

（一）制备供试品溶液

取维生素C片细粉适量（约相当于维生素C 10mg），加水10ml，振摇使维生素C溶解，过滤，取滤液作为供试品溶液。

（二）制备对照品溶液

另取维生素C对照品，加水溶解并稀释制成1ml中约含1mg溶质的溶液，作为对照品溶液。

（三）薄层色谱法试验

1. 薄层板准备 从干燥器中取在110℃活化30分钟的硅胶 GF_{254} 薄层板，用铅笔画出点样基线（基线距离底边≥2.0cm）

2. 加展开剂 将事先配制好的展开剂用玻璃棒引流倒入色谱缸里。展开剂不能超过色谱缸内的中间棱，用直尺量高度<2cm。

3. 点样 用2支10ml平头微量注射器分别吸取供试品、对照品2ml。再分别注射在样点基线上，针头垂直基线慢慢推注射器（样点间距2cm左右），可以同时用电吹风吹干，使点样斑点越小越好。

4. 展开 以乙酸乙酯-乙醇-水（5∶4∶1）为展开剂，先使溶剂预平衡，然后将点好样的薄层板浸入，深度为距离点样基线0.5cm，密封顶盖。待展开剂到达一定距离时取出薄层板，20cm的薄层板展开距离一般为8~15cm，10cm的薄层板展开距离一般为5~8cm。

5. 确定前沿 取出薄板层后用铅笔迅速画出展开剂边缘位置，即为前沿。

【实训结果】

斑点定位：晾干，立即（1小时内）置紫外光灯（254nm）下检视，供试品溶液所显主斑点的位置和颜色应与对照品溶液的主斑点相同。

【实训提示】

1. 薄层板展开时，展开剂不能没过样品圆点。
2. 展开剂为两种以上物质时，配制时要混合均匀再使用；展开剂不可重复使用。

【实训思考】

1. 薄层色谱显色方法主要有几种？
2. 在色谱缸中展开时，展开剂在薄层板不同位置前行速度不同，分析导致此现象的原因。

实训二十四　食醋中苯甲酸钠含量的测定

【实训目的】

1. 掌握岛津 LC－20AT 液相色谱仪测定食醋中苯甲酸钠的试验原理。
2. 熟悉高效液相色谱定量方法（外标法）。
3. 能按 HPLC 操作规程进行试验，并能利用色谱工作站对试验结果进行分析。

【实训原理】

进入色谱柱中的各组分由于在流动相和固定相之间溶解、吸附、渗透或离子交换等作用的不同，在两相间进行反复多次地分配，经过一定长度的色谱柱后，彼此分离，记录仪上显示出各组分的色谱峰。

本试验采用工作曲线法（即外标法），测定苯甲酸钠组分的含量。该法用待测物的纯品作为对照品，精密称（量）取对照品配制成不同浓度的标准溶液，等体积准确进样，测量各峰的峰面积，绘制峰面积对浓度的标准曲线；在相同的色谱操作条件下将试样等体积进样分析，测量色谱峰峰面积，在标准曲线上查出样品中该组分的浓度。

【实训用品】

1. 仪器　岛津 LC－20AT 高效液相色谱仪、DGu－20A_{5R}在线脱气机、微量进样器或 SIL－20A 自动进样器、SPD－20A 紫外检测器、CTO－20A 柱温箱、LabSolutions 色谱工作站、电子天平（万分之一）、容量瓶（500ml；10ml、6 只）、胶头滴管、烧杯（50ml）、吸量管（10ml）。

2. 试剂　乙腈、乙酸铵（0.04mol/L）、二次蒸馏水。

【实训步骤】

1. 标准溶液的配制　用万分之一天平精密称取 0.05g 苯甲酸钠，记录准确数值，溶解定容至 500ml 容量瓶（含量为 100mg/ml 储备溶液），分别移取储备溶液 0ml、2ml、4ml、6ml、8ml 稀释定容至 10ml 容量瓶，配制成含量为 0mg/ml、20mg/ml、40mg/ml、60mg/ml、80mg/ml、100mg/ml 的标准溶液。

2. 供试品溶液的配制　将市售普通陈醋准确移取 2ml 至 50ml 容量瓶，稀释定容为 25 倍的稀溶液作为供试品，平行配制 2 份。

3. 色谱条件　色谱柱：ODS－C18 柱（Inertsil^{R}ODS－SP 5mm，250mm）；流动相：5% 乙腈 +95% 乙酸铵；四元泵模式：低压梯度（总流速 1.0ml/min，乙酸铵流量通道设为 95% 来实现流动相比例）；泵压力限制（p_{max} 20.0MPa，p_{min} 0.5MPa）进样量：50ml（定量环规格为 20ml）；检测波长：230nm（选择 D2 灯）；检测器池温 40℃。

4. 含量测定　分别准确吸取 0mg/ml、20mg/ml、40mg/ml、60mg/ml、80mg/ml、100mg/ml 的标准溶液 50ml 进样，测取各标样的保留时间及色谱峰面积，绘制工作曲线；然后量取 50ml 供试品进样，绘制色谱曲线，根据供试品的色谱曲线，确定被测组分苯甲酸钠的色谱峰，并计算其含量。

【实训结果】

1. 制作标准曲线　绘制以峰面积为纵坐标、浓度为横坐标的标准曲线。

2. 含量计算　通过测量出食醋中苯甲酸钠的色谱峰峰面积，在标准曲线上查出样品中该组分的浓度，再乘以 25 倍的稀释倍数即为食醋中苯甲酸钠的含量。

3. 判断依据　《食品安全国家标准　食品添加剂使用标准》GB 2760—2014 规定苯甲酸钠在酱油、

醋中最大使用量为1.00g/kg（以苯甲酸计）。

【实训提示】

1. 制备所需的流动相，有机溶剂用0.45mm的有机滤膜过滤，水溶液用0.45mm的水滤膜过滤，超声脱气20分钟。

2. 配制的样品和标准溶液，用0.45mm针孔式滤膜过滤后进入1.5ml样品瓶中，进样前要用擦镜纸轻轻擦净进样器表面，以免污染仪器。

3. 检测完毕，用甲醇或乙腈冲洗管道30分钟（具体来说冲洗柱子流动相的量应该是色谱柱体积量的10倍，可以根据流量就柱体积计算冲洗时间），以免有样品在管路和柱子残留，如果更换冲洗流动相贮液瓶后，仍然要进行排气操作。

【实训思考】

1. 用标准曲线法定量的优缺点是什么？

2. 能否借鉴本实训中的方法测定饮料中的苯甲酸钠含量？

目标检测

答案解析

一、选择题

（一）单选题

1. 下列英文简写中（　　）表示薄层色谱。
A. GC　　B. HPLC　　C. TLC　　D. PC

2. 组分在色谱柱中分配到固定相中质量为 m_A，分配到流动相中质量为 m_B，在固定相中浓度为 c_A，分配到流动相中浓度为 c_B，则该组分分配系数为（　　）。
A. m_A/m_B　　B. c_A/c_B　　C. m_A+m_B　　D. m_B/m_A

3. 根据《中国药典》（2020年版）规定，分离度应（　　）认为两个色谱峰完全分离。
A. 小于1.5　　B. 大于1.5　　C. 不小于1.5　　D. 大于1

4.（　　）属于平面色谱。
A. 气相色谱　　B. 经典液相色谱　　C. 高效液相色谱　　D. 纸色谱

5. 市售薄层板在使用前要进行活化，下列表述正确的是（　　）。
A. 放在烘箱中在100℃活化30分钟　　B. 放在烘箱中在110℃活化30分钟
C. 放在烘箱中在100℃活化10分钟　　D. 纸色谱放在烘箱中在80℃活化30分钟

6. 色谱分析中，不能用来进行定量的色谱参数是（　　）。
A. 峰面积　　B. 峰高　　C. 半峰宽　　D. 保留值

（二）多项选择题

1. 气相色谱分析中，不要求所有组分全出峰就可以定量的方法是（　　）。
A. 面积归一化法　　B. 内标法　　C. 外标法　　D. 标准曲线法

2. 下列符号代表检测器的是（　　）。
A. TCD　　B. FID　　C. TCL　　D. TLC

3. 有关色谱分配系数 K 描述不正确的是（　　）。

A. K 越大，出峰时间越短　　B. K 越大，出峰时间越长

C. K 是两种化合物在固定相中浓度比值　　D. K 值相差越大，越不容易分离

4. 色谱分析中，不能用来进行定性的色谱参数是（　　）。

A. 峰面积　　B. 峰高　　C. 半峰宽　　D. 保留值

5. 常用的联用技术有（　　）。

A. 液相色谱－质谱联用技术　　B. 气相色谱－质谱联用技术

C. 液相色谱－电感耦合等离子体联用　　D. 色谱－色谱联用技术

二、简答题

1. 请分别写出分配系数、分离度、调整保留时间的计算公式。
2. 简述色谱法定量分析内标法中内标物选择的要求。
3. 简述反相键合相色谱法的分离条件应从哪几个方面考虑？

三、综合应用题

1. 用气相色谱法分析测定含有甲醇、乙醇、正丙醇和丁醇的混合物，测得它们的峰面积分别为 5.4、26.6、3.1、24.1，测得它们的质量校正因子分别为 0.57、0.63、0.73、0.75，请用面积归一化法计算甲醇、乙醇、正丙醇组分的含量。并说明面积归一化法应满足什么条件？
2. 测定无水乙醇的含水量时，内标物为甲醇，质量为 0.4886g，无水乙醇试样质量为 52.06g，测得水的峰高为 16.30cm，半峰宽为 0.158cm，甲醇峰高 14.40cm，半峰宽 0.238cm。以峰面积计算无水乙醇中的含水量。（水与甲醇的峰面积相对质量校正因子分别为 0.55 与 0.58）
3. 测定麝香中麝香酮的含量。若对照品溶液浓度为 1.50mg/ml，供试品溶液按生药质量计算出的浓度为 107.8mg/ml。取同样体积进样，对照品和供试品的峰面积分别为 867945 和 1652971，求供试品中麝香酮的含量。

书网融合……

知识回顾　　微课　　习题

（周　津）

附录

附录 1　相对原子质量

元素	符号	相对原子质量	元素	符号	相对原子质量	元素	符号	相对原子质量
银	Ag	107. 87	汞	Hg	200. 59	铑	Rh	102. 91
铝	Al	26. 982	钬	HO	164. 93	钌	Ru	101. 07
氩	Ar	39. 948	碘	I	126. 90	硫	S	32. 066
砷	As	74. 922	铟	In	114. 82	锑	Sb	121. 76
金	Au	196. 97	铱	Ir	192. 22	钪	Sc	44. 956
硼	B	10. 811	钾	K	39. 098	硒	Se	78. 96
钡	Ba	137. 33	氪	Kr	83. 80	硅	Si	28. 086
铍	Be	9. 012 2	镧	La	138. 91	钐	Sm	150. 36
铋	Bi	208. 98	锂	Li	6. 941	锡	Sn	118. 71
溴	Br	79. 904	镥	Lu	174. 97	锶	Sr	87. 62
碳	C	12. 011	镁	Mg	24. 305	钽	Ta	180. 95
钙	Ca	40. 078	锰	Mn	54. 938	铽	Tb	158. 9
镉	Cd	112. 41	钼	Mo	95. 94	碲	Te	127. 60
铈	Ce	140. 12	氮	N	14. 007	钍	Th	232. 04
氯	Cl	35. 453	钠	Na	22. 990	钛	Ti	47. 867
钴	Co	58. 933	铌	Nb	92. 906	铊	Tl	204. 38
铬	Cr	51. 996	钕	Nd	144. 124	铥	Tm	168. 93
铯	Cs	132. 91	氖	Ne	20. 180	铀	U	238. 03
铜	Cu	63. 546	镍	Ni	58. 693	钒	V	50. 942
镝	Dy	162. 50	镎	Np	237. 05	钨	W	183. 84
铒	Er	167. 26	氧	O	15. 999	氙	Xe	131. 29
铕	Eu	151. 96	锇	Os	190. 23	钇	Y	88. 906
氟	F	18. 998	磷	P	30. 974	镱	Yb	173. 04
铁	Fe	55. 845	铅	Pb	207. 2	锌	Zn	65. 39
镓	Ga	69. 723	钯	Pd	106. 42	锆	Zr	91. 224
钆	Gd	157. 25	镨	Pr	140. 91			
锗	Ge	72. 61	铂	Pt	195. 08			
氢	H	1. 007 9	镭	Ra	226. 03			
氦	He	4. 002 6	铷	Rb	85. 468			
铪	Hf	178. 49	铼	Re	186. 21			

附录 2　常见化合物的相对分子质量

分子式	相对分子质量	分子式	相对分子质量
AgBr	187.77	$Ba(OH)_2$	171.34
AgCl	143.22	$BaSO_4$	233.39
AgI	234.77	BaC_2O_4	225.35
AgCN	133.89	$BaCrO_4$	253.32
Ag_2CrO_4	331.73	CaO	56.08
$AgNO_3$	169.87	$CaCO_3$	100.09
AgSCN	165.95	CaC_2O_4	128.10
Al_2O_3	101.96	$CaCl_2$	110.99
$Al(OH)_3$	78.00	$CaCl_2 \cdot H_2O$	129.00
$Al_2(SO_4)_3$	342.14	$CaCl_2 \cdot 6H_2O$	219.08
As_2O_3	197.84	$Ca(NO_3)_2$	164.09
As_2O_5	229.84	CaF_2	78.08
As_2S_3	246.02	$Ca(OH)_2$	74.09
As_2S_5	310.14	$CaSO_4$	136.14
CuSCN	121.62	$Ca_3(PO_4)_2$	310.18
$C_6H_{12}O_6 \cdot H_2O$(葡萄糖)	198.18	CO_2	44.01
$C_{10}H_{10}O_2N_4S$(磺胺嘧啶)	250.27	CCl_4	153.82
$C_{11}H_{12}O_2N_4S$(磺胺甲基嘧啶)	264.30	Cr_2O_3	151.99
$C_{11}H_{12}O_3N_4S$(磺胺甲氧嗪)	280.30	CuO	79.55
$C_7H_{10}O_2N_4S \cdot H_2O$(磺胺咪)	232.26	CuS	95.61
$C_9H_9O_2N_3S_2$(磺胺噻唑)	255.31	$CuSO_4$	159.60
$C_6H_7O_3NS$(对氨基苯磺酸)	173.19	$CuSO_4 \cdot 5H_2O$	249.68
$C_{15}H_{21}ON_3 \cdot 2H_3PO_4$(磷酸伯氨喹)	455.34	HI	127.91
$C_{13}H_{20}O_2N \cdot HCl$(盐酸普鲁卡因)	272.77	HBr	80.91
$C_{10}H_{13}O_2N$(非那西丁)	179.22	HCN	27.03
$C_{10}H_{15}ON \cdot HCl$(盐酸麻黄碱)	201.70	H_2SO_3	82.07
$C_6H_5O_7Na_3 \cdot 2H_2O$(枸橼酸钠)	294.10	H_2SO_4	98.07
$C_8H_9O_2N \cdot H_2O$(对羧基苄胺)	169.18	Hg_2Cl_2	472.09
$BaCl_2$	208.24	$HgCl_2$	271.50
$BaCl_2 \cdot 2H_2O$	244.27	$KAl(SO_4)_2 \cdot 12H_2O$	474.38
$BaCO_3$	197.34	$C_4H_6O_3$(醋酐)	102.09
BaO	155.33	$C_7H_6O_2$(苯甲酸)	122.12
FeO	71.85	$KBrO_3$	167.09
Fe_2O_3	159.69	KCl	74.55
Fe_2O_4	231.54	$KClO_3$	122.55
$Fe(OH)_3$	106.87	$KClO_4$	138.55
$FeSO_4$	151.90	K_2CO_3	138.21
$FeSO_4 \cdot H_2O$	169.92	KCN	65.12
$FeSO_4 \cdot 7H_2O$	278.01	K_2CrO_4	194.19
$Fe_2(SO_4)_3$	299.87	$K_2Cr_2O_7$	294.18

续表

分子式	相对分子质量	分子式	相对分子质量
$FeSO_4 \cdot (NH_4)_2SO_4 \cdot 6H_2O$	392.13	$KHC_2O_4 \cdot H_2O$	146.14
H_3BO_3	61.83	$KHC_2O_4 \cdot H_2C_2O_4 \cdot 2H_2O$	254.19
HCOOH	46.03	$KHC_8H_4O_4$(邻苯二甲酸氢钾)	204.22
$H_2C_2O_4$	90.04	$KHCO_3$	100.12
$H_2C_2O_4 \cdot 2H_2O$	126.07	KH_2PO_4	136.09
$HC_2H_3O_2$(HAc)	60.05	$KHSO_4$	136.16
HCl	36.46	KI	166.00
H_2CO_3	62.03	KIO_3	214.00
$HClO_4$	100.46	$KIO_3 \cdot HIO_3$	389.91
HNO_2	47.01	$KMnO_4$	158.03
HNO_3	63.01	K_2O	92.20
H_2O	18.02	KOH	56.11
H_2O_2	34.02	KSCN	97.18
H_3PO_4	98.00	K_2SO_4	174.26
H_2S	34.08	KNO_2	85.10
HF	20.01	KNO_3	101.10
MnO_2	86.94	$MgCl_2$	95.21
$Na_2B_4O_7 \cdot 10H_2O$	381.37	$MgCO_3$	84.31
NaBr	102.89	MgO	40.30
$NaBiO_3$	279.97	$Mg(OH)_2$	58.32
Na_2CO_3	105.99	$MgNH_4PO_4$	137.32
$Na_2C_2O_4$	134.00	$Mg_2P_2O_7$	222.55
$NaC_2H_3O_2$(NaAc)	82.03	$MgSO_4 \cdot 7H_2O$	246.47
$NaC_7H_5O_2$(苯甲酸钠)	144.13	MnO	70.94
KBr	119.00	SO_3	80.06
NaCl	58.44	$(NH_4)_2SO_4$	132.14
NaCN	49.01	$(NH_4)_2C_2O_4 \cdot H_2O$	142.11
$Na_2H_2Y \cdot 2H_2O$(EDTA 钠盐)	372.24	$(NH_4)_2HPO_4$	132.06
$NaHCO_3$	84.01	$(NH_4)_3PO_4 \cdot 12MoO_3$	1876.35
NaI	149.89	P_2O_5	141.95
Na_2O	61.98	PbO	223.20
NaOH	40.00	PbO_2	239.20
Na_2S	78.04	$PbCl_2$	278.11
Na_2SO_3	126.04	$PbSO_4$	303.26
Na_2SO_4	142.04	$PbCrO_4$	323.19
$Na_2S_2O_3$	158.10	$Pb(CH_3COO)_2 \cdot 3H_2O$	379.34
$Na_2S_2O_3 \cdot 5H_2O$	248.17	SiO_2	60.08
$Na_2HPO_4 \cdot 12H_2O$	358.14	SO_2	64.06
$NaNO_2$	69.00	WO_3	231.85
$NaNO_3$	85.00	SnO_2	150.69

续表

分子式	相对分子质量	分子式	相对分子质量
NH_3	17.03	$SnCl_2$	189.60
NH_4Cl	53.49	$SnCO_3$	178.71
$NH_4Fe(SO_4)_2 \cdot 12H_2O$	482.18	ZnO	81.38
$NH_3 \cdot H_2O$	35.05	$ZnSO_4$	161.44
NH_4SCN	76.12	$ZnSO_4 \cdot 7H_2O$	187.55

附录 3　常见弱酸弱碱的离解常数(298.15K)

化合物	电离常数
H_3AlO_3	$K_a=6.3\times10^{-2}$
H_3AsO_4	$K_{a_1}=6.3\times10^{-3}$;$K_{a_2}=1.05\times10^{-7}$;$K_{a_3}=3.15\times10^{-12}$
H_3AsO_3	$K_a=6.0\times10^{-10}$
H_3BO_3	$K_a=5.8\times10^{-10}$
H_2CO_3	$K_{a_1}=4.4\times10^{-7}$;$K_{a_2}=4.7\times10^{-11}$
HClO	$K_a=3.2\times10^{-3}$
HCN	$K_a=6.2\times10^{-10}$
H_2CrO_4	$K_{a_1}=4.1$;$K_{a_2}=1.3\times10^{-6}$
HF	$K_a=6.6\times10^{-4}$
HNO_2	$K_a=7.2\times10^{-4}$
H_2O_2	$K_a=2.2\times10^{-12}$
H_3PO_4	$K_{a_1}=7.1\times10^{-3}$;$K_{a_2}=6.3\times10^{-8}$;$K_{a_3}=4.2\times10^{-13}$
H_3PO_3	$K_{a_1}=6.3\times10^{-2}$;$K_{a_2}=2.0\times10^{-7}$
H_2SO_4	$K_{a_2}=1.0\times10^{-2}$
H_2SO_3	$K_{a_1}=1.3\times10^{-2}$;$K_{a_2}=6.1\times10^{-3}$
$H_2S_2O_3$	$K_{a_1}=2.5\times10^{-1}$;$K_{a_2}=2.0\times10^{-7}\sim3.2\times10^{-7}$
H_2SiO_3	$K_{a_1}=1.7\times10^{-10}$;$K_{a_2}=1.6\times10^{-12}$
H_2S	$K_{a_1}=1.32\times10^{-7}$;$K_{a_2}=7.10\times10^{-15}$
HCNS	$K_a=1.4\times10^{-1}$
$H_2C_2O_4$(草酸)	$K_{a_1}=5.4\times10^{-2}$;$K_{a_2}=5.4\times10^{-5}$
HCOOH(甲酸)	$K_a=1.77\times10^{-4}$
CH_3COOH(醋酸)	$K_a=1.76\times10^{-5}$
$ClCH_2COOH$(氯代醋酸)	$K_a=1.4\times10^{-3}$
$NH_3 \cdot H_2O$	$K_b=1.8\times10^{-5}$
$NH_2 \cdot NH_2$(联氨)	$K_b=9.8\times10^{-7}$
NH_2OH(羟胺)	$K_b=9.1\times10^{-9}$
$C_6H_5NH_2$(苯胺)	$K_b=4.0\times10^{-10}$
C_5H_5N(吡啶)	$K_b=1.5\times10^{-9}$
$(CH_2)_6N_4$(六次甲基四胺)	$K_b=1.4\times10^{-9}$

附录 4　常用酸碱溶液的相对密度及浓度

项目	名称					
	浓 HCl	浓 HNO_3	浓 H_2SO_4	浓 H_3PO_4	浓 HAc	浓 $NH_3 \cdot H_2O$
浓度/(mol/L)（近似）	12.2	15.7	18	15	17	15
密度/(g/cm)	1.19	1.42	1.84	1.7	1.05	0.90

附录 5　国际单位制的基本单位

物理量名称	单位名称及符号	物理量符号
长度	米(m)	l
质量	千克(kg)	m
时间	秒(s)	t
电流	安[培](A)	I
物质的量	摩[尔](mol)	n
热力学温度	开[尔文](K)	T
发光强度	坎[德拉](cd)	I

附录 6　一些难溶电解质的溶度积常数（298.15K）

化合物	K_{sp}	化合物	K_{sp}	化合物	K_{sp}
AgAc	4.4×10^{-3}	$Ca_3(PO_4)_2$	2.0×10^{-29}	Hg_2S	1.0×10^{-47}
Ag_3AsO_4	1.0×10^{-22}	$CaSO_4$	9.1×10^{-6}	HgS(红)	4.0×10^{-53}
AgBr	5.0×10^{-13}	$CdCO_3$	5.2×10^{-12}	HgS(黑)	1.6×10^{-52}
AgCl	1.8×10^{-10}	$CdC_2O_4 \cdot 3H_2O$	1.1×10^{-10}	Hg_2SO_4	7.4×10^{-7}
$Ag_2C_2O_4$	8.1×10^{-11}	$Cd(OH)_2$	2.1×10^{-14}	$KHC_4H_4O_6$	3.0×10^{-4}
Ag_2CrO_4	1.1×10^{-12}	CdS	8.0×10^{-27}	$K_2NaCO(NO_2)_6 \cdot H_2$	2.2×10^{-11}
AgI	8.3×10^{-17}	$CoCO_3$	1.4×10^{-13}	K_2PtCl_6	1.1×10^{-5}
$AgIO_3$	3.0×10^{-8}	$Co(OH)_2$	1.6×10^{-15}	MgF_2	6.4×10^{-9}
$AgNO_2$	6.0×10^{-4}	$Co(OH)_3$	1.6×10^{-44}	$Mg(OH)_2$	1.8×10^{-11}
AgOH	2.0×10^{-8}	CoS, α^-	4.0×10^{-21}	$MnCO_3$	1.8×10^{-11}
Ag_3PO_4	1.4×10^{-16}	β^-	2.0×10^{-25}	$Mn(OH)_2$	1.9×10^{-13}
Ag_2S	6.3×10^{-50}	$Cr(OH)_3$	6.3×10^{-31}	MnS(无定形)	2.5×10^{-10}
Ag_2SO_4	1.4×10^{-5}	CuBr	5.3×10^{-9}	MnS(结晶)	2.5×10^{-13}
AgSCN	1.0×10^{-12}	CuCl	1.2×10^{-6}	$NiCO_3$	6.6×10^{-9}
$Al(OH)_3$	1.3×10^{-33}	$CuCO_3$	1.4×10^{-10}	$Ni(OH)_2$	2.0×10^{-15}
As_2S_3	2.1×10^{-22}	$CuCrO_4$	3.6×10^{-6}	NiS, α^-	3.2×10^{-19}
$BaCO_3$	5.1×10^{-9}	CuI	1.1×10^{-12}	β^-	1.0×10^{-24}
BaC_2O_4	1.6×10^{-7}			γ^-	2.0×10^{-26}
$BaCrO_4$	1.2×10^{-10}	$Cu_3(PO_4)_2$	2.2×10^{-20}	$PbCl_2$	1.6×10^{-5}
BaF_2	1.0×10^{-6}	$Cu_2P_2O_7$	1.3×10^{-37}	$PbCO_3$	7.4×10^{-14}
$BaSO_3$	8.0×10^{-7}	$CU(OH)_2$	2.2×10^{-20}		

续表

化合物	K_{sp}	化合物	K_{sp}	化合物	K_{sp}
$BaSO_4$	1.1×10^{-10}	CuS	6.3×10^{-36}	PbC_2O_4	4.8×10^{-10}
$BiOCl$	1.8×10^{-31}	Cu_2S	2.5×10^{-48}	$PbCrO_4$	2.8×10^{-13}
$Bi(OH)_3$	4.0×10^{-31}	$FeCO_3$	3.2×10^{-11}	PbI_2	7.1×10^{-9}
$BiO(NO_3)$	2.82×10^{-3}	$FeC_2O_4\cdot2H_2O$	3.2×10^{-7}	$Pb(OH)_2$	1.2×10^{-15}
$BiPO_4$	1.3×10^{-23}	$Fe_4[Fe(CN)_6]_3$	3.3×10^{-41}	$Pb(OH)_4$	3.2×10^{-66}
Bi_2S_3	1.0×10^{-91}	$Fe(OH)_2$	8.0×10^{-16}	$Pb_3(PO_4)_2$	8.0×10^{-43}
$CaCO_3$	2.8×10^{-9}	$Fe(OH)_3$	4.0×10^{-38}	PbS	8.0×10^{-28}
$CaC_2O_4\cdot H_2O$	4.0×10^{-9}	FeS	6.3×10^{-18}	$PbSO_4$	1.6×10^{-8}
$CaCrO_4$	7.1×10^{-4}	Fe_2S_3	1.0×10^{-88}	$Sb(OH)_3$	4.0×10^{-42}
CaF_2	5.3×10^{-9}	Hg_2Cl_2	1.3×10^{-18}	$Sn(OH)_2$	1.4×10^{-28}
$Ca(OH)_2$	5.5×10^{-6}	Hg_2CrO_4	2.0×10^{-9}		
$Sn(OH)_4$	1.0×10^{-56}	$SrCrO_4$	2.2×10^{-5}	ZnS, α⁻	1.6×10^{-24}
SnS	1.0×10^{-25}	$SrSO_4$	3.2×10^{-7}	β⁻	2.5×10^{-22}
$SrCO_3$	1.1×10^{-10}	$ZnCO_3$	1.4×10^{-11}		
$SrC_2O_4\cdot H_2O$	1.6×10^{-7}	$Zn(OH)_2$	1.2×10^{-17}		

附录 7　常见配离子的稳定常数

配离子	$K_稳$	$\lg K_稳$	配离子	$K_稳$	$\lg K_稳$
1 : 1			$[TlHY]^-$	1.5×10^{23}	23.17
$[NaY]^{3-}$	5.0×10	1.69	$[Hg(SCN)_4]^{2-}$	7.7×10^{21}	21.88
$[AgY]^{3-}$	2.0×10^{7}	7.30	$[HgCl_4]^{2-}$	1.6×10^{15}	15.20
$[CuY]^{2-}$	6.8×10^{18}	18.79	$[HgI_4]^{2-}$	7.2×10^{29}	29.86
$[MgY]^{2-}$	4.9×10^{8}	8.69	$[Co(CNS)_4]^{2-}$	3.8×10^{2}	2.58
$[CaY]^{2-}$	3.7×10^{10}	10.56	$[Ni(CN)_4]^{2-}$	1×10^{22}	22.0
$[SrY]^{2-}$	4.2×10^{8}	8.62			
$[BaY]^{2-}$	6.0×10^{7}	7.77	1 : 2		
$[ZnY]^{2-}$	3.1×10^{16}	16.49	$[Cu(NH_3)_2]^+$	7.4×10^{10}	10.87
$[CdY]^{2-}$	3.8×10^{16}	16.57	$[Cu(CN)_2]^-$	2.0×10^{38}	38.3
$[HgY]^{2-}$	6.3×10^{21}	21.79	$[Ag(NH_3)_2]^+$	1.7×10^{7}	7.24
$[PbY]^{2-}$	1.0×10^{18}	18.0	$[Ag(En)_2]^+$	7.0×10^{7}	7.84
$[MnY]^{2-}$	1.0×10^{14}	14.00	$[Ag(CNS)_2]^-$	4.0×10^{8}	8.60
$[FeY]^{2-}$	2.1×10^{14}	14.32	$[Ag(CN)_2]^-$	1.0×10^{21}	21.0
$[CoY]^{2-}$	1.6×10^{16}	16.20	$[Au(CN)_2]^-$	2×10^{38}	38.30
$[NiY]^{2-}$	4.1×10^{18}	18.61	$[Cu(En)_2]^{2+}$	4.0×10^{19}	19.60
$[FeY]^-$	1.2×10^{25}	25.07	$[Ag(S_2O_3)_2]^{3-}$	1.6×10^{13}	13.20
$[CoY]^-$	1.0×10^{36}	36.0			
$[CaY]^-$	1.8×10^{20}	20.25	1 : 3		
$[InY]^-$	8.9×10^{24}	24.94	$[Fe(CNS)_3]$	2.0×10^{3}	3.30
$[TlY]^-$	3.2×10^{22}	22.51	$[CdI_3]^+$	1.2×10	1.07

续表

配离子	$K_{稳}$	$\lg K_{稳}$	配离子	$K_{稳}$	$\lg K_{稳}$
$[Cd(CN)_3]^-$	1.1×10^4	4.04	$[Cd(CN)_4]^{2-}$	1.3×10^{18}	18.11
$[Ag(CN)_3]^{2-}$	5	0.69	$[Hg(CN)_4]^{2-}$	3.3×10^{41}	41.51
$[Ni(En)_3]^{2+}$	3.9×10^{18}	18.59	$[Al(C_2O_4)_3]^{3-}$	2.0×10^{16}	16.30
$[CuOH]^+$	1×10^5	5.00	$[Fe(C_2O_4)_3]^{3-}$	1.6×10^{20}	20.20
$[AgNH_3]^+$	2.0×10^3	3.30			
1 : 4			1 : 6		
$[Cu(NH_3)_4]^{2+}$	4.8×10^{12}	12.68	$[Cd(NH_3)_6]^{2+}$	1.4×10^6	6.15
$[Zn(NH_3)_4]^{2+}$	5×10^8	8.69	$[Co(NH_3)_6]^{2+}$	2.4×10^4	4.38
$[Cd(NH_3)_4]^{2+}$	3.6×10^6	6.55	$[Ni(NH_3)_6]^{2+}$	1.1×10^8	8.04
			$[Co(NH_3)_6]^{3+}$	1.4×10^{35}	35.15
$[Zn(CNS)_4]^{2-}$	2.0×10	1.30	$[AlF_6]^{3-}$	6.9×10^{19}	19.84
$[Zn(CN)_4]^{2-}$	1.0×10^{16}	16.0	$[Fe(CN)_6]^{3-}$	1×10^{42}	42.0
$[Cd(SCN)_4]^{2-}$	1.0×10^3	3.0	$[Fe(CN)_6]^{4-}$	1×10^{35}	35.0
$[CdCl_4]^{2-}$	3.1×10^2	2.49	$[Co(CN)_6]^{3-}$	1×10^{64}	64.0
$[CdI_4]^{2-}$	3.0×10^6	6.43	$[FeF_6]^{3-}$	1.0×10^{16}	16.0

附录 8　标准缓冲溶液的 pH

t,℃	草酸三氢钾标准缓冲液(0.05mol/L)	邻苯二甲酸氢钾标准缓冲液(0.05mol/L)	磷酸盐标准缓冲液(pH,6.8) KH_2PO_4 (0.025mol/L) Na_2HPO_4 (0.025mol/L)	磷酸盐标准缓冲液(pH,7.4) KH_2PO_4 (0.08695mol/L) Na_2HPO_4 (0.03043mol/L)	硼砂标准缓冲液(0.01mol/L)	25℃饱和氢氧化钙
0	1.67	4.01	6.98	7.52	9.46	13.42
5	1.67	4.00	6.95	7.49	9.39	13.21
10	1.67	4.00	6.92	7.47	9.33	13.01
15	1.67	4.00	6.90	7.44	9.28	12.82
20	1.68	4.00	6.88	7.43	9.23	12.63
25	1.68	4.00	6.86	7.41	9.18	12.46
30	1.68	4.01	6.85	7.40	9.14	12.29
35	1.69	4.02	6.84	7.39	9.07	12.13
40	1.69	4.03	6.84	7.38	9.07	11.98
45	1.70	4.04	6.83	7.38	9.04	11.84
50	1.71	4.06	6.83	7.38	9.02	11.70

附录 9　部分电对的标准电极电势（298.15K）

1. 在酸性溶液中

电极反应	$E^\ominus$,V
$Li^+ + e = Li$	-3.045
$K^+ + e = K$	-2.925
$Ba^{2+} + 2e = Ba$	-2.912

续表

电极反应	$E^{\ominus}$,V
$Sr^{2+}+2e=Sr$	-2.89
$Ca^{2+}+2e=Ca$	-2.87
$Na^{+}+e=Na$	-2.714
$Ce^{3+}+3e=Ce$	-2.48
$Mg^{2+}+2e=Mg$	-2.37
$\frac{1}{2}H_2+e=H^{-}$	-2.25
$AlF_6^{3-}+3e=Al+6F^{-}$	-2.07
$Ba^{2+}+2e=Be$	-1.85
$Al^{3+}+3e=Al$	-1.66
$Ti^{2+}+2e=Ti$	-1.63
$V^{2+}+2e=V$	-1.18
$Te+2e=Te^{2-}$	-1.14
$SiF_6^{2+}+4e=Si+6F^{-}$	-1.2
$Mn^{2+}+2e=Mn$	-1.182
$Se+2e=Se^{2-}$	-0.92
$Cr^{2+}-2e=Cr$	-0.91
$Bi+3H^{+}+3e=BiH_3$	-0.8
$Zn^{2+}+2e=Zn$	-0.763
$Cr^{3+}+3e=Cr$	-0.74
$Ag_2S+2e=2Ag+S^{2-}$	-0.69
$Sb+3H^{+}+3e=SbH_3$	-0.51
$H_3PO_3+2H^{+}+2e=H_3PO_2+H_2O$	-0.50
$2CO_2+2H^{+}+2e=H_2C_2O_4$	-0.49
$H_3PO_3+3H^{+}+3e=P+3H_2O$	-0.49
$S+2e=S^{2-}$	-0.48
$Fe^{2+}+2e=Fe$	-0.440
$Cr^{3+}+e=Cr^{2+}$	-0.41
$Cd^{2+}+2e=Cd$	-0.403
$As+3H^{+}+3e=AsH_3$	-0.38
$PbSO_4+2e=Pb+SO_4^{2-}$	-0.3553
$Cd^{2+}+2e=Cd(Hg)$	-0.352
$Ag(CN)_2^{-}+e=Ag+2CN^{-}$	-0.31
$Co^{2+}+2e=Co$	-0.277
$H_3PO_4+2H^{+}+2e=H_3PO_3+H_2O$	-0.276
$HCNO+H^{+}+e=\frac{1}{2}C_2N_2(g)+H_2O$	-0.27
$PbCl_2+2e=Pb(Hg)+2Cl^{-}$	-0.262
$V^{3+}+e=V^{2+}$	-0.255
$Ni^{2+}+2e=Ni$	-0.246
$SnCl_4^{2-}+2e=Sn+4Cl^{-}$ (1mol/L HCl)	-0.19

续表

电极反应	$E^{\ominus}$,V
$AgI + e = Ag + I^-$	-0.152
$CO_2(g) + 2H^+ + 2e = HCOOH$	-0.14
$Sn^{2+} + 2e = Sn$	-0.136
$CH_3COOH + 2H^+ + 2e = CH_3CHO + H_2O$	-0.13
$Pb^{2+} + 2e = Pb$	-0.126
$2H_2SO_3 + H^+ + 2e = HSO_4^- + 2H_2O$	-0.08
$P + 3H^+ + 3e = PH_3(g)$	-0.04
$Ag_2S + 2H^+ + 2e = 2Ag + H_2S$	-0.0366
$Fe^{3+} + 3e = Fe$	-0.036
$2H^+ + 2e = H_2$	0.0000
$AgBr + e = Ag + Br^-$	0.0713
$S_4O_6^{2-} + 2e = 2S_2O_3^{2-}$	0.08
$SnCl_6^{2-} + 2e = SnCl_4^{2-} + 2Cl^-$ (1mol/L HCl)	0.14
$S + 2H^+ + 2e = H_2S(g)$	0.141
$Sb_2O_3 + 6H^+ + 6e = 2Sb + 3H_2O$	0.152
$Sn^{4+} + 2e = Sn^{2+}$	0.154
$Cu^{2+} + e = Cu^+$	0.159
$SO_4^{2-} + 4H^+ + 2e = SO_2(aq) + H_2O$	0.17
$SbO^+ + 2H^+ + 3e = Sb + 2H_2O$	0.212
$AgCl + e = Ag + Cl^-$	0.2223
$HCHO + 2H^+ + 2e = CH_3OH$	0.24
$HAsO_2 + 3H^+ + 3e = As + 2H_2O$	0.248
$Hg_2Cl_2(s) + 2e = 2Hg + 2Cl^-$	0.2676
$\frac{1}{2}C_2N_2(g) + H^+ + e = HCN$	0.33
$Cu^{2+} + 2e = Cu$	0.337
$Fe(CN)_6^{3-} + e = Fe(CN)_6^{4-}$	0.36
$\frac{1}{2}(CN)_2 + H^+ + e = HCN$	0.37
$Ag(NH_3)_2^+ + e = Ag + 2NH_3$	0.373
$2SO_2(aq) + 2H^+ + 4e = S_2O_3^{2-} + H_2O$	0.40
$H_2N_2O_2 + 6H^+ + 4e = 2NH_3OH^+$	0.44
$Ag_2CrO_4 + 2e = 2Ag + CrO_4^{2-}$	0.447
$H_2SO_3 + 4H^+ + 4e = S + 3H_2O$	0.45
$4SO_2(aq) + 4H^+ + 6e = S_4O_6^{2-} + 2H_2O$	0.51
$Cu^+ + e = Cu$	0.52
$I_2(s) + 2e = 2I^-$	0.5345
$H_3AsO_4 + 2H^+ + 2e = HAsO_2 + 2H_2O$	0.559
$Sb_2O_5(s) + 6H^+ + 4e = SbO^+ + 3H_2O$	0.58
$CH_3OH + 2H^+ + 2e = CH_4(s) + H_2O$	0.58
$2NO + 2H^+ + 2e = H_2N_2O_2$	0.60

续表

电极反应	$E^{\ominus}$,V
$2HgCl_2+2e = Hg_2Cl_2+2Cl^-$	0.63
$Ag_2SO_4+2e = 2Ag+SO_4^{2-}$	0.653
$O_2+2H^++2e = H_2O_2$	0.682
$Fe(CN)_6^{3-}+e = Fe(CN)_6^{4-}$ (0.05mol/L H_2SO_4)	0.71
$PtCl_4^{2-}+2e = Pt+4Cl^-$	0.73
$H_2SeO_3+4H^++4e = Se+3H_2O$	0.740
$PtCl_6^{2-}+2e = PtCl_4^{2-}+2Cl^-$	0.76
$(CNS)_2+2e = 2SCN^-$	0.77
$Fe^{3+}+e = Fe^{2+}$	0.771
$Hg_3^{2+}+2e = 2Hg$	0.793
$Ag^++e = Ag$	0.7995
$2HNO_2+4H^++4e = H_2N_2O_2+2H_2O$	0.80
$NO_3^-+2H^++e = NO_2+H_2O$	0.80
$OsO_4+8H^++8e = Os+4H_2O$	0.85
$Hg^{2+}+2e = Hg$	0.854
$Cu^{2+}+I^-+e = CuI$	0.86
$2Hg^{2+}+2e = Hg_2^{2+}$	0.920
$NO_3^-+3H^++2e = HNO_2+H_2O$	0.94
$NO_3^-+4H^++3e = NO+2H_2O$	0.96
$HIO+H^++2e = I^-+H_2O$	0.99
$HNO_2+H^++e = NO+H_2O$	1.00
$NO_2+2H^++2e = NO+H_2O$	1.03
$ICl_2^-+e = \frac{1}{2}I_2+2Cl^-$	1.06
$Br(l)+2e = 2Br^-$	1.065
$NO_2+H^++e = HNO_2$	1.07
$IO_3^-+6H^++6e = I^-+3H_2O$	1.085
$Br_2(aq)+2e = 2Br^-$	1.037
$Cu^{2-}+2CN^-+2e = Cu(CN)_2^-$	1.12
$IO_3^-+5H^++4e = HIO+2H_2O$	1.14
$SeO_4^{2-}+4H^++2e = H_2SeO_3+H_2O$	1.15
$ClO_3^-+2H^++e = ClO_2+H_2O$	1.15
$ClO_4^-+2H^++e = ClO_3+H_2O$	1.19
$IO_3^-+6H^++5e = \frac{1}{2}I_2+3H_2O$	1.20
$ClO_3^-+3H^++2e = HClO_2+H_2O$	1.21
$O_2+4H^++4e = 2H_2O$	1.229
$MnO_2+4H^++2e = Mn^{2+}+2H_2O$	1.23
$2HNO_2+4H^++4e = N_2O+3H_2O$	1.27
$HBrO+H^++2e = Br^-+H_2O$	1.33
$Cr_2O_7^{2-}+14H^++6e = 2Cr^{3-}+7H_2O$	1.33

续表

电极反应	$E^{\ominus}$,V
$ClO_4^- + 8H^+ + 7e = \frac{1}{2}Cl_2 + 4H_2O$	1.34
$Cl_2(g) + 2e = 2Cl^-$	1.3595
$ClO_4^- + 8H^+ + 8e = Cl^- + 4H_2O$	1.37
$BrO_3^- + 6H^+ + 6e = Br^- + 3H_2O$	1.44
$Ce^{4+} + e = Ce^{3+}$ (0.025mol/L H_2SO_4)	1.44
$ClO_3^- + 6H^+ + 6e = Cl^- + 3H_2O$	1.45
$HIO + H^+ + e = \frac{1}{2}I_2 + H_2O$	1.45
$PbO_2 + 4H^+ + 2e = Pb^{2+} + 2H_2O$	1.455
$2NH_3OH^+ + H^+ + 2e = N_2H_5^+ + 2H_2O$	1.46
$ClO_3^- + 6H^+ + 5e = \frac{1}{2}Cl_2 + 3H_2O$	1.47
$Mn^{3+} + e = Mn^{2+}$ (3.75mol/L H_2SO_4)	1.488
$HClO + H^+ + 2e = Cl^- + H_2O$	1.49
$MnO_4^- + 8H^+ + 5e = Mn^{2+} + 4H_2O$	1.51
$BrO_3^- + 6H^+ + 5e = \frac{1}{2}Br_2 + 3H_2O$	1.52
$HClO_2 + 3H^+ + 4e = Cl^- + 2H_2O$	1.56
$HBrC + H^+ + e = \frac{1}{2}Br_2 + H_2O$	1.59
$2NO + 2H^+ + 2e = N_2O + H_2O$	1.59
$H_5IO_5 + H^+ + 2e = IO_3^- + 3H_2O$	1.60
$HClO_2 + 3H^+ + 3e = \frac{1}{2}Cl_2 + 2H_2O$	1.63
$HClO_2 + 2H^+ + 2e = HClO + H_2O$	1.64
$PbO_2 + SO_4^{2-} + 4H^+ + 2e = PbSO_4 + 2H_2O$	1.685
$MnO_4^- + 4H^+ + 3e = MnO_2 + 2H_2O$	1.695
$NO_2 + 2H^+ + 2e = N_2 + H_2O$	1.77
$H_2O_2 + 2H^+ + 2e = 2H_2O$	1.77
$Co^{2+} + e = Co^{2+}$ (3mol/L HNO_2)	1.84
$Ag^{2+} + e = Ag^-$ (4mol/L $HClO_2$)	1.927
$S_2O_3^{2-} + 2e = 2SO_4^{2-}$	2.01
$O_3 + 2H^+ + 2e = O_2 + H_2O$	2.07
$F_2 + 2e = 2F^-$	2.87
$F_2 + 2H^+ + 2e = 2HF$	3.06

2. 在碱性溶液中

电极反应	$E^{\ominus}$,V
$Ca(OH)_2 + 2e = Ca + 2OH^-$	-3.02
$Sr(OH)_3 \cdot 8H_2O + 2e = Sr + 2OH^- + 8H_2O$	-2.99
$Ba(OH)_2 \cdot 8H_2O + 2e = Ba + 2OH^- + 8H_2O$	-2.97
$Mg(OH)_2 + 2e = Mg + 2OH^-$	-2.69

续表

电极反应	$E^{\ominus}$,V
$H_2AlO_3^- + H_2O + 3e = Al + 4OH^-$	-2.35
$HPO_3^{2-} + 2H_2O + 2e = H_2PO_2^- + 3OH^-$	-1.65
$Mn(OH)_2 + 2e = Mn + 2OH^-$	-1.55
$Cr(OH)_3 + 3e = Cr + 3OH^-$	-1.3
$ZnO_2^{2-} + 2H_2O + 2e = Zn + 4OH^-$	-1.216
$As + 3H_2O + 3e = AsH_3 + 3OH^-$	-1.21
$HCOO^- + 2H_2O + 2e = HCHO$	-1.14
$2SO_3^{2-} + 2H_2O + 2e = S_2O_4^{2-} + 4OH^-$	-1.12
$PO_4^{2-} + 2H_2O + 2e = HPO_3^{2-} + 3OH^-$	-1.05
$Zn(NH_3)_4^{2+} + 2e = Zn + 4NH_3$	-1.04
$CNO^- + H_2O + 2e = CN^- + 2OH^-$	-0.97
$CO_3^{2-} + 2H_2O + 2e = HCOO^- + 3OH^-$	-0.95
$Sn(OH)_6^{2-} + 2e = HSnO_2 + 3OH^- + H_2O$	-0.93
$SO_4^{2-} + H_2O + 2e = SO_3^{2-} + 2OH^-$	-0.93
$HSnO_2^- + H_2O + 2e = Sn + 3OH^-$	-0.91
$P + 3H_2O + 3e = PH_3(g) + 3OH^-$	-0.87
$2NO_3^- + 2H_2O + 2e = N_2O_4 + 4OH^-$	-0.85
$2H_2O + 2e = H_2 + 2OH^-$	-0.8277
$N_2O_2^{2-} + 6H_2O + 4e = 2NH_2OH + 6OH^-$	-0.73
$Ag_2S + 2e = 2Ag + S^{2-}$	-0.69
$AsO_2^- + 2H_2O + 3e = As + 4OH^-$	-0.68
$SbO_2^- + 2H_2O + 3e = Sb + 4OH^-$ (10mol/L KOH)	-0.675
$AsO_4^{3-} + 2H_2O + 2e = AsO_2^- + 4OH^-$	-0.67
$SO_3^{2-} + 3H_2O + 4e = S + 6OH^-$	-0.66
$HCHO + 2H_2O + 2e = CH_3OH + 2OH^-$	-0.59
$SbO_3 + H_2O + 2e = SbO_2^- + 2OH^-$ (10mol/L NaOH)	-0.589
$2SO_3^{2-} + 3H_2O + 4e = S_2O_6^{2-} + 6OH^-$	-0.58
$Fe(OH)_3 + e = Fe(OH)_2 + OH^-$	-0.56
$HPbO_2^- + H_2O + 2e = Pb + 3OH^-$	-0.54
$S + 2e = S^{2-}$	-0.48
$NO_2^- + H_2O + e = NO + 2OH^-$	-0.46
$Bi_2O_3 + H_2O + 3e = 2Bi + 6OH^-$	-0.46
$CH_3OH + H_2O + 2e = CH_4(g) + 2OH^-$	-0.85
$CrO_4^{2-} + 2H_2O + 3e = CrO_2^- + 4OH^-$ (1mol/L NaOH)	-0.12
$CrO_4^{2-} + 4H_2O + 3e = Cr(OH)_3 + 5OH^-$	-0.13
$2Cu(OH)_2 + 2e = Cu_2O + 2OH^- + H_2O$	-0.09
$O_2 + H_2O + 2e = HO_2^- + OH^-$	-0.076
$AgCN^- + e = Ag + CN^-$	-0.017
$NO_3^- + H_2O + 2e = NO_2^- + 2OH^-$	0.01
$SeO_4^{2-} + H_2O + 2e = SeO_3^{2-} + 2OH^-$	0.05

续表

电极反应	$E^{\ominus}$,V
$HgO + H_2O + 2e = Hg + 2OH^-$	0.098
$Mn(OH)_3 + e = Mn(OH)_2 + OH^-$	0.1
$Co(NH_3)_6^{3+} + e = Co(NH_3)_6^{2+}$	0.1
$2NO_2^- + 3H_2O + 4e = N_2O + 6OH^-$	0.15
$ClO_4^- + H_2O + 2e = ClO_3^- + 2OH^-$	0.17
$Co(OH)_3 + e = Co(OH)_2 + OH^-$	0.17
$IO_3^- + 3H_2O + 6e = I^- + 6OH^-$	0.26
$PbO_2 + H_2O + 2e = PbO + 2OH^-$	0.28
$Ag_2O + H_2O + 2e = 2Ag + 2OH^-$	0.342
$ClO_3^- + H_2O + 2e = ClO_2^- + 2OH^-$	0.35
$O_2 + 2H_2O + 4e = 4OH^-$ (1mol/L NaOH)	0.41
$IO^- + H_2O + 2e = I^- + 2OH^-$	0.49
$IO_3^- + 2H_2O + 4e = IO^- + 4OH^-$	0.56
$MnO_4^- + e = MnO_4^{2-}$	0.564
$MnO_4^- + 2H_2O + 3e = MnO_2 + 4OH^-$	0.588
$ClO_2^- + H_2O + 2e = ClO^- + 2OH^-$	0.59
$BrO_3^- + 3H_2O + 6e = Br^- + 6OH^-$	0.61

附录 10　数据显著性差异查询表（*t* 值分布表）

f	90%	95%	99%
1	6.314	12.706	63.657
2	2.920	4.303	9.925
3	2.353	3.182	5.841
4	2.132	2.776	4.604
5	2.015	2.571	4.032
6	1.943	2.447	3.707
7	1.895	2.365	3.499
8	1.860	2.306	3.355
9	1.883	2.262	3.250
10	1.812	2.228	3.169
15	1.753	1.131	2.947
20	1.725	2.086	2.845
∞	1.645	1.960	2.576

附录 11　数据显著性差异查询的表格(置信度 95%的 F 值)

f_2	f_1											
	2	3	4	5	6	7	8	9	10	15	20	60	∞
2	19.0	19.2	19.2	19.3	19.3	19.4	19.4	19.4	19.4	19.4	19.4	19.5	19.5
3	9.55	9.28	9.12	9.01	8.94	8.89	8.85	8.81	8.79	8.70	8.66	8.57	8.53
4	6.94	6.59	6.39	6.26	6.16	6.09	6.04	6.00	5.96	5.86	5.80	6.69	5.63
5	5.79	5.41	5.19	5.05	4.95	4.88	4.82	4.77	4.74	4.62	4.56	4.43	4.36
6	5.14	4.76	4.53	4.39	4.28	4.21	4.15	4.10	4.06	3.94	3.87	3.74	3.67
7	4.74	4.35	4.12	3.97	3.87	3.79	3.73	3.68	3.64	3.51	3.44	3.30	3.23
8	4.46	4.07	3.84	3.69	3.58	3.50	3.44	3.39	3.35	3.22	3.15	3.01	2.93
9	4.26	3.86	3.63	3.48	3.37	3.29	3.23	3.18	3.14	3.01	2.94	2.79	2.71
10	4.10	3.71	3.48	3.33	3.22	3.14	3.07	3.02	2.98	2.85	2.77	2.62	2.54
15	3.68	3.29	3.06	2.90	2.79	2.71	2.64	2.59	2.54	2.40	2.33	2.16	2.07
20	3.49	3.10	2.87	2.71	2.60	2.51	2.45	2.39	2.35	2.20	2.12	1.95	1.84
∞	3.00	2.60	2.37	2.21	2.10	2.01	1.94	1.88	1.83	1.67	1.57	1.32	1.00

附录 12　EDTA 在不同 pH 时的酸效应系数

pH	$\lg\alpha_{Y(H)}$	pH	$\lg\alpha_{Y(H)}$	pH	$\lg\alpha_{Y(H)}$
0.0	23.64	3.6	9.27	7.2	3.10
0.2	22.47	3.8	8.85	7.4	2.88
0.4	21.32	4.0	8.44	7.6	2.68
0.6	20.18	4.2	8.04	7.8	2.47
0.8	19.08	4.4	7.64	8.0	2.27
1.0	18.01	4.6	7.24	8.2	2.07
1.2	16.98	4.8	6.84	8.4	1.87
1.4	16.02	5.0	6.45	8.6	1.67
1.6	15.11	5.2	6.07	8.8	1.48
1.8	14.27	5.4	5.69	9.0	1.29
2.0	13.51	5.6	5.33	9.2	1.10
2.2	12.82	5.8	4.98	9.4	0.92
2.4	12.19	6.0	4.65	9.6	0.75
2.6	11.62	6.2	4.34	9.8	0.59
2.8	11.09	6.4	4.06	10.0	0.45
3.0	10.60	6.6	3.79	11.0	0.07
3.2	10.14	6.8	3.55	12.0	0.01
3.4	9.70	7.0	3.32	12.2	0.005

参考文献

[1]陈瑛,刘志红．基础化学[M]．北京:中国医药科技出版社,2019.
[2]蔡自由,叶国华．无机化学[M]．北京:中国医药科技出版社,2018.
[3]林珍,潘志斌．化学基础与分析技术[M]．北京:中国医药科技出版社,2017.
[4]李维斌,陈哲洪．分析化学[M]．北京:人民卫生出版社,2018.
[5]刘金权．化学实验技能[M]．北京:化学工业出版社,2010.
[6]牛秀明,林珍．无机化学[M]．北京:人民卫生出版社,2018.
[7]邱细敏．分析化学[M]．北京:中国医药科技出版社,2012.
[8]冉启文,黄月君．分析化学[M].3版．北京:中国医药科技出版社,2019.
[9]杨峰,孙体健．医用化学[M],高等教育出版社,2017.
[10]赵晓华,牛洪波．化学基础与分析技术[M]．北京:中国轻工业出版社,2015.
[11]严拯宇．分析化学[M]．南京:东南大学出版社,2015.